21世纪 经济与管理精编教材·管理科学与工程系列

U0826996

运筹学：原理及应用

Operations Research Principles and Application

云俊　等　编著

北京大学出版社
PEKING UNIVERSITY PRESS

图书在版编目(CIP)数据

运筹学:原理及应用/云俊等编著. —北京:北京大学出版社,2012.8

(21世纪经济与管理精编教材·管理科学与工程系列)

ISBN 978-7-301-20934-9

Ⅰ.①运… Ⅱ.①云… Ⅲ.运筹学—高等学校—教材 Ⅳ.①O22

中国版本图书馆CIP数据核字(2012)第147374号

书　　名:运筹学:原理及应用

著作责任者:云　俊　等编著

策划编辑:徐　冰

责任编辑:朱启兵　潘　林

标准书号:ISBN 978-7-301-20934-9/F·3239

出　版　者:北京大学出版社

地　　址:北京市海淀区成府路205号　100871

网　　址:http://www.pup.cn

电　　话:邮购部62752015　发行部62750672　编辑部62752926　出版部62754962

电子信箱:em@pup.cn

印　刷　者:河北滦县鑫华书刊印刷厂

发　行　者:北京大学出版社

经　销　者:新华书店

730毫米×1020毫米　16开本　20.75印张　505千字

2012年8月第1版　2012年8月第1次印刷

印　　数:0001—5000册

定　　价:38.00元

序

运筹学是应用性较强的一门应用数学课程,是经济与管理类的专业基础课,也是工科类专业的重要选修课程。此书出版的目的,是希望将复杂的数学模型的建立以及运算的内容用较为通俗的语言以及深入浅出的表达方式进行编写,使读者便于理解。在内容的描述上,既要注重基础知识和应用能力,又要在书中体现基础理论和研究前沿,使教学有更多的扩展空间。希望本书能对我国运筹学的进一步推广和应用起到作用,使优化理念和优化方法在生产及管理的实际中得到更为广泛的运用。

本书以模块式的结构进行撰写,每一章包含:研究内容、学习指导、引导案例、具体知识、应用扩展、计算机实现等,并附有大量的练习(书后有练习答案)。使读者在每一章的开始能够知道将要学习的内容,以及重点要掌握的内容,通过引导案例知道该内容可以解决生产实际中的哪类问题,激起读者希望解决问题的欲望,从而有兴趣地往下进一步的学习。在内容的阐述上也尽量以解决问题的形式来阐述计算思路、计算过程和理论,它避免了数学的枯燥给读者带来的畏难情绪。

本书的撰写过程如下:首先作者给出书的结构,请博士生、硕士生承担不同章节的初稿撰写,在体现以学生角度对该课程内容的理解的基础上,作者通过近三十年该课程教学的经验,对其内容进行整合修改,有些章节甚至于重写,使得本书具有较强的易读性和趣味性。

参加编写的人员分工如下:第一章袁路路、邵光、亓金波、张端;第二章吴丽霞;第三章姜博;第四章徐晶晶;第五章刘翠翠;第六章张勤康;第七章闵小军;第八章李明伟。在此感谢他们对本书倾注的心血。

编　者

2012 年 7 月

目　录

读者意见反馈

为收集对教材的意见建议，进一步完善教材编写并做好服务工作，读者可将对本教材的意见建议通过如下渠道反馈至我社。

咨询电话　400-810-0598

反馈邮箱　gjdzfwb@pub.hep.cn

通信地址　北京市朝阳区惠新东街4号富盛大厦1座

高等教育出版社总编辑办公室

邮政编码　100029

第一章　前　　言

1.1　运筹学的发展过程

何谓“运筹学”？它的英文名称是 Operations Research，直译为“作业研究”，就是研究在经营管理活动中如何行动，如何以尽可能小的代价，获取尽可能好的结果，即所谓“最优化”问题。国内学者把这门学科意译为“运筹学”（以下简称 OR），取自古语“运筹于帷幄之中，决胜于千里之外”，其意为运算筹划，出谋献策，以最佳策略取胜。这极为恰当地概括了这门学科的精髓。

在人类历史的长河中，运筹谋划的思想俯拾皆是，精典的运筹谋划案例也不鲜见。像《孙子兵法》就是我国古代战争谋略之集大成者；像诸葛亮更是家喻户晓的一代军事运筹大师。然而，把“运筹学”真正当成一门科学来研究，则还只是近几十年来的事。第二次世界大战中，英美等国抽调各方面的专家参与各种战略战术的优化研究工作，获得了显著的成功，大大推进了胜利的进程。战后，从事这些活动的许多专家转到了民用部门，使运筹学很快推广到了工业企业和政府工作的各个方面，从而促进了运筹学有关理论和方法的研究和实践，使得运筹学迅速发展并逐步成熟起来。

运筹学作为一门科学，其正式的名字出现在 20 世纪 30 年代末。当时英、美为对付德国的空袭，采用雷达作为防空系统的一部分。这从技术上是可行的，但实际运用时却并不好用。为此一些科学家研究如何合理运用雷达开始进行一类新问题的研究。为了进行运筹学研究，在英、美的军队中成立了一些专门小组，开展了护航舰队保护商船队的编队问题和当船队遭受德国潜艇攻击时，如何使船队损失最少的问题的研究。如研究了反潜深水炸弹的合理爆炸深度后，使德国潜艇被摧毁数增加到 400%；研究了船只在受敌机攻击时，提出了大船应急转向和小船应缓慢转向的逃避方法，结果使船只在受敌机攻击时，中弹数由 47% 降到 29%。当时研究和解决的问题都是短期的和战术性的。第二次世界大战后在英、美军队中相继成立了更为正式的运筹研究组织。并以兰德公司（RAND）为首的一些部门开始着重研究战略性问题、未来的武器系统的设计和其可能合理运用的方法。例如为美国空军评价各种轰炸机系统，讨论了未来的武器系统和未来战争的战略。他们还研究了前苏联的军事能力及未来的预报，分析前苏联政治局计划的行动原则和将来的行动预测。到 20 世纪 50 年代，由于开发了各种洲际导弹，对于到底发展哪种导弹的问题，运筹学界也投入了争论。到 20 世纪 60 年代，运筹学界参与了战略力量的构成和数量问题研究，除军事方面的应用研究以外，相继在工业、农业、经济和社会问题等各领域都有应用。与此同时，运筹数学有了飞快的发展，并形成了运筹学的许多分支。如数学规划（线性规划、非线性规则、整数规划、目标规划、动态规划、随机规划等）、图论与网络、排队论（随机服务系统理论）、存储论、对策论、决策论、维修更新理论、搜索论、可靠性和质量管理等。

在20世纪50年代中期钱学森、许国志等教授将运筹学由西方引入我国，并结合我国的特点在国内推广应用。在经济数学方面，特别是投入产出表的研究和应用开展较早。在此期间以华罗庚教授为首的一大批数学家加入到运筹学的研究队伍，使运筹数学的很多分支很快跟上当时的国际水平。

我国运筹学的应用1957年始于建筑业和纺织业。1958年开始在交通运输、工业、农业、水利建设、邮电等方面都有应用，尤其是运输方面，提出了"图上作业法"，并从理论上证明了其科学性。在解决邮递员合理投递路线问题时，管梅谷教授提出了国外称之为"中国邮路问题"解法。从60年代起，运筹学在我国的钢铁和石油部门得到了全面和深入的应用。1965年起统筹法的应用在建筑业、大型设备维修计划等方面取得了可喜进展。从20世纪70年代起，在全国大部分省市推广优选法。70年代中期最优化方法在工程设计界得到广泛的重视。在光学设计、船舶设计、飞机设计、变压器设计、电子线路设计、建筑结构设计和化工过程设计等方面都有成果。70年代中期的排队论开始应用于研究港口、矿山、电讯和计算机设计等方面。图论曾被用于线路布置和计算机设计、化学物品的存放等。存储论在我国应用较晚，70年代末在汽车工业和物资部门取得成功，近年来运筹学的应用已趋于研究规模大和复杂的问题，如部门计划、区域经济规划等，并已与系统工程难于分解。

1980年，中国运筹学学会成立。我国各高等院校，特别是经济管理类专业已经普遍把运筹学作为一门专业的主干课程列入教学计划。虽然运筹学在我国起步较晚，但是发展却非常迅速，目前我国运筹学的研究和应用已经跟上了世界时代的步伐。这门新兴学科的应用已深入到国民经济的各个领域，成为促进国民经济多快好省，健康协调发展的有效方法。

关于运筹学将往哪个方向发展，从20世纪70年代起就在西方运筹学界引起过争论，至今还没有一个统一的结论。美国前运筹学会主席邦德(S. Bonder)认为，运筹学应在三个领域发展：运筹学应用、运筹科学、运筹数学，并强调在协调发展的同时重点发展前两者。这是由于运筹数学在70年代已形成一个强有力的分支，对问题的数学描述已相当完善，却忘掉了运筹学的原有特色，忽视了对多学科的横向交叉联系和解决实际问题的研究。现在，运筹学工作者面临的大量新问题是：经济、技术、社会、生态和政治因素交叉在一体的复杂系统，所以从70年代末80年代初，不少运筹学家提出"要注意研究大系统"，"要从运筹学到系统分析"。由于研究大系统的时间范围有可能很长，还必须与未来学紧密结合起来；面临的问题大多是涉及技术、经济、社会、心理等综合因素，在运筹学中除了常用的数学方法，还引入了一些非数学的方法和理论。如美国运筹学家沙旦(T. L. Saaty)于70年代末期提出的层次分析法(AHP)，可以看做是解决非结构问题的一个尝试。针对这种状况，切克兰特(P. B. Checkland)从方法论上对此进行了划分。他把传统的运筹学方法称为硬系统思考，认为它适合解决那种结构明确的系统的战术及技术问题，而对于结构不明确的、有人参与活动的系统就要采用软系统思考的方法。借助电子计算机，研究软系统的概念和运用方法应是今后运筹学发展的一个方向。

1.2 国内外运筹学的代表人物

自20世纪40年代运筹学作为一门综合运用现代数学方法，对涉及军事、经济、管理等领域的管理实践问题进行统筹规划，实现资源的合理配置，从而达到系统运行最优的应用数学分支以来，一大批国内外的知名专家学者在运筹学领域开展了一系列卓有成效的研究工作，并取得了丰硕的研究成果，这些研究成果极大地丰富了运筹学的理论基础，完善了运筹学的理论框架，并在此基础上，形成了以数学规划、组合优化、随机优化、决策分析为主要分支的运筹学学科体系，这些重要的工作和研究成果极大地推动了运筹学的发展，使得运筹学研究已成为现代应用数学、系统科学、信息科学、管理科学等领域所关注的研究热点。以下对国内外在运筹学领域作出卓越贡献的专家以及他们所做的工作做一个简单的介绍：

其中国外主要有：

Dantzig 1947 年，33 岁的美国数学家 George Bernard Dantzig（丹茨格）提出了解决一种最优化问题的单纯形法，该方法奠定了线性规划的基础，使得经济学、环境科学、应用统计学等学科获得了迅速发展，Dantzig 也因而被誉为“线性规划之父”。Dantzig 在运筹学建树极高，获得了包括“冯・诺伊曼理论奖”在内的诸多奖项。他在 Linear programming and extensions 一书中系统的研究了线性编程模型，为计算机语言的发展做出了不可磨灭的贡献。

非线性规划的开创性工作则是在 1951 年由美国数学家库恩（H. W. Kuhn）和塔克（A. W. Tucker）两人完成的，库恩—塔克条件的建立奠定了非线性规划最优性条件的理论基础，到了 70 年代，数学规划无论是在理论上和方法上，还是在应用的深度和广度上都得到了进一步的发展。

Fletcher 和 Powell 1963 年 Fletcher 和 Powell 将牛顿法中的二阶偏导数矩阵用一个拟牛顿矩阵来代替，避免了计算二阶偏导数，而且通过逐步修正拟牛顿矩阵，能够使该方法达到超线性收敛。英国皇家学会会员、牛津大学的 Trefethen 教授将拟牛顿法与有限元、快速傅立叶变换及小波分析等方法并列为 20 世纪最重要的计算方法之一。欧美运筹学界的好几位院士都在拟牛顿法方面开展了深入的研究。Fletcher 和 Powell 关于拟牛顿法的第一篇文章的 SCI 引用量就高达 3100 次。

印度数学家 Karmarkar 1984 年美国贝尔实验室的印度数学家 Karmarkar 提出了一个具有多项式复杂度的计算方法。Karmarkar 方法的基本思想是从凸多面体的内部搜索最优解，这种方法区别于单纯形方法从边界上去逐步逼近最优解的思想，极大地提高了搜索的速度，是线性规划理论的又一重要突破。

近 20 年来内点算法已成为国际运筹学界研究的主流方向：代表性学者有纽约大学的 Wright 教授，康奈尔大学的 Todd 教授及麻省理工学院的叶荫宇教授。还有许多从事系统科学及运筹学研究的专家，在此不一一列举了。

国内主要有：

钱学森 在系统工程和系统科学领域，钱学森在 80 年代初期提出国民经济建设总体设计部的概念，坚持致力于将航天系统工程概念推广应用到整个国家和国民经济建设，并从社会形态和开放复杂巨系统的高度，论述了社会系统。他发展了系统学和开放的复杂巨系统的方法论。

华罗庚 1965 年华罗庚《统筹方法平话及其补充》一书由中国工业出版社出版。1970 年起，华罗庚和他的小分队开始在全国范围内普及推广优选法的群众运动。从此，统筹与优选双法变得家喻户晓，双法的普及推广也取得了极为可观的社会、经济效益。1971 年华罗庚《优选法平话及其补充》一书由国防工业出版社出版。

许国志 著名运筹学家和系统科学家。我国运筹学与系统工程学科的创建人之一。长期致力于运筹学、组合最优化和系统科学的科研与教学，取得了很多重要的研究成果，1956 年在钱学森院士的指导下，由许国志院士负责在中科院力学所筹建了我国第一个运筹学研究室、并编著了中国第一批有关运筹学的书和文章，系统地介绍了规划论、排队论和博弈论等运筹学的各个分支。培养了一大批运筹学和系统科学方面的专门人才，并推动了系统工程和运筹学在国民经济中的应用研究，是我国运筹学和系统工程研究的主要创建人之一。许国志院士在组合最优化方面的研究有很深的造诣，1979 年，许国志院士提出了具有次约束的最小树形图的新算法，该算法的核心思想是，在 Edmands 证明了 2—拟阵问题存在多限式算法，并且证明最小树形图是一个 2—拟阵，但无法证明 3—拟阵问题存在多限式算法的基础上，研究一些具体的非 2—拟阵问题，并给出其多项式算法，从而对 3—拟阵所具有的性质进行更深入的研究。此外，许国志院士对交通领域也进行了一系列深入的研究，从顺序剖分和成组剖分中，他得到了衡量一个有限整数序列的“颠倒序”和“混杂序”。从宝塔型车组这一具体问题，证明并给出长度为 n 的有限整数序列的最大混杂度。

管梅谷　管梅谷教授一直从事运筹学，组合优化与图论方面的研究工作，是国内外知名度很高的学者。早在 1962 年，管梅谷教授在国际上最先提出中国邮递员问题，现在被国际组合数学与图论界命名为“中国邮路问题”，载入经典著作中这是运筹学领域第一个由中国人提出的经典运筹学问题。自 1986 年以来，管教授又致力于城市交通规划的研究，提出了若干交通优化的数学模型，并在我国最早引进加拿大的交通规划 EMMEⅡ软件，取得一系列重要研究成果。

袁亚湘　中国科学院数学与系统科学研究院袁亚湘研究员在非线性优化计算方法及其理论方面，取得了一系列的重要成果。他的贡献主要集中在信赖域法、拟牛顿法和共轭梯度法三个方面。在信赖域法算法设计和收敛性分析方面所做的工作是开创性的，特别是对于非光滑优化信赖域方法的研究得出了一系列重要的收敛性定理，给出了超线性收敛的充分必要条件。他因此在 1984 年获英国剑桥大学数学学业部研究生论文竞赛唯一的一等奖，以及 1985 年在英国伦敦获首届青年国际数值分析奖二等奖。他给出了双球信赖域子问题的最优性条件，证明了截断共轭梯度法的“1/2 猜想”。在拟牛顿方法的理论研究方面，他和美国科学家合作证明了一类拟牛顿方法的全局收敛性，这是非线性规划算法理论在 80 年代最重要的成果之一。他和学生戴彧虹合作提出的“戴—袁方法”被认为是非线性共轭梯度法四个主要方法之一，他还首创性地提出了用信赖域方法和传统的线搜索方法的结合来构造新的计算方法，开创了利用非二次模型信息构造二次模型子问题的方法，提出了非拟牛顿方法。国外同行称袁亚湘在信赖域方法领域取得的成就是基石性的成果，他的贡献对非线性最优化领域是至关重要的。

叶荫宇　叶荫宇发表了多篇在世界范围内有影响的论文，取得了一些知名的理论成果。2005 年他被 ISI 选为在世界范围内其科技成果被应用最多的科学家之一，叶荫宇教授多次被邀请为国际重要会议的大会发言者，如 2000 年和 2006 年两次被邀请为数学规划会议大会发言者，是麻省理工学院（MIT）计算机工程系统 2002 年杰出报告人，第十七届数学规划大会的发言者，波音等著名公司的顾问。叶荫宇教授还长期担任多种运筹学、优化与工程等领域杂志的主编或编辑；2007 年当选为国际工业与应用数学学会优化分会（SIAG/OPT）副主席。2009 年 10 月 12 日，在美国加州圣地亚哥举办的运筹管理协会年会（INFORMS Annual Meeting）上叶荫宇被授予运筹管理学领域最高奖项——冯·诺伊曼理论奖，以表彰其在运筹管理学所作出的巨大贡献。

越民义　越民义的第一项贡献为“排队论”研究；第二项重要贡献是非线性最优化的既约梯度法及收敛性研究。既约梯度法是非线性最优化的一类经典方法，具有重要的应用价值，它最早由美国著名学者 P. 沃尔夫（Wolfe）于 1962 年提出，但是沃尔夫的方法不具备全局收敛性。1979 年,越民义和韩继业提出了新的既约梯度法,并在很弱的条件下证明了它具有全局收敛性以及其他重要性质。他的第三项重要贡献是对于组合优化中流水作业时间表问题、多处理器时间表问题和装箱问题的算法研究。

1996 年中科院数学与系统科学研究院的章祥荪研究员、崔晋川研究员由于在运筹学领域的贡献,获得了第十四届 IFORS 运筹学进展奖一等奖,四川大学刘光中、徐玖平获得二等奖,这是我国运筹学家首次获得国际运筹学领域的重要奖项,也标志着我国运筹学的研究进入国际先进水平。此外,中科院数学所刘源张院士在质量控制管理、陈锡康研究员在投入产出技术分析、复旦大学孙小玲教授在整数规划理论、北京交通大学修乃华教授在变分不等式及其互补问题、大连理工大学张立卫教授在锥优化理论、解放军理工大学徐泽水教授在信息集成算子、清华大学刘宝碇教授在不确定规划等。还有许多从事运筹学理论及应用研究的科学家们在运筹学领域都取得了一系列重要的成果,这些理论成果极大地推动了我国运筹学的发展。

1.3 国内外运筹学组织与知名期刊

随着运筹学理论与方法的日益增多,以及运筹学在生产生活中的广泛应用,目前运筹学已成为一个独特的研究领域,各行各业的工作者都试图掌握一定的运筹学方法来优化自己的工作。与实际生产生活良好的接驳使得运筹学得到迅速的发展,目前世界上存在大量的运筹学研究协会以及多种刊载运筹学领域研究成果的学术刊物,这些组织和刊物是运筹学发展和不断完善的推动者,下面对目前世界上较为有影响力的运筹学研究组织以及学术刊物进行简单的介绍(见表 1-1)。如果读者想进一步了解它们,可以进入文中提供的网络地址,获得更为详细的信息。

1.3.1 运筹学组织与国际会议

1. 国际运筹学会联合会

国际运筹学会联合会(International Federation of Operational Research Societies)是各国运筹学会联合组成的非政府性学术组织,缩写为 IFORS。1959 年成立。1983 年有 35 个国家和地区的运筹学会作为该会正式会员国(有表决权),另外还有 6 个学会和专门机构是无表决权的会员。联合会约有 25700 名会员。联合会的宗旨是推进运筹学知识的国际交流。第一任主席是英国的 C. 古迪夫。我国从 1975 年(第七届)起每届会议均派代表团参加。中国数学会在 1980 年成立运筹学会,并于 1982 年 5 月正式加入该联合会。联合会设管理委员会。秘书处设在丹麦工业大学。管理委员会下设教育委员会、出版委员会、外事委员会和计划与程序委员会。联合会还经常与其他学会共同组织一系列国际会议。它是 5 个国际学会协调委员会(FIACC)成员之一,其他 4 个为国际自动控制联合会(IFAC),国际信息处理联合会(IFIP),国际测量联合会(IMEKO),国际仿真数学与仿真计算机学会(IAMCS)。近年来联合会还建立了一些地区性分会,如欧洲运筹学会联合会。

国际运筹学会联合会自 1957 年起每三年召开一次国际运筹学会议,出版物有《国际运筹学摘要》。详情请参见网址:http://www.ifors.org/。

2. 国际运筹学与管理科学学会

国际运筹学与管理科学学会(The Institute for Operations Research and the Management Sciences,INFORMS)是由美国运筹学会和美国管理科学学会于 1995 年合并而成。

国际运筹学与管理科学学会(INFORMS)聚集了大量运筹学和管理学(OR/MS)以及信息技术等相关领域的专业人才,其成员将科学的工具和方法付诸实践,提高系统和实际操作的时效,并做出更好的管理决策。OR/MS 是将工程学、数学、物理学、信息以及社会科学中的原则和方法拓展综合,融为一体的学科。

国际运筹学与管理科学学会(INFORMS)致力于促进、推动运筹学和管理学(OR/MS)领域里各学科的学术交流、推动学科发展。

INFORMS 是国际运筹学会联合会成员之一,负责出版十余种学术期刊,包括知名的 *Operations Research* 和 *Management Science*。该学会每年召开一次国际学术大会。想获取更为详细的信息请参见网址:http://www.informs.org/(英文)以及 http://www.informs.org.cn/(中文)。

3. 亚太运筹学联合会

亚太运筹学联合会(The Australian Society For Operations Research(ASOR))主要服务对象为运筹学者,经理,学生和教育者,它发行一份国家报告和一份时事通讯。学会是运筹学学者的交流平台,学会与其他组织也有交流。

学会的目标是培养和鼓励运筹学理论的发展;培养和鼓励运筹学在任何适合的场所的应用;培育运筹学及其相关学科的信息和思想进行最广泛的交流;确定运筹学未来发展的方向。详情请参见网址:http://www.asor.org.au/。

4. 中国运筹学会

中国运筹学会是中国运筹学工作者的学术性群众团体,是依法成立的社团法人,是发展中国运筹学事业的一支重要社会力量,是中国科学技术协会的组成部分。

1980 年 4 月,中国数学会运筹学分会成立。这对运筹学在我国的发展,无疑起到很大的推动作用。1991 年,中国运筹学会成立。中国运筹学会积极组织广大运筹学工作者,广泛开展国内外学术交流活动。通过这些年卓有成效的努力,中国运筹学界涌现出了一批又一批学术新人,而运筹学本身在中国也发生了从无到有、从幼稚到成熟的质的变化。在注重自身发展的同时,中国运筹学会也积极开展同国际运筹学界的交流与合作,主办了多次大型国际学术会议,并通过这些国际学术交流活动确定了中国运筹学会在整个国际运筹学界中的地位。中国运筹学会正以成熟的姿态屹立在国际科技舞台上。

中国运筹学会现有专业委员会 11 个、地方分会 9 个,团体会员 68 个,个人会员 1200 多人,集中了全国运筹学最优秀的科研人员。同时,中国运筹学会还主办《运筹学学报》和《运筹与管理》两份杂志。详情请参见网址:http://www.orsc.org.cn/。

1.3.2 外文运筹学期刊

1. *Operations Research*

Operations Research(运筹学)的使命是为全部运筹学团体提供服务,包括实践者、研究者、教育者和学生。*Operations Research* 作为全球运筹学领域内的旗舰期刊致力于发表真实的有洞察力的研究结果。每一期的 *Operations Research* 都尽力发表那些在运筹学领域内具有创造性的好文章。因此,*Operations Research* 接受文章的主要标准有 3 条:(1)该文章对于运筹学领域内的一些分支学科是非常重要的;(2)该文章包含重要的洞察力;(3)该文章对相关领域确实

做出了实质性贡献,并且这种贡献是经得起时间考验的。

网址:http://iol-a.informs.org/site/OperationsResearch/。

2. *Management Science*

Management Science("管理科学")是学术性月刊,主要刊登有关科学地分析管理人员存在的问题、他们的兴趣以及所关注的事物的文章。期刊旨在通过刊登这些理论研究、计算研究和实证研究成果,来促进私营企业和国有企业科学管理,而这些研究成果是建立在多种管理学分支学科的知识的基础上,包括会计、商务战略、决策分析、金融、信息系统、市场营销、运行管理、运筹学、组织行为学和产品或技术管理。

网址:http://mansci.pubs.informs.org/;http://www.informs.org.cn/a05.html。

3. *European Journal of Operational Research*

European Journal of Operational Research("欧洲运筹学杂志")1977 年创刊,全年 24 期,由 Elsevier Science 出版社出版,杂志中的文章被 SCI、EI。该期刊主要发表运筹学在商业、工业中的应用以及理论发展等方面的研究论文及简讯、书评等。

网址:http://www.elsevier.com/locate/ejor/。

4. *Mathematical Programming*

Mathematical Programming("数学规划")出版数学规划方面的原创性文章。包括理论、计算和应用方面的研究,涉及线性规划、非线性规划、整数规划、随机规划、建立和应用数学规划模型的技巧、无约束最优化问题、控制与对策论。该期刊尤其对数学规划新的应用和与计算科学的交叉感兴趣。

数学规划期刊包括两个系列,其中,系列 A 主要刊登关于数学规划的原创性研究、计算实验的报告、探索性的调查、创新性的实际应用等的论文和短文。系列 B 主要刊登当前数学规划研究领域内的热点专题文章。

网址:http://www.mathprog.org/。

5. *Mathematics of Operations Research*

Mathematics of OR("运筹学数学")是 INFORMS 主办的一份国际性期刊。期刊主要刊登运筹学和管理学领域里包含重大的数学成果的优秀基础性文章,内容涵盖了连续最优化、离散最优化、随机最优化、数学规划、动态规划、随机过程、随机性模型、模拟方法学、控制及适配、网络、博弈理论和决策理论等领域内数学和计算基础方面的研究性文章,同时也接受创新性数学理论的文章。《运筹学数学》对那些在数学领域内和运筹学及管理学有关联的文章都非常感兴趣,它所强调的不仅是正确,还在于文章的原创性、质量和重要性。

网址:http://www.informs.org.cn/a08.html。

1.3.3 中文运筹学期刊

1.《运筹学学报》

该刊是中国运筹学会会刊,反映运筹学各领域的最新进展、动态、理论、成果等,促进学术交流。是国内唯一的一份全面刊载运筹学各方面的学术性刊物。该刊于 1997 年创刊，为季刊。

网址：http://ycxxb.periodicals.net.cn/default.html。

2.《系统工程学报》

该学报是中国系统工程学会会刊，由中国系统工程学会主办、天津大学承办的全国中文核心刊物，主要刊登系统工程和管理工程领域高质量的论文，内容包括复杂系统理论与应用、控制理论与应用、系统建模与预报、优化理论、决策与对策、金融工程、生产计算机与高度、供应链、电子商务、管理信息系统、交通系统工程、可靠性分析及相关的人工智能技术等。该刊适合于从事系统工程和管理工程的研究员、高校师生阅读。国际刊号：ISSN 1000－5781。

网址：http://xtgcxb.periodicals.net.cn/default.html。

3.《系统科学与数学》

《系统科学与数学》是国内外公开发行的学报类季刊，是国内核心期刊之一。该刊主要刊登系统科学与数理科学在理论和方法上具有创造性的学术论文、创造性地解决实际问题的科学技术报告以及重要学术动态的报道。

该刊的读者对象是国内外系统科学与数理科学的科学技术与教学工作者，国家最高科技奖得主吴文俊院士有关数学机械化机器证明的奠基性论文就发表在《系统科学与数学》1984 年第 4 期上。该刊刊登内容包括：系统建模、系统控制、系统分析、系统管理、信息处理、数理统计、构造数学、数学物理、应用泛函以及有关的一些近代数学分支的学术论文及技术报告；重要学术动态和学术活动信息等。

网址：http://www.sysmath.com/index.asp。

4.《系统工程理论与实践》

《系统工程理论与实践》（月刊）是中国系统工程学会会刊，是由中国科学技术协会主管、中国系统工程学会主办的集系统科学、管理科学、信息科学等为一体的综合科技期刊，创刊于 1981 年 3 月，国际标准连续出版物号：ISSN1000－6788。是中国在管理类期刊中唯一进入国际 EI 检索的科技期刊。

该刊内容定位为：系统工程在工业、农业、军事、教育、科研、经济与金融、及信息管理等领域中的重要应用成果，解决实际问题的具有重要意义的创造性的优秀理论成果；介绍国内外重大研究进展和人物等的动态报道和综述文章，以及优秀书刊评介等。

网址：http://www.sysengi.com/。

5.《管理工程学报》

管理工程学报（ISSN 1004－6062，CN33－1136/N）是由国家教委管理工程专业教学指导委员会出版、委托浙江大学主办的全国唯一与管理工程学科领域相对口的学术性刊物，创刊于 1988 年，为国家科委中国科技信息研究中心中国科技论文统计源期刊。

该刊内容覆盖管理工程理论新涉及的广大学科领域，特别适于发表经济、科技、教育等学科与管理理论、管理方法相交叉的理论研究与实际问题相结合的文章。服务对象为全国管理工程、经济财会、科技类学校与研究机构的教学、研究人员、学生和有志于理论研究的企业界人士。

网址:http://glgu.chinajournal.net.cn/。

6.《管理科学学报》

该学报是由国家自然科学基金委员会管理科学部主办,由天津大学承办,是我国管理科学领域具有权威性的一级学术刊物。重点刊载有关管理科学的基础理论、方法与应用等学术性研究成果,以及已取得社会或经济效益的应用性研究成果。该学报于1998年创刊,为双月刊,国际刊号:ISSN 1007-9807。

网址:http://jcyj.chinajournal.net.cn/。

7.《运筹与管理》

《运筹与管理》是由中国运筹学会主办、合肥工业大学承办的学术性期刊。该刊的宗旨是交流运筹学与管理科学工作者的研究成果,推进运筹学在经济计划、投资决策、风险分析、企业管理、生产控制、结构优化、信息技术及军事领域的应用。主要刊登运筹学、运筹数学、管理科学方面的学术研究成果及在国民经济各部门中创造性地解决实际问题行之有效的方法与经验。

网址:http://ycgl.chinajournal.net.cn/。

表1-1 运筹学组织与国际会议

运筹学组织与国际会议	国际运筹学联合会
	亚太运筹学联合会
	国际运筹学与管理科学学会
	中国运筹学会
外文运筹学期刊	*Operations Research*
	Management Science
	European Journal of Operational Research
	Mathematical Programming
	Mathematics of Operations Research
中文运筹学期刊	《运筹学学报》
	《系统工程学报》
	《系统科学与数学》
	《系统工程理论与实践》
	《管理工程学报》
	《管理科学学报》
	《运筹与管理》

1.4 国内外运筹学的应用情况

"运筹"一词,本指运用算筹,后引申为谋略之意。"运筹"最早出自于汉高祖刘邦对张良的评价:“运筹帷幄之中,决胜千里之外。”不论在国内还是国外都不乏运筹应用的实例,如:在战国时期“田忌赛马”的故事,从中可以看出在已有的条件下,通过周密的筹划,选择一个较好的方案就会取得较好的结果。第二次世界大战时,英军首次邀请科学家参与军事行动研究(operations research,在英国又称 operational research 或 OR/MS,management science),战后这些研究结果用于其他用途。在现代时期,运筹学的研究更加深入,应用也更加广泛,这里将以运筹学在某些领域的例子予以说明。

◆ **市场营销管理**

市场营销过程中的广告预算和媒介的选择、竞争性定价、新产品开发、销售计划的制订等方面都可以运用运筹学进行定量分析,确定最优方案。如 Swift 公司将运筹学应用于改善销售与制造业绩,每年为该公司创造额外收益 1200 万美元;美国杜邦公司从 20 世纪 50 年代起就非常重视将运筹学用于研究如何做好广告工作,产品定价和新产品的引入;通用电力公司对某些市场进行模拟研究。

◆ **生产计划与管理**

使用运筹学方法从总体上确定适应需求的生产、贮存和劳动力安排等计划,以谋求最大的利润或最小的成本,运筹学主要用线性规划、整数规划以及模拟方法来解决此类问题。如巴基斯坦某一重型制造厂用线性规划安排生产计划,节省 10% 的生产费用;保洁公司在生产与分配系统的重新设计方面应用运筹学每年为公司节约 2 亿美元的成本。此外还可用于生产作业计划、日程表的编排等以及在合理下料、配料问题、物料管理等方面的应用。

◆ **库存管理**

主要应用于多种物资库存量的管理,确定某些设备的能力或容量,如停车场的大小、新增发电设备的容量大小、电子计算机的内存量、合理的水库容量等。美国某机器制造公司应用存储论后,节省 18% 的费用;三星电子将运筹学应用于库存管理,每年增收 2 亿美元;迪尔公司将运筹学应用于对整条供应链进行库存管理以减少库存量,为公司每年节约 10 亿美元的成本。

◆ **物流管理与运输问题**

在企业管理中经常出现运输范畴内的问题,例如,工厂的原材料从仓库运往各个生产车间,各个生产车间的产成品又分别运到成品仓库。这种运输活动一般都有若干个发货地点(产地)、又有若干个收货地点(销地);各产地有一定的可供货量(产量);各销地各有一定的需求量(销量);运输问题的实质就是如何组织调运,才能满足各地的需求,又使总的运输费用(公里数、时间等)达到最小。运输模型是线性规划的一种特殊模型,这模型不仅实用于实际物料的运输问题,还实用于其他方面,包括新建厂址的选择、短缺资源的分配问题、生产调度问题等。

涉及空运、水运、公路运输、铁路运输、管道运输等问题以及空运飞行航班和飞行机组人员服务时间安排有以下例子:联合航空公司将运筹学应用于对机场和后备部门职员的工作计划安排,为公司每年节约大约 500 万美元的成本;加拿大太平洋铁路公司将运筹学应用于铁路货运的日常安排,每年增收 1 亿美元的收益等。水运有船舶航运计划、港口装卸设备的配置和船到港后的运行安排。公路运输除了汽车调度计划外,还有公路网的设计和分析,市内公共汽车路线的选择和行车时刻表的安排,出租汽车的调度和停车场的设立。

◆ **财务和会计**

运筹学的理念在财务与会计中显得更为突出也就是说它解决企业如何最有效地利用资金资源的问题。其涉及投资决策分析、成本核算分析、证券管理等。在投资决策分析中,企业如何利用剩余资金,如何投资往往有多种方案。而运筹学的作用就是要对这些不同的投资方案进行决策,以确定最优的方案,使得企业的收益最大。通常是利用线性规划模型、决策论来进行判断。

◆ **人事管理**

这里涉及六个方面。第一是人员的获得和需求估计;第二是人才的开发,即进行教育和训练;第三是人员的分配,主要是各种指派问题;第四是各类人员的合理利用问题;第五是人才的评价,其中有如何测定一个人对组织、社会的贡献;第六是工资和津贴的确定等。

◆ **工程设计与管理决策方面**

在这方面可以运用运筹学使完成工程任务的时间最少,运输的费用最节省等。

◆ **城市管理**

这里有各种紧急服务系统的设计和运用。如救火站、救护车、警车等分布点的设立。美国曾用排队论方法来确定纽约市紧急电话站的值班人数;加拿大曾研究一城市的警车的配置和负责范围,出事故后警车应走的路线等。此外有城市垃圾的清扫、搬运和处理,城市供水和污水处理系统的规划,等等。

我国运筹学的应用在理论联系实际的思想指导下,在交通运输、工业、农业、水利建设、邮电等方面都有广泛应用。尤其是,在运输方面,从物资调运、装卸到调度等都应用到运筹原理;在工业生产中推广了合理下料、机床负荷分配;在纺织业中曾用排队论方法解决细纱车间劳动组织、最优折布长度等问题;在农业中研究了作业布局、劳力分配和麦场设置等;在光学设计、船舶设计、飞机设计、变压器设计、电子线路设计、建筑结构设计和化工过程设计等方面也都有成果。存储论在我国应用较晚,20 世纪 70 年代末存储论在汽车工业和其他部门的应用取得了成功。近年来运筹学的应用已趋向研究规模大和复杂的问题,如部门计划、区域经济规划等。

第二章　线性规划

【本章要点】

随着计算机技术的发展和普及,线性规划作为当代用途最广泛的运筹学方法之一,它已经在工业、农业、资源配置、运输、军事及经济管理等许多领域得到了广泛的应用。线性规划(Linear Programming)的创始人是美国人 G. B. 丹齐克(Dantzing),1951 年他提出了单纯形算法并于 1963 年写成《线性规划与扩展》(*Linear Programming and Extension*)。在日常生活中,我们经常面临着有限资源与实现目标之间的矛盾,如何利用有限资源(人力、物力、财力等)获得最大的经济效果以达到最佳的组织目标是每一个管理者的经常面临的问题。比如,在制订生产计划和进行生产管理的过程中,公司的生产经理要尽可能多地生产产品,但会受到生产设备的限制;投资经理希望使项目的成本最小化,可是会受到项目完成时间的限制;公司的总经理则需要统筹考虑生产、市场、投资等各方面的资源投入与产出,从而实现整体利益的最大化。这些问题都有三个共同要素:

1. 追求的目标条件:所要达到的最优结果(收益最大或成本最小)
2. 约束条件:一系列限制条件
3. 实现目标的多种方法

这类问题称为有约束条件的最优化问题。

本章以生活实践中能转换成线性规划模型的问题为引子,介绍线性规划的基本概念、数学模型及解法,针对一些特定经济管理问题构建线性规划模型,并运用 MATLAB 等常用软件工具求解得到最优决策结果的方法。在学习本章前需要熟悉线性代数相关内容并了解计算机操作的相关知识。

通过本章的学习你能够:熟悉线性规划的概念及线性规划使用的范围;掌握特定线性规划问题的建模方法;运用图解法或单纯形法求解线性规划模型;运用软件求解得到最优决策结果;运用线性规划方法针对实际问题建立数学模型并求得最优结果。

【学习指导】

教学内容	学习要点	学习难点	掌握的意义
2.1 线性规划问题的提出及其数学模型的基本概念	线性规划一般模型及其表示形式	线性规划的概念及其模型特征，建立线性规划模型	能很快地识别线性规划模型
2.2 线性规划问题的图解法	了解线性规划的图解法，会用图解法求解简单的线性规划问题	熟悉用图解法求解以及分析可行域与最优解之间的关系	会用图解法快速求得简单线性规划问题的最优解
2.3 线性规划解的相关概念及其基本定理	熟悉线性规划的相关概念及其基本定理	熟悉线性规划解之间的关系及定理的应用	能够求线性规划问题的各种解，并运用定理对线性规划解是否存在进行判断
2.4 单纯形法	熟悉掌握单纯形法，及大 M 法和两阶段法求解线性规划问题	掌握单纯形法、大 M 法和两阶段法的求解过程及理论依据	能熟练运用单纯形法求解线性规划问题
2.5 5种线性规划应用模型	理解线性规划模型在日常生活中的应用，并能举一反三	针对实际问题，构建线性规划模型、求最优解	能用线性规划模型解决实际问题
2.6 运输问题	了解运输问题的一般模型及其特点，会用表上作业法求解运输问题	构建运输模型、熟悉表上作业法的求解步骤的理论	通过构建运输模型解决日常生产生活中的运输问题
2.7 运用计算软件求解线性规划问题及运输问题	熟悉 MATLAB 软件的操作并运用其求解线性规划问题及运输	如何操作 MATLAB 软件求解线性规划问题	能快速运用软件操作求得模型的最优解

【引导案例】

某公司如何安排销售计划，实现利润最大化？

例1 某公司在计划期内销售 A、B 两种新产品。销售一件 A 产品可获得利润 50 元，销售一件 B 产品可获得利润 30 元；计划期间销售这两种新产品每件需广告费分别为 3 元和 2 元，需劳动工时 8 和 10 个单位。已知该公司在计划期内可提供的广告费和劳动工时分别为 1000 元和 400 个单位，如表 2-1 所示，要使该公司在计划期内获得最大利润，如何安排销售计划？

表 2-1

	广告费(元/每件)	劳动工时数(单位/每件)	可获利润(元/每件)
A 产品	3	8	50
B 产品	2	10	30
广告费限额	1000		
劳动工时限额		400	

问题分析：这个销售计划可用数学的语言来描述，即可以用数学模型来表达该问题。假设该公司在计划期内销售 A、B 两种新产品的数量分别为 x_1 件、x_2 件。用 Z 表示该公司计划期内获得的利润，该公司的目标是在计划期内获得最大利润，则可用数学语言表示为：

$$\max Z = 50x_1 + 30x_2$$

由于该公司的销售受到广告费的限制，即

$$3x_1 + 2x_2 \leqslant 1000$$

劳动工时数的限制，即

$$8x_1 + 10x_2 \leqslant 400$$

综合上述可得到以下数学模型：

$$\max Z = 50x_1 + 30x_2$$

$$\text{s. t.} \begin{cases} 3x_1 + 2x_2 \leqslant 1000 \\ 8x_1 + 10x_2 \leqslant 400 \\ x_1 \geqslant 0, x_2 \geqslant 0 \end{cases}$$

某保健品公司如何以最低的成本配制满足营养要求的保健品？

例 2 某保健品公司用 A、B 两种原料配制保健品，A、B 两种原料的营养成分及配合饲料中所含各营养成分最低量由表 2-2 给出。原料以公斤为单位，提取的营养单位为克，已知：每公斤 A、B 原料的价格分别为 10 元和 20 元，求满足营养需要的保健品最小成本配方？

表 2-2

营养成分	A 原料 x_1（克/公斤）	B 原料 x_2（克/公斤）	最低含量
脂肪	2	2	20
蛋白质	6	2	30
维生素	2	12	30

问题分析：这个最低成本配方问题可用数学语言来描述，假设在配制保健品中，用 A 原料 x_1 公斤，B 原料 x_2 公斤，该公司的目标是获得最小成本，用 Z 表示成本，则总成本为 $\min Z = 10x_1 + 20x_2$。该公司保健品的配制受到含量的限制，即使配制这种保健品的营养成分含量满足最低要求，依据题意三种营养成分的限制因素可表示为：$2x_1 + 2x_2 \geqslant 20$，$6x_1 + 2x_2 \geqslant 30$，$2x_1 + 12x_2 \geqslant 30$。

综上所述我们可以得到数学模型如下：

$$\min Z = 10x_1 + 20x_2$$

$$\text{s. t.} \begin{cases} 2x_1 + 2x_2 \geqslant 20 \\ 6x_1 + 2x_2 \geqslant 30 \\ 2x_1 + 12x_2 \geqslant 30 \\ x_1, x_2 \geqslant 0 \end{cases}$$

2.1 线性规划问题及其数学模型

从上述的引例我们可以归纳出，线性规划问题的基本特征以及模型的特点。

2.1.1 线性规划问题的特征

从引例中的两个数学模型中可以看出它们具有的共同特征：

(1) 有一组决策者可以控制的决策变量, $x_1, x_2, \cdots, x_n$。

(2) 有一个目标函数,该目标函数是决策变量的线性函数。

(3) 有一组约束条件,每一个约束条件是决策变量的线性等式或不等式。

我们把这类模型都称为线性规划问题,其模型建立过程可分为三个步骤:

(1) 确定决策变量——决策要控制的变量;

(2) 构建目标函数——数学描述最优决策目标;

(3) 确定一系列的约束条件(包括决策变量是否非负)——实现目标的一组线性约束条件。

2.1.2 线性规划的一般模型

由以上例子中可以归纳出线性规划模型的一般形式如下:

$$\max(\min) Z = c_1x_1 + c_2x_2 + \cdots + c_nx_n$$

$$s.t.\begin{cases} a_{11}x_1 + a_{12}x_2 + \cdots + a_{1n}x_n \leqslant (=, \geqslant) b_1 \\ a_{21}x_1 + a_{22}x_2 + \cdots + a_{2n}x_n \leqslant (=, \geqslant) b_2 \\ \cdots \\ a_{m1}x_1 + a_{m2}x_2 + \cdots + a_{mn}x_n \leqslant (=, \geqslant) b_m \\ x_1, x_2 \cdots x_n \geqslant 0 \end{cases} \tag{2-1}$$

或

$$\max(\min) Z = \sum_{j=1}^{n} c_j x_j \tag{2-2}$$

$$\begin{cases} \sum_{j=1}^{n} a_{ij}x_j \leqslant (= \geqslant) b_i \quad (i = 1,2,3,\cdots,m) \\ x_j \geqslant 0 \quad (j = 1,2,\cdots,n) \end{cases}$$

式中 $x_j(j=1,2,\cdots,n)$ 称为决策变量; $c_j(j=1,2,\cdots,n)$ 称为目标函数系数(亦称为价值系数); $b_i(i=1,2,\cdots,m)$ 称为约束条件的右端项(亦称为资源限量); $a_{ij}(i=1,2,\cdots,m; j=1,2,\cdots,n)$ 称为约束条件系数(亦称为消耗系数)。

2.2 线性规划问题的图解法

图解法是直接在直角坐标系中作图来求解线性规划问题的一种方法。该方法仅适用于两个变量的线性规划问题的求解,但这种方法简单,直观,而且其求解过程以及图解法所获得的结论能够推广到多个变量的线性规划问题,因此,图解法是在线性规划的学习过程中应该掌握的一种求解方法。

图解法的一般步骤:

(1) 建立直角坐标系(如果两个变量有非负要求,即在第一象限考虑其他的约束条件)。

(2) 确定可行解的集合。逐个确定满足每个约束包括变量非负要求的区域,取其交集即可得到可行解的集合(亦称为可行域)。

(3) 确定目标函数的等值线。首先确定目标函数的梯度方向,过原点作一条矢量指向点 (c_1, c_2),目标函数增加的方向就是矢量的方向,称为梯度方向,再作一条与该梯度垂直的直线,这条直线就是目标函数等值线。即目标函数的等值线向着其梯度的方向移动其函数值越来越大。

（4）求最优解。移动目标函数等值线若是求最大值，即目标函数的等值线沿着其梯度的方向移动，目标函数值越来越大。或者若目标函数求最小值，即目标函数的等值线沿着其梯度的反方向移动目标函数值越来越小。等值线与可行域边界最后相交的点对应的坐标就是最优解。

【例2-1】 用图解法求解线性规划

$$\max\ Z=4x_1+3x_2$$

$$s.t.\begin{cases}x_1+2x_2\leqslant 8\\3x_1-x_2\leqslant 4\\x_1x_2\geqslant 0\end{cases}$$

解：（1）首先考虑约束条件

在以 x_1,x_2 为坐标轴直角坐标系中，非负条件 $x_1,x_2\geqslant 0$ 是指第一象限。画出每个约束条件包括非负要求的区域。如约束条件 $x_1+2x_2\leqslant 8$ 是代表以直线 $x_1+2x_2=8$ 为边界，与其梯度反向的半平面（左下方），$3x_1-x_2\leqslant 4$ 代表以直线 $3x_1-x_2=4$ 为边界，与其梯度反向的半平面. 同时满足：$x_1,x_2\geqslant 0$，$x_1+2x_2\leqslant 8$ 和 $3x_1-x_2\leqslant 4$ 的点。必然落在由这两个半平面相交的第一象限的区域内，即图2-1的阴影部分。阴影区域中的每一个点（包括边界点）都是这个线性规划问题的解（称为可行解），因此，此区域是例2-1的解集合，称它为可行域。

（2）考虑目标函数——作一条目标函数的等值线

画出目标函数的梯度方向，作一条垂直于梯度的直线，该直线就是目标函数的等值线（或令 $Z=0$，作直线 $4x_1+3x_2=0$，是一条目标函数的等值线），当目标函数的等值线沿着梯度的方向移动，Z 值越来越大。

（3）移动目标函数

目标函数（求最大值）等值线沿着其梯度方向移动（若求最小值，则沿目标函数梯度的反方向移动）直到与可行域相交的最后一点，即 B 点为止，使 Z 值在可行域的边界上实现最大化，（见图的虚线）即 B 点坐标 $\left(\frac{16}{7},\frac{20}{7}\right)$ 是该线性规划问题的最优解。可计算出最大目标函数值 $Z=4x_1+3x_2=\frac{124}{7}$，如图2-1所示。

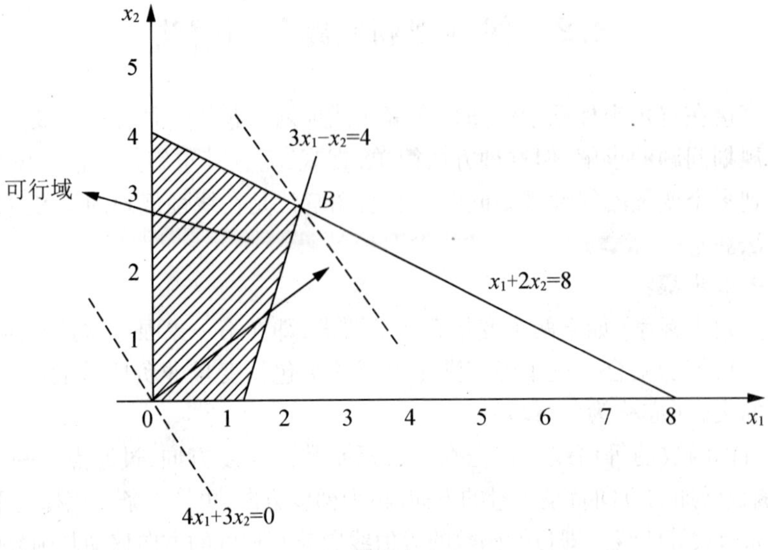

图2-1

上述例中求解得到的问题的最优解只有一个，但对于一般的线性规划问题，求解结果还可能出现以下几种情况：

【例 2-2】 有多个最优解的情况

$$\max Z = 2x_1 + 3x_2$$

$$s.t.\begin{cases}2x_1 + 3x_2 \leqslant 50\\2x_1 + x_2 \leqslant 30\\x_1, x_2 \geqslant 0\end{cases}$$

解：由图解法作出图 2-2，可以看出由于目标函数移动到与可行域的最后相交一线段 BC（目标函数与第一个约束方向相同），该线段上的任何一点都有相同的目标函数最优值，因此，BC 线段上的任何一点都是最优解，即有无穷个最优解。

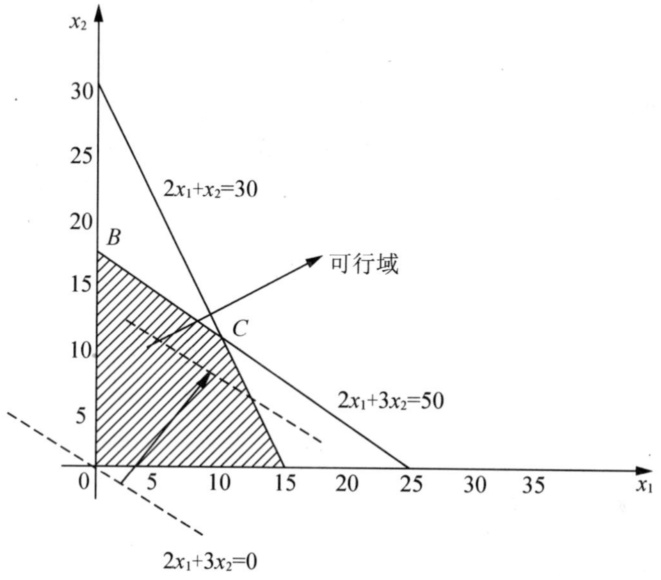

图 2-2

【例 2-3】 约束条件可行域无界的情况

$$\max Z = 2x_1 - 3x_2$$

$$s.t.\begin{cases}2x_1 + x_2 \geqslant 1\\-x_1 + 2x_2 \leqslant 2\\x_1, x_2 \geqslant 0\end{cases}$$

解：由图 2-3 可以看出，要达到最大值，目标函数直线可在可行域中沿梯度方向继续平移直到无穷远，x_1，x_2 及 Z 都趋于无穷大（无上界），这种情形称为无界解，即无最优解。若该线性规划模型的约束条件不变，而目标变为求最小值，则该线性规划问题有最优解，最优解为（0，1），最小值 $Z = -3$。该例说明，当可行域无界时，可能有最优解，可能无最优解。

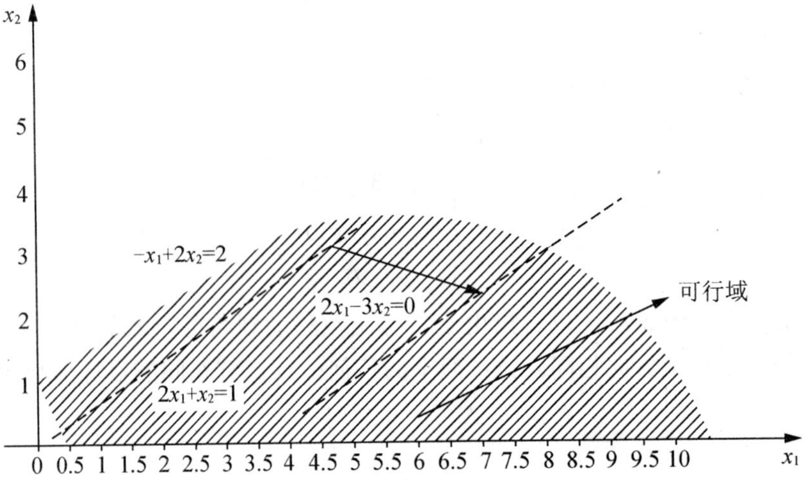

图 2-3

【例 2-4】 无可行域的情况

$$\max\ Z = 2x_1 + 3x_2$$

$$s.t.\begin{cases}2x_1 + x_2 \geqslant 4\\3x_1 + x_2 \leqslant 3\\x_1, x_2 \geqslant 0\end{cases}$$

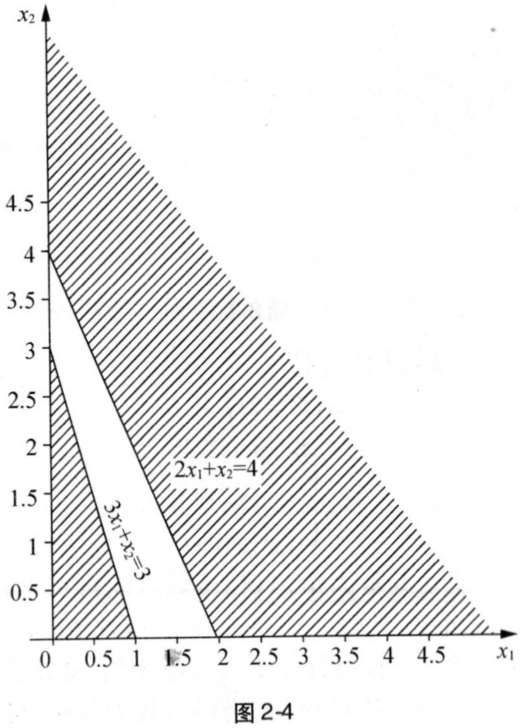

图 2-4

解：由图 2-4 可知，该规划问题的两个约束条件无相交的部分即在范围内无公共可行解区域，所以，该线性规划问题无可行解。

从图解法可以得到如下结论：

1. 线性规划的解有四种情况：(1)有唯一最优解(例 2-1)；(2)有多个最优解(例 2-2)；(3)有无界解(例 2-3)；(4)无可行解(例 2-4)，前两种情况是存在最优解，后两种情况是不存在最优解。

2. 当线性规划问题的可行域非空时，线性规划问题的可行域是有界或无界的凸多边形。

3. 若线性规划问题存在最优解，它一定可在可行域的某个顶点得到。

4. 若在可行域的两个顶点同时得到最优解，那么在以这两个顶点为端点的线段上的任何一点都是最优解，即有无穷多最优解。

2.3 线性规划的相关概念及基本定理

2.3.1 线性规划的标准型

从线性规划问题的一般形式我们可以看出，线性规划问题不止一种形式，目标函数有 max，min；约束条件有大于等于(≥)，也有小于等于(≤)，决策变量一般是非负约束，但也有没有非负约束的情况。这种具有多种形式的数学模型可经过一些简单的代数变换为一种形式，即标准型式；为了寻求一般线性规划问题的最优解，故规定线性规划问题的标准型如下：

$$\max Z = c_1x_1 + c_2x_2 + \cdots + c_nx_n$$

$$s.t.\begin{cases} a_{11}x_1 + a_{12}x_2 + \cdots + a_{1n}x_n = b_1 \\ a_{21}x_1 + a_{22}x_2 + \cdots + a_{2n}x_n = b_2 \\ \cdots \\ a_{m1}x_1 + a_{m2}x_2 + \cdots + a_{mn}x_n = b_m \\ x_1, x_2, \cdots, x_n \geqslant 0 \end{cases} \tag{2-3}$$

或用矩阵形式：

$$\max Z = CX$$

$$\begin{cases} AX = b \\ X \geqslant 0 \end{cases} \tag{2-4}$$

其中，$A = \begin{pmatrix} a_{11} & a_{12} & \cdots & a_{1n} \\ a_{21} & a_{22} & \cdots & a_{2n} \\ \vdots & \vdots & & \vdots \\ a_{m1} & a_{m2} & \cdots & a_{mn} \end{pmatrix}$，$X = \begin{pmatrix} x_1 \\ x_2 \\ \vdots \\ x_n \end{pmatrix}$，$b = \begin{pmatrix} b_1 \\ b_2 \\ \vdots \\ b_m \end{pmatrix}$，$C = (c_1, c_2, \cdots, c_n)$，通常 X 记为 $X = (x_1, x_2, \cdots, x_n)^T$。称 A 为约束方程的系数矩阵，m 是约束方程的个数，n 是决策变量的个数，一般情况下有 $m \leqslant n$，且 A 的秩等于 m，记为 $r(A) = m$。

容易看出，线性规划的标准型有以下特点：

① 目标函数是最大化问题；

② 约束条件全部是等式；

③ 约束条件右端项都是非负；

④ 变量非负。

在实际的线性规划模型建立以后,首先要变为线性规划的标准型后再求解。

那么一个线性规划问题如何转化为标准型呢？其变换过程中有哪些步骤呢？具体的变换方法如下,若:

① 目标函数为最小化 min→令 $Z' = -Z$,则求 Z 的最小值问题等价于求 Z'最大化问题(即目标函数两边乘以(-1));

② 约束条件右端项为负数→不等式左右两边同乘 -1;

③ 约束条件是小于(或大于)等于型→不等式左边加上(或减去)一个非负的新变量,此新变量称为松弛变量(或剩余变量),新增变量在目标函数中的系数为0;

④ 决策变量为自由变量,即可以自由取值,(可正、可负,也可以为0),用两个非负的新变量之差代替一个自由变量。即:$x_k' \geqslant 0, x_k'' \geqslant 0$,令 $x_k = x_k' - x_k''$,替代全部的 x_k。

【例 2-5】 将下列线性规划问题化为标准型

$$\max Z = 2x_1 + 3x_2$$

$$s.t. \begin{cases} 2x_1 + x_2 \geqslant 4 \\ 3x_1 + x_2 \leqslant 3 \\ x_1, x_2 \geqslant 0 \end{cases}$$

在第一个约束的左端减去一个松弛变量,在第二个约束左端加上一个剩余变量,使不等式变为等式,这时得到的标准型为

$$\max Z = 2x_1 + 3x_2$$

$$s.t \begin{cases} 2x_1 + x_2 - x_3 = 4 \\ 3x_1 + x_2 + x_4 = 3 \\ x_1, x_2, x_3, x_4 \geqslant 0 \end{cases}$$

松弛变量的经济意义是未被充分利用的资源,当然也没有利润,在目标函数中其系数为0,即 $c_3 = c_4 = 0$。

【例 2-6】 将下面线性规划问题化为标准型

$$\min Z = x_1 + 3x_2 - x_3$$

$$s.t. \begin{cases} x_1 + 2x_2 - x_3 \leqslant 7 \\ x_1 + 3x_2 - x_3 \geqslant 4 \\ -x_1 + x_2 - x_3 \leqslant -6 \\ x_1 \geqslant 0, x_3 \geqslant 0, x_2 \text{ 无符号要求} \end{cases}$$

解:(1) 目标函数是最小值,不符合标准型最大值的要求,令 $Z' = -Z$,即 $\max Z' = \max(-Z)$。

(2) 因为 x_2 无符号要求,不符合标准型中要求变量非负的条件,因此令 $x_2 = x_2' - x_2''$(x_2', x_2''都为非负变量)。

(3) 第一个约束条件是"≤",在"≤"左端加入松弛变量 x_4(非负)化为等式。

(4) 第二个约束条件是"≥",在"≥"左端减去剩余变量 x_5(非负)化为等式。

(5) 第三个约束条件是"≤",在"≤"左端加入松弛变量 x_6(非负),同时两边乘以 -1。

综上可得该问题的标准型为:

$$\max Z' = -x_1 - 3(x_2' - x_2'') + x_3$$

$$
s.t.\begin{cases}x_1+2(x_2'-x_2'')-x_3+x_4=7\\ x_1+3(x_2'-x_2'')-x_3-x_5=4\\ x_1-(x_2'-x_2'')+x_3-x_6=6\\ x_1,x_3,x_4,x_5,x_6,x'_2,x''_2\geqslant 0\end{cases} \tag{2-5}
$$

2.3.2 线性规划的解的概念

在讨论线性规划的求解方法之前，首先介绍线性规划的一些解的概念。

一般线性规划问题的标准型的矩阵形式为：

$$
\max Z=CX \tag{2-6}
$$

$$
\begin{cases}AX=b & (2\text{-}7)\\ x\geqslant 0 & (2\text{-}8)\end{cases}
$$

式中 A 是 $m\times n$ 矩阵，$m\leqslant n$ 并且 $r(A)-m$，显然 A 中至少有一个 $m\times m$ 阶子矩阵 B，使得 $r(B)=m$。即

$$
A=\begin{pmatrix}a_{11} & a_{12} & \cdots & a_{1n}\\ a_{21} & a_{22} & \cdots & a_{2n}\\ \vdots & \vdots & & \vdots\\ a_{m1} & a_{m2} & \cdots & a_{mn}\end{pmatrix}
$$

(1)基 若 A 中 $m\times n$ 子矩阵 B 满足 $r(B)=m$ 就称 B 为线性规划的基矩阵（一个基），不妨设

$$
B=\begin{pmatrix}a_{11} & a_{12} & \cdots & a_{1m}\\ a_{21} & a_{22} & \cdots & a_{2m}\\ \vdots & \vdots & & \vdots\\ a_{m1} & a_{m2} & \cdots & a_{mm}\end{pmatrix}=(P_1,P_2,\cdots,P_m)
$$

我们称 $P_j(j=1,2,\cdots,m)$ 为基向量，与基向量 $P_j(j=1,2,\cdots,m)$ 相对应的变量 $x_j(j=1,2,\cdots,m)$ 为基变量。否则称为非基变量。

由矩阵的性质我们可以得到：

当 $m=n$ 时，基矩阵唯一；

当 $m<n$ 时，基矩阵数 $\leqslant C_n^m$。

【例 2-7】 求下列线性规划的基矩阵

$$
\max Z=7x_2+x_3+x_5-4x_1
$$

$$
s.t.\begin{cases}x_1+2x_2-x_3=7\\ x_1+3x_2+x_4-x_5=9\\ x_1,x_2,x_2,x_4,x_5\geqslant 0\end{cases}
$$

解：由约束条件可得线性规划的系数矩阵 $A=\begin{bmatrix}1 & 2 & -1 & 0 & 0\\ 1 & 3 & 0 & 1 & -1\end{bmatrix}$

其中 $r(A)=2$，由基矩阵的定义可得到以下 9 个基矩阵，即

$B_1=\begin{bmatrix}1 & 2\\ 1 & 3\end{bmatrix}$ $B_2=\begin{bmatrix}1 & -1\\ 1 & 0\end{bmatrix}$ $B_3=\begin{bmatrix}1 & 0\\ 1 & 1\end{bmatrix}$ $B_4=\begin{bmatrix}1 & 0\\ 1 & -1\end{bmatrix}$ $B_5=\begin{bmatrix}2 & -1\\ 3 & 0\end{bmatrix}$

$B_6=\begin{bmatrix}-1 & 0\\ 0 & -1\end{bmatrix}$ $B_7=\begin{bmatrix}2 & 0\\ 3 & 1\end{bmatrix}$ $B_8=\begin{bmatrix}2 & 0\\ 3 & -1\end{bmatrix}$ $B_9=\begin{bmatrix}-1 & 0\\ 0 & 1\end{bmatrix}$

(2) **基向量、非基向量、基变量、非基变量** 基矩阵对应的列向量叫基向量，其余列向量称为非基向量，基向量对应的变量叫基变量，非基向量对应的变量叫非基变量。如：在例2-7中，B_3 的基向量是 A 中的第1列和第4列，其余列向量是非基向量。相应的 x_1,x_4 是基变量，x_2,x_3,x_5 是非基变量。由此可知基变量、非基变量是针对某一确定基而言的，不同的基对应的基变量和非基变量也不同。

(3) **可行解** 满足式(2-7)及(2-8)的解 $X=(x_1,x_2,\cdots,x_n)^T$ 称为可行解。

(4) **最优解** 满足目标函数达到最大值的可行解为最优解。

(5) **基本解** 对某一确定的基 B，令所有的非基变量等于0，利用式(2-7)解出基变量的值，则这组解称为基 B 的基本解。

如：对于基 $B_1=\begin{bmatrix}1 & 2\\ 1 & 3\end{bmatrix}$ 来说，x_1,x_2 为基变量，x_3,x_4,x_5 为非基变量，令 $x_3=x_4=x_5=0$，则代入约束得

$$\begin{cases}x_1+2x_2=7\\ x_1+3x_2=9\end{cases}$$

又 $|B|\neq 0$ 由克莱姆法则知，x_1,x_2 有唯一解 $x_1=3,x_2=2$，因此其基本解是 $X^{(1)}=(3,2,0,0,0)^T$。

(6) **基本可行解** 若基本解是可行解，则这个基本解叫基本可行解。

如：$X^{(1)}=(3,2,0,0,0)^T\geqslant 0$ 是基本解，而且也满足非负，所以是基本可行解。

(7) **最优解** 满足式(2-6)的可行解为最优解，即使得目标函数达到最大值的可行解就是最优解。

(8) **可行基与最优基** 可行解对应的基称为可行基；基本最优解对应的基称为最优基。

注：基本解零分量的个数至少 $n-m$ 个。

在例2-6中 $X=(1,6,1,0,0)^T$，$X=(5,1,0,1,0)^T$ 和 $X=(1,3,0,0,1)^T$ 都是它的可行解，但不是基本解；对于基 $B_1=\begin{bmatrix}1 & 2\\ 1 & 3\end{bmatrix}$ 来说，其基本解是 $X^{(1)}=(3,2,0,0,0)^T$；也是基可行解。对于 B_2 来说，x_1,x_3 为基变量，令非基变量 x_2,x_4,x_5 为零，得到 $x_1=9,x_3=2$，基本解为 $X^{(2)}=(9,0,2,0,0)^T$，由于 $X^{(2)}\geqslant 0$，从而其也是基本可行解，对于 B_4 来说，x_1,x_5 为基变量，令非基变量 x_2,x_3,x_4 为零，得到 $x_1=7,x_5=-2$，基本解 $X^{(4)}=(7,0,0,0,-2)^T$，由于 $x_5<0$，因此 $X^{(4)}$ 不是可行解，也就不是基本可行解。同样，可行解不一定是基本可行解，例如 $X=\left(0,\frac{7}{2},0,\frac{1}{2},2\right)^T$，满足式(2-7)和式(2-8)，但不是任何基矩阵的基本解。

解出所有基本解得：

$B_1:X^{(1)}=(3,2,0,0,0)$ $\quad Z=2$；

$B_2:X^{(2)}=(9,0,2,0,0)$ $\quad Z=-34$；

$B_3:X^{(3)}=(7,0,0,2,0)$ $\quad Z=-28$；

$B_4:X^{(4)}=(7,0,0,0,-2)$ $\quad Z=-30$；

$B_5:X^{(5)}=(0,3,-1,0,0)$ $\quad Z=20$；

$B_6:X^{(6)}=(0,0,-7,0,-9)\quad Z=-16$;

$B_7:X^{(7)}=\left(0,\frac{7}{2},0,-\frac{3}{2},0\right)\quad Z=\frac{49}{2}$;

$B_8:X^{(8)}=(0,\frac{7}{2},0,0,-\frac{3}{2})\quad Z=23$;

$B_9:X^{(9)}=(0,0,-7,9,0)\quad Z=-43$;

所有基本可行解为:

$B_1:X^{(1)}=(3,2,0,0,0)^T\quad Z=2$;

$B_2:X^{(2)}=(9,0,2,0,0)^T\quad Z=-34$;

$B_3:X^{(3)}=(7,0,0,2,0)^T\quad Z=-28$;

由此可知使目标函数值达到最优的基本可行解,即基本最优解为 $X^{(1)}=(3,2,0,0,0)$,此时 $Z=2$。

总结:由线性规划的解的概念可知基本可行解是基本解与可行解的交集,基本最优解是基本可行解与最优解的交集。其表示如图 2-5:

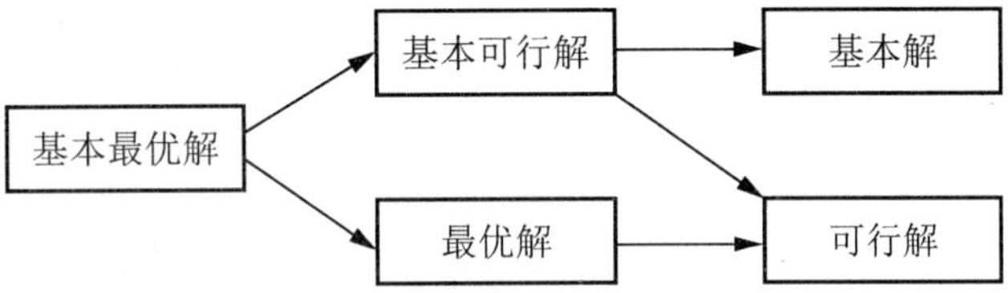

图 2-5

2.3.3 线性规划的基本定理

我们已经知道两个变量的线性规划问题的可行域是凸多边形,并且如果它有最优解,则其最优解一定可以在可行域的某个顶点处达到。但常常我们会遇到变量是两个以上的线性规划问题,在本节中将证明以上结论可以推广到多个变量的情形。首先引入几个概念。

凸集 设 K 是 n 维空间的一个点集,对 K 中任意两点 $X^{(1)},X^{(2)}$ 为端点的线段上的一切点 X 属于 K。(点 X 可以表示为 $X=\partial X^{(1)}+(1+\partial)X^{(2)}\in K(0\leqslant\partial\leqslant1)$),则称 K 为凸集。

图 2-6 中,实心多边形(a),实心圆(b)都是凸集,而(c)不是凸集。

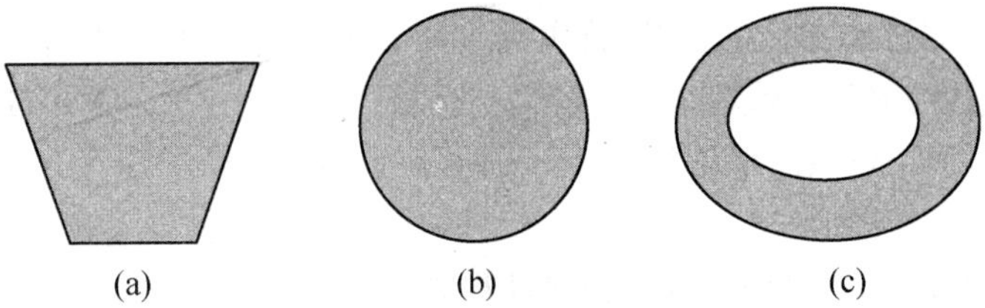

图 2-6

凸组合 设 $X^{(1)},X^{(2)},\cdots,X^{(k)}$ 是 R^n 中的点,若存在 $\lambda_1,\lambda_2,\cdots,\lambda_k$,且 $\lambda_i\geqslant0$ 及 $\sum_{i=1}^{k}\lambda_i=1$,使得 $X=\sum_{i=1}^{k}\lambda_iX_i$ 成立,则称 X 为 $X^{(1)},X^{(2)},\cdots,X^{(k)}$ 的凸组合。

极点 设 K 是凸集,$X\in K$ 若 X 不能用 K 中两个不同的点 $X^{(1)},X^{(2)}$ 的凸组合表示为 $X=$

$aX^{(1)}+(1-a)X^{(2)}(0<a<1)$,则称 X 是 K 的一个极点或顶点。

【定理 2-1】 若线性规划可行解集 K 非空,则 K 是凸集。

证明:设 $X^{(1)}$ 和 $X^{(2)}$ 是可行域 K 中任意两个不同的点,即 $X^{(1)}\in K, X^{(2)}\in K$,且 $X^{(1)}\neq X^{(2)}$,根据凸集的定义,只需证明 $X=\lambda X^{(1)}+(1-\lambda)X^{(2)}\in K(0\leqslant\lambda\leqslant 1)$。

因为 $X^{(1)}\in K, X^{(2)}\in K$,所以 $AX^{(1)}=b, AX^{(2)}=b$,从而有

$$AX=A[\lambda X^{(1)}+(1-\lambda)X^{(2)}]=A\lambda X^{(1)}+A(1-\lambda)X^{(2)}=\lambda b+(1-\lambda)b=b$$

又因为 $X^{(1)}\geqslant 0, X^{(2)}\geqslant 0, 0\leqslant\lambda\leqslant 1$

所以 $X=\lambda X^{(1)}+(1-\lambda)X^{(2)}\geqslant 0$

由此可见 $X\in K$

【定理 2-2】 线性规划的可行解集合 K 中的点 X 是极点的充要条件为 X 是基本可行解。(证明略)

【定理 2-3】 若线性规划存在最优解,则一定可以在可行解集合的某个极点上得到最优解。(证明略)

总结:定理 2-1 给出了可行解集的特征。定理 2-2 描述了可行解集的极点与基本可行解的对应关系,极点是基本可行解;反之,基本可行解在极点上,但它们并非一一对应关系,可能有两个或几个基本可行解对应于同一极点。定理 2-3 描述了最优解在可行解集中的位置,若最优解唯一;则最优解只能在某一极点上达到;若具有多重最优解,则最优解就是某些极点的凸组合,那么最优解是可行解集的极点或界点,不可能是可行解集的内点。定理 2-2 及定理2-3 给了我们一个启示,求最优解不是在无限个可行解中去找,而是在有限个基本可行解中去求得,所以可以用枚举法求出所有基本可行解,再代入目标函数求出最优解。但当遇到变量很多,约束条件很多的情况下,基本可行解的个数就会很多,那么求出每一个基本可行解也不是一件容易的事。下面要介绍的单纯形法却给出了一种寻找最优解的很有效的方法。

2.4 单纯形法

2.4.1 普通单纯形法

单纯形法的基本思想:它是先假定标准型系数矩阵 A 中可以观察得到一个可行基(通常是一个单位矩阵或 m 个线性无关的单位向量组成的矩阵),可以通过解线性方程组求得的基本可行解,然后判断基本可行解是否最优,如果是,则算法结束,否则,根据某种方法向更好的基可行解移动,直到求得最优解为止。这种方法较简单易懂,它是一种逐步逼近最优解的迭代方法。目前单纯形法基本有四种,分别是:普通单纯形法、大 M 单纯形法、两阶段单纯形法和对偶单纯形法。

【例 2-8】 用普通单纯形法求解下列线性规划

$$\max Z=5x_1+2x_2$$

$$s.t.\begin{cases}30x_1+20x_2\leqslant 160\\5x_1+x_2\leqslant 15\\0\leqslant x_1\leqslant 4, x_2\geqslant 0\end{cases}$$

解:加入松弛变量 x_3、x_4、x_5,化为标准型

$$\max Z=5x_1+2x_2+0\cdot x_3+0\cdot x_4+0\cdot x_5$$

$$s.t.\begin{cases}30x_1+20x_2+x_3=160\\5x_1+x_2+x_4=15\\x_1+x_5=4\\x_j\geqslant 0\quad(j=1,2,3,4,5)\end{cases}\tag{2-9}$$

其系数矩阵

$$A=\begin{bmatrix}30&20&1&0&0\\5&1&0&1&0\\1&0&0&0&1\end{bmatrix}$$

首先找到第一个基本可行解称为初始基本可行解,即要得到一个初始基本可行解,必须找到一个初始可行基。由于上例标准化后,x_3、x_4、x_5 的系数列向量构成单位矩阵,该矩阵 $B_0=\begin{pmatrix}1&0&0\\0&1&0\\0&0&1\end{pmatrix}$是一个初始基,并且是一个可行基。$x_1$、$x_2$ 为非基变量,x_3、x_4、x_5 为基变量,基变量用非基变量表示,则原式(2-9)变为式(2-10)

$$Z=0+5x_1+2x_2$$

$$\begin{cases}x_3=160-30x_1-20x_2\\x_4=15-5x_1-x_2\\x_5=4-x_1\end{cases}\tag{2-10}$$

令非基变量 $x_1=0,x_2=0$,由此得到初始基本可行解及相应的目标函数值,$X^{(0)}=(0,0,160,15,4)^T$,$Z^{(0)}=0$。

最优解的判断 得到的一组基本可行解是不是最优解,可以观察变换后的目标函数式,如在例 2-8 中,用非基变量 x_1、x_2 表示的目标函数 $Z=0+5x_1+2x_2$,x_1、x_2 系数分别为 5、2,都为正数,若让 x_1、x_2 取正值,则随着 x_1、x_2 取值的增大,目标函数值也会增大。说明这个基本可行解所对应的目标函数没有达到最大值,即不是最优解。

检验数 在迭代过程中,将基变量表示成非基变量的代数和形式,将其代入目标函数中,得到用非基变量表示成的目标函数(即目标函数用非基变量线性表出),其非基变量的系数称为检验数。记作 $\sigma_j(j=1,2,\cdots,n)$。如本例中 $Z=5x_1+2x_2+0*x_3+0*x_4+0*x_5$,$\sigma_1=5$,$\sigma_2=2$,$\sigma_3=0$,$\sigma_4=0$,$\sigma_5=0$。当所有检验数 $\sigma_j\leqslant 0(j=1,2,\cdots,n)$时,基本可行解是最优解。否则,转入下一步迭代过程。(即:寻找新的可行基)

确定进基变量 当基本可行解不是最优解时,需对这组解进行改进,即要找到更好些的基本可行解,其方法就是选个检验数 $\sigma_k>0$ 对应的非基变量 x_k 换成基变量,称为进基变量。若有两个以上的 $\sigma_j>0$,那么选哪个非基变量作为换入变量呢?为了使目标函数增加得快,从直观上一般选 $\sigma_j>0$ 中的大者即$\max\limits_j(\sigma_j>0)=\sigma_k$,则对应的 x_k 为换入变量。在例 2-8 中由式(2-9)知$\max\limits_j(\sigma_j>0)=\max(5,2)=5$,则对应的 x_1 为进基变量。

确定出基变量 有一个换入变量同时就要确定一个换出变量,选一个能使所有变量非负的基变量换成非基变量,称为出基变量。在例 2-8 中,由式(2-9)可以看出,因为 x_2 仍为非基变量,故 $x_2=0$。

则(2-9)式变为

$$\begin{cases}x_3=160-30x_1 & \theta=160/30=16/3\\x_4=15-5x_1 & \theta_4=15/5=3\\x_5=4-x_1 & \theta_5=4/1=4\end{cases}$$

令 $\theta = x_1$，为保证变量 x_3, x_4, x_5 都大于等于 0，则 θ 须小于等于 $\theta_3, \theta_4, \theta_5$，即取 $\theta_l = \min(\theta_3, \theta_4, \theta_5) = 3$，此时 θ_l 对应的变量 x_4 为出基变量。则非基变量为 x_2, x_4，用非基变量表示基变量代入式(2-10)得到：

$$Z = 15 + x_2 - x_4$$

$$\begin{cases} x_3 = 70 - 14x_2 + 6x_4 \\ x_1 = 3 - 1/5x_2 - 1/5x_4 \\ x_5 = 1 + 1/5x_2 + 1/5x_4 \end{cases} \tag{2-11}$$

这时，得到一个新的基可行解 $X^{(1)} = (3,0,70,0,1)^T$，$Z = 15$，显然比原来的基可行解好些，目标函数值增加了 15，但目标函数中还有非基变量 x_2 的系数大于 0，所以目标函数值还可以改进。

继续迭代

由式(2-11)中的目标函数可知：$\max\limits_j(\sigma_j > 0) = 1$，即 x_2 可作为新的进基变量，x_4 仍为非基变量，令 $x_4 = 0$，则(2-11)式表示为

$$\begin{cases} x_3 = 70 - 14x_2 & \theta_3 = 70/14 = 5 \\ x_1 = 3 - 1/5x_2 & \theta_1 = 1/(1/5) = 15 \\ x_5 = 1 + 1/5x_2 \end{cases}$$

$\theta = \min(\theta_3, \theta_1) = \min(5, 15) = 5$ 即当 $x_2 = 5$ 时，x_3 首先减少到 0，所以 x_3 出基，则得到新的基可行解：$X^{(2)} = (2,5,0,0,2)^T$，此时非基变量为 x_3, x_4 用非基变量表示基变量，代入(2-11)，得到：

$$\begin{cases} x_2 = 5 - 1/14x_3 + 3/7x_4 \\ x_1 = 2 + 1/70x_3 - 2/7x_4 \\ x_5 = 2 - 1/70x_3 + 2/7x_4 \end{cases} \tag{2-12}$$

将(2-12)代入目标函数得 $Z = 20 - 1/14x_3 - 4/7x_4$。

此时若非基变量 x_3, x_4 的值增加，只能使 Z 值下降，所以 $X^{(2)}$ 为最优解，$Z^* = 20$，$X^* = (2, 5, 0, 0, 2)$。

总结：

由此可以看出，单纯形法的基本思想如图 2-7 所示。

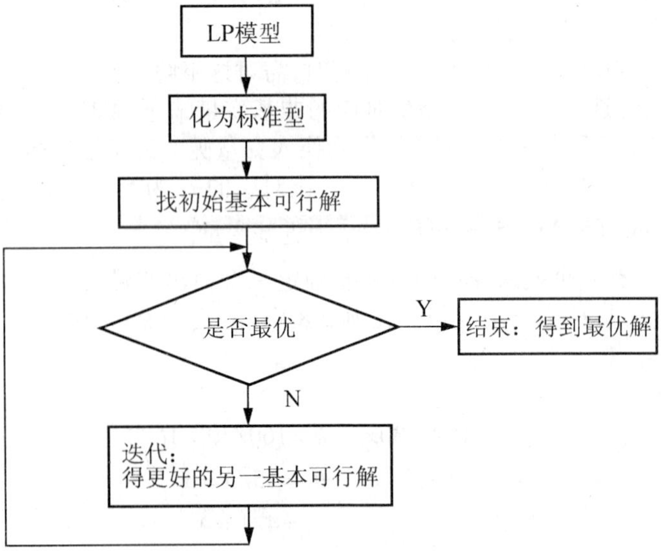

图 2-7

求解过程中有三个关键内容:初始基本可行解的确定、最优性判断、迭代过程。

1. 初始基本可行解的确定

如何通过观察得到第一个基本可行解并能判断是否为最优解,关键看模型是不是典则形式(或典式)。

所谓典则形式是:(1)约束条件系数矩阵存在 m 个不相关的单位列向量;(2)约束右端的常数为非负;即以 m 个无关的单位列向量组成的子矩阵作为一个基,则对应的基本解是一个可行解。

满足条件(1)时即可以写出基本解,满足条件(2)时马上就可以判断是基本可行解。

假设下面线性规划的标准型式(2-13)就是一个典式(其他情况后面介绍),即

不妨设线性规划问题是以下形式:

$$\max Z = c_1x_1 + c_2x_2 + \cdots + c_nx_n$$

$$\begin{cases} x_1 + a_{1m+1}x_{m+1} + \cdots + a_{1n}x_n = b_1 \\ x_2 + a_{2m+1}x_{m+1} + \cdots + a_{2n}x_n = b_2 \\ \cdots \\ x_m + a_{mm+1}x_{m+1} + \cdots a_{mn}x_n = b_m \\ x_1, x_2, \cdots, x_n \geqslant 0 \quad (b_i \geqslant 0 \quad i = 1, 2, \cdots, m) \end{cases} \tag{2-13}$$

其中,A 矩阵如下:

$$A = \begin{pmatrix} 1 & 0 & \cdots & 0 & a_{1m+1} & a_{1m+2} & \cdots & a_{1n} \\ 0 & 1 & \cdots & 0 & a_{2m+1} & a_{2m+1} & \cdots & a_{2n} \\ \vdots & \vdots & & \vdots & \vdots & \vdots & & \vdots \\ 0 & 0 & \cdots & 1 & a_{mm+1} & a_{m2} & \cdots & a_{mn} \end{pmatrix}$$

直接可以观察到一个 m 阶的单位矩阵,称具有该形式的线性规划问题为典式(或基本形式)。取 $B = (P_1, P_2, \cdots, P_m) = \begin{pmatrix} 1 & 0 & \cdots & 0 \\ 0 & 1 & \cdots & 0 \\ \vdots & \vdots & & \vdots \\ 0 & 0 & \cdots & 1 \end{pmatrix}$,即为一个初始可行基,可直接得到初始基本可行解为 $X = (b_1, b_2, \cdots, b_m, 0, 0, \cdots, 0)^T$,对应目标值为 $Z = \sum_{i=1}^{m} c_ib_i$

2. 最优性判断

目标函数用非基变量表示,首先基变量用非基变量表示:(2-13)式中将非基变量移到方程的右边,则

$$\begin{cases} x_1 = b_1 - a_{1m+1}x_{m+1} - \cdots - a_{1n}x_n \\ x_2 = b_2 - a_{2m+1}x_{m+1} - \cdots - a_{21n}x_n \\ \cdots \\ x_m = b_m - a_{mm+1}x_{m+1} - \cdots - a_{mn}x_n \end{cases} \tag{2-14}$$

即

$$x_i = b_i - \sum_{j=m+1}^{n} a_{ij}x_j$$

目标函数：

$$
\begin{aligned}
Z &= \sum_{j=1}^{n} c_j x_j = \sum_{i=1}^{m} c_i x_i + \sum_{j=m+1}^{n} c_j x_j \\
&= \sum_{i=1}^{m} c_i \left(b_i - \sum_{j=m+1}^{n} a_{ij} x_j \right) + \sum_{j=m+1}^{n} c_j x_j \\
&= \sum_{i=1}^{m} c_i b_i - \sum_{i=1}^{m} c_i \sum_{j=m+1}^{n} a_{ij} x_j + \sum_{j=m+1}^{n} c_j x_j \\
&= \sum_{i=1}^{m} c_i b_i + \sum_{j=m+1}^{n} \left(c_j - \sum_{i=1}^{m} c_i a_{ij} \right) x_j \\
&= \sum_{i=1}^{m} c_i b_i + \sum_{j=m+1}^{n} \sigma_j x_j
\end{aligned}
$$

其中，$\sigma_j = c_j - \sum_{i=1}^{m} c_i a_{ij}$ 为非基变量 x_j 的检验数。显然，当任意的 $\sigma_j \leqslant 0$，则说明该基本可行解是最优解。因为，此时无论哪个非基变量取正值，只会使目标函数值下降。所以该解为最优解。（注：如果是求最小值，若模型不变化，则最优解判断为：当任意的 $\sigma_j \geqslant 0$，则说明该基本可行解是最优解）

最优解判定定理：若 $X^{(0)} = (b_1, b_2, \cdots, b_m, 0, 0, \cdots, 0)^T$ 为对应于基 B 的一个基可行解，且对于一切 $j = m+1, \cdots, n$ 有 $\sigma_j \leqslant 0$ 则 $X^{(0)}$ 为最优解。称 σ_j 为检验数。

无穷多最优解的判定：若 $X^{(0)} = (b_1, b_2, \cdots, b_m, 0, 0, \cdots, 0)^T$ 为对应于基 B 的一个基可行解，对于一切 $j = m+1, \cdots, n$ 有 $\sigma_j \leqslant 0$ 又存在某个非基变量的检验数等于 0，即 $\sigma_{m+l} = 0$，则该线性规划问题有无穷多最优解。

因为，这时只需要将非基变量 x_{m+l} 作为换入变量，得到一个新的基可行解，目标函数值不变，即也为最优解。

无界解判定定理：若 $X^{(0)} = (b_1, b_2, \cdots, b_m, 0, 0, \cdots, 0)^T$ 为对应于基 B 的一个基可行解，有一个 $\sigma_{m+k} > 0$，并且对于一切 $i = 1, 2, \cdots, m$ 有 $a_{im+k} \leqslant 0$，那么线性规划问题具有无界解，即 $Z \to \infty$（也称无最优解）

3. 迭代过程（换基）

当求得的基本可行解不是最优解时，我们希望找到一个更好的基可行解，即换基。单纯形法换基的方法是找相邻的更好的顶点，也就是只有一个非基向量（或非基变量）换入变为基向量（基变量）。一个基向量（或基变量）换出变为非基向量（非基变量），其方法如下：

换入变量的确定

取大于 0 的检验数中的最大者：$\sigma_k = \max\{\sigma_j \mid \sigma_j > 0\}$ 所对应的非基变量 x_k 作为换入变量，即成为新的基变量，因为 x_k 每增加一个单位，目标函数增加 σ_k。

换出变量的确定

因为要使 x_k 尽可能的大（目标函数值增加 $\sigma_k \cdot x_k$）同时也要保证其他变量非负，即由式（2-14）

$$
\begin{cases}
x_1 = b_1 - a_{1m+1} x_{m+1} - \cdots - a_{1n} x_n \geqslant 0 \\
x_2 = b_2 - a_{2m+1} x_{m+1} - \cdots - a_{21n} x_n \geqslant 0 \\
\cdots \\
x_m = b_m - a_{mm+1} x_{m+1} - \cdots - a_{mn} x_n \geqslant 0
\end{cases}
$$

$$
\rightarrow\begin{cases} x_1 = b_1 - a_{1k}x_k \geqslant 0 \\ x_2 = b_2 - a_{2k}x_{kn} \geqslant 0 \\ \cdots \\ x_m = b_m - a_{mk}x_{kn} \geqslant 0 \end{cases}
$$

$$
\rightarrow\begin{cases} x_k \leqslant \left\{ \dfrac{b_1}{a_{1k}} \middle| a_{1k} > 0 \right\} \\ x_k \leqslant \left\{ \dfrac{b_2}{a_{2k}} \middle| a_{2k} > 0 \right\} \\ \cdots \\ x_k \leqslant \left\{ \dfrac{b_m}{a_{mk}} \middle| a_{mk} > 0 \right\} \end{cases}
$$

因为其他的原非基变量还是为非基变量取值为0，在保证上式成立情况下令 $x_k = \theta$，取 $\theta = \min\left\{ \dfrac{b_i}{a_{ik}} \mid a_{ik} > 0 \right\} = \dfrac{b_l}{a_{lk}}$所对应的变量 x_l 为换出变量。

迭代运算

令换入变量 $x_k = \theta$，并代入约束条件，求得其他基变量的值。得到了另一个基本可行解。

单纯形表法

为了直观，上述的单纯形法的求解过程可以用单纯形表来描述，线性规划的典式为：

$$
\max Z = c_1x_1 + c_2x_2 + \cdots + c_nx_n
$$

$$
\begin{cases} x_1 + a_{1m+1}x_{m+1} + \cdots + a_{1n}x_n = b_1 \\ x_2 + a_{2m+1}x_{m+1} + \cdots + a_{2n}x_n = b_2 \\ \cdots \\ x_m + a_{mm+1}x_{m+1} + \cdots a_{mn}x_n = b_m \\ x_1, x_2, \cdots, x_n \geqslant 0 \end{cases}
$$

则其单纯形初始表为：

表 2-3

C_j		c_1	c_2	$\cdots$	c_m	c_{m+1}	$\cdots$	c_n	b
C_B	X_B	x_1	x_3	$\cdots$	x_m	x_{m+1}	$\cdots$	x_n	
C_1	x_1	1	0	$\cdots$	0	a_{1m+1}	$\cdots$	a_{1n}	b_1
C_2	x_2	0	1	$\cdots$	0	a_{2m+1}	$\cdots$	a_{2n}	b_2
$\vdots$	$\vdots$	$\vdots$	$\vdots$	$\cdots$	$\vdots$	$\vdots$	$\cdots$	$\vdots$	$\vdots$
C_m	x_m	0	0	$\cdots$	1	a_{mm+1}	$\cdots$	a_{mn}	b_m
σ_j		0	0	$\cdots$	0	σ_{m+1}	$\cdots$	σ_n	Z_0

$$
c_{m+1} - \sum_{i=1}^{m} c_i a_{im+1} \qquad c_n - \sum_{i=1}^{m} c_i a_{in} \qquad \sum_{i=1}^{m} c_i b_i
$$

其中：C_j 为目标函数的系数；b 列为约束右端的常数；X_B 列为基变量；C_B 列为基变量在目标函数中的系数；σ_j 行为检验数行。σ_j 为 C_j 减去 C_j 列与 a_{ij}列对应元乘积之和，Z_0 为 C_B 与 b 列对应元乘积之和。对应的基本可行解为：$X = (b_1, b_2, \cdots, b_m, 0, \cdots, 0)^T$。

【例 2-9】 用单纯形法求解下面的线性规划问题

$$\max Z = 2x_1 + 5x_2$$

$$\begin{cases} x_1 + 2x_2 \leqslant 8 \\ 4x_1 \leqslant 16 \\ 4x_2 \leqslant 12 \\ x_1, x_2 \geqslant 0 \end{cases}$$

解：首先将原线性规划转化为标准型得：

$$\max Z = 2x_1 + 5x_2$$

$$\begin{cases} x_1 + 2x_2 + x_3 = 8 \\ 4x_1 + x_4 = 16 \\ 4x_2 + x_5 = 12 \\ x_1, x_2, x_3, x_4, x_5 \geqslant 0 \end{cases}$$

即可以看出它已经是一个规范式，用单纯形表算法如表 2-4 所示：

$\theta_i = b_i / a_{i2}, a_{i2} > 0$

表 2-4 单纯形表

	C_j		2	5	0	0	0	θ_i
C_B	X_B	b	x_1	x_2	x_3	x_4	x_5	
0	x_3	8	1	2	1	0	0	8/2
0	x_4	16	4	0	0	1	0	
0	x_5	12	0	[4] ↑	0	0	1	12/4→
	σ_j		2	3	0	0	0	

进基列　　　　出基行

注：① 检验数行大于 0 的最大数所对应的变量为换入变量，换入变量所对应的列称为主列，用箭头↑表示；

② θ 列是计算 b 列与主列对应元素的比值即：$\frac{b_i}{a_{ik}} \mid a_{ik} > 0$（主列中小于或等于 0 的不用计算，用" - "表示，即没有限制）；

③ 称 θ 列中的最小比值所对应的行为主行，用箭头→表示，主行对应的原基变量为换出变量，即成为非基变量；

④ 主行与主列交叉处的元素称为主元，用[ ]表示；

⑤ 单纯形表法的第一个表称为初始表，最后一个表称为最终表（或最优表），其他的表为中间表。从初始表可以看出初始的基本可行解（基变量的值对应于 b 列，非基变量的值为 0），$X^{(0)} = (0,0,8,16,12)^T$。

从检验数行可以看出 $X^{(0)} = (0,0,8,16,12)^T$ 不是最优解，确定 x_2 为进基变量，x_5 为出基变量，以[4]为主元素进行旋转运算，即：对表 2-4 进行行初等变换，使得主列除了主元变为 1 以外，主列的其他元素均变为 0，得到表 2-5。

进基列　　出基行

表 2-5

C_j			2	5	0	0	0	θ_i
C_B	X_B	b	x_1	x_2	x_3	x_4	x_5	
0	x_3	2	[1]	0	1	0	$-1/2$	2/1→
0	x_4	16	4	0	0	1	0	16/4
5	x_2	3	0	1	0	0	1/4	
σ_j			2↑	0	0	0	$-5/4$	

注:在新表中,X_B 列及 C_B 列中要用新的基变量代替原来的基变量及其目标函数的系数。

得到新的基本可行解 $X^{(1)}=(0,3,2,16,0)$,同样,x_1 进基变量,x_3 为出基变量,以[1]为主元素进行旋转运算,得到表 2-6。

表 2-6

C_j			2	5	0	0	0	θ_i
C_B	x_b	b	x_1	x_2	x_3	x_4	x_5	x_1
2	x_1	2	[1]	0	1	0	$-1/2$	2/1
0	x_4	10	0	0	-3	1	$-3/2$	
5	x_2	3	0	1	0	0	1/4	
σ_j			0	0	0	0	$-1/4$	

得到新基本可行解 $X^{(2)}=(2,3,0,10,0)^T$,此时所有的检验数 σ_j 都小于等于 0,故 $X^{(2)}=(2,3,0,10,0)^T$ 为最优解,最优值 $\max Z=19$。

【例 2-10】 用单纯形求解下列线性规划问题

$$\max Z=x_1+x_2+2x_3-x_4$$

$$\begin{cases}x_1+x_3-x_4=1\\-x_1+x_2+2x_4=0\\x_1,x_2,x_3,x_4\geqslant 0\end{cases}$$

解:约束方程组已经是关于 x_3,x_2 的典式,直接列表求解如表 2-7 所示。

表 2-7

c_j			1	1	2	-1
C_B	x_b	b	x_1	x_2	x_3	x_4
2	x_3	1	[1]	0	1	-1
1	x_2	0	-1	1	0	2
σ_j			0	0	0	-1
1	x_1	1	1	0	1	-1
1	x_2	1	0	1	1	1
σ_j			0	0	0	-1

在初始表中，所有 $\sigma_j \leq 0$，所以初始基可行解就是最优解，$X_1=(0,0,1,0)^T$，$Z=2$。

由于非基变量 x_1 的检验数 $\sigma_j=0$，引入 x_1 为进基变量得到第二张表，从中得到另一个最优解 $X_2=(0,0,1,0)^T$，$Z=0$。

单纯形表法计算说明：

(1) X_B 是基变量列向量。如表 2-1 中 $X_B=\begin{bmatrix}x_3\\x_4\\x_5\end{bmatrix}$。

(2) "↑"表示进基符号，对应列称为进基列，"→"表示出基符号，对应的行称为出基行；[ ]号内的元素称为主元素或枢纽元素，它是进基列与出基行交叉的元素。

(3) 从某一张表到下张表的迭代过程中，以主元素 a_{lk} 为中心，将 a_{lk} 化为 1，a_{lk} 所在列的其他元素化为 0，得到新的基本可行解。求新的基本可行解的过程也是换基过程，如从表 2-4 到表 2-5 的变换过程：在表 2-4 中初始基本可行解 $X^{(0)}=(0,0,8,16,12)^T$，以[4]为主元素进行旋转运算，x_2 为进基变量，x_5 为出基变量，即：对表 2-4 进行行初等变换，使得主列中除了主元变为 1 以外，主列的其他元素均变为 0，得到表 2-5。采用同样的计算方法得到表 2-6，直到求出最优解。

【例 2-11】 求解下列线性规划问题

$$\min Z=2x_1+2x_2+3x_3$$

$$s.t.\begin{cases}20x_1+40x_2-x_4=10 & (2\text{-}15)\\10x_1+20x_3-x_5=8 & (2\text{-}16)\\x_j\geq 0\quad (j=1,2,\cdots,5)\end{cases}$$

解：这是个求 min Z 的问题，一般有两种处理方式，一种是令 $Z_1=-Z$，转化为求 max Z_1；另外一种是直接计算。直接计算时，最优性检验条件改为：$\sigma_j\geq 0$；换入变量确定法则改为：如果 $\min\limits_j\{\sigma_j \mid \sigma_j<0\}=\sigma_k$，则 x_k 为换入变量。其他法则无须改变。

此例中约束方程组不是典式，不能立即列表计算。将式(2-15)×1/40，式(2-16)×1/20，方程组化为

$$\begin{cases}\dfrac{1}{2}x_1+x_2-\dfrac{1}{40}x_4=\dfrac{1}{4}\\[2mm]\dfrac{1}{2}x_1+x_3-\dfrac{1}{20}x_5=\dfrac{2}{5}\end{cases}$$

它是关于变量 x_2,x_3 的典式(或解出形式)，以 x_2,x_3 为初始基变量列单纯形表计算如表 2-8：

表 2-8

C_j			2	2	3	0	0
C_B	x_b	b	x_1	x_2	x_3	x_4	x_5
2	x_2	1/4	[1/2]←	1	0	−1/40	0
3	x_3	2/5	1/2	0	1	0	−1/20
	σ_j		−1/2↑	0	0	1/20	3/20
2	x_1	1/2	1	2	0	−1/20	0
3	x_2	3/20	0	−1	1	1/40	−1/20
	σ_j		0	1	0	1/40	3/20

最优解 $X=(1/2,3/20,0,0,0)^T \quad Z=29/30$。

注意：①一旦检验数行全部小于等于0，最优解就已经求得。

②多个最优解的判定：当检验数行有某非基变量的检验数等于0，则可以以该列作为主列继续迭代（如表2-7第一列的检验数为0），求得另一个基本最优解。这两个基本最优解的凸组合也是最优解。

2.4.2 大 M 法

（一）人工变量法

前面讨论了原线性规划问题化为标准型后系数矩阵 A 阵中有一个 m 阶的单位子矩阵，但是在实际问题中有些模型约束条件是"≥，="，也就是，当化为标准型后不存在单位矩阵，这时可以通过在约束条件的等式左端加一组虚拟变量，得到一组基变量。这种人为加入的变量被称为人工变量。

例如：

$$\max Z = CX$$
$$s.t.\begin{cases} AX=b \\ X\geqslant 0 \end{cases} \tag{2-17}$$

或：

$$\max Z = c_1x_1+c_2x_2+\cdots+c_nx_n$$
$$s.t.\begin{cases} a_{11}x_1+a_{12}x_2+\cdots+a_{1n}x_n=b_1 \\ a_{21}x_1+a_{22}x_2+\cdots+a_{2n}x_n=b_2 \\ \cdots \\ a_{m1}x_1+a_{m2}x_2+\cdots+a_{mn}x_n=b_m \\ x_1,x_2,\cdots,x_n\geqslant 0 \end{cases}$$

A 矩阵中没有一个 m 阶的单位子矩阵。为了得到一个 m 阶的单位子矩阵，在每个方程左边加上一个人工变量 $x_{n+i}(i=1,\cdots,m)$，得到新的线性规划问题（称为辅助问题）：

$$\max Z = CX$$
$$s.t.\begin{cases} a_{11}x_1+a_{12}x_2+\cdots+a_{1n}x_n+x_{n+1}=b_1 \\ a_{21}x_1+a_{22}x_2+\cdots+a_{2n}x_n+x_{n+2}=b_2 \\ \cdots \\ a_{m1}x_1+a_{12}x_2+\cdots+a_{1n}x_n+x_{n+m}=b_m \\ x_1,x_2,\cdots,x_{n+m}\geqslant 0 \end{cases} \tag{2-18}$$

以 $x_{n+1},\cdots,x_{n+m}$ 为基变量，$x_1,\cdots,x_n$ 为非基变量，得到一个初始基可行解 $X_0=(0,\cdots,0,b_1,\cdots,b_m)^T$，从 X_0 出发进行迭代。但是式(2-17)、(2-18)这两个约束方程是不等价的，只有在最优解中，人工变量都取0值时，才认为这两个问题的最优解是相同的。（也就是只有当人工变量变为非基变量时，两个问题才是同解的），从而得到原问题的最优解。但当我们迭代时，怎样才能把人工变量从基变量中快速地迭代出去，从而使人工变量为0？通常有以下两种方法，大 M 法和两阶段法。

（二）大 *M* 法

大 M 单纯形法的基本思想是：在约束条件左边加入人工变量 $x_{n+1},x_{n+2},\cdots,x_{n+m}$，使该辅助线性规划的系数矩阵中有 m 阶的单位子矩阵。若目标函数是求最大值时，将目标函数修改为：

$$\max Z = \sum_{j=1}^{n} c_j x_j - Mx_{n+1} - Mx_{n+2} - \cdots - Mx_{n+m}$$

其中，M 是个无限大的正数，在迭代过程中因为要求目标函数取最大值，因此人工变量必须从基变量中迅速换出去，否则目标函数不可能实现最大化。在求最小值时，将目标函数变为

$$\min Z = \sum_{j=1}^{n} c_j x_j + Mx_{n+1} + Mx_{n+2} + \cdots + Mx_{n+m}$$

即，大 M 法的模型如下：

$$\max(\min)Z = \sum_{j=1}^{n} c_j x_j - (+)Mx_{n+1} - (+)Mx_{n+2} - (+) - (+)Mx_{n+m}$$

$$s.t.\begin{cases} a_{11}x_1 + a_{12}x_2 + \cdots + a_{1n}x_n + x_{n+1} = b_1 \\ a_{21}x_1 + a_{22}x_2 + \cdots + a_{2n}x_n + x_{n+2} = b_2 \\ \cdots \\ a_{m1}x_1 + a_{m2}x_2 + \cdots + a_{mn}x_n + x_{n+m} = b_m \\ x_1, x_2, \cdots, x_n \geqslant 0, x_{n+1}, \cdots, x_{n+m} \geqslant 0 \end{cases}$$

注意：在迭代过程中，人工变量一旦出基后不会再进基，因此当某个人工变量 x_{n+k} 出基后，对应的 k 列的系数可以不再计算，这样可以减少计算量。在加入人工变量时，应加入最少的人工变量，不一定每个约束都加入人工变量，如某约束“$\leqslant$”时，则加入的松弛变量可以作为一个基变量。

【例 2-12】 用大 M 法求解线性规划问题

$$\max Z = -3x_1 + x_3$$

$$\begin{cases} x_1 + x_2 + x_3 \leqslant 4 \\ -x_1 + x_2 - x_3 \geqslant 1 \\ 3x_2 + x_3 = 9 \\ x_1, x_2, x_3 \geqslant 0 \end{cases}$$

解：化成标准形式有

$$\max Z = -3x_1 + x_3 + 0x_4 + 0x_5$$

$$\begin{cases} x_1 + x_2 + x_3 + x_4 = 4 \\ -x_1 + x_2 - x_3 - x_5 = 1 \\ 3x_2 + x_3 = 9 \\ x_1, x_2, x_3, x_4, x_5 \geqslant 0 \end{cases}$$

引入人工变量构造一个辅助问题

$$\max Z = -3x_1 + x_3 + 0x_4 + 0x_5 - Mx_6 - Mx_7$$

$$\begin{cases} x_1 + x_2 + x_4 = 4 \\ -x_1 + x_2 - x_3 - x_5 + x_6 = 1 \\ 3x_2 + x_3 + x_7 = 9 \\ x_1, x_2, x_3, x_4, x_5, x_6, x_7 \geqslant 0 \end{cases}$$

列出单纯形表：

表 2-9

C_j			-3	0	1	0	0	-M	-M
C_B	x_b	b	x_1	x_2	x_3	x_4	x_5	x_6	x_7
0 -M -M	x_4 x_6 x_7	4 1 9	1 -1 0	1 [1] 3	0 -1 1	1 0 0	0 -1 0	0 1 0	0 0 1
	σ_j		$-M-3$	$4M$	1	0	$-M$	0	0
0 0 -M	x_4 x_2 x_7	3 1 6	2 -1 3	0 1 0	2 -1 [4]	1 0 0	1 -1 3	-1 1 -3	0 0 1
	σ_j		$-3+3M$	0	$4M+1$	0	$3M$	$-4M$	0
0 0 1	x_4 x_2 x_3	0 5/2 3/2	1/2 -1/4 3/4	0 1 0	0 0 1	1 0 0	-1/2 -1/4 3/4	1/2 1/4 -3/4	1/2 1/4 1/4
	σ_j		-9/4	0	0	0	-1/4	$-M+3/4$	$-M-1/4$

由最终表可看出人工变量已不在基变量中，即该辅助线性规划的最优解为 $X=\left(0,\frac{5}{2},\frac{3}{2},0,0,0,0\right)^T$，原线性规划问题的最优解为 $X=\left(0,\frac{5}{2},\frac{3}{2},0,0\right)^T$，最优值为 $Z=1.5$。

【例 2-13】 利用大 M 法求解线性规划

$$\min Z=5x_1-8x_2$$
$$\begin{cases}3x_1+x_2\leqslant 6\\ x_1-2x_2\geqslant 4\\ x_1,x_2\geqslant 0\end{cases}$$

解：加入松弛变量 x_3,x_4 化为标准型

$$\min Z=5x_1-8x_2$$
$$\begin{cases}3x_1+x_2+x_3=6\\ x_1-2x_2-x_4=4\\ x_j\geqslant 0\quad(j=1,2,\cdots,4)\end{cases}$$

在第二个方程中加入人工变量 x_5，目标函数中加上 Mx_5 一项，得到：

$$\min Z=5x_1-8x_2+Mx_5$$
$$\begin{cases}3x_1+x_2+x_3=6\\ x_1-2x_2-x_4+x_5=4\\ x_j\geqslant 0\quad(j=1,2,\cdots,5)\end{cases}$$

用单纯形法计算如表 2-10 所示。

表 2-10

C_j			5	−8	0	0	M
C_B	x_b	b	x_1	x_2	x_3	x_4	x_5
0 M	x_3 x_5	6 4	[3] 1	1 −2	1 0	0 −1	0 1
σ_j			$5-M$	$-8+2M$	0	M	0
5 M	x_1 x_5	2 2	1 0	1/3 −7/3	1/3 −1/3	0 −1	0 1
σ_j			0	$-29/3+7/3M$	$-5/3+1/3M$	M	0

表中 $\lambda_j \geqslant 0, j=1,2,\cdots,5$，从而得到最优解 $X=(2,0,0,0,2)$，$Z=10+2M$。但最优解中含有人工变量 $x_5 \neq 0$，说明这个辅助问题的最优解不是原问题的最优解，原问题是不可行的，即原问题无可行解。

2.4.3 两阶段法

两阶段法是处理人工变量的另一种方法。其基本思想是：将计算过程分为两个阶段。

第一阶段：不考虑原问题是否存在基可行解，给原线性规划问题加入人工变量，先求解一个目标函数中只包含人工变量的线性规划问题。即

目标函数 $\min\omega = x_{n+1} + \cdots + x_{n+m}$

$$\text{约束条件}\begin{cases} a_{11}x_1 + a_{12}x_2 + \cdots\cdots + a_{1n}x_n + x_{n+1} = b_1 \\ a_{21}x_1 + a_{22}x_2 + \cdots\cdots + a_{2n}x_n + x_{n+2} = b_2 \\ \vdots \quad\quad \vdots \quad\quad\quad \vdots \quad\quad \ddots \quad \vdots \\ a_{m1}x_1 + a_{m2}x_2 + \cdots\cdots + a_{mn}x_n + x_{n+m} = b_m \\ x_1, x_2, \cdots\cdots, x_n, x_{n+1}, \cdots, x_{n+m} \geqslant 0 \end{cases}$$

然后用单纯形法求解上述模型，若得到 $\omega=0$，则说明原问题存在基可行解（辅助问题的最优解去掉人工变量后就是原问题的一个基本可行解），可以进行第二阶段计算。否则原问题无可行解，应停止计算。

第二阶段：将第一阶段计算得到的最终表，除去人工变量。将目标函数行的系数，换成原问题的目标函数系数，作为第二阶段计算的初始表。各阶段的计算方法及步骤与单纯形法相同。下面举例说明。

【例 2-14】 用两阶段法求解下面的线性规划

$$\min z = -3x_1 + x_2 + x_3$$

$$s.t.\begin{cases} x_1 + 2x_2 + x_3 \leqslant 11 \\ -4x_1 + x_2 + 2x_3 \geqslant 3 \\ -2x_1 + x_3 = 1 \\ x_1, x_2, x_3 \geqslant 0 \end{cases}$$

解：先在上述线性规划问题的约束方程中加入人工变量，给出第一阶段的数学模型为：

$$\min \omega = x_6 + x_7$$

$$\begin{cases} x_1 + 2x_2 + x_3 + x_4 = 11 \\ -4x_1 + x_2 + 2x_3 - x_5 + x_6 = 3 \\ -2x_1 + x_3 + x_7 = 1 \\ x_1, x_2, x_3, x_4, x_5, x_6, x_7 \geqslant 0 \end{cases}$$

第一阶段用单纯形法求解，见表 2-11。求得的结果是 $\omega = 0$，得到最优解是 $x_1 = 0, x_2 = 1, x_3 = 1, x_4 = 8, x_5 = x_6 = x_7 = 0$。由于人工变量 $x_6 = x_7 = 0$，所以 $X = (0,1,1,8,0)^T$ 是原线性规划问题的基可行解。

表 2-11

C_j			0	0	0	0	0	−1	−1	θ_i
C_B	X_B	b	x_1	x_2	x_3	x_4	x_5	x_6	x_7	
0	x_4	11	1	2	1	1	0	0	0	11
−1	x_6	3	−4	1	2	0	−1	1	0	3/2
−1	x_7	1	−2	0	[1]	0	0	0	1	1
σ_j			−6	1	3	0	−1	0	0	
0	x_4	10	3	2	0	1	0	0	−1	5
−1	x_6	1	0	[1]	0	0	−1	1	−2	1
0	x_3	1	−2	0	1	0	0	0	1	−
σ_j			0	1	0	0	−1	0	−3	
0	x_4	8	3	0	0	1	2	−2	3	
0	x_2	1	0	1	0	0	−1	1	−2	
0	x_3	1	−2	0	1	0	0	0	1	
σ_j			0	0	0	0	0	−1	−1	

第二阶段运算：将第一阶段的最终表中的人工变量取消并填入原问题的目标函数的系数。进行第二阶段计算，如表 2-12 所示。

表 2-12

C_j			−3	1	1	0	0	θ_i
C_B	X_B	b	x_1	x_2	x_3	x_4	x_5	
0	x_4	8	[3]	0	0	1	2	8/3
1	x_2	1	0	1	0	0	−1	−
1	x_3	1	−2	0	1	0	0	−
σ_j			−1	0	0	0	1	
−3	x_1	8/3	1	0	0	1/3	2/3	
1	x_2	1	0	1	0	0	−1	
1	x_3	16/3	0	0	1	2/3	4/3	
σ_j			0	0	0	1/3	5/3	

由表 2-12 可以看出,求得原问题的最优解

$X=(8/3,1,16/3)^T$ 及最优值 $Z=-5/3$。

【例 2-15】 用两阶段法求解下列的线性规划问题

$$\min Z=5x_1-8x_2$$

$$s.t.\begin{cases}3x_1+x_2\leqslant 6\\ x_1-2x_2\geqslant 4\\ x_1,x_2\geqslant 0\end{cases}$$

解:加入松弛变量 x_3,x_4 化为标准型

$$\min Z=5x_1-8x_2$$

$$s.t.\begin{cases}3x_1+x_2+x_3=6\\ x_1-2x_2-x_4=4\\ x_j\geqslant 0\quad (j=1,2,3,4)\end{cases}$$

在第二约束方程中加入人工变量 x_5 后,构造第一阶段问题

$$\min \omega=x_5$$

$$s.t.\begin{cases}3x_1+x_2+x_3=6\\ x_1-2x_2-x_4+x_5=4\\ x_j\geqslant 0\quad (j=1,2,3,4,5)\end{cases}$$

用单纯形法计算如表 2-13 所示。

表 2-13

C_j			0	0	0	0	1
C_B	X_B	b	x_1	x_2	x_3	x_4	x_5
0	x_3	6	[3]	1	1	0	0
1	x_5	4	1	−2	0	−1	1
σ_j			−1	2	0	1	0
0	x_1	2	1	1/3	1/3	0	0
1	x_5	2	0	−7/3	−1/3	−1	1
σ_j			0	7/3	1/3	1	0

$\sigma_j\geqslant 0$,得到第一阶段的最优解 $X=(2,0,0,0,2)^T$,最优目标值 $\omega=2\neq 0$,由于人工变量 x_5 仍在基变量中,从而原问题无可行解。

无可行解的判断:

(1)当辅助问题的最优解中人工变量取值大于 0,即为基变量,则原线性规划问题无可行解。(反证法很容易证明此结论)

(2)两阶段法计算时,当第一阶段的最优值 $\omega\neq0$ 时,原问题无可行解。

2.4.4 退化与循环

【例 2-16】 求解下列线性规划问题

$$\min Z=-x_1-x_2-4x_3+x_4$$

$$\begin{cases}x_1+x_3-x_4=1\\x_2+x_3+x_4=1\\x_j\geqslant0\quad(j=1,2,3,4)\end{cases}$$

解:用单纯形法求解其过程如表 2-14 所示。

表 2-14

C_j			-1	-1	-4	1
C_B	X_B	b	x_1	x_2	x_3	x_4
-1 -1	x_1 x_2	1 1	1 0	0 1	[1] 1	-1 1
σ_j			0	0	-2↑	1
-4 -1	x_3 x_2	1 0	1 -1	0 1	1 0	-1 [2]
σ_j			2	0	0	-1
-4 1	x_3 x_4	1 0	1/2 -1/2	1/2 1/2	1 0	0 1
σ_j			3/2	1/2	0	0

由表 2-14 可看出,最小比值有两个,迭代后基变量 $x_2=0$,这样的基可行解称为退化解。在退化解的情况下,迭代前后目标函数值可能不变,在本线性规划问题中从第二张表到第三张表,Z 都为 4,因而存在这样的情况:经过若干次迭代后,又转回到原来的基可行解,继续迭代出现了无穷的循环,最优解永远得不到。为了防止循环,最简单的方法是对迭代法则作如下修改和补充。

(1) 若有几个变量的检验数 >0,选其中下标最小者入基。

(2) 若有几个比值均为最小值时,选对应下标最小的变量出基。

但在实际中几乎不会出现循环现象。如有相同的比值时也可以任意选择出基变量,不必考虑出现循环的后果,如果发现了循环,就选择另一个出基变量。

单纯形法总结:

由普通单纯形法、大 M 法、两阶段法的求解思路可以总结出对目标函数求 max 的线性规划问题的一般步骤,用单纯形法计算的步骤及流程图如图 2-8 所示:

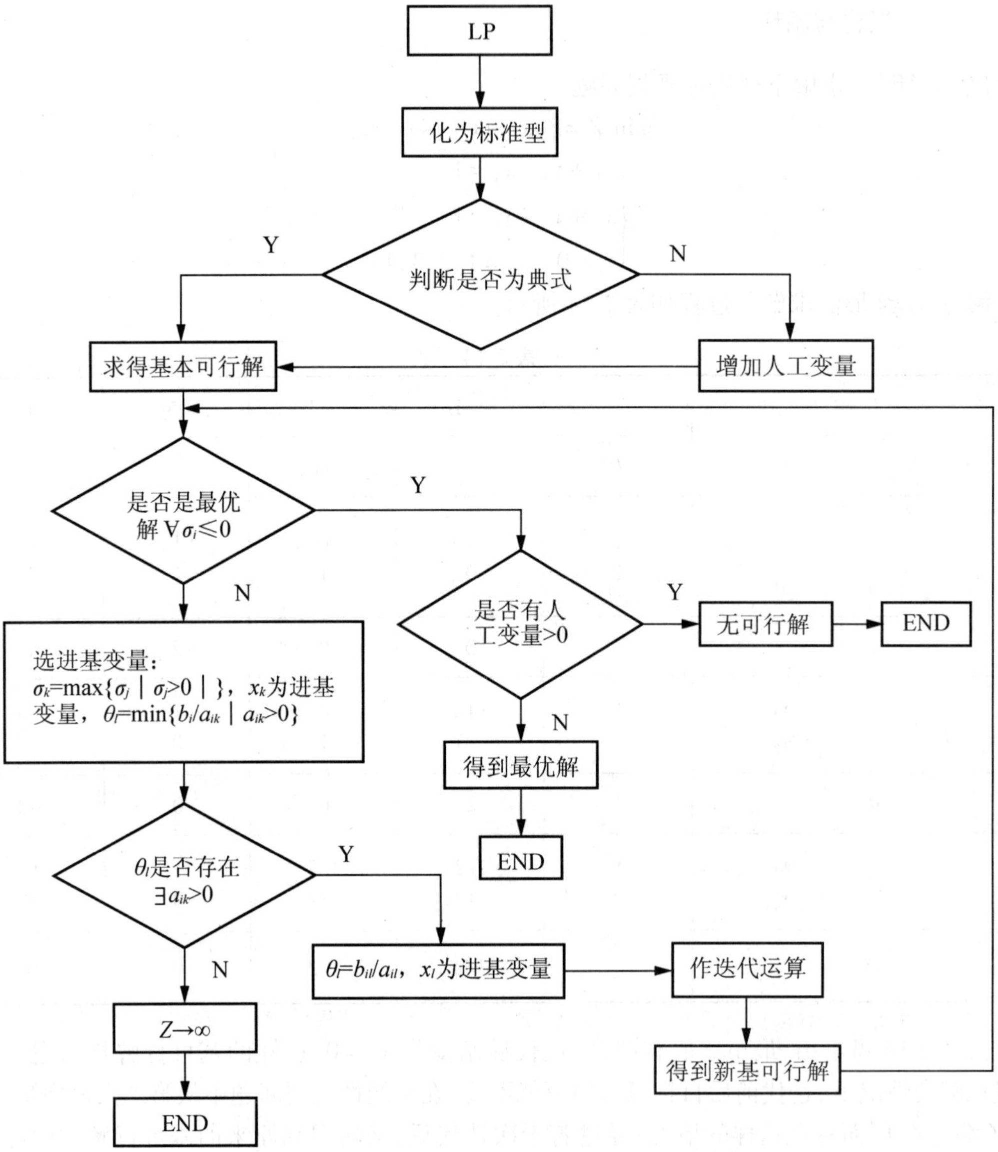

图 2-8　单纯形法计算步骤

2.5　线性规划的应用

2.5.1　合理下料问题

【例 2-17】 现要将长度为 10 米的钢材截成 3 米，4 米，5 米长的材料各 70 根。应如何安排，使消耗的钢材的根数最少（使用的原材料最省）？

解：由题意知可有六种可供选择的下料方案，如表 2-15 所示。

表 2-15

方案	I	II	III	IV	V	VI
3m	0			1	2	3
4m	1	2			1	
5m	1		2	1		
余料	1	2	0	2	0	1

因此,设有 6 种下料方案,每一种下料方案的原材料根数分别为:
$x_1,x_2,\cdots,x_6$,根据题意可得如下线性规划模型:

$$\min Z = x_1 + 2x_2 + 2x_4 + x_6$$

$$s.t.\begin{cases} x_4 + 2x_5 + 3x_6 = 70 \\ x_1 + 2x_2 + x_5 = 70 \\ x_1 + 2x_3 + x_4 = 70 \\ x_i \geqslant 0 \quad (i = 1,2,\cdots,6) \end{cases}$$

或:

$$\min Z = x_1 + x_2 + x_3 + x_4 + x_5 + x_6$$

$$s.t.\begin{cases} x_4 + 2x_5 + 3x_6 = 70 \\ x_1 + 2x_2 + x_5 = 70 \\ x_1 + 2x_3 + x_4 = 70 \\ x_i \geqslant 0 \quad (i = 1,2,\cdots,6) \end{cases}$$

可以计算出两个模型的最优解相同。

2.5.2 企业生产计划问题

【例 2-18】 某企业拟用 m 种资源($i=1,2,\cdots,m$)生产 n 种产品($j=1,2,\cdots,n$)。已知第 i 种资源的数量为 b_i,其单价为 P_i;第 j 种单位产品的产值为 V_j,消耗第 i 种资源的数量为 a_{ij},合同量为 e_j,最高需求为 d_j。问企业应如何拟订生产计划使得所获利润最大?

解: 根据题意,设 $x_j(j=1,2,\cdots,n)$ 为第 j 种产品的生产量,Z_1 表示产值,Z_2 表示消耗的资源成本,Z 表示企业所获利润,则有:

(1) 第 j 种产品的生产量要不少于合同量,即 $x_j \geqslant e_j \quad (j=1,2,\cdots,n)$

(2) 第 j 种产品的生产量不高于最高需求量,即 $x_j \leqslant d_j \quad (j=1,2,\cdots,n)$

(3) 所有产品共消耗第 i 种资源数小于 b_i,即 $\sum_{j=1}^{n} a_{ij}x_j \leqslant b_i \quad (i = 1,2,\cdots,m)$

又有利润 = 产值 − 成本,所以有

$$Z = Z_1 - Z_2 = \sum_{j=1}^{n} V_j x_j - \sum_{i=1}^{m} p_i \sum_{j=1}^{n} a_{ij}x_j = \sum_{j=1}^{n} \left(V_j - \sum_{i=1}^{m} p_i a_{ij} \right) x_j$$

建立线性规划模型可表示如下:

$$Z = Z_1 - Z_2 = \sum_{j=1}^{n} \left(V_j - \sum_{i=1}^{m} p_i a_{ij} \right) x_j$$

$$s.t.\begin{cases} x_j \geqslant e_j \quad (j = 1,2,\cdots,n) \\ x_j \leqslant d_j \quad (j = 1,2,\cdots,n) \\ \sum_{j=1}^{n} a_{ij}x_j \leqslant b_i \quad (i = 1,2,\cdots,m) \\ x_j \geqslant 0 \quad (j = 1,2,\cdots,n) \end{cases}$$

2.5.3 配料问题

【例 2-19】 某工厂要用三种原材料 C、P、H 混合调配出三种不同规格的产品 A、B、D,已知产品的规格要求、单价如表 2-17 所示,原材料的供应量、单价如表 2-17 所示。该厂应如何安排生产使利润最大?

表 2-16

产品名称	规格要求	单价(元/kg)
A	原材料 C 不少于 50% 原材料 P 不超过 25%	50
B	原材料 C 不少于 25% 原材料 P 不超过 50%	35
D	不限	25

表 2-17

原材料名称	每天最多供应量(kg)	单价(元/kg)
C	100	65
P	100	25
H	60	35

解:根据题意,设 A 中的 C、P、H 的含量为 x_{11}、x_{12}、x_{13}

B 中的 C、P、H 的含量为 x_{21}、x_{22}、x_{23}

D 中的 C、P、H 的含量为 x_{31}、x_{32}、x_{33}

即

原料名称 / 产品名称	C	P	H
A	x_{11}	x_{12}	x_{13}
B	x_{21}	x_{22}	x_{23}
D	x_{31}	x_{32}	x_{33}

又 利润 = 总收入 − 总成本 = A、B、D 三种产品的销售单价 × 产品数量 − C、P、H 三种原料单价 × 原料数量。故有目标函数

$$\begin{aligned}\max Z &= 50(x_{11}+x_{12}+x_{13})+35(x_{21}+x_{22}+x_{23})+25(x_{31}+x_{32}+x_{33})\\ &\quad -65(x_{11}+x_{21}+x_{31})-25(x_{12}+x_{22}+x_{32})-35(x_{13}+x_{23}+x_{33})\\ &= -15x_{11}+25x_{12}+15x_{13}-30x_{21}+10x_{22}+0\cdot x_{23}-40x_{31}+0\cdot x_{32}-10x_{33}\end{aligned}$$

约束条件如下:

由表 2-16 有

$$\begin{cases} x_{11}\geqslant 50\%\,(x_{11}+x_{12}+x_{13}) \\ x_{13}\leqslant 25\%\,(x_{11}+x_{12}+x_{13}) \\ x_{21}\geqslant 25\%\,(x_{21}+x_{22}+x_{23}) \\ x_{22}\leqslant 50\%\,(x_{21}+x_{22}+x_{23}) \end{cases}$$

在表 2-17 中生产 A、B、D 的原材料不能超过原材料的供应限额,故有

$$\begin{cases} x_{11}+x_{21}+x_{31}\leqslant 100 \\ x_{12}+x_{22}+x_{32}\leqslant 100 \\ x_{13}+x_{23}+x_{33}\leqslant 60 \end{cases}$$

生产使利润最大的线性规划模型如下：

$$\begin{aligned} \max Z &= 50(x_{11}+x_{12}+x_{13})+35(x_{21}+x_{22}+x_{23})+25(x_{31}+x_{32}+x_{33}) \\ &\quad -65(x_{11}+x_{21}+x_{31})-25(x_{12}+x_{22}+x_{32})-35(x_{13}+x_{23}+x_{33}) \\ &= -15x_{11}+25x_{12}+15x_{13}-30x_{21}+10x_{22}+0*x_{23}-40x_{31}+0*x_{32}-10x_{33} \end{aligned}$$

$$s.t.\begin{cases} x_{11}+x_{21}+x_{31}\leqslant 100 \\ x_{12}+x_{22}+x_{32}\leqslant 100 \\ x_{13}+x_{23}+x_{33}\leqslant 60 \\ x_{11}\geqslant 50\%(x_{11}+x_{12}+x_{13}) \\ x_{13}\leqslant 25\%(x_{11}+x_{12}+x_{13}) \\ x_{21}\geqslant 25\%(x_{21}+x_{22}+x_{23}) \\ x_{22}\leqslant 50\%(x_{21}+x_{22}+x_{23}) \\ x_{ij}\geqslant 0,(i=1,2,3;j=1,2,3) \end{cases}$$

用单纯形法计算得结果：每天只生产 A 产品 200kg。分别需要原料 C 为 100kg；P 为 50kg；H 为 50kg。总利润收入 Z = 500 元/天。

2.5.4 连续投资问题

【例 2-20】 某部门在今后 5 年内可以给以下项目投资：

项目 A，第 1 年至第 4 年每年年初投资，次年年末回收本利 115%；

项目 B，第 3 年年初投资，第 5 年年末回收本利 125%，最大投资额不超过 4 万元；

项目 C，第 2 年年初投资，第 5 年年末回收本利 140%，最大投资额不超过 3 万元；

项目 D，5 年内每年年初可购买公债，当年年末归还，并加利息 6%。

该部门现有资金 10 万元，问该如何确定投资方案，使第五年末拥有的资金本利和最大？

解：设 $x_{iA},x_{iB},x_{iC},x_{iD}(i=1,2,\cdots,4)$ 分别表示第 i 年年初分别给项目 A,B,C,D 的投资额，Z 表示第 5 年年末拥有的资金本利之和。

由题意知，第 1 年：该部门年初拥有 100000 元，所以有

$$x_{1A}+x_{1D}=100000$$

第 2 年：因第 1 年给项目 A 的投资要到第 2 年末才能回收，所以该部门在第 2 年初拥有资金额仅为项目 D 在第 1 年回收的本息 $x_{1D}(1+6\%)$。于是第 2 年的投资分配是

$$x_{2A}+x_{2C}+x_{2D}=1.06x_{1D}$$

第 3 年：第 3 年年初的资金额是从项目 A 第 1 年投资及项目 D 第 2 年投资中回收的本利总和：$x_{1A}(1+15\%)$ 及 $x_{2D}(1+6\%)$。于是第 3 年的资金分配为

$$x_{3A}+x_{3B}+x_{3D}=1.15x_{1A}+1.06x_{2D}$$

第 4 年：同以上分析，可得

$$x_{4A}+x_{4D}=1.15x_{2A}+1.06x_{3D}$$

第 5 年：

$$x_{5D}=1.15x_{3A}+1.06x_{4D}$$

此外，由于对项目 B、C 的投资有限额的规定，即

$$x_{3B} \leqslant 40000; x_{2C} \leqslant 30000$$

目标函数：要求在第 5 年年末该部门手中拥有的资金额达到最大，即可表示为

$$\max Z = 1.15x_{4A} + 1.25x_{3B} + 1.4x_{2C} + 1.06x_{5D}$$

建立线性规划模型如下：

$$\max Z = 1.15x_{4A} + 1.25x_{3B} + 1.4x_{2C} + 1.06x_{5D}$$

$$s.t. \begin{cases} x_{1A} + x_{1D} = 100000 \\ x_{2A} + x_{2C} + x_{2D} = 1.06x_{1D} \\ x_{3A} + x_{3B} + x_{3D} = 1.15x_{1A} + 1.06x_{2D} \\ x_{4A} + x_{4D} = 1.15x_{2A} + 1.06x_{3D} \\ x_{5D} = 1.15x_{3A} + 1.06x_{4D} \\ x_{3B} \leqslant 40000; x_{2C} \leqslant 30000 \\ x_{iA}, x_{iB}, x_{iC}, x_{iD} \geqslant 0 \quad (i = 1, \cdots, 5) \end{cases}$$

用单纯形法计算结果得：

第 1 年：$x_{1A} = 716998.11, x_{1D} = 288301.89$

第 2 年：$x_{2A} = 0, x_{2C} = 30000, x_{2D} = 0$

第 3 年：$x_{3A} = 0, x_{3B} = 4000, x_{3D} = 42452.83$

第 4 年：$x_{4A} = 45000, x_{4D} = 0$

第 5 年：$x_{5D} = 0$

到第 5 年年末该投资者收回本利共 143750 元，即盈利为 43.75%，净赚金额为 43750 元，容易计算的其盈利为 $w = 43.75\%$，盈利值在一般经济活动中已经不算太低，因此，这种方案的可行性比较高。

2.5.5 人力资源分配问题

【例 2-21】 某公司是一家从事电力工程技术的中美合资公司，现有 41 个专业技术人员，其结构和相应的工资水平分布如表 2-18 所示。

表 2-18 公司的人员结构及工资情况

	高级工程师	工程师	助理工程师	技术员
人数	9	17	10	5
日工资(元)	250	200	170	110

目前，公司承接有 4 个工程项目，其中 2 项是现场施工监理，分别在 A 地和 B 地，主要工作在现场完成；另外 2 项是工程设计，分别在 C 地和 D 地，主要工作在办公室完成。由于 4 个项目来源于不同客户，并且工作的难易程度不一，因此，各项目的合同对有关技术人员的收费标准不同，具体情况如表 2-19 所示。

表 2-19 不同项目和各种人员的收费标准

	项目	高级工程师	工程师	助理工程师	技术员
收费(元/天)	A	1000	800	600	500
	B	1500	800	700	600
	C	1300	900	700	400
	D	1000	800	700	500

为了保证工程质量，各项目中必须保证专业人员结构符合客户的要求，具体情况如表 2-20 所示：

表 2-20　各项目对专业技术人员结构的要求

	A	B	C	D
高级工程师	1 ~ 3	2 ~ 5	2	1 ~ 2
工程师	≥2	≥2	≥2	2 ~ 8
助理工程师	≥2	≥2	≥2	≥1
技术员	≥1	≥3	≥1	-
总计	≥10	≥16	≥11	≥18

注：由于 C、D 两项目是在办公室完成，所以每人每天有 50 元的管理费开支。

需解决的问题：如何合理的分配现有的技术力量，使公司收益最大？

解：建立模型：确定 4 种专业技术人员向 A、B、C、D 四地分配。

决策变量：第 i 种技术人员向工程项目 j 地的分配人数为 x_{ij}，($x_{44}=0$)，第 i 种技术人员向工程项目 j 地的收费标准 c_{ij}，($i=1,2,3,4;j=1,2,3,4$)

则由题意可得如下线性规划模型：

$$\max Z = \sum_{i=1}^{4}\sum_{j=1}^{4} c_{ij}x_{ij} - 250\sum_{j=1}^{4} x_{1j} - 200\sum_{j=1}^{4} x_{2j} - 170\sum_{j=1}^{4} x_{3j} - 110\sum_{j=1}^{4} x_{4j} - 50\sum_{i=1}^{4}\sum_{j=3}^{4} x_{ij}$$

$$\begin{cases} 1 \leqslant x_{11} \leqslant 3, x_{21} \geqslant 2; x_{31} \geqslant 2, x_{41} \geqslant 1 \\ x_{13} = 2, x_{23} \geqslant 2, x_{33} \geqslant 2, x_{43} \geqslant 1 \\ 2 \leqslant x_{12} \leqslant 5, x_{22} \geqslant 2, x_{32} \geqslant 2, x_{42} \geqslant 3 \\ 1 \leqslant x_{14} \leqslant 2, 8 \geqslant x_{24} \geqslant 2, x_{34} \geqslant 1 \\ \sum_{i=1}^{4} x_{i1} \leqslant 10 \quad \sum_{j=1}^{4} x_{1j} \leqslant 9 \\ \sum_{i=1}^{4} x_{i2} \leqslant 16 \quad \sum_{j=1}^{4} x_{2j} \leqslant 17 \\ \sum_{i=1}^{4} x_{i3} \leqslant 11 \quad \sum_{j=1}^{4} x_{3j} \leqslant 10 \\ \sum_{i=1}^{4} x_{i4} \leqslant 18 \quad \sum_{i=1}^{4} x_{4j} \leqslant 5 \\ x_{ij} \in Z, x_{44} = 0 \end{cases}$$

用单纯形法求得：公司每天的直接收益最大为 27150 元，$x_{11}=1$，$x_{12}=5$，$x_{13}=2$，$x_{14}=1$，$x_{21}=6$，$x_{22}=3$，$x_{23}=6$，$x_{24}=2$，$x_{31}=2$，$x_{32}=5$，$x_{33}=2$，$x_{34}=1$，$x_{41}=1$，$x_{42}=3$，$x_{43}=1$，$x_{44}=0$。

x_{11}表示高级工程师分配到 A 项目；x_{12}表示高级工程师分配到 B 项目；x_{13}表示高级工程师分配到 C 项目；x_{14}表示高级工程师分配到 D 项目等。

2.6 运输问题

2.6.1 运输问题的提出

在物流运输行业中,经常遇到要讲某种物资从一些产地运往另外一些销地。而单位物资的运输成本基本上都与运输距离有关,如何根据已有的交通网选择调运方案,使得总的运输费用最少。如下面例题:

【例 2-22】 现从 A_1,A_2,A_3 三个产粮区向 B_1,B_2,B_3,B_4 四个地区运送粮食,已知产粮区 A_1,A_2,A_3 可供应的粮食分别为 10,8,5(万吨),B_1,B_2,B_3,B_4 四个地区的需求量分别为 5,7,8,3(万吨),产粮地到需求地的运价(单位:万元)如表 2-21 所示,问如何安排一个运输计划,使得总的运输费用最少?

表 2-21

运价 \ 销地 / 产地	B_1	B_2	B_3	B_4	供给量(万吨)
A_1	3	2	6	3	10
A_2	5	3	8	2	8
A_3	4	1	2	9	5
需求量(万吨)	5	7	8	3	合计:23

解: 设从产粮地 A_i 运给需求地 B_j 的物资数量为 x_{ij} 万吨($i=1,\cdots,3;j=1,\cdots,4$),$Z$ 表示总的运输费用,从而得到下列运输问题的数学模型:

(1) 据题意使总的运输费用最小,则有目标函数为:

$$\min Z=3x_{11}+2x_{12}+6x_{13}+3x_{14}+5x_{21}+3x_{22}+8x_{23}+2x_{24}+4x_{31}+x_{32}+2x_{33}+9x_{34}$$

各产粮地的供给量与运出量的平衡方程

$$\begin{cases} x_{11}+x_{12}+x_{13}+x_{14}=10 \\ x_{21}+x_{22}+x_{23}+x_{24}=8 \\ x_{31}+x_{32}+x_{33}+x_{34}=5 \end{cases}$$

(2) 供给各需求地的供给量与需求量的平衡方程

$$\begin{cases} x_{11}+x_{21}+x_{31}=5 \\ x_{12}+x_{22}+x_{32}=7 \\ x_{13}+x_{23}+x_{33}=8 \\ x_{14}+x_{24}+x_{34}=3 \end{cases}$$

(3) 粮食的运量应大于或等于零(非负要求),即

$$x_{ij}\geqslant 0 \quad (i=1,2,3;j=1,2,3,4)$$

因此,模型可以写成:

$$\min Z = 3x_{11} + 2x_{12} + 6x_{13} + 3x_{14} + 5x_{21} + 3x_{22} + 8x_{23} + 2x_{24} + 4x_{31} + x_{32} + 2x_{33} + 9x_{34}$$

$$\begin{cases} x_{11} + x_{12} + x_{13} + x_{14} = 10 \\ x_{21} + x_{22} + x_{23} + x_{24} = 8 \\ x_{31} + x_{32} + x_{33} + x_{34} = 5 \\ x_{11} + x_{21} + x_{31} = 5 \\ x_{12} + x_{22} + x_{32} = 7 \\ x_{13} + x_{23} + x_{33} = 8 \\ x_{14} + x_{24} + x_{34} = 3 \\ x_{ij} \geqslant 0 \quad (i = 1,2,3; j = 1,2,3,4) \end{cases}$$

2.6.2 运输问题的一般模型及其特点

由上面的例题可以看出,运输问题的数学模型有它的独特性。一般的运输问题可以描述为:假设把某种物资(产品)从 m 个产地(供应地)$A_1, A_2, \cdots, A_m$ 调运到 n 个销地(需求地)$B_1, B_2, \cdots, B_n$,各产地的产量(供应量)分别为 $a_1, a_2, \cdots, a_m$,各销地的销量(需求量)分别为 $b_1, b_2, \cdots, b_n$。若已知从各产地 A_i 调运到各销地 B_j 的单位物资运价为 C_{ij},问如何确定物资的调运方案,可使总运费最少?

运输问题可归结成如表 2-22 所示的数据表,运输问题数据表中列出了各产地的产量和各销地的销量以及各产地到各销地的单位物资运价 C_{ij}。我们先来讨论产销平衡的运输问题,即总产量等于总销量的运输问题 $\sum_{i=1}^{m} a_i = \sum_{j=1}^{n} b_j$。

表 2-22

	B_1	B_2	$\cdots$	B_n	产量
A_1	c_{11} / x_{11}	c_{12} / x_{12}	$\cdots$	c_{1n} / x_{1n}	a_1
A_2	c_{21} / x_{21}	c_{22} / x_{22}	$\cdots$	c_{2n} / x_{2n}	a_2
$\vdots$	$\vdots$	$\vdots$	$\cdots$	$\vdots$	$\vdots$
A_m	c_{m1} / x_{m1}	c_{m2} / x_{m2}	$\cdots$	c_{mn} / x_{mn}	a_m
销量	b_1	b_2	$\cdots$	b_n	$\sum a_i = \sum b_j$

如果把产地 A_i 运给销售地 B_j 的物资数量设为:x_{ij},$(i = 1, \cdots, m; j = 1, \cdots, n)$,

就是在表 2-22 中每一个方格里设一个变量,则由运输问题的数据表可列出产销平衡运输问题的数学模型如下:

$$\min Z = \sum_{i=1}^{m} \sum_{j=1}^{n} c_{ij} x_{ij} \tag{2-19a}$$

$$\begin{cases} \sum_{j=1}^{n} x_{ij} = a_i, (i = 1,2,\cdots,m) & (2\text{-}19b) \\ \sum_{i}^{m} x_{ij} = b_j, (j = 1,2,\cdots,n) & (2\text{-}19c) \\ x_{ij} \geqslant 0 \quad (\sum a_i = \sum b_j) \end{cases}$$

运输问题模型特点：

(1) 运输问题有有限最优解，即必有最优基本可行解。

(2) 运输问题约束条件的系数矩阵 A 的秩为 $(m+n-1)$

$$\begin{array}{c} \quad\; x_{11} \;\; x_{12} \;\; \cdots \;\; x_{1n} \;\; x_{21} \;\; x_{22} \;\; \cdots \;\; x_{2n} \;\; \cdots \;\; x_{m1} \;\; x_{m2} \;\; \cdots \;\; x_{mn} \end{array}$$

$$A = \begin{pmatrix} 1 & 1 & \cdots & 1 & & & & & & & & \\ & & & & 1 & 1 & \cdots & 1 & & & & \\ & & & & & & & & \ddots & & & \\ & & & & & & & & 1 & 1 & \cdots & 1 \\ 1 & & & & 1 & & & & 1 & & & \\ & 1 & & & & 1 & & & & 1 & & \\ & & \ddots & & & & \ddots & & & & \ddots & \\ & & & 1 & & & & 1 & & & & 1 \end{pmatrix}$$

该系数矩阵中对应于变量 x_{ij} 的系数向量 p_{ij}，其分量中除第 i 个和第 $m+j$ 个为 1 以外，其余的都为零。即 $p_{ij} = (0\cdots1\cdots1\cdots0)' = e_i + e_{m+j}$。对产销平衡的运输问题，有以下特点：

(1) 约束条件系数矩阵的元素等于 0 或 1；

(2) 约束条件系数矩阵的每一列有两个非零元素，对应于每一个变量在前 m 个约束方程中出现一次，在后 n 个约束方程中也出现一次。因此 $R(A) \leqslant m+n-1$。

此外，对于产销平衡问题，还有以下特点：

(3) 所有结构约束条件都是等式约束；

(4) 各产地产量之和等于各销地的销量之和。

2.6.3 运输问题的相关概念及其定理

由上面公式可以看出运输问题的数学模型是线性规划模型，在产销平衡条件下，有 $m \times n$ 个决策变量，$m+n$ 个约束条件。

【定理 2-4】 设有 m 个产地 n 个销地且产销平衡的运输问题，则基变量数为 $m+n-1$

证明：由 $\sum_{i=1}^{m} a_i = \sum_{j=1}^{n} b_j$，将式(2-19b) 的 m 个约束方程两边相加得 $\sum_{i=1}^{m}\sum_{j=1}^{n} x_{ij} = \sum_{i=1}^{m} a_i$

将式(2-19c)的 n 个约束两边相加得：

$$\sum_{j=1}^{n}\sum_{i=1}^{m} x_{ij} = \sum_{j=1}^{n} b_j$$

显然前 m 个约束方程之和等于后 n 个约束方程之和，$m+n$ 个约束方程是相关的，又系数矩阵

$$
\begin{array}{c}
\begin{array}{cccccccccccc}
x_{11} & x_{12} & \cdots & x_{1n} & x_{21} & x_{22} & \cdots & x_{2n} & \cdots & x_{m1} & x_{m2} & \cdots \; x_{mn}
\end{array} \\
A=\begin{bmatrix}
1 & 1 & \cdots & 1 & & & & & & & & \\
 & & & & 1 & 1 & \cdots & 1 & & & & \\
 & & & & & & & & \ddots & & & \\
 & & & & & & & & & 1 & 1 \; \cdots & 1 \\
1 & & & & 1 & & & & & 1 & & \\
 & 1 & & & & 1 & & & & & 1 & \\
 & & \ddots & & & & \ddots & & & & & \ddots \\
 & & & 1 & & & & 1 & & & & 1
\end{bmatrix}
\end{array}
$$

中任意 $m+n$ 阶子式等于零，所以秩 $r(A)\leqslant m+n-1$。

又取第 1 行到 $m+n-1$ 行与 $x_{1n}, x_{2n}, \cdots, x_{mn}, x_{11}, x_{12}, \cdots, x_{1n-1}$ 对应的列组成的 $m+n-1$ 阶子式

$$
\begin{array}{c}
\begin{array}{cccccccc}
x_{1n} & x_{2n} & \cdots & x_{mn} & x_{11} & x_{12} & \cdots & x_{1n-1}
\end{array} \\
\left|\begin{array}{cccc:cccc}
1 & & & & 1 & 1 & \cdots & 1 \\
 & 1 & & & & & & \\
 & & \ddots & & & & & \\
 & & & 1 & & & & \\
\hdashline
 & & & & 1 & & & \\
 & & & & & 1 & & \\
 & & & & & & 1 & \\
 & & & & & & & 1
\end{array}\right|
\end{array}
$$

其行列式不等于零，所以秩 $r(A)\geqslant m+n-1$。故 $r(A)=m+n-1$，所以运输问题有 $m+n-1$ 个基变量。

为了在 $m\cdot n$ 个变量中找出 $m+n-1$ 个变量作为一组基变量，就是要在 A 中找出 $m+n-1$ 个线性无关的列向量，下面引入闭回路的概念寻找这些基变量。

闭回路 集合 $\{x_{i_1j_1}, x_{i_1j_2}, x_{i_2j_2}, x_{i_2j_3}, \cdots, x_{i_sj_s}, x_{i_sj_1}\}$ 为一个闭回路，并且 $i_1, i_2, \cdots, i_s; j_1, j_2, \cdots, j_s$ 互不相同，集合中的变量称为闭回路的顶点，相邻两个变量的连线为闭回路的边。在表 2-23 及表 2-24 中的变量组构成两个闭回路。

表 2-23 中闭回路是 $\{x_{11}, x_{41}, x_{43}, x_{33}, x_{32}, x_{12}\}$。表 2-24 中闭回路的变量集合是 $\{x_{11}, x_{12}, x_{42}, x_{43}, x_{23}, x_{25}, x_{35}, x_{31}\}$ 共有 8 个顶点，这 8 个顶点间用水平或垂直线段连接起来，组成一条封闭的回路。一条回路中的顶点数一定是偶数，回路遇到顶点必须转 90 度与另一顶点连接，表 2-23 中的变量 x_{32} 和 x_{33} 是闭回路的顶点，而表 2-24 中的变量 x_{32} 和 x_{33} 不是闭回路的顶点，只是连线的交点。

表 2-23

	B_1	B_2	B_3
A_1	x_{11}	x_{12}	
A_2			
A_3		x_{32}	x_{33}
A_4	x_{41}		x_{43}

表 2-24

	B_1	B_2	B_3	B_4	B_5
A_1	x_{11}	x_{12}			
A_2			x_{23}		x_{25}
A_3	x_{31}				x_{35}
A_4		x_{42}	x_{43}		

例如在表 2-24 中取变量组 $A=\{x_{21},x_{25},x_{35},x_{31},x_{11},x_{12}\}$，$B=\{x_{33},x_{32},x_{12},x_{11},x_{21}\}$，$C=\{x_{21},x_{23},x_{12},x_{11},x_{32},x_{33}\}$，$A$ 不能组成一条闭回路，但 A 中包含有闭回路$\{x_{21},x_{25},x_{35},x_{31}\}$；$B$ 的变量数是奇数，显然不是闭回路，也不含有闭回路；C 是一条闭回路，若把 C 重新写成 $C=\{x_{21},x_{23},x_{33},x_{32},x_{12},x_{11}\}$可看出其仍然是一条闭回路。

孤立点　若变量组$\{x_{i1j1},x_{i2j2},\cdots,x_{irjr}\}$中某一个变量是它所在行或列中出现的唯一变量，则称这个变量是关于变量组的孤立点。如在集合 $A=\{x_{21},x_{25},x_{35},x_{31},x_{11},x_{12}\}$中 x_{12}位于第一行第二列，A 中第二列只有变量 x_{12}，故 x_{12}是变量组 A 的孤立点。变量组 $B=\{x_{33},x_{32},x_{12},x_{11},x_{21}\}$中 x_{21}，x_{33}是孤立点，变量组 C 中没有孤立点，由孤立点的定义可以得出以下结论：一条闭回路中一定没有孤立点，如变量组 C。若一个变量组不包含任何闭回路，则变量组必有孤立点，如变量组 B。有孤立点的变量组不一定没有闭回路，如变量组 A。

常见的闭回路一般有这样几种形式：

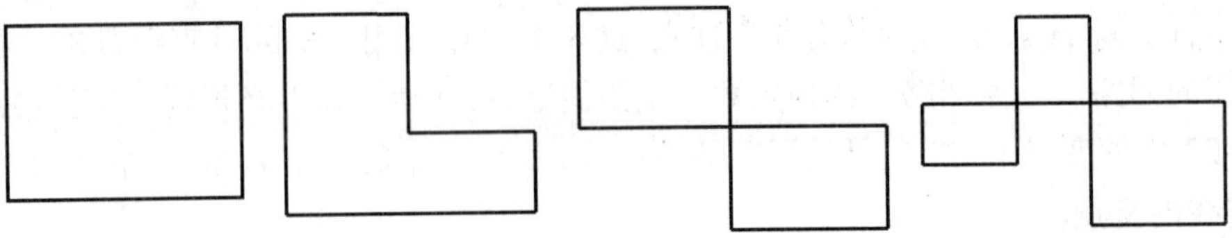

记系数矩阵 A 中 x_{ij}对应的列向量为 P_{ij}，由系数矩阵 A 的特征知 P_{ij}的第 i 个分量及第 $m+j$ 个分量等于 1，其余分量为 0，即

$$P_{ij}=\begin{pmatrix}0\\ \vdots\\ 1\\ \vdots\\ 1\\ \vdots\\ 0\end{pmatrix}$$，如 $m=3,n=4$，x_{23} 的系数向量 $P_{23}=(0,1,0,0,0,1,0)^T$，x_{34} 的系数向量 $P_{34}=(0,0,1,0,0,0,1)^T$

【定理 2-5】 若变量组 B 包含有闭回路 $C=\{x_{i1j1},x_{i1j2},\cdots,x_{isjl}\}$，则 B 中的变量对应的列向量线性相关。

证明：略

由定理 2-5 可知，若一个变量组中不包含有闭回路，则这些变量对应的系数向量线性无关。要求运输问题的一组基变量，就是要找到 $m+n-1$ 个变量，使得它们对应的系数列向量线性无关，即只要 $m+n-1$ 个变量中不包含闭回路，就可得到一组基变量。

【定理 2-6】 $m+n-1$ 个变量组构成基变量的充要条件是它不包含任何闭回路。证明略。

2.6.4 表上作业法

表上作业法是单纯形法在求解运输问题时的一种简化方法，其实质是单纯形法。其条件是：问题求最小值，产销平衡和运价非负。其基本步骤如下：

步骤一，找出初始基本可行解。常用的方法有最小元素法、沃格尔（Vogel）法等。

步骤二，求各非基变量的检验数并判断是否得到最优解。如已是最优解，则停止计算，否则转到下一步。

步骤三，调整运量，即换基，选一个变量入基，一个变量出基，对原运量进行调整得到新的基本可行解，转到步骤二。

（一）确定初始基本可行解

1. 最小元素法

其基本思想是就近供应，即从单位运价表中最小的运价开始尽量满足供销关系，然后次小，一直到给出初始基本可行解为止。

【例 2-23】 用最小元素法求表 2-25 所示的运输问题的初始基本可行解。

表 2-25

销地 产地	B_1	B_2	B_3	B_4	产量
A_1	2	9	10	7	9
A_2	1	3	4	2	5
A_3	8	4	2	5	7
销量	3	8	4	6	21

解：

步骤一，从表 2-25 中找出最小运价是 $C_{21}=1$，故先决定 x_{21} 的值并使其尽可能大，令 $x_{21}=\min\{5,3\}=3$，将 3 填在 C_{21} 的下方，表示 A_2 供应 3 个单位给 B_1。在 x_{11} 和 x_{31} 的位置分别打上"×"，表示 B_1 已满足需要，不再需要其他产地供应，如表 2-26 所示。

表 2-26

产地 \ 销地	B_1	B_2	B_3	B_4	产量
A_1	[2] ×	[9]	[10]	[7]	9
A_2	[1] 3	[3]	[4]	[2]	5
A_3	[8] ×	[4]	[2]	[5]	7
销量	3	8	4	6	21

步骤二，在表 2-26 中未划去的元素中找出最小运价，此时 $C_{24}=C_{33}=2$ 都是最小的，可以任取其中一个，例如取 C_{33}，令 $x_{33}=\min\{7,4\}=4$，将 4 填在 C_{33} 的下方，表示 A_3 供应 4 个单位给 B_3。在 x_{13} 和 x_{23} 的位置上分别打"×"，表示 B_3 已满足需要，如表 2-27 所示。

表 2-27

产地 \ 销地	B_1	B_2	B_3	B_4	产量
A_1	[2] ×	[9]	[10] ×	[7]	9
A_2	[1] 3	[3]	[4] ×	[2]	5
A_3	[8] ×	[4]	[2] 4	[5]	7
销量	3	8	4	6	21

步骤三，在表 2-27 中未划去的元素中再找出最小运价，此时 $C_{24}=2$ 最小，令 $x_{24}=\min\{5-3,6\}=2$，将 2 填在 C_{24} 的下方，表示 A_2 供应 2 个单位给 B_4。在 x_{22} 的位置上打"×"，表示 A_2 的产量全部运出，如表 2-28 所示。

表 2-28

销地 产地	B_1	B_2	B_3	B_4	产量
A_1	[2] ×	[9]	[10] ×	[7]	9
A_2	[1] 3	[3] ×	[4] ×	[2] 2	5
A_3	[8] ×	[4]	[2] 4	[5]	7
销量	3	8	4	6	21

用同样的方法继续进行下去，直至单位运价表中所有元素划去为止。最终结果如表 2-29 所示。

表 2-29

销地 产地	B_1	B_2	B_3	B_4	产量
A_1	[2] ×	[9] 5	[10] ×	[7] 4	9
A_2	[1] 3	[3] ×	[4] ×	[2] 2	5
A_3	[8] ×	[4] 3	[2] 4	[5] ×	7
销量	3	8	4	6	21

在表 2-29 中，除了打"×"的变量，共有 $3+4-1=6$ 个变量填数，这些变量并且不形成闭回路，因此 $\{x_{12},x_{14},x_{21},x_{24},x_{32},x_{33}\}$ 是一组基变量，打"×"的变量为非基变量，令非基变量为零，得到一组基本可行解 $x_{12}=5,x_{14}=4,x_{21}=3,x_{24}=2,x_{32}=3,x_{33}=4$，其余 $x_{ij}=0$。这组解就是初始调运方案，总运费为 $Z=9\times5+7\times4+1\times3+2\times2+4\times3+2\times4=100$。

注意：① 填数的变量所对应的格子，称为数字格，即基变量；打"×"的变量格称为空格，即非基变量。

② 每填一个数时，划行或划列（即打"×"，表示该行或该列已分完），但划了行就不能再划列，或者划了列就不能再划行。

③ 该填数的格子，即使为 0，也要填 0（以区别空格）

④ 最后一行剩余的格子都必须填数。

【例 2-24】 用最小元素法求表 2-30 所示的运输问题的初始基本可行解。

表 2-30

产地＼销地	B_1	B_2	B_3	产量
A_1	1	2	2	1
A_2	3	1	3	2
A_3	2	3	1	4
销量	1	2	4	4

解：

步骤一，从表 2-30 中找出最小运价是 $C_{11}=C_{22}=C_{33}=1$，任选其中一个最小运价，如取 C_{11} 对应的变量 x_{11}，使 x_{11} 的值尽可能大，令 $x_{11}=\min\{1,1\}=1$，将 1 填在 C_{11} 的下方，并在 x_{21} 和 x_{31} 的位置分别打上"×"，值得注意的是，每填一个数时，需划行或划列，此处已经划了列，就不能再同时划行了。如表 2-31 所示。

表 2-31

产地＼销地	B_1	B_2	B_3	产量
A_1	1 1	2	2	1
A_2	3 ×	1	3	2
A_3	2 ×	3	1	4
销量	1	2	4	7

步骤二，在表 2-31 中剩下的元素中找出最小运价，此时仍有 $C_{22}=C_{33}=1$ 都是最小的，任取其中一个，例如取 C_{22}，令 $x_{22}=\min\{2,2\}=2$，将 2 填在 C_{22} 的下方，在 x_{23} 的位置上打"×"，此时第二行已全部划去，则不再划列了，如表 2-32 所示。

表 2-32

产地＼销地	B_1	B_2	B_3	产量
A_1	1 1	2	2	1

续表

销地 产地	B_1	B_2	B_3	产量
A_2	3 ×	1 2	3 ×	2
A_3	2 ×	3	1	4
销量	1	2	4	7

步骤三，在表 2-32 中还剩 $C_{33}=1$ 是最小运价，令 $x_{33}=\min\{4,4\}=4$，将 4 填在 C_{33} 的下方，在 x_{13} 的位置上打"×"，此时第三列已全部划去，则不再划行了。此时，表中还剩下 x_{12} 和 x_{32} 未赋值也未划去，而销地 B_2 的总销量是 2，故对 x_{12} 和 x_{32} 赋值"0"，如表 2-33 所示。

表 2-33

销地 产地	B_1	B_2	B_3	产量
A_1	1 1	2 0	2 ×	1
A_2	3 ×	1 2	3 ×	2
A_3	2 ×	3 0	1 4	4
销量	1	2	4	7

在表 2-33 中，除了打"×"的变量，共有 $3+3-1=5$ 个变量填数，且这些变量不形成闭回路，因此 $\{x_{11},x_{12},x_{22},x_{32},x_{33}\}$ 是一组基变量，打"×"的变量为非基变量，令非基变量为零，得到一组基本可行解 $x_{11}=1,x_{12}=0,x_{22}=2,x_{32}=0,x_{33}=4$，其余 $x_{ij}=0$。这组解就是初始调运方案，总运费为 $Z=1\times1+2\times0+1\times2+3\times0+1\times4=7$。

2. 沃格尔(Vogel)法

最小元素法的缺陷是：为了节省一处的费用，有时造成在其他处要多花几倍的运费。沃格尔法考虑到，一产地的产品假如不能按最小运费就近供应，就考虑次小运费，这就是一个差额，差额越大，说明不能按最小运费调运时，运费增加越多。因而对差额最大处，就应当采用最小运费调运。

【例 2-25】 用沃格尔法求表 2-34 所示的运输问题的初始基本可行解。

表 2-34

产地＼销地	B_1	B_2	B_3	B_4	产量
A_1	2	9	10	7	9
A_2	1	3	4	2	5
A_3	8	4	2	5	7
销量	3	8	4	6	21

解：

步骤一，求出每行次小运价与最小运价的差额，记 $u_i(i=1,2,\cdots\cdots,m)$；同时求出每列次小运价与最小运价的差额，记 $v_j(j=1,2,\cdots\cdots,n)$。

$\{u_1,u_2,u_3;v_1,v_2,v_3,v_4\}=\{7-2,2-1,4-2;2-1,4-3,4-2,5-2\}=\{5,1,2;1,1,2,3\}$

步骤二，找出所有行、列差额的最大值，即 $L=\max\{u_i,v_j\}$，差额 L 对应行或列的最小运价处优先调运。

此例题中，$\max\{u_i,v_j\}=\max\{5,1,2;1,1,2,3\}=5$，即 $u_1=5$ 最大，第一行的最小运价是 $C_{11}=2$，所以优先调运，$x_{11}=\min\{9,3\}=3$，将 3 填在 C_{11} 的下方，表示 A_1 供应 3 个单位给 B_1。在 x_{21} 和 x_{31} 的位置上打"×"，表示 B_1 已满足需要，如表 2-35 所示。

表 2-35

产地＼销地	B_1	B_2	B_3	B_4	产量	u_i
A_1	2 3	9	10	7	9	[5]
A_2	1 ×	3	4	2	5	1
A_3	8 ×	4	2	5	7	2
销量	3	8	4	6	21	
v_j	1	1	2	3		

步骤三，此时必有一列或一行调运完毕，在剩下的运价中再求最大差额，进行第二次调运，

依次进行下去，直到最后全部调运完毕为止。

此例题中，由于第一列的 B_1 已满足需求，所以只用求 u_1,u_2,u_3 和 v_2,v_3,v_4 即可，结果见表2-36。

表2-36 中最大差额为 $v_4=3$，第四列最小运价为 $C_{24}=2$，对其优先调运，$x_{24}=\min\{5,6\}=5$，将 5 填在 C_{24} 的下方，表示 A_2 供应 5 个单位给 B_4。在 x_{22} 和 x_{23} 的位置上打"×"，表示 A_2 的产量全部运出，如表 2-36 所示。

表 2-36

产地＼销地	B_1	B_2	B_3	B_4	产量	u_i
A_1	[2] 3	[9]	[10]	[7]	9	2
A_2	[1] ×	[3] ×	[4] ×	[2] 5	5	1
A_3	[8] ×	[4]	[2]	[5]	7	2
销量	3	8	4	6	21	
v_j	—	1	2	[3]		

剩下只需求 u_1,u_3 和 v_2,v_3,v_4 即可，结果见表 2-37。此时表 2-37 中最大差额为 $v_3=8$，此时第三列最小运价为 $C_{33}=2$，对其优先调运，$x_{33}=\min\{7,4\}=4$，将 4 填在 C_{33} 的下方，表示 A_3 供应 4 个单位给 B_3。在 x_{13} 的位置上打"×"，表示 B_3 已满足需要，如表 2-37 所示。

表 2-37

产地＼销地	B_1	B_2	B_3	B_4	产量	u_i
A_1	[2] 3	[9]	[10] ×	[7]	9	2
A_2	[1] ×	[3] ×	[4] ×	[2] 5	5	—
A_3	[8] ×	[4]	[2] 4	[5]	7	2
销量	3	8	4	6	21	
v_j	—	5	[8]	2		

剩下再求 u_1,u_3 和 v_2,v_4，求得最大差额为 $v_2=5$，此时第二列最小运价为 $C_{32}=4$，对其优先

调运，$x_{32}=\min\{7-4,8\}=3$，在 x_{34} 的位置上打“×”。剩下的只有第一行了，直接按最小元素优先调运，所以有 $x_{14}=\min\{9,6-5\}=1$，$x_{12}=5$，其初始调运方案如表 2-38 所示。

表 2-38

产地＼销地	B_1	B_2	B_3	B_4	产量	u_i
A_1	2 3	9 5	10 ×	7 1	9	2
A_2	1 ×	3 ×	4 ×	2 5	5	—
A_3	8 ×	4 3	2 4	5 ×	7	1
销量	3	8	4	6	21	
v_j	—	[5]	—	2		

在表 2-38 中，基变量正好是 $3+4-1=6$ 个，并且不形成闭回路，其基本可行解 $x_{11}=3$，$x_{12}=5$，$x_{14}=1$，$x_{24}=5$，$x_{32}=3$，$x_{33}=4$，其余 $x_{ij}=0$。这组解就是初始调运方案，总运费为 $Z=2\times3+9\times5+7\times1+2\times5+4\times3+2\times4=88$。

比较例 2-23 和例 2-25 的计算结果，可知用沃格尔法求得的初始解优于最小元素法求得的初始解。

一般，沃格尔法求初始基本可行解可在同一张表上进行。求得的初始解比用最小元素法得到的初始解更优。

（二）解的最优性检验

用单纯形法解线性规划问题时，在迭代过程中，每次求得一个基本可行解以后，都要检验它是不是最优解。如果不是最优解，就要继续进行迭代，直到求得最优解或者判定无最优解。对于运输问题来说，同样要进行最优性检验，但按单纯形法来求检验数并进行迭代是非常困难的。表上作业法是用闭回路法和位势法来处理这个问题的。

1. 闭回路法

求某一非基变量的检验数的方法：在基本可行解矩阵中，以该非基变量为起点，以基变量为其他顶点，找一条闭回路，由起点开始，分别在顶点上交替标上代数符号 +、−、+、−、……−，以这些符号分别乘以相应的运价，其代数和就是这个非基变量的检验数。

例如，在下面的闭回路中，x_{31} 为非基变量，x_{11}，x_{13}，x_{33} 均为基变量。

则从 x_{31} 开始，标上（+），x_{33} 标上（−），x_{13} 标上（+），x_{11} 标上（−），用这些符号乘以对应的单位运价再求和，即 $\lambda_{31} = C_{31} - C_{33} + C_{13} - C_{11}$。

一般地，当某个非基变量 x_{ij} 增加一个单位时，总费用的改变量 $\Delta z = \lambda_{ij}$，因此，当 $\lambda_{ij} < 0$ 时，说明这时增加 x_{ij} 的值可以降低总费用，当 $\lambda_{ij} > 0$ 时，说明增加 x_{ij} 的值总费用也随之上升。所以

最优解判定：当某调运方案（基本可行解）对应的所有检验数都大于等于 0，即 $\lambda_{ij} \geq 0$，则该调运方案（基本可行解）就是最优解。

【例 2-26】 用闭回路法求例 2-25 得出的初始基本可行解中非基变量的检验数。

表 2-39

产地 \ 销地	B_1	B_2	B_3	B_4	产量
A_1	2 3	9 5	10 ×	7 1	9
A_2	1 ×	3 ×	4 ×	2 5	5
A_3	8 ×	4 3	2 4	5 ×	7
销量	3	8	4	6	21

求非基变量 x_{13} 的检验数 λ_{13}：

先找出 x_{13} 的闭回路 $\{x_{13}, x_{33}, x_{32}, x_{12}\}$，如上表 2-39 所示。对应的运价为 $\{C_{13}, C_{33}, C_{32}, C_{12}\}$，再用正负号交替乘以运价有 $\{+C_{13}, -C_{33}, +C_{32}, -C_{12}\}$，直接求代数和得

$$\lambda_{13} = C_{13} - C_{33} + C_{32} - C_{12} = 10 - 2 + 4 - 9 = 3$$

同理可求出其他非基变量的检验数：

$\lambda_{21} = C_{21} - C_{24} + C_{14} - C_{11} = 1 - 2 + 7 - 2 = 4$

$\lambda_{22} = C_{22} - C_{24} + C_{14} - C_{12} = 3 - 2 + 7 - 9 = -1$

$\lambda_{23} = C_{23} - C_{24} + C_{14} - C_{12} + C_{32} - C_{33} = 4 - 2 + 7 - 9 + 4 - 2 = 2$

$\lambda_{31} = C_{34} - C_{14} + C_{12} - C_{32} = 8 - 4 + 9 - 2 = 11$

$\lambda_{34} = C_{34} - C_{14} + C_{12} - C_{32} = 5 - 7 + 9 - 4 = 3$

这里 $\lambda_{22} < 0$，说明这组基本可行解不是最优解。

只要求得的基变量是正确的且数目为 $m + n - 1$，则以某个非基变量为起点，其他顶点为基变量的闭回路（称为该非基变量的闭回路）存在且唯一，因而检验数唯一。

2. 位势法

用闭回路法判定一个运输方案是否为最优方案，需要找出所有空格的闭回路，并计算出其检验数。当运输问题的产地和销地很多时，空格的数目很大，计算检验数的工作十分繁重，而用对偶变量法（也称位势法）就要简便得多。

设平衡运输问题为：

$$\min z = \sum_{i=1}^{m} \sum_{j=1}^{n} C_{ij} x_{ij}$$

$$\begin{cases}\sum_{j=1}^{n} x_{ij} = a_i \quad (i = 1,2,\cdots,m) \\ \sum_{i=1}^{m} x_{ij} = b_j \quad (j = 1,2,\cdots,n) \\ x_{ij} \geqslant 0 \quad (i = 1,2,\cdots,m; j = 1,2,\cdots,n)\end{cases}$$

设前 m 个约束对应的对偶变量为 $u_i(i=1,2,\cdots,m)$，后 n 个约束对应的对偶变量为 $v_j(j=1,2,\cdots,n)$；则运输问题的对偶问题（请参考对偶理论部分）是：

$$\max z' = \sum_{i=1}^{m} a_i u_i + \sum_{j=1}^{n} b_j v_j$$

$$\begin{cases}u_i + v_j \leqslant C_{ij} \quad (i = 1,2,\cdots,m; j = 1,2,\cdots,n) \\ u_i, v_j \text{ 无约束} \quad (i = 1,2,\cdots,m; j = 1,2,\cdots,n)\end{cases}$$

加入松弛变量 λ_{ij} 将约束化为等式

$$u_i + v_j + \lambda_{ij} = C_{ij}$$

记原问题基变量的下标集合为 I，由对偶性质知，原问题 x_{ij} 的检验数是对偶问题（参考对偶理论）的松弛变量 λ_{ij}，当（$(i,j) \in I$）时 $\lambda_{ij}=0$，因而有：

$$\begin{cases}u_i + v_j = C_{ij} \quad (i,j \in I) & (2\text{-}20a) \\ \lambda_{ij} = C_{ij} - (u_i + v_j) \quad (i,j \notin I) & (2\text{-}20b)\end{cases}$$

式（2-20a）有 $m+n-1$ 个方程（因为有 $m+n-1$ 个基变量），有 $m+n$ 个未知变量 u_i 及 v_j，有一个自由变量，一般地令 $u_1=0$ 就可得到 u_i 及 v_j 的一组解，再由式（2-20b）得到非基变量的检验数，称 u_i 和 v_j 为运输问题，关于基变量组 $\{x_{ij}\}$ 的对偶解，或称为位势（u_i 为行位势，v_j 为列位势）。不同的基变量组 $\{x_{ij}\}$ 或自由变量的取值不同，得到不同的位势，u_i 和 v_j 有无穷多组解，但对于同一组基变量来说，所求得的检验数是唯一的，并与闭回路法求得的检验数相同，这种求检验数的方法称为位势法。

【例 2-27】 用位势法求解例 2-25 得出的初始基本可行解的检验数。

解：

步骤一，在表 2-39 上增加一列 u_i，和行 v_j，如表 2-40 所示。

表 2-40

销地 产地	B_1	B_2	B_3	B_4	产量	u_i
A_1	[2] 3	[9] 5	[10] ×	[7] 1	9	0
A_2	[1] ×	[3] ×	[4] ×	[2] 5	5	-5
A_3	[8] ×	[4] 3	[2] 4	[5] ×	7	-5
销量	3	8	4	6	21	
v_j	2	9	7	7		

步骤二，计算位势。

利用式(2-20a)计算出运输表各行和各列的位势。本例中有 6 个基变量，故有 6 个方程

$$\begin{cases} u_1 + v_1 = 2 \\ u_1 + v_2 = 9 \\ u_1 + v_4 = 7 \\ u_2 + v_4 = 2 \\ u_3 + v_2 = 4 \\ u_3 + v_3 = 2 \end{cases} \tag{2-21}$$

在求解式(2-21)中的方程组时，为计算简便，常任意指定某一位势等于一个较小的整数或零，本例中指定 $u_1 = 0$，由此可算出：

$$\begin{cases} u_1 = 0 \\ u_2 = -5 \\ u_3 = -5 \end{cases} \qquad \begin{cases} v_1 = 2 \\ v_2 = 9 \\ v_3 = 7 \\ v_4 = 7 \end{cases}$$

将上述各位势的值示于表 2-40 中。

步骤三，计算检验数。

有了位势 u_i 和 v_j 后，即可由式(2-20b)计算出各空格的检验数。

$$\lambda_{13} = C_{13} - (u_1 + v_3) = 10 - (0 + 7) = 3$$
$$\lambda_{21} = C_{21} - (u_2 + v_1) = 1 - (-5 + 2) = 4$$
$$\lambda_{22} = C_{22} - (u_2 + v_2) = 3 - (-5 + 9) = -1$$
$$\lambda_{23} = C_{23} - (u_2 + v_3) = 4 - (-5 + 7) = 2$$
$$\lambda_{31} = C_{31} - (u_3 + v_1) = 8 - (-5 + 2) = 11$$
$$\lambda_{34} = C_{34} - (u_3 + v_4) = 5 - (-5 + 7) = 3$$

比较例 2-26 和例 2-27 的计算结果，可知用位势法和用闭回路法算出的检验数完全相同。

(三) 解的改进

对运输问题的一个解来说，若最优性检验时某非基变量的检验数为负，说明将这个非基变量变为基变量时运费会更小，因而这个解不是最优解，还可以进一步改进。

改进方法：在运输表中找出这个检验数为负的非基变量对应的闭回路，在满足所有约束条件的前提下，使该非基变量尽量增大并相应调整此闭回路上其他顶点的运输量，以得到另一个更好的基本可行解。

【例 2-28】 对例 2-25 中用沃格尔法得出的初始基本可行解进行改进，如表 2-41 所示。

表 2-41

销地 / 产地	B_1	B_2	B_3	B_4	产量
A_1	2 3	9 5	10 ×	7 1	9

销地 产地	B_1	B_2	B_3	B_4	产量
A_2	1 ×	3 ×	4 ×	2 5	5
A_3	8 ×	4 3	2 4	5 ×	7
销量	3	8	4	6	21

解：

步骤一，确定进基变量。$\lambda_{lk}=\min\limits_{(i,j)}\{\lambda_{ij}\mid\lambda_{ij}<0\}$，$x_{lk}$进基。

在例 2-26 和例 2-27 中已算出了这个解的检验数，由于 $\lambda_{22}<0$，故以 x_{22} 为进基变量，x_{22} 的闭回路是 $\{x_{22},x_{24},x_{14},x_{12}\}$。

步骤二，确定出基变量。在进基变量的闭回路中，标有负号的最小运量作为调整运量 θ，该运量对应的基变量为出基变量，并打“×”表示为非基变量。

由于 x_{22} 的闭回路是 $\{x_{22},x_{24},x_{14},x_{12}\}$，故标负号的变量为 x_{24},x_{12}，其最小运量值为：

$$\theta=\min\{x_{24},x_{12}\}=\min\{5,5\}=5$$

由于 x_{24} 与 x_{12} 相等，任取一个变量为出基变量。此处取 x_{12} 为出基变量，调整量为 5。

步骤三，调整。在 x_{22} 的闭回路上标“+”的分别加上 5，标“-”的分别减去 5，并且在 x_{12} 处打“×”作为非基变量，其余变量值不变。调整后得到一组新的基本可行解，如表 2-42 所示。

表 2-42

销地 产地	B_1	B_2	B_3	B_4	产量
A_1	2 3	9 ×	10 ×	7 6	9
A_2	1 ×	3 5	4 ×	2 0	5
A_3	8 ×	4 3	2 4	5 ×	7
销量	3	8	4	6	21

重新求所有非基变量的检验数得：

$\lambda_{12}=1,\lambda_{13}=4,\lambda_{21}=4,\lambda_{23}=3,\lambda_{31}=10,\lambda_{34}=2$（若仍存在检验数小于零的非基变量，则返回至第一步），此时，所有检验数都大于零，因而得到最优解：

$$X=\begin{bmatrix}3 & & & 6\\ & 5 & & 0\\ & 3 & 4 & \end{bmatrix}$$

最小运费为：$2\times3+7\times6+3\times5+2\times0+4\times3+2\times4=83$

值得注意的是，与线性规划一样，当运输问题中存在基变量等于零时，称为退化基本可行解。

【例 2-29】 检验例 2-24 中用最小元素法得出的初始基本可行解是否最优解，若不是请进行改进，如表 2-43 所示。

表 2-43

产地 \ 销地	B_1	B_2	B_3	产量
A_1	1 1	2 0	2 ×	1
A_2	3 ×	1 2	3 ×	2
A_3	2 ×	3 0	1 4	4
销量	1	2	4	7

解：

步骤一，用闭回路法或位势法求解初始基本可行解中各非基变量的检验数。

求得：

$$\lambda_{13}=2,\lambda_{21}=3,\lambda_{23}=4,\lambda_{31}=0$$

可以看出，所有检验数均非负，因而已经得到了最优解。

最优解为：

$$X=\begin{bmatrix}1 & 0 & \\ & 2 & \\ & 0 & 4\end{bmatrix}$$

最小运费为：$1\times1+1\times2+1\times4=7$

此初始基本可行解中，基变量 $x_{12}=x_{32}=0$，说明此基本可行解是退化基本可行解。由于非基变量 x_{31} 的检验数 $\lambda_{31}=0$，说明该运输问题的最优解不唯一。

步骤二，确定进基变量。选择 x_{31} 为进基变量，x_{31} 的闭回路是 $\{x_{11},x_{12},x_{32},x_{31}\}$。

步骤三，确定出基变量。在进基变量的闭回路中，标有负号的最小运量作为调整运量 θ，该运量对应的基变量为出基变量，并打“×”表示为非基变量。

由于 x_{31} 的闭回路是 $\{x_{11},x_{12},x_{32},x_{31}\}$，故标负号的变量为 x_{11},x_{32}，其最小运量值为：$\theta=\min\{x_{11},x_{32}\}=\min\{1,0\}=0$，故 x_{32} 为出基变量。

步骤四,调整。在 x_{31} 的闭回路上标“+”的分别加上0,标“-”的分别减去0,并且在 x_{32} 处打“×”作为非基变量,其余变量值不变。调整后得到一组新的基本可行解,如表2-44所示。

表2-44

产地＼销地	B_1	B_2	B_3	产量
A_1	1 1	2 0	2 ×	1
A_2	3 ×	1 2	3 ×	2
A_3	2 0	3 ×	1 4	4
销量	1	2	4	7

此时最优解为:

$$X=\begin{bmatrix}1 & 0 & \\ & 2 & \\ 0 & & 4\end{bmatrix}$$

故该运输问题的最优解为:

$$X=\begin{bmatrix}1 & & \\ & 2 & \\ & & 4\end{bmatrix}$$

最小运费为:$1\times1+1\times2+1\times4=7$

2.6.5 产销不平衡的运输问题

前面讲述的运输问题的算法,是以总产量等于总销量(产销平衡)为前提的。实际上,在很多运输问题中,总产量不等于总销量,当总产量与总销量不相等时,称为不平衡运输问题。这时,为了使用前述表上作业法求解,就需要将产销不平衡运输问题化为产销平衡运输问题。

(1)总产量大于总销量时,即 $\sum_{i=1}^{m}a_i>\sum_{j=1}^{n}b_j$,数学模型为:

$$\min z=\sum_{i=1}^{m}\sum_{j=1}^{n}C_{ij}x_{ij}$$

$$\begin{cases}\sum_{j=1}^{n}x_{ij}\leqslant a_i \quad (i=1,2,\cdots,m)\\ \sum_{i=1}^{m}x_{ij}=b_j \quad (j=1,2,\cdots,n)\\ x_{ij}\geqslant 0 \quad (i=1,2,\cdots,m;j=1,2,\cdots,n)\end{cases} \tag{2-22}$$

这时,可增加一个假想的销地 B_{n+1},其销量为:$b_{n+1}=\sum_{i=1}^{m}a_i-\sum_{j=1}^{n}b_j$

由于实际上假想的销地 B_{n+1} 并不存在,因而由产地 $A_i(i=1,2,\cdots,m)$ 调运到这个假想销地的物品数量,实际上是就地存贮的物品数量 $x_{i,n+1}$(相当于松弛变量),其相应的运价 $C_{i,n+1}=0(i=1,2,\cdots,m)$。由此,上述不平衡问题转化为了产销平衡问题,其数学模型为:

$$\min z = \sum_{i=1}^{m}\sum_{j=1}^{n+1} C_{ij}x_{ij}$$

$$\begin{cases} \sum_{j=1}^{n+1} x_{ij} = a_i \quad (i = 1,2,\cdots,m) \\ \sum_{i=1}^{m} x_{ij} = b_j \quad (j = 1,2,\cdots,n,n+1) \\ x_{ij} \geqslant 0 \quad (i = 1,2,\cdots,m;j = 1,2,\cdots,n,n+1) \end{cases} \tag{2-23}$$

具体计算时,在运价表右端增加一列 B_{n+1},运价为零,销量为 b_{n+1} 即可,如表 2-45 所示。

表 2-45

产地 \ 销地	B_1	B_2	$\cdots$	B_n	B_{n+1}	产量
A_1	c_{11} x_{11}	c_{12} x_{12}		c_{1n} x_{1n}	0 $x_{1,n+1}$	a_1
A_2	c_{21} x_{21}	c_{22} x_{22}		c_{2n} x_{2n}	0 $x_{2,n+1}$	a_2
$\vdots$						$\vdots$
A_m	c_{m1} x_{m1}	c_{m2} x_{m2}		c_{mn} x_{mn}	0 $x_{m,n+1}$	a_m
销量	b_1	b_2		b_n	$\sum_{i=1}^{m} a_i - \sum_{j=1}^{n} b_j$	

(2) 总销量大于总产量时,即 $\sum_{i=1}^{m} a_i < \sum_{j=1}^{n} b_j$,数学模型为:

$$\min z = \sum_{i=1}^{m}\sum_{j=1}^{n} C_{ij}x_{ij}$$

$$\begin{cases} \sum_{j=1}^{n} x_{ij} = a_i \quad (i = 1,2,\cdots,m) \\ \sum_{i=1}^{m} x_{ij} \leqslant b_j \quad (j = 1,2,\cdots,n) \\ x_{ij} \geqslant 0 \quad (i = 1,2,\cdots,m;j = 1,2,\cdots,n) \end{cases} \tag{2-24}$$

该情形可以仿照上述类似处理,即增加一个假想产地 A_{m+1},其产量为: $a_{m+1} = \sum_{j=1}^{n} b_j - \sum_{i=1}^{m} a_i$

由于这个假想的产地并不存在,求出由它发往各个销地的物品数量 $x_{m+1,j}(j=1,2,\cdots,n)$,实际上是各销地 b_j 所需物品的欠缺量,显然有 $C_{m+1.j}=0(j=1,2,\cdots,n)$。上述不平衡问题就

转化为平衡的问题,其数学模型为:

$$\min z = \sum_{i=1}^{m+1}\sum_{j=1}^{n} C_{ij}x_{ij}$$

$$\begin{cases} \sum_{j=1}^{n} x_{ij} = a_i \quad (i = 1,2,\cdots,m,m+1) \\ \sum_{i=1}^{m+1} x_{ij} = b_j \quad (j = 1,2,\cdots,n) \\ x_{ij} \geqslant 0 \quad (i = 1,2,\cdots,m,m+1;j = 1,2,\cdots,n) \end{cases} \tag{2-25}$$

具体计算时,在运价表的下方增加一行 A_{m+1},运价为零,产量为 a_{m+1} 即可,如表 2-46。

表 2-46

产地＼销地	B_1	B_2	…	B_n	产量
A_1	c_{11} / x_{11}	c_{12} / x_{12}		c_{1n} / x_{1n}	a_1
A_2	c_{21} / x_{21}	c_{22} / x_{22}		c_{2n} / x_{2n}	a_2
⋮					⋮
A_m	c_{m1} / x_{m1}	c_{m2} / x_{m2}		c_{mn} / x_{mn}	a_m
A_{m+1}	0 / $x_{m+1,1}$	0 / $x_{m+1,2}$		0 / $x_{m+1,n}$	$\sum_{j=1}^{n} b_j - \sum_{i=1}^{m} a_i$
销量	b_1	b_2		b_n	

上述两种情形将不等式化为等式的过程,等价于加入松弛变量 $x_{1,n+1}, x_{2,n+1}, \cdots, x_{m,n+1}$ 及 $x_{m+1,1}, x_{m+1,2}, \cdots, x_{m+1,n}$,松弛变量在目标函数中的系数为零,因此目标函数值不变。

【例 2-30】 设有 A_1, A_2, A_3 三个产地生产某种物资,其产量分别为 5,6,8 吨,B_1, B_2, B_3 三个销地需要该物资,销量分别为 4,8,6 吨,又知各产销地之间的单位运价如表 2-47 所示,试确定总运费最少的调运方案。

表 2-47

产地＼销地	B_1	B_2	B_3	产量
A_1	3	1	3	5
A_2	4	6	2	6
A_3	2	8	5	8
销量	4	8	6	18＼19

解:

因为产地总产量为 19 吨,销地总销量为 18 吨,所以是一个产大于销的问题,故虚设销地 B_4,令其销量为 $b_4=19-18=1$,$C_{i4}=0(i=1,2,3)$。运价表的右端增加一列,得到表 2-48。

表 2-48

销地 / 产地	B_1	B_2	B_3	B_4	产量
A_1	[3]	[1]	[3]	[0]	5
A_2	[4]	[6]	[2]	[0]	6
A_3	[2]	[8]	[5]	[0]	8
销量	4	8	6	1	19 / 19

然后再按产销平衡问题的求解方法求出最优方案。

步骤一,用最小元素法求得初始方案如表 2-49 所示:

表 2-49

销地 / 产地	B_1	B_2	B_3	B_4	产量
A_1	[3] ×	[1] 4	[3] ×	[0] 1	5
A_2	[4] 0	[6] ×	[2] 6	[0] ×	6
A_3	[2] 4	[8] 4	[5] ×	[0] ×	8
销量	4	8	6	1	19 / 19

步骤二,用位势法计算各非基变量的检验数:

$\lambda_{11}=8,\lambda_{13}=10,\lambda_{22}=-4,\lambda_{24}=-9,\lambda_{33}=5,\lambda_{34}=-7$

步骤三,选 x_{24}为进基变量,并找出 x_{24}所在的闭回路,调整量 $\theta=0$,出基变量为 x_{21},调整后的方案如表 2-50 所示:

表 2-50

产地＼销地	B_1	B_2	B_3	B_4	产量
A_1	3 ×	1 4	3 ×	0 1	5
A_2	4 ×	6 ×	2 6	0 0	6
A_3	2 4	8 4	5 ×	0 ×	8
销量	4	8	6	1	19＼19

步骤四，再用位势法计算各非基变量的检验数：

$\lambda_{11}=8, \lambda_{13}=1, \lambda_{21}=9, \lambda_{22}=5, \lambda_{33}=-4, \lambda_{34}=-7$

步骤五，选 x_{34} 为进基变量，并找出 x_{34} 所在的闭回路，调整量 $\theta=1$，出基变量为 x_{14}，调整后的方案如表 2-51 所示：

表 2-51

产地＼销地	B_1	B_2	B_3	B_4	产量
A_1	3 ×	1 5	3 ×	0 ×	5
A_2	4 ×	6 ×	2 6	0 0	6
A_3	2 4	8 3	5 ×	0 1	8
销量	4	8	6	1	19＼19

步骤六，再用位势法求各非基变量的检验数：

$\lambda_{11}=8, \lambda_{13}=8, \lambda_{14}=7, \lambda_{21}=2, \lambda_{22}=-2, \lambda_{33}=3$

步骤七，选 x_{22} 为进基变量，并找出 x_{22} 所在的闭回路，调整量 $\theta=0$，出基变量为 x_{24}，调整后的方案如表 2-52 所示：

表 2-52

销地 产地	B_1	B_2	B_3	B_4	产量
A_1	[3] ×	[1] 5	[3] ×	[0] ×	5
A_2	[4] ×	[6] 0	[2] 6	[0] ×	6
A_3	[2] 4	[8] 3	[5] ×	[0] 1	8
销量	4	8	6	1	19 / 19

步骤八，再用位势法计算各非基变量的检验数：

$$\lambda_{11}=8,\lambda_{13}=6,\lambda_{14}=7,\lambda_{21}=4,\lambda_{24}=2,\lambda_{33}=1$$

上表中所有非基变量的检验数均非负，所以已是最优解，最优解为：

$$X=\begin{bmatrix} & 5 & & \\ & 0 & 6 & \\ 4 & 3 & & 1 \end{bmatrix}$$

最小总运费为：$1\times5+6\times0+2\times6+2\times4+8\times3+0\times1=49$。

2.6.6 运输模型的应用

【例 2-31】 某市有两个造纸厂 A_1,A_2，其纸产量分别为 300,300 个单位，有 3 个集中用户 B_1,B_2,B_3 其需用量为 150,150,200 个单位，由各厂到各用户的单位运价如表 2-53 所示，试确定总运费最小的调运方案。

表 2-53

	B_1	B_2	B_3	产量
A_1	6	4	6	300
A_2	6	5	5	300
销量	150	150	200	600

解：

表 2-53 所示的运输问题中，总产量大于总销量。不能直接用表上作业法求解，必须先化成平衡问题，才能用表上作业法求解。为此我们虚设一销地 B_4，相当于把各产地的仓库视为一个销地。因为各产地到仓库不必运输，所以各产地到虚销地 B_4 的单位运价取零。虚销地的销量为总产量与总销量之差（即剩余产量 100）。这样就化成了产销平衡问题，可用表上作业法求解。如表 2-54 所示。

表 2-54

	B_1	B_2	B_3	B_4	产量	u_i
A_1	6 (150)	4 (150)	6	0	300	0
A_2	6 0	5	5 (200)	0 (100)	300	0
销量	150	150	200	100	600	
v_j	6	4	5	0		

经求解得最优运输方案为：

$A_1 \to B_1(150), B_2(150)$；

$A_2 \to B_3(200)$，库存 100，最小总运费为 $150 \times 6 + 150 \times 4 + 200 \times 5 = 2500$。

【例 2-32】 设某公司有三个化肥厂供应四个地区农用化肥。假定等量的化肥在这些地区使用效果相同，已知各化肥厂年产量、各地区需求量及各厂到各地区的运价如表 2-55 所示，试决定使总运费最少的化肥调运方案。

表 2-55

	B_1	B_2	B_3	B_4	产量(万吨)
A_1	16	13	22	17	50
A_2	14	13	19	15	60
A_3	19	20	23	–	50
最低需求	30	70	0	10	110　160 210
最高需求	50	70	30	不限	

解：这是一个产销不平衡的运输问题，总产量为 160 万吨，最低总需求量为 $30 + 70 + 0 + 10 = 110$ 万吨。在满足最低需求情况下，还多出 50 万吨，如果我们把多出来的 50 万吨都分给需求不限的 B_4 地区，则 B_4 最多能分配到 $10 + 50 = 60$ 万吨，这样分配，四个地区最高需求可达到 $50 + 70 + 30 + 60 = 210$ 万吨。这是一个销大于产问题，为此，虚设一产地 A_4，其产量为 $210 - 160 = 50$，分配原则是：必须保证最低需求。于是我们把有两种需求的 B_1 和 B_4 地区人为分成两个地区对待，其销量一个是最低需求，一个是额外需求（最高需求与最低需求之差），前者必须满足，后者有条件时满足。如 B_1 的 30 万吨必须先满足，不能由虚产地 A_4 供应。为了保证最低需求不从虚产地供应，要令其相应的运价为 M（很大的正数），而额外需求量 $50 - 30 = 20$（万吨）满不满足都可以，应后考虑，或由虚产地 A_4 供应，令其对应的运价为零。这样就可得产销平衡的运价表如表 2-56 所示。

表 2-56

	B_1	B_1	B_2	B_3	B_4	B_4	产量
A_1	16	16	13 (50)	22	17	17	50
A_2	14 (30)	14 (0)	13 (20)	19	15 (10)	15	60
A_3	19	19 (20)	20	23 (30)	M	M	50
A_4	M	0	M	0 (0)	M	0 (50)	50
销量	30	20	70	30	10	50	210

用运输单纯形法求解得最优调运方案为：

$A_1 \to B_2(50)$；

$A_2 \to B_1(30), B_2(20), B_4(10)$；

$A_3 \to B_1(20), B_3(30)$；

$A_4 \to B_4(50)$暂不能供应，最小总运费为 2460(万元)。

2.7 MATLAB 软件的应用

随着计算机软件技术的日新月异，线性规划求解软件的开发也层出不穷，近些年比较流行实用的求解软件有 EXCELL、MATLAB、LINGO 等，本节着重介绍 MATLAB 在线性规划求解中的应用，该软件在应用的时候比较人性化，简单易操作。

2.7.1 MATLAB 软件

MATLAB(MATrix LABoratory)的基本含义是矩阵实验室，它是由美国 Math Works 公司研制开发的一套高性能的集数值计算、信息处理、图形显示等于一体的可视化数学工具软件。它是建立在向量、数组和矩阵基础之上的，除了基本的数值计算、数据处理、图形显示等功能之外，还包含功能强大的多个"工具箱"，如优化工具箱(optimization toolbox)、统计工具箱、样条函数工具箱和数据拟合工具箱等都是优化计算的有力工具。在这里仅介绍用 MATLAB6.5 优化工具箱求解线性规划问题。

(一) 一般线性规划问题的应用

一般线性规划问题的数学模型为：

$$\min Z = CX$$

$$s.t. \begin{cases} AX \leqslant b \\ AX = b_1' \\ vlb \leqslant X \leqslant vub \end{cases}$$

其中 C 是目标函数的系数行向量(常数),X 是 n 维列向量(决策变量),A,A_1 是常数矩阵,b,b_1 是常数向量,vlb,vub 是 n 维列向量分别表示决策变量 X 的下界与上界。

在 MATLAB 优化工具箱(Optimization Toolbox)中,求解(1.5.1)的程序如下:[x,fval,exitflag,output,lambda] = linprog(c,A,b,aeq,beq,vlb,vub,x0,options)

说明:(1) A 是不等式约束的系数矩阵,b 是相应的常数列向量,若没有不等式约束,则均用[ ]代替;

(2) aeq 是等式约束的系数矩阵,beq 是相应的常数列向量,若没有等式约束,则均用[ ]代替;

(3) 如果某个变量无下界,则用 -inf 表示;如果某个变量无上界,则用 inf 表示,若决策变量无下界,则 vlb 用[ ]代替;若决策变量无上界,则 vub 用[ ]代替;

(4) x_0 是线性规划的初始解,通常可以缺省。

(5) fval 是最优值。

(6) 输出 exitflag 描述了程序的运行情况,若其值大于零,表示程序收敛到最优解;若其值等于零,表示计算达到了最大次数;若其值小于零,表示问题无可行解,或程序运行失败。

(7) 输出 output 表示程序运行的某些信息,如迭代次数(iterations)、所用算法(algorithm)、共轭梯度(cgiterations)等。

(8) lambda 表示解处的拉格朗日乘子,其中 lower,upper,ineqlin,eqlin 分别对应于下界、上界、不等式约束与等式约束。

下面用 MATLAB 求解 2.5.1 合理下料问题中的线性规划模型

$$\min Z = x_1 + 2x_2 + 2x_4 + x_6$$

$$s.t.\begin{cases} x_4 + 2x_5 + 3x_6 = 70 \\ x_1 + 2x_2 + x_5 = 70 \\ x_1 + 2x_3 + x_4 = 70 \\ x_i \geqslant 0 \quad (i = 1,2,3,4,5,6) \end{cases}$$

首先:运行 MATLAB 软件,出现 Commad window 对话窗口,点击 File—New

新建一个 M-File,

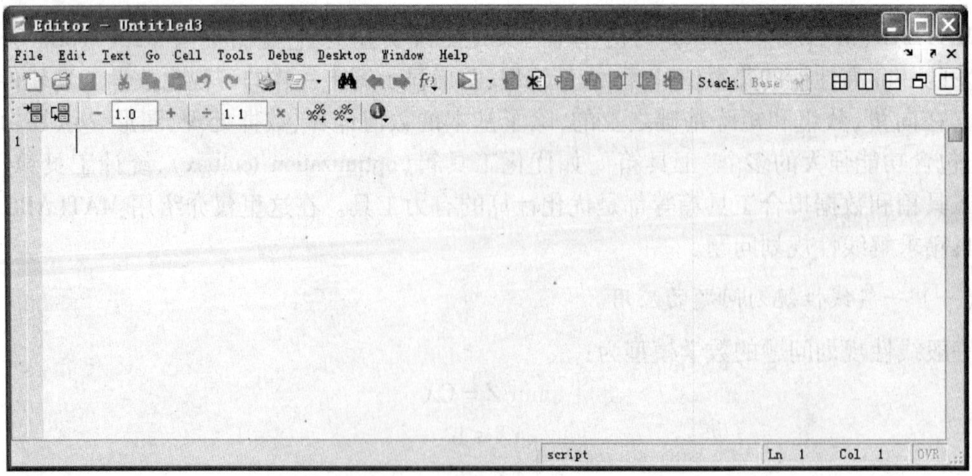

图 2-9

出现 Editor 编辑对话窗口，输入程序文档如图 2-10 所示。

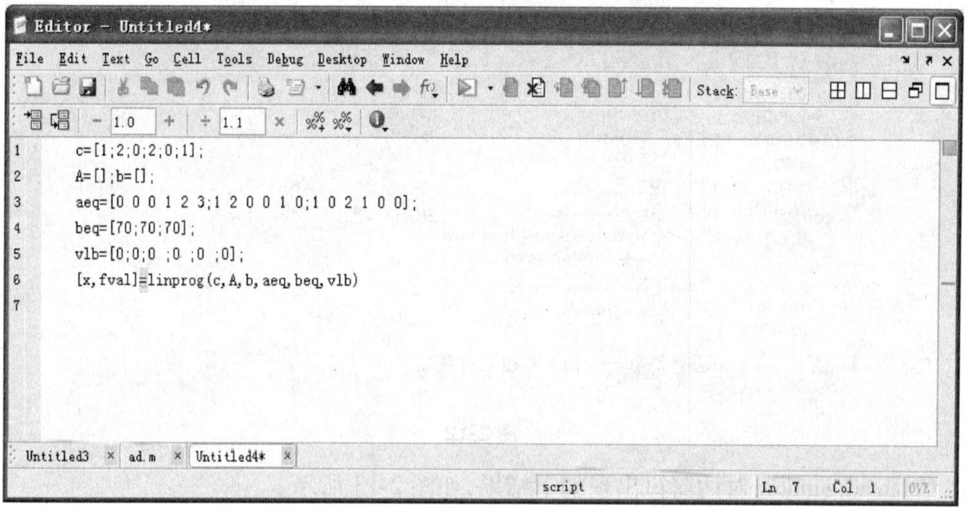

图 2-10

点击 File-Save as…保存文档为. m 格式，如 ad. m，如图 2-11 所示。

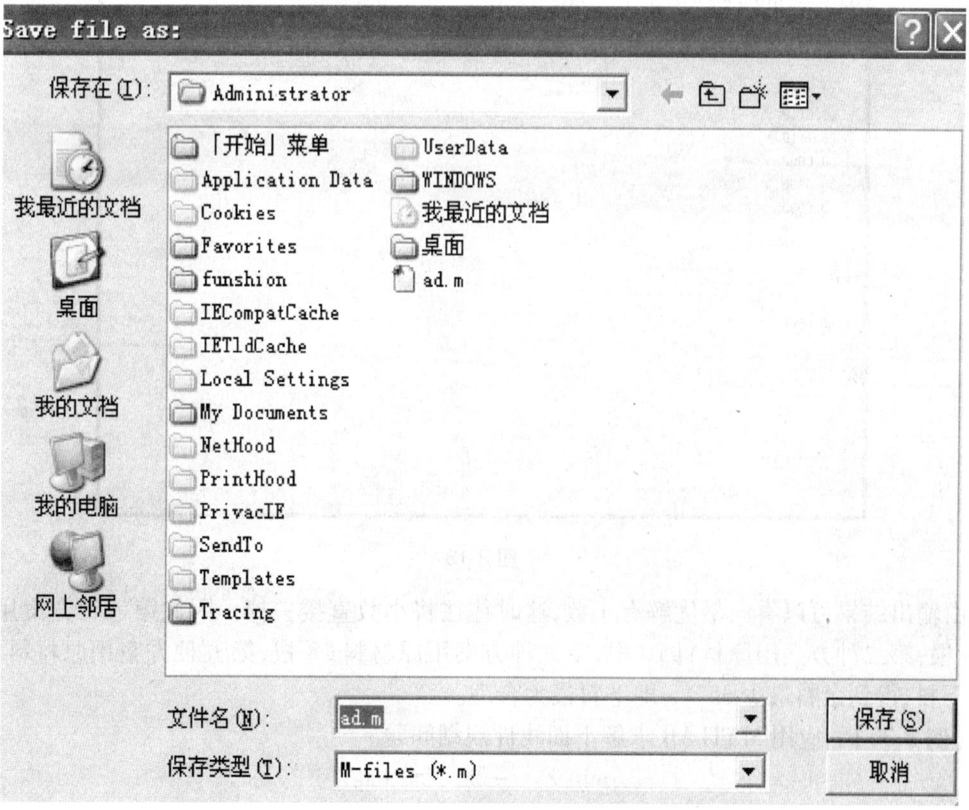

图 2-11

在 Editor 编辑对话窗口点击 File-Open，选择上面保存的文件 ad. m，点击 Debug-Run ad. m，如图 2-12 所示。

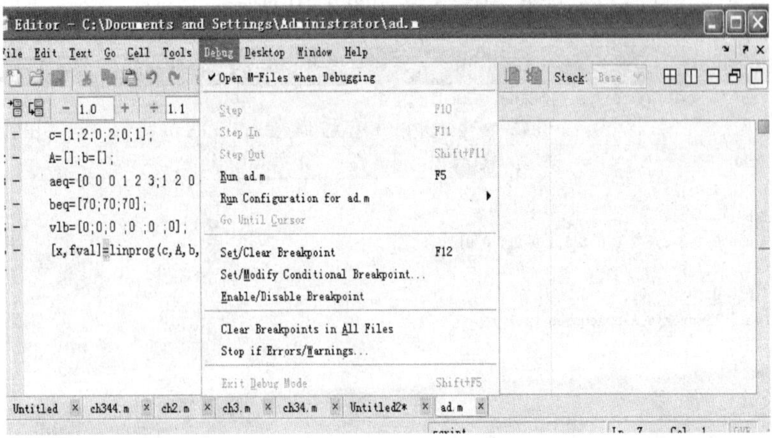

图 2-12

在 Commad window 对话窗口出现如下结果,如图 2-13 所示。

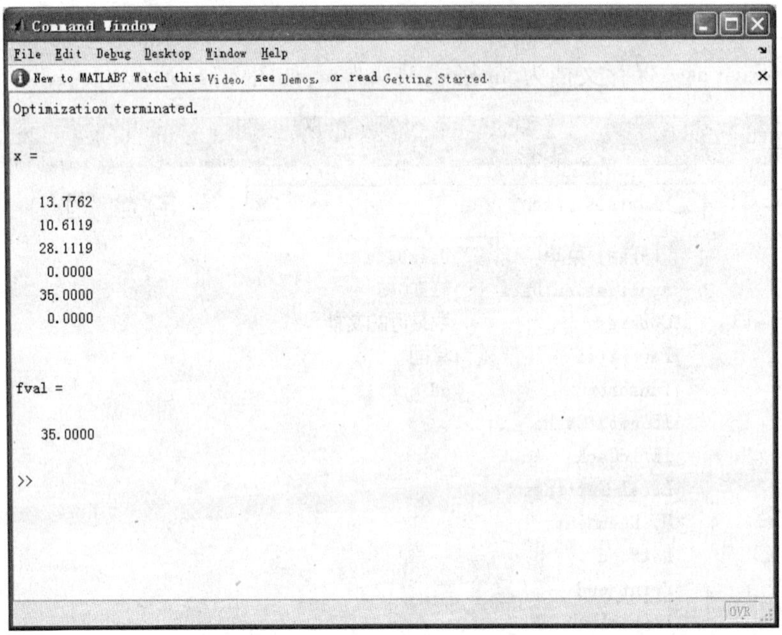

图 2-13

由输出结果可以看出最优解有小数,这时往往将小数直接去掉。因此第一种方案用原材料 13 根,第二种方案用原材料 10 根,第三种方案用原材料 28 根,第五种方案用原材料 35 根进行下料,得到余料最少 35 米,即下料最为合理。

【例 2-33】 应用 MATLAB 求解下面线性规划问题

$$\min Z = -2x_1 - x_2 + x_3$$

$$s.t.\begin{cases} x_1 + x_2 + x_3 = 6 \\ x_1 + 4x_2 - x_3 \leqslant 4 \\ 2x_1 - 2x_2 + x_3 \leqslant 12 \\ x_1 \geqslant 0, x_2 \geqslant 0, x_3 \leqslant 5 \end{cases}$$

解:运行 MATLAB 软件,按照上面操作步骤在 Editor 对话窗口输入以下程序如下:

```
c=[-2,-1,1];
A=[1,4,-1;2,-2,1];
b=[4;12];
aeq=[1,1,1];
beq=6;
vlb=[0,0,-inf];
vub=[inf,inf,5];
[x,fval]=linprog(c,A,b,aeq,beq,lb,ub)
```

运行后得到输出结果

```
Optimization terminated.
x=
    5.0000
    0.0000
    1.0000
z=
    -9.0000
```

由结果可知,当 $x_1=5.0000$,$x_2=0.0000$,$x_3=1.0000$ 时,目标值 min Z = -9.0000

【例 2-34】 应用 MATLAB 求解下面线性规划问题

$$\max Z=2x_1+3x_2-5x_3$$

$$s.t.\begin{cases}x_1+x_2+x_3=7\\2x_1-5x_2+x_3\geqslant 10\\x_i\geqslant 0\quad(i=1,2,3)\end{cases}$$

解:首先转化为求最小值问题

$$\min Z=-S=-2x_1-3x_2+5x_3$$

$$s.t.\begin{cases}x_1+x_2+x_3=7\\-2x_1+5x_2-x_3\leqslant -10\\x_i\geqslant 0\quad(i=1,2,3)\end{cases}$$

运行 MATLAB 软件,按照上面操作步骤在 Editor 对话窗口输入以下程序如下:

```
c=[-2,-3,5];
A=[-2,5,-1];
b=[-10];
aeq=[1,1,1];
beq=7;
vlb=[0,0,0];
[x,fval]=linprog(c,A,b,aeq,beq,vlb)
```

运行后得到输出

```
x=
    6.4286
    0.5714
    0.0000
z=-14.5714
```

键入

```
s = -z
```

运行后得到原问题的目标函数最大值

```
s =14.5714
```

由结果可知,当 x_1 =6.4286,x_2 =0.5714,x_3 = 0.0000 时,得到最优解目标函数值 max S =14.5714

(二) 运输问题的应用

用 MATLAB 求解运输问题,同样采用 linprog 求线性规划的方法求解。标准形式如下:

$$\min z = cx$$

$$\begin{cases} \text{aeqx} = \text{beq} \\ x \geqslant 0 \end{cases}$$

具体操作如下:

【例 2-35】 应用 MATLAB 求解表 2-57 所示的运输问题的最优解。

表 2-57

产地 \ 销地	B_1	B_2	B_3	B_4	产量
A_1	2	9	10	7	9
A_2	1	3	4	2	5
A_3	8	4	2	5	7
销量	3	8	4	6	21

解:

步骤一,该运输问题的线性规划模型可以写为:

$$\min z = 2x_{11} + 9x_{12} + 10x_{13} + 7x_{14} + x_{21} + 3x_{22} + 4x_{23} + 2x_{24} + 8x_{31} + 4x_{32} + 2x_{33} + 5x_{34}$$

$$\begin{cases} x_{11} + x_{12} + x_{13} + x_{14} = 9 \\ x_{21} + x_{22} + x_{23} + x_{24} = 5 \\ x_{31} + x_{32} + x_{33} + x_{34} = 7 \\ x_{11} + x_{21} + x_{31} = 3 \\ x_{12} + x_{22} + x_{32} = 8 \\ x_{13} + x_{23} + x_{33} = 4 \\ x_{14} + x_{24} + x_{34} = 6 \\ x_{ij} \geqslant 0 \quad (i = 1,2,3; j = 1,2,3,4) \end{cases}$$

步骤二,将 $x_{11},x_{12},x_{13},x_{14}$ 依次令为 x_1,x_2,x_3,x_4,$x_{21},x_{22},x_{23},x_{24}$ 依次令为 x_5,x_6,x_7,x_8,同样的将 $x_{31},x_{32},x_{33},x_{34}$ 依次令为 x_9,x_{10},x_{11},x_{12}。原线性规划就改为了:

$$\min z = 2x_1 + 9x_2 + 10x_3 + 7x_4 + x_5 + 3x_6 + 4x_7 + 2x_8 + 8x_9 + 4x_{10} + 2x_{11} + 5x_{12}$$

$$\begin{cases} x_1+x_2+x_3+x_4=9 \\ x_5+x_6+x_7+x_8=5 \\ x_9+x_{10}+x_{11}+x_{12}=7 \\ x_1+x_5+x_9=3 \\ x_2+x_6+x_{10}=8 \\ x_3+x_7+x_{11}=4 \\ x_4+x_8+x_{12}=6 \\ x_k \geqslant 0 \quad (k=1,2,\cdots,12) \end{cases}$$

步骤三,打开 MATLAB 软件命令窗口,在命令窗口中输入如下命令:

```
>>C=[2  9  10  7  1  3  4  2  8  4  2  5];
aeq=[1  1  1  1  0  0  0  0  0  0  0  0
     0  0  0  0  1  1  1  1  0  0  0  0
     0  0  0  0  0  0  0  0  1  1  1  1
     1  0  0  0  1  0  0  0  1  0  0  0
     0  1  0  0  0  1  0  0  0  1  0  0
     0  0  1  0  0  0  1  0  0  0  1  0
     0  0  0  1  0  0  0  1  0  0  0  1];
beq=[9  5  7  3  8  4  6];
 LB=[0  0  0  0  0  0  0  0  0  0  0  0];
[X,fval]=linprog(C,[],[],aeq,beq,LB)
```

如图 2-14 所示。

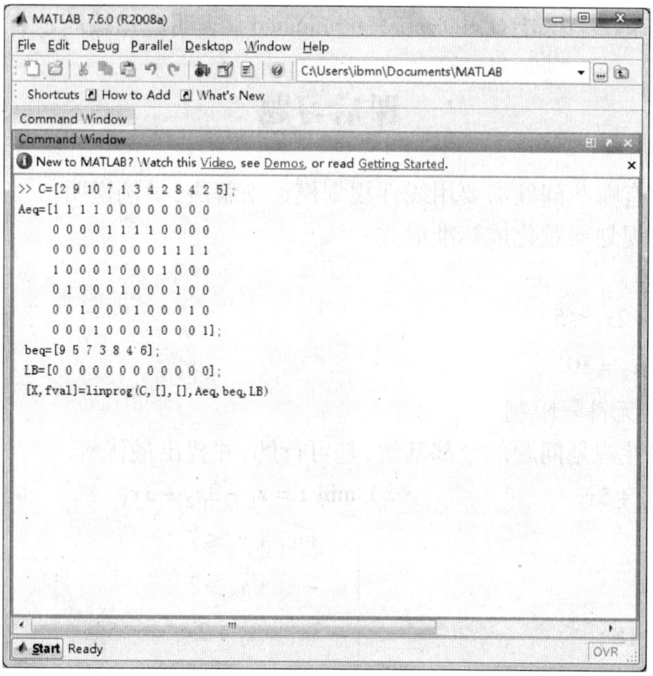

图 2-14

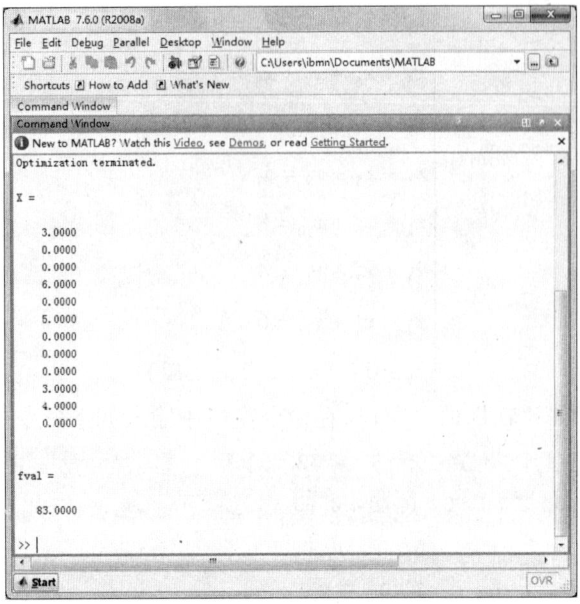

图 2-15

步骤四,再按回车键,即可得到该运输问题的最优解及最优值(如图 2-15 所示)。

由图 2-15 的运行结果可知,此运输问题最优解是按从 $x_1, x_2, \cdots, x_{12}$ 的顺序依次列出的,为方便查看,可将最优解还原为矩阵形式:

$$X=\begin{bmatrix}3&0&0&6\\0&5&0&0\\0&3&4&0\end{bmatrix}$$

最优值为:83(即 fval 的值)。

命令窗口中的第一行语句:Optimization terminated。表明此运输问题有最优解。

课后习题

1. 在你的身边有哪些问题需要用线性规划模型来解决,举例说明。

2. 将下列线性规划问题化成标准形式:

$$\max Z = x_1 - 3x_2$$

$$s.t.\begin{cases}-x_1+2x_2\leqslant 5\\x_1+3x_2=10\\x_1, x_2 \text{ 无符号限制}\end{cases}$$

3. 找出下列线性规划问题的全部基解,基可行解,并找出最优解。

(1) $\max z = 3x_1 + 5x_2$

$$\begin{cases}x_1\leqslant 4\\x_2\leqslant 6\\3x_1+2x_2\leqslant 18\\x_1\geqslant 0, x_2\geqslant 0\end{cases}$$

(2) $\min z = x_1 - 2x_2 + 3x_3$

$$s.t.\begin{cases}x_1+x_2+x_3\leqslant 7\\x_1-x_2+x_3\geqslant 2\\-3x_1+x_2+2x_3=-5\\x_1\geqslant 0, x_2\geqslant 0,\ x_3 \text{ 无约束}\end{cases}$$

4. 用图解法求解下列线性规划问题：

（1）$\max Z=5x_1+6x_2$

$$s.t.\begin{cases}x_1-2x_2\leqslant 2\\-2x_1+3x_2\geqslant 2\\x_1,x_2\text{ 无符号限制}\end{cases}$$

（2）$\min Z=2x_1+x_2$

$$s.t.\begin{cases}-x_1+4x_2\leqslant 24\\x_1+x_2\geqslant 8\\5\leqslant x_1\leqslant 10\\x_2\geqslant 0\end{cases}$$

5. 用单纯形法求解如下线性规划模型：

（1）$\max Z=2x_1+x_2$

$$s.t.\begin{cases}5x_2\leqslant 15\\6x_1+2x_2\leqslant 24\\x_1+x_2\leqslant 5\\x_1,x_2\geqslant 0\end{cases}$$

（2）$\max Z=x_1+x_2$

$$s.t.\begin{cases}x_1-2x_2\leqslant 2\\-2x_1+x_2\leqslant 2\\-x_1+x_2\leqslant 4\\x_1,x_2\geqslant 0\end{cases}$$

（3）$\max Z=2x_1+4x_2$

$$s.t.\begin{cases}x_1+2x_2\leqslant 8\\x_1\leqslant 4\\x_2\leqslant 3\\x_1,x_2\geqslant 0\end{cases}$$

（4）$\max Z=3x_1+5x_2$

$$s.t.\begin{cases}x_1\leqslant 4\\2x_2\leqslant 12\\3x_1+2x_2\leqslant 18\\x_1\geqslant 0,x_2\geqslant 0\end{cases}$$

6. 用大 M 法求解如下线性规划模型：

$\min Z=540x_1+450x_2+720x_3$

$$\begin{cases}3x_1+5x_2+9x_3\geqslant 70\\9x_1+5x_2+3x_3\geqslant 30\\x_1,x_2,x_3\geqslant 0\end{cases}$$

7. 一家工厂制造甲、乙、丙三种产品，需要三种资源——技术服务、劳动力和行政管理。每种产品的资源消耗量、单位产品销售后所能获得的利润值以及这三种资源的储备量如表2-58所示。

表 2-58

	技术服务	劳动力	行政管理	单位利润
甲	1	10	2	10
乙	1	4	2	6
丙	1	5	6	4
资源储备量	100	600	300	

（1）建立使得该厂能获得最大利润的生产计划的线性规划模型；

（2）用单纯形法求该问题的最优解

8. 某部门在今后五年内考虑给下列项目投资，已知如下条件：

项目 A，从第一年到第四年每年年初均需投资，并于次年年末回收本利 115%；

项目 B,第三年年初需要投资,到第五年年末回收本利 125%,但规定最大投资额不超过 4 万元;

项目 C,第二年初需要投资,到第五年年末回收本利 140%,但规定最大投资额不超过 3 万元;

项目 D,五年内每年初可购买公债,于当年年末归还,可获利息 6%。

该部门现有资金 10 万元,问它应如何确定给这些项目每年的投资额,使到第五年年末部门所拥有的资金的本利总额最大。

9. 位于钢城的诺利公司为当地的主要钢铁厂家之一,公司为钢城的繁荣与发展做出了一定的贡献。但现在情况有所改变,由于钢厂对熔炉的排放物未进行管理,致使空气污染破坏了钢城的环境,并危害了当地居民的健康。公司董事会就此做出了明智的决定,指定专门人员与市政官员和人民团体商讨解决空气污染问题,以保证工厂的排放物能达到环保部门的要求。研究发现,造成空气污染的物质主要有三种:微粒、氧化硫及碳化氢,钢厂每年须减少的污染物排放量达到表 2-59 的要求时,方满足环保的要求。

表 2-59 环保部门的空气清洁标准

污染物	每年须减少的污染物排放量(百万磅)
微粒	60
氧化硫	150
碳化氢	125

污染物的主要来源为:(1)制造生铁之鼓风炉;(2)炼钢之敞炉。减少污染物排放的有效方法为:(1)增加烟囱高度;(2)在烟囱内安装过滤器;(3)使用优质燃料。这些方法对减少污染虽有帮助(其效果见表 2-60),但任一方法的单独使用,均不能达到环保部门的要求,若三种方法同时以最高的标准实施,则工厂的产品成本将陡增,从而使产品失去市场竞争力甚至因此而破产,管理部门因此而忧心忡忡。

表 2-60 各减污方法每年最高可能减少的污染排放量(单位:百万磅)

污染物	增高烟囱		安装过滤器		使用优质燃料	
	鼓风炉	敞炉	鼓风炉	敞炉	鼓风炉	敞炉
微粒	12	9	25	20	17	13
氧化硫	35	42	18	31	56	49
碳化氢	37	53	28	24	29	20

专题组人员经分析知各减污方法中最高减污量之总成本的近似值如表 2-61 所示。而公司每年可拨出的治污专款也有一底限,试确定该公司是否能实施“空气污染管理”工程。

表 2-61 最高减污法之总成本(以百万元为单位)

减污法	鼓风炉	敞炉
增高烟囱	8	10
过滤器	7	6
优质燃料	11	9

10. 以色列的某社区联盟，其农业生产受农田面积和灌溉配水量的限制，其资料如表 2-62 所示。

表 2-62

社区	可耕地(英亩)	配水量
1	400	600
2	600	800
3	300	375

11. 适合该地区种植的农作物有甜菜、棉花和栗子，其每英亩的期望净收益、用水量及可种植的最大面积如表 2-63 所示。

表 2-63

农作物	最大面积(英亩)	每英亩用水量	净收益(元/英亩)
甜菜	600	3	400
棉花	500	2	300
栗子	325	1	100

试问，该社区联盟应如何安排这三种农作物的生产，方使总收益最大？

12. 运输问题中，若出现退化情形，应该在什么地方补 0？

13. 求下面运输问题的初始基本可行解。

表 2-64

销地 产地	B_1	B_2	B_3	B_4	产量(万吨)
A_1	3	11	3	10	7
A_2	1	9	2	8	4
A_3	7	4	10	5	9
销量	3	6	5	6	

14. 判断表 2-65、表 2-66、表 2-66 中给出的调运方案能否作为作业法求解时的初始解，为什么？

表 2-65

运价 销地 产地	B_1	B_2	B_3	B_4	B_5	B_6	产量(万吨)
A_1	20	10					30
A_2		30	20	10			50
A_3			10	10	50	5	75
A_4						20	20
销量	20	40	30	10	50	25	

表 2-66

运价 销地 / 产地	B_1	B_2	B_3	B_4	B_5	B_6	产量(万吨)
A_1					30		30
A_2	2	30					50
A_3	0	10	30	10		25	75
A_4					20		20
销量	20	40	30	10	50	25	

表 2-67

运价 销地 / 产地	B_1	B_2	B_3	B_4	B_5	B_6	产量(万吨)
A_1	5	20					25
A_2		18	12				30
A_3	15		5			20	40
A_4				20			20
销量	20	38	17	20	20	20	

15. 已知某运输公司问题的产销平衡表与单位运价表表 2-68 所示。

表 2-68

销地 / 产地	B_1	B_2	B_3	B_4	B_5	产量(万吨)
A_1	10	15	20	20	40	50
A_2	20	40	15	30	30	100
A_3	30	35	40	25	150	150
销量	25	115	60	30	70	

(1) 求最优调拨方案；

(2) 如产地 A_3 产量变为 130，又 B_2 地区需要的 115 单位必须满足，试重新确定最优调拨方案。

第三章 对偶理论

【本章要点】

对偶理论是线性规划中的一个重要的内容，它从另一个角度分析线性规划问题的特征性质而形成了重要的理论，对偶理论不仅提供了线性规划的另一种求解方法，通过其理论及性质的研究，更揭示了经济学中的影子价格问题等。

本章介绍了对偶问题的基本概念及性质，介绍了对偶理论的一些定理并阐述了其在实际生产活动中的应用。根据对偶问题的性质，实际演示了对偶单纯形法的计算过程，对线性规划问题中参数发生变化时的灵敏度分析。

通过本章的学习你能够：熟悉对偶问题的概念及使用的范围；掌握对偶理论的应用；运用对偶单纯形法求解特殊的线性规划模型；对线性规划模型的参数进行灵敏度分析；学会运用计算机软件求解得到最优决策结果。

【学习指导】

教学内容	学习要点	学习难点	掌握的意义
对偶问题的提出	对偶问题的背景及一般形式	对偶问题的一般形式	为对偶理论奠定基础
对偶理论	对偶定理、强弱定理及松紧定理等	对偶问题的定理及性质的应用	能够运用对偶问题性质及定理快速解决问题
影子价格	影子价格的内在含义与启示	影子价格的实际内涵	能够利用影子价格解释经济问题
对偶单纯形法	对偶单纯形法的基本思想与步骤	对偶单纯形法的实际操作	能够运用对偶单纯形法简化计算及解决实际问题
灵敏度分析	对模型参数的变化的灵敏度分析	对于价值系数与资源限量的参数及变化范围讨论	掌握在一定前提下，价值系数与资源限量的变化对最优解的影响
MATLAB 软件应用	运用 MATLAB 软件求解对偶问题	MATLAB 软件的操作及函数命令	针对现实生产活动中的对偶问题快速利用软件求解

【引导案例】

某公司安排生产计划以实现利润最大化问题

在生产管理和经营活动中经常遇到一类问题，即如何合理地利用有限的人力、物力、财力等资源，以便获得最好的经济效果。

某公司在计划时期内要安排生产甲、乙两种产品，生产单位产品所需设备台时、生产单位产品所需的两种材料 A、B 的消耗量，公司现有资源量以及销售单位产品可获利润情况如表3-1所示。问如何安排甲、乙两种产品的生产量（即生产计划）使该公司获利最大？

表 3-1

项目	产品甲	产品乙	资源量
设备	5	10	40 台时
材料 A	2	0	8 吨
材料 B	0	6	18 吨
单位利润，千元	4	6	

建立该问题的数学模型，设 x_1, x_2 分别为计划时期内两种产品的产量，则该问题可写成如下线性规划模型：

$$\max Z = 4x_1 + 6x_2$$

$$\begin{cases} 5x_1 + 10x_2 \leqslant 40 \\ 2x_1 \leqslant 8 \\ 6x_2 \leqslant 18 \\ x_1, x_2 \geqslant 0 \end{cases} \tag{3-1}$$

现在从另外一个角度来讨论这一问题。假设该工厂的决策者决定不生产甲、乙两种产品，而将其所有资源出租或外售。这时工厂的决策者就要考虑给每种资源如何定价的问题。设用 y_1, y_2, y_3 表示出租单位设备台时的租金和出让单位原材料 A 和 B 的附加收入。

决策者在决策时需进行如下比较：若用 5 个单位设备台时和 2 个单位原材料 A 可以生产一件产品甲而获利 4000 元，那么生产每件产品甲的设备台时和原材料的出租收入应不低于生产甲产品时的利润，就有：

$$5y_1 + 2y_2 \geqslant 4$$

同时，对于乙产品生产所需的设备台时与原材料的出租收入也就不低于生产产品乙的获利：

$$10y_1 + 6y_3 \geqslant 6$$

所以，工厂决策者想知道在满足“不低于生产所有产品所得的总利润”的条件下，最低可能的租售价格是多少，就有如下的线性规划：

$$\min W = 40y_1 + 8y_2 + 18y_3$$

$$\begin{cases} 5y_1 + 2y_2 \geqslant 4 \\ 10y_1 + 6y_3 \geqslant 6 \\ y_1, y_2, y_3 \geqslant 0 \end{cases} \tag{3-2}$$

这是一个线性规划数学模型，我们称这一线性规划问题是前面生产计划问题的对偶线性规划问题。

式(3-1)研究的是如何利用现有材料与设备安排生产计划以使获利最大，而式(3-2)研究的是材料与设备如何定价，以获得在满足"不低于生产所有产品所得的总利润"的条件下的最低出租价格。前者是求极大值，后者是求极小值。细心观察可以发现，原问题的参数矩阵 C、A 及 b 构成了新问题的资源限量、工艺系数及价值系数。在此，称后一个线性规划问题为前者的对偶问题，分别用 LP 和 DP(Dual Problem)来简记这两个线性规划。

3.1 对偶线性规划模型

由上面的例题我们可以看出，线性规划具有一个很有意思的特性，就是在形式上，可以形成一对对称的问题。对任何求最大值的线性规划问题，都有一个与之对应的求最小值的问题，与这两个问题有关的约束条件的系数矩阵具有相同的数据，仅在形式上互为转置，并且目标函数系数与约束右端项互换，其目标函数的最优解虽然不同但最优值彼此相等。我们把线性规划这一对称问题互称为对偶问题。

对比引例中的式(3-1)与式(3-2)可以发现对偶问题的一般形式与系数之间存在的规律。

$$\max Z = 4x_1 + 6x_2$$
$$\begin{cases} 5x_1 + 10x_2 \leqslant 40 \\ 2x_1 \leqslant 8 \\ 6x_2 \leqslant 18 \\ x_1, x_2 \geqslant 0 \end{cases}$$

$$\min W = 40y_1 + 8y_2 + 18y_3$$
$$\begin{cases} 5y_1 + 2y_2 \geqslant 4 \\ 10y_1 + 6y_3 \geqslant 6 \\ y_1, y_2, y_3 \geqslant 0 \end{cases}$$

可见，原问题的参数矩阵 C、A 及 b 构成了新问题的资源限量、工艺系数及价值系数。在此，如果称前一个问题为原问题，则称后一个线性规划问题为前者的对偶问题，分别用 LP 和 DP(Dual Problem)来简记这两个线性规划。由此可以推出线性规划对偶问题的一般形式。

3.1.1 标准形式

若问题具有下列特征，即目标求最大值问题(max)所有的约束都是同向的不等式"≤"，变量非负；目标求最小值问题(min)所有的约束都是同向的不等式"≥"，而且变量非负。即

原问题

$$\max Z = CX$$
$$\begin{cases} AX \leqslant b \\ X \geqslant 0 \end{cases} \tag{3-3}$$

对偶问题

$$\min W = Yb$$
$$\begin{cases} YA \geqslant C \\ Y \geqslant 0 \end{cases} \tag{3-4}$$

则称其为原问题与对偶问题的标准形式，它们之间的关系可以用表 3-2 来表示：

表 3-2

y_i \ x_i	$x_1, x_2, \cdots, x_n$	原关系	min W
y_1	$a_{11}, a_{12} \cdots a_{1n}$	$\leqslant$	b_1
y_2	$a_{21}, a_{22} \cdots a_{2n}$	$\leqslant$	b_2
…	…	…	…
y_m	$a_{m1}, a_{m2} \cdots a_{mn}$	$\leqslant$	b_m
对偶关系	$\geqslant \ \geqslant \ \cdots \ \geqslant$	max Z = min W	
max Z	$c_1, c_2 \cdots c_n$		

表 3-2 是将原问题与对偶问题的关系汇总于一个表中，从正面看是原问题，将它转 90°后看就是对偶问题（这种转化关系为标准的转换，须注意这种标准转化的特点）。

【例 3-1】 试写出下面线性规划的对偶问题。

$$\max\ G = 32w_1 + 24w_2 + 42w_3$$

$$\begin{cases} 0.03w_1 + 0.05w_2 + 0.14w_3 \leqslant 0.04 \\ 0.3w_1 \leqslant 0.15 \\ 0.2w_2 \leqslant 0.1 \\ 0.15w_1 + 0.1w_2 + 0.07w_3 \leqslant 0.13 \\ w_1, w_2, w_3 \geqslant 0 \end{cases}$$

解：参照表 3-2，可知其对偶问题为：

$$\min\ Z = 0.04x_1 + 0.15x_2 + 0.1x_3 + 0.13x_4$$

$$\begin{cases} 0.03x_1 + 0.3x_2 + 0.15x_4 \geqslant 32 \\ 0.05x_1 + 0.2x_3 + 0.1x_4 \geqslant 24 \\ 0.14x_1 + 0.07x_4 \geqslant 42 \\ x_1, x_2, x_3, x_4 \geqslant 0 \end{cases}$$

3.1.2 一般线性规划问题的对偶模型

对于标准形式的线性规划可以参照表 3-2 来进行转换得到对偶问题，但现实生活中有些问题的线性规划模型的约束条件并不一定会是标准形式，如变量无约束或者约束条件中有“$\geqslant$”，也有“$\leqslant$”，或者还有“=”。对于原问题的约束条件中不满足标准形式的约束条件时，按以下步骤处理。

（1）当 max 线性规划模型中有“$\geqslant$”时（同理：当 min 线性规划模型中有“$\leqslant$”时）

$$\max\ Z = 2x_1 + x_2$$

如：

$$\begin{cases} 3x_1 + 5x_2 \geqslant 15 \\ 4x_1 + 2x_2 \leqslant 9 \\ x_1, x_2 \geqslant 0 \end{cases}$$

将第一个约束变为“$\leqslant$”，

$$\max Z=2x_1+x_2$$

$$\begin{cases}-3x_1-5x_2\leqslant -15\\4x_1+2x_2\leqslant 9\\x_1,x_2\geqslant 0\end{cases}$$

根据标准形式的转换得到对偶问题为

$$\min W=-15y_1+9y_2$$

$$\begin{cases}-3y_1+4y_2\geqslant 2\\-5y_1+2y_2\geqslant 1\\y_1,y_2\geqslant 0\end{cases}$$

作变换：$y'_1=-y_1$，即

$$\min W=15y'_1+9y_2$$

$$\begin{cases}3y'_1+4y_2\geqslant 2\\5y'_1+2y_2\leqslant 1\\y'_1\leqslant 0,y_2\geqslant 0\end{cases}$$

上列说明当第一个约束的不等号与标准形式的约束反向时，其对偶问题的第一个对偶变量就小于0，其他的变化关系不变。可以推广到第 i 个约束的情况，即第 i 个约束的不等号与标准形式的约束反向，则其对偶的第 i 个变量小于0。

（2）设有等式"="约束条件的线性规划问题如下：

$$\max z=\sum_{j=1}^{n}c_jx_j$$

$$\sum_{j=1}^{n}a_{ij}x_j=b_i\quad(i=1,\cdots,m)$$

$$x_j\geqslant 0\quad(j=1,\cdots,n)$$

第一步，先将等式约束条件分解为两个不等式约束条件。这时上述线性规划问题可表示为：

$$\max z=\sum_{j=1}^{n}c_jx_j$$

$$\sum_{j=1}^{n}a_{ij}x_j\leqslant b_i\quad(i=1,\cdots,m)\tag{3-5}$$

$$-\sum_{j=1}^{n}a_{ij}x_j\leqslant -b_i\quad(i=1,\cdots,m)\tag{3-6}$$

$$x_j\geqslant 0\quad(j=1,\cdots,n)$$

设 y'_i 对应式(3-5)的对偶变量，y''_i 是对应式3-6的对偶变量。

第二步，按标准形式的变换关系可写出它的对偶问题：

$$\min w=\sum_{i=1}^{m}b_iy'_i+\sum_{i=1}^{m}(-b_iy''_i)$$

$$\sum_{i=1}^{m}a_{ij}y'_i+\sum_{i=1}^{m}(-a_{ij}y''_i)\geqslant c_j\quad(j=1,\cdots,n)$$

$$y'_i,y''_i\geqslant 0\quad(i=1,\cdots,m)$$

将上述线性规划问题整理得到：

$$\min w = \sum_{i=1}^{m} b_i(y'_i - y''_i)$$

$$\sum_{i=1}^{m} a_{ij}(y'_i - y''_i) \geqslant c_j \quad (j = 1,\cdots,n)$$

令 $y_i = y'_i - y''_i$,由此可见,y_i 不受正负限制,代入上式得对偶问题为:

$$\min w = \sum_{i=1}^{m} b_i y_i$$

$$\sum_{i=1}^{m} a_{ij} y_i \geqslant c_j \quad (j = 1,\cdots,n)$$

$$y_i \text{ 可正可负} \quad (i = 1,2,\cdots,m)$$

即,第 i 个约束为等式约束时,其对偶的第 i 个变量为自由取值变量,其他的变换关系不变。

综上所述,对于线性规划原问题与对偶问题的关系,其变换形式归纳为表 3-3。

表 3-3

原问题(或对偶问题)		对偶问题(或原问题)	
目标函数 max z		目标函数 min w	
变量	n 个 ≥0 ≤0 无约束	n 个 ≥ ≤ =	约束条件
约束条件	m 个	m 个	变量
	≤	≥0	
	≥	≤0	
	=	无约束	
约束条件右端项 目标函数变量的系数	目标函数变量的系数 约束条件右端项		

下面我们以一例题来讲解表 3-3 的使用。

【例 3-2】 写出下面线性规划的对偶问题。

$$\min Z = 2x_1 + 3x_2 - 5x_3 + x_4$$

$$\begin{cases} x_1 + x_2 - x_3 + x_4 \geqslant 5 \\ 2x_1 + 2x_3 - x_4 \leqslant 4 \\ x_2 + x_3 + x_4 = 6 \\ x_1 \leqslant 0, x_2, x_3 \geqslant 0, x_4 \text{ 无约束} \end{cases}$$

解:设对应前三个约束条件的对偶变量分别为 y_1, y_2, y_3,则由表 3-3 中的对应关系,可写出上述问题的对偶问题:

原问题目标函数为 min z,则对偶问题目标函数为 max w。

原问题约束条件分别为≥,≤,=,所以对偶问题的变量就分别为 $y_1 \geqslant 0, y_2 \leqslant 0, y_3$ 无约束。

原问题的变量分别为≤0,≥0,≥0,无约束,所以对偶问题的约束条件就分别为≥,≤,≤,

= 。所以原问题的对偶问题为：

$$\max W = 5y_1 + 4y_2 + 6y_3$$

$$\begin{cases} y_1 + 2y_2 \geqslant 2 \\ y_1 + y_3 \leqslant 3 \\ -y_1 + 2y_2 + y_3 \leqslant -5 \\ y_1 - y_2 + y_3 = 1 \\ y_1 \geqslant 0, y_2 \leqslant 0, y_3 \text{ 无约束} \end{cases}$$

3.2 对偶问题的性质

3.2.1 对称性

对偶问题具有对称性，即对偶问题的对偶是原问题。

证明：设原问题是：

$$\max Z = CX$$

$$\begin{cases} AX \leqslant b \\ X \geqslant 0 \end{cases} \tag{3-7}$$

根据表 3-2 知，它的对偶问题是：

$$\min W = Yb$$

$$\begin{cases} YA \geqslant C \\ Y \geqslant 0 \end{cases} \tag{3-8}$$

下面证明(3-8)的对偶问题是原问题(3-7)

因为式(3-8)与下式是等价的

$$\max(-W) = -Yb$$

$$\begin{cases} -YA \leqslant -C \\ Y \geqslant 0 \end{cases}$$

根据标准形式的变换关系，得到上式的对偶问题是：

$$\min W = -CX$$

$$\begin{cases} -AX \geqslant -b \\ X \geqslant 0 \end{cases}$$

它与下式是等价的

$$\max W' = CX$$

$$\begin{cases} AX \leqslant b \\ X \geqslant 0 \end{cases}$$

即是原问题。故，式(3-7)也是(3-8)的对偶问题。

3.2.2 弱对偶性

【定理 3.1】 （弱对偶定理）

若 x^0 为 LP(max)的可行解，y^0 为 DP(min)的可行解，则 $cx^0 \geqslant y^0 b$。

证明:原 LP 问题为:

$$\max Z = CX$$
$$\begin{cases} AX \leqslant b \\ X \geqslant 0 \end{cases}$$

对偶问题为:

$$\min W = Yb$$
$$\begin{cases} YA \geqslant C \\ Y \geqslant 0 \end{cases}$$

因为 x^0 为 LP 的可行解,所以 $Ax^0 \leqslant b$,两端分别左乘以 y^0,得 $y^0Ax^0 \leqslant y^0b$;又 y^0 为 DP 的可行解,于是 $y^0A \geqslant C$,两端分别右乘以 x^0,得 $y^0Ax^0 \geqslant Cx^0$;

综上所述得到:$Cx^0 \leqslant y^0Ax^0 \leqslant by^0$。

这一定理说明了两个线性规划互为对偶时,求最大值的线性规划的任意可行解的目标值都不会大于求最小值的线性规划的任意可行解的目标值。

【例 3-3】 已知线性规划原问题为:

$$\max z = x_1 + x_2$$
$$\begin{cases} x_1 + x_2 \leqslant 2 \\ x_1 + 2x_2 \leqslant 4 \\ x_1, x_2 \geqslant 0 \end{cases}$$

对偶问题为:

$$\min w = 2y_1 + 4y_2$$
$$\begin{cases} y_1 + y_2 \geqslant 1 \\ y_1 + 2y_2 \geqslant 1 \\ y_1, y_2 \geqslant 0 \end{cases}$$

试用弱对偶性说明原问题的任意目标值都不会大于对偶问题的任意目标值。

解:对于 $x = (1,1)^T$ 满足原问题的线性约束条件,可见是原问题的一组可行解,使得目标函数值 $z = 2$。

对于 $y = (2,2)^T$ 满足对偶问题的约束条件,可见是对偶问题的一组可行解,使得对偶问题目标函数值 $w = 10$。

运用单纯形法解得原问题的最优解为 $x^* = (0.1, 1.9)^T$,对偶问题最优解为 $y^* = (1,0)^T$,此时 $z = 2 = w$。

可以看出原问题(max)的任意可行解的目标值都不大于对偶问题(min)的任意可行解的目标值,仅在最优解处原问题与对偶问题的最优值相等。

推论:线性规划(max)的任意可行解的目标函数值是其对偶问题(min)的最优值的下界,对偶问题(min)的任意可行解的目标值是原线性规划(max)最优值的上界

【定理 3.2】

在互为对偶的两个问题(LP 和 DP)中,若一个问题可行,但目标函数值无界,则另一个问题无可行解。

推论:若原问题可行,而另一个问题(对偶问题)不可行,则原问题具有无界解。

由前面所讲到的弱对偶性可知,原问题的目标值均小于等于对偶问题的目标函数值,如果

原问题目标函数无界，则对偶问题必无可行解；如果对偶问题目标函数值无界，显而易见，原问题亦必无可行解。

【例 3-4】 已知如下线性规划原问题。

$$\max z = x_1 + x_2$$

$$\begin{cases} x_1 + x_2 + x_3 \leqslant 2 \\ -2x_1 + x_2 - x_3 \leqslant 1 \\ x_1, x_2, x_3 \geqslant 0 \end{cases}$$

试用上述定理及推论证明这一线性规划问题无最优解。

证明：该问题的对偶问题如下：

$$\min w = 2y_1 + y_2$$

$$\begin{cases} y_1 - 2y_2 \geqslant 1 \\ y_1 + y_2 \geqslant 1 \\ y_1 - y_2 \geqslant 0 \\ y_1, y_2 \geqslant 0 \end{cases}$$

由第一个约束条件可知，对偶问题无可行解。根据定理 3.2，原问题或无可行解，或具有无界解。但原问题是存在可行解的，如 $x=(0,0,0)$ 即是一个可行解，因此确定原问题具有无界解，即无最优解。

3.2.3 最优解的性质

【定理 3.3】

若 x^0 为 LP 的可行解，y^0 为 DP 的可行解，则 $y^0b = cx^0$ 的充分与必要条件是 x^0，y^0 分别为 LP 和 DP 的最优解。

证明：若 $y^0b = cx^0$，根据弱对偶性，可知：对偶问题的所有可行解 $\bar{y}$ 都存在 $\bar{y}b \geqslant x^0c$，因为 $y^0b = x^0c$，所以，$\bar{y}b \geqslant y^0b$。可见 y^0 是使对偶问题目标函数值取值最小的可行解，因而是最优解。同理可以证明原问题的所有可解行 x^0，存在 $y^0b = cx^0 \geqslant c\bar{x}$，所以 x^0 是最优解。

若 x^0，y^0 分别为 LP 和 DP 的最优解，B 为 LP 的最优基，则有 $Y^0 = C_BB^{-1}$，并且有 $CX^0 = C_BB^{-1}b = Y^0b$。

3.2.4 对偶定理

【定理 3.4】

若线性规划的原始问题和对偶问题中，LP 存在最优解，那么 DP 也有最优解（反之亦然），且目标函数值相等。

证明：设 x^* 是原问题的最优解，它对应的基矩阵 B 必存在 $C - C_BB^{-1}A \leqslant 0$，与 $-C_BB^{-1} \leqslant 0$。即得到，$Y^*A \geqslant C$，$Y^* \geqslant 0$，其中 $Y^* = C_BB^{-1}$。从而 Y^* 是对偶问题的可行解，对目标函数有：

$$w = y^*b = C_BB^{-1}b$$

因原问题的最优解是 x^*，使得目标函数取值：

$$z = Cx^* = C_BB^{-1}b$$

由此，得到：

$$y^* b = C_B B^{-1} b = Cx^*$$

可见,y^*是对偶问题的最优解。

3.2.5 原问题检验数与对偶问题解的对应关系

【定理 3.5】

原问题单纯形表的检验数行对应其对偶问题的最优解。其对应关系见表 3-4:

表 3-4

X_B	X_N	X_s
0	$C_N - C_B B^{-1} N$	$-C_B B^{-1}$
Y_{s1}	$-Y_{s2}$	$-Y$

其中 Y_{s1} 是对应原问题中基变量 X_B 的剩余变量,Y_{s2} 是对应原问题中非基变量 X_N 的剩余变量(即第 j 个决策变量 x_j 的检验数的相反数对应于对偶中的第 j 个松弛变量 y_{s_j} 的解;第 i 个松弛变量 x_{s_i} 的检验数的相反数对应于第 i 个对偶变量 y_i 的解)

证明:(略)

【例 3-5】 在第二章例 2-8 中,原问题为:

$$\max Z = 2x_1 + 5x_2$$

$$\begin{cases} x_1 + 2x_2 \leqslant 8 \\ 4x_1 \leqslant 16 \\ 4x_2 \leqslant 12 \\ x_1, x_2 \geqslant 0 \end{cases}$$

对偶问题为:

$$\min W = 8y_1 + 16y_2 + 12y_3$$

$$\begin{cases} y_1 + 4y_2 \geqslant 2 \\ 2y_1 + 4y_3 \geqslant 5 \\ y_1, y_2, y_3 \geqslant 0 \end{cases}$$

原问题的最终单纯形表为:

c_j			2	5	0	0	0	
C_B	x_b	b	x_1	x_2	x_3	x_4	x_5	
2	x_1	2	1	0	1	0	$-1/2$	
0	x_4	10	0	0	-3	1	$-3/2$	
5	x_2	3	0	1	0	0	$1/4$	
σ_j			0	0	-2	0	$-1/4$	

从上表中可知其对偶问题的最优解为 $y^* = (2, 0, 1/4)$。

3.2.6 互补松弛定理及其应用

【定理 3.6】（互补松弛定理）

若 x^*, y^* 分别是 LP 和 DP 的可行解，它们分别是 LP 和 DP 的最优解的充要条件是：

$$y^* x_s = 0, y_s x^* = 0$$

证明：设原问题和对偶问题的标准形式如下：

$$\max z = CX \qquad \max w = Y_b$$

$$\begin{cases} AX + X_s = b \\ X, X_s \geq 0 \end{cases} \qquad \begin{cases} Y_A - Y_s = C \\ Y, Y_s \geq 0 \end{cases}$$

将原问题目标函数中的系数向量 C 用 $C = YA - Y_S$ 代替，得到：

$$z = (YA - Y_S)X = YAX - Y_S X \tag{3-9}$$

将对偶问题目标函数中的系数列向量 b 用 $b = AX + X_S$ 代替，得到：

$$w = Y(AX + X_S) = YAX + YX_S \tag{3-10}$$

若 $y^* x_s = 0, y_s x^* = 0$，则 $y^* b_i = C_B B^{-1} b = Cx^*$，由最优解性质可知，$x^*, y^*$ 为最优解。

又若，x^*, y^* 为最优解，根据最优解性质有：

$$Cx^* = y^* Ax^* = y^* b$$

由式(3-9)和(3-10)可知，必有 $y^* x_s = 0, y_s x^* = 0$。

互补松弛定理实际说明了对于原问题（对偶问题）的最优解和对偶问题（原问题）的松弛变量之间的特定关系。对于 $y^* x_s = 0$，即

$$(y_1^*, y_2^*, \cdots y_m^*) \begin{bmatrix} x_{n+1} \\ \vdots \\ x_{n+m} \end{bmatrix} = 0$$

上式展开得：

$$y_1^* x_{n+1} + y_2^* x_{n+2} + \cdots + y_m^* x_{n+m} = 0$$

整理得：

$$\sum y_i^* x_{n+i} = 0$$

对于上式若 $y_i^* > 0$，则 $x_{n+i} = 0$；

若 $x_{n+i} > 0$，则 $y_i^* = 0$。

应用互补松弛定理，可以帮我们在已知对偶问题解的前提下较容易得到原问题的最优解（反之亦然），如下例。

【例 3-6】 求解线性规划问题

$$\min w = 2x_1 + 3x_2 + 5x_3 + 2x_4 + 3x_5$$

$$\begin{cases} x_1 + x_2 + 2x_3 + x_4 + 3x_5 \geq 4 \\ x_1 - 2x_2 + 3x_3 + x_4 + x_5 \geq 3 \\ x_1, x_2, x_3, x_4, x_5 \geq 0 \end{cases}$$

已知其对偶问题的最优解为：$y_1^* = 4/5, y_2^* = 3/5, z = 5$，试用互补松弛定理求出原问题的

最优解。

解:对偶问题为

$$\max Z = 4y_1 + 3y_2$$

$$\begin{cases} y_1 + 2y_2 \leqslant 2 \\ y_1 - 2y_2 \leqslant 3 \\ 2y_1 + 3y_2 \leqslant 5 \\ y_1 + y_2 \leqslant 2 \\ 3y_1 + y_5 \leqslant 3 \\ y_i \geqslant 0 \quad (i = 1, 2, \cdots, 5) \end{cases}$$

将 $y_1^* = 4/5, y_2^* = 3/5$ 代入约束条件,得到第二、三、四个约束条件为严格不等式,亦即在这些约束中加入的松弛变量 y_i 大于零。根据互补松弛性质 $x^* y_i = 0$ 可得:

$$x_2^* = 0, x_3^* = 0, x_4^* = 0$$

由于 $y_1^* > 0, y_2^* > 0$,根据互补松弛性 $y^* x_i = 0$ 可得:

$$x_6 = 0, x_7 = 0$$

故有:

$$\begin{cases} x_1^* + 3x_5^* = 4 \\ 2x_1^* + x_5^* = 3 \end{cases}$$

求解后得到 $x_1^* = 1, x_5^* = 1$。故原问题最优解为:

$$x^* = (1, 0, 0, 0, 1)^T, w^* = 5$$

3.3 影子价格

3.3.1 影子价格的定义与内在含义

从定理 3.4 我们知道,当达到最优解时,原问题与对偶问题的目标函数值相等。即有:

$$z^0 = cx^0 = y^0 b = y_1^0 b_1 + y_2^0 b_2 + \cdots + y_m^0 b_m$$

其中 x^0, y^0 分别为原问题与对偶问题的最优解,且 $y^0 = (y_1^0, y_2^0, \cdots y_m^0)$。

通过将 z^0 对 b_i 求导,看出右端项 b_i 的变动对目标函数值的影响:

$$\frac{\partial z^0}{\partial b_i} = y_i^0 \qquad i = 1, 2, \cdots, m \tag{3-11}$$

式(3-11)说明,若原问题某一个约束条件的右端项 b_i 每增加一个单位,则由此引起的最优目标函数值的增加量就等于与该约束条件相对应的对偶变量的最优解值。

如果把原问题的约束条件看成是广义的资源约束,则右端项的值表示每种资源的可用量。对偶解的经济含义就是资源的单位改变量引起目标函数值的增加量。在经济学中,通常用价值量来衡量目标函数值。因此对偶解也具有了价值内涵。通常称对偶解为资源的影子价格。影子价格是对偶解的一个十分形象的名称,它既表明了对偶解是对系统内部资源的一种客观估价,又表明它是一种虚拟的价格,而不是真实的原料的价格。

现举例说明影子价格的上述概念。设有线性规划问题如下。

【例 3-7】 某厂生产产品甲、乙每件所需材料 A 和 B 的数量,所需设备台时数、每件产品的利润以及计划期内资源限量如表 3-5 所示,问如何制定产品的生产计划使利润最大。

表 3-5

	甲	乙	资源限量
材料 A	1	0	5
材料 B	0	1	4
设备	0.5	1	5
单价	4	1	

解:此问题的线性规划模型为:

$$\max z = 4x_1 + x_2$$
$$\begin{cases} x_1 \leqslant 5 \\ x_2 \leqslant 4 \\ 0.5x_1 + x_2 \leqslant 5 \\ x_1, x_2 \geqslant 0 \end{cases}$$

解得此线性规划问题的最优解为:$x_1 = 5, x_2 = 2.5, z = 22.5$。

现作如下分析:

(1) 设第一个约束条件材料 A 的限量由 5 单位增至 6 单位,其余约束条件不变,得到新的线性规划问题如下:

$$\max z = 4x_1 + x_2$$
$$\begin{cases} x_1 \leqslant 6 \\ x_2 \leqslant 4 \\ 0.5x_1 + x_2 \leqslant 5 \\ x_1, x_2 \geqslant 0 \end{cases}$$

此线性规划的解为:

$$x_1 = 6, x_2 = 2, z = 26$$

可见,材料 A 的限量放宽一个单位,目标函数最优值增加 3.5。这就是材料 A 的影子价格。

(2) 设第二个约束条件材料 B 的限量由 4 单位增至 5 单位,其余约束条件不变。同样得到新的线性规划问题,得其最优解为:$x_1 = 5, x_2 = 2.5, z = 22.5$。可见,材料 B 的限量放宽一个单位,目标函数最优值增加量为 0,这就是说材料 B 的影子价格为 0,从解可以看出第二种材料不是企业的稀缺资料而有剩余。

(3) 假如第三个约束条件机器台时由 5 单位增至 6 单位,其余约束条件不变。同理,此新问题的解为:$x_1 = 5, x_2 = 3.5, z = 23.5$。可见,机器台时的限量放宽一个单位,使目标函数值增加 1。这就是机器台时的影子价格。

以上计算出三种资源的影子价格分别为 3.5,0,1。这与此问题的对偶问题的最优解完全相同,即 $y_1 = 3.5, y_2 = 0, y_3 = 1$。也就是生产者为获得补充资源而愿出的一个最高价格。

3.3.2 影子价格的作用及对企业经营的启示

影子价格的大小客观地反映了资源在系统内的稀缺程度，如果第 I 种资源在系统内供大于求，即在达到最优解时，该资源并没有用完，因此反映在原问题第 I 个约束中，当用最优解值 x^0 代入时，该约束为严格的不等式，由互补松弛性定理得到，必有 $y^*=0$，即该资源的影子价格为0，它表明了，增加该资源的供应不会引起系统内目标值的增加，如果第 I 种资源的影子价格大于零，就说明再增加这种资源的供应量，可使目标函数值增加，即可使系统的收益有所增加。资源的影子价格越高，说明资源在系统内越稀缺，而增加该资源的供应量对系统目标函数值贡献也越大。因此企业管理者可以根据各种资源在企业内影子价格的大小决定企业的经营策略，下面以一例题来具体说明。

【例 3-8】 某工厂在计划期内要安排生产甲，乙两种产品，已知生产单位产品所需的设备台时及 A，B 两种材料的消耗如下表所示，该工厂每生产一件产品甲可获利 2 元，每生产一件乙产品可获利 3 元，问应如何安排计划使该工厂获利最多？

解：建立该问题的数学模型：

$$\max Z=2x_1+3x_2$$
$$\begin{cases}x_1+2x_2=8\\4x_1\leqslant 16\\4x_2\leqslant 16\\x_1,x_2\geqslant 0\end{cases} \tag{3-12}$$

通过计算，其最终表如表 3-6 所示：

表 3-6

c_j			2	3	0	0	0	
C_B	X_B	b	x_1	x_2	x_3	x_4	x_5	θ_i
3	x_2	2	0	1	1/2	−1/8	0	
2	x_1	4	1	0	0	1/4	0	
0	x_5	8	0	0	−2	1/2	1	
$-z$	−14	0	0	−1.5	−1/8	0		

可知，$y_1^*=1.5$，$y_2^*=0.125$，$y_3^*=0$。这说明在其他条件不变的情况下，若设备增加一台时，该厂按最优计划安排生产可多获利 1.5 元，原材料 A 增加 1 公斤，可多获利 0.125 元，原材料 B 增加 1 公斤，对获利无影响。y_i^* 的值代表对第 i 种资源的估价。这种估价是针对具体工厂的具体产品而存在的一种特殊价格，即影子价格。在该厂现有资源和现有生产方案的条件下，设备每小时租费为 1.5 元，1 公斤原材料 A 的出让费为除成本外再附加 0.125 元，1 公斤原材料 B 可按原成本出让，这时该厂的收入与自己组织生产时获利相等。

影子价格随具体情况不同而异，在完全市场条件下，当某种资源的市场价格低于影子价格时，企业应买该资源用于扩大生产，而当某种资源的市场价格高于企业影子价格时，则企业的决策者应把该资源卖掉。

影子价格概念的提出，对于经济系统的管理有科学价值，它有助于实现资源的最优分配和管理。影子价格为0的资源，是系统中不缺的资源，其供应的继续扩大，并不能使系统的最大收益有所增加，反之，影子价格大于0的资源，则是系统中的短缺资源，它的供应的扩大将使总的最大收益增加。

影子价格又被称为边际价值。因为它是系统中的总收益对某资源的一阶偏导数。当生产活动的收益大于生产所用的资源的价值时，生产者将继续扩大其生产活动，直到收益与所付代价达到均衡为止。这是经济学边际分析中的一种均衡状态，也可以说是线性规划中原规划目标函数的最大值与对偶规划目标函数的最小值相等的经济理由。

3.4 对偶单纯形法

在前讲到原问题与对偶问题的解之间的对应关系时指出，在单纯形表中进行计算时，在 b 列中得到的是原问题的基本可行解，而在检验数行得到的是对偶问题的基解。通过逐步迭代中，当在检验数行得到的对偶问题的解也是基本可行解时，此解达到最优解。即原问题与对偶问题都是最优解。

根据对偶问题的对称性，也可以这样考虑，若保持对偶问题的解是基可行解，即 $C_j - C_B B^{-1} p_j \leqslant 0$，而原问题在非可行解的基础上，通过逐步迭代达到基可行解，这样也得到了最优解。其优点是原的初始解不一定是基可行解，可从非基可行解开始迭代。其方法是：

设原问题是：

$$\max z = CX$$

$$\begin{cases} AX = b \\ X \geqslant 0 \end{cases}$$

设 B 是一个基，不妨设 $B = (P_1, P_2, \cdots, P_m)$，其对应的变量为 $X_B = (x_1, x_2, \cdots, x_m)$。当非基变量都为零时，可以得到 $X_B = B^{-1}b$。若在 $B^{-1}b$ 中至少有一负分量，则需要进一步迭代。设 $B^{-1}b < 0$，并且在单纯形表的检验数行中的检验数都为非正，即对偶问题的保持可行解，它的各分量是：

(1) 对应基变量 $x_1, x_2, \cdots, x_m$ 的检验数是：

$$\lambda_i = C_i - C_B B^{-1} p^i = 0 \quad (i = 1, \cdots, m)$$

(2) 对应非基变量 $x_{m+1}, x_{m+2}, \cdots, x_n$ 的检验数是：

$$\lambda_j = C_j - C_B B^{-1} p_j \leqslant 0 \quad (j = m+1, \cdots, n)$$

每次迭代是将基变量中的负分量 x_l 取出，去替换非基变量中的 x_k，经基变换，所有检验数仍保持非正。从原问题来看，经过每次迭代，原问题由非可行解往可行解靠近，当原问题得到可行解时，整体得到最优解。

对偶单纯形法的计算一般分为三个步骤：

(1) 根据线性规划问题，列出初始单纯形表。保证检验数为非正(称该基为正则基)，检查 b 列的数字，若都为非负，则已得到最优解，停止计算。若检查 b 列数字时发现至少还有一个负分量，那么进行以下计算。

(2) 通过 $b_l = \min\limits_i \{ b_i \mid b_i < 0 \}$ 确定出基变量，主行对应的变量 x_l 出基；

(3) 通过 $\theta=\min\limits_{j}\left\{\frac{\lambda_j}{a_{lj}}\mid a_{lj}<0\right\}=\frac{\lambda_k}{a_{lk}}$确定进基变量为 x_k,(注:此时是目标函数求最大值的情况)即选检验数行与主行的最小比值对应的变量进基,其中 λ_j 为非基变量检验数,a_{lj}为对应出基变量的行系数。此时若第 l 行所有 $a_{lj}\geq 0$,这时没有最小比值,说明无可行解。否则,确定主元,通过初等变换将主元素 a_{lk}化为 1,主列其他元素化为零求得新的基本解。

下面以一实例来进一步掌握对偶单纯形法的计算过程。

【例 3-9】 用对偶单纯形法求解下列线性规划

$$\min z=15x_1+24x_2+5x_3$$

$$\begin{cases}6x_2+x_3\geq 2\\5x_1+2x_2+x_3\geq 1\\x_1,x_2,x_3\geq 0\end{cases}$$

解:将其化为正则基本形式得:

$$\min z=15x_1+24x_2+5x_3$$

$$\begin{cases}6x_2+x_3-x_4=2\\5x_1+2x_2+x_3-x_4=1\\x_1,x_2,x_3,x_4,x_5\geq 0\end{cases}$$

我们将约束条件两边乘以 -1,得到正则基本形式:

$$\min z=15x_1+24x_2+5x_3$$

$$\begin{cases}-6x_2-x_3+x_4=-2\\-5x_1-2x_2-x_3+x_5=-1\\x_1,x_2,x_3,x_4,x_5\geq 0\end{cases}$$

此时取 $B=(P_4,P_5)$,$\lambda=c-c_BB^{-1}A=c\geq 0$(因为是求极小值),故 B 为一个初始正则基。

根据表 3-7,第一步中,因为第 1 个约束中的常数项为 $-2<0$,选 x_4 出基,由 $\max\{24/-6,5/-1\}=24/-6$,所以 x_2 进基,进行行初等变换,使主列除了主元为 1 以外,其他主列元均为 0。得新的基本解;由于仍有 b 列含有负数,继续迭代。

第二步中,因为 $x_5=-1/3<0$,选 x_5 出基;

又由 $\max\left\{15/-5,1/\frac{2}{3},4/\frac{-1}{3}\right\}=-3/2$,选 x_3 进基,进行基的转换,得新的基。由于新的基对应的表中 b 列元均非负,得到最终表:

由表 3-7 可知,最优解为 $X=(0,1/4,1/2,0,0)^T$。

表 3-7

C		15	24	5	0	0	
C_B	X_B	x_1	x_2	x_3	x_4	x_5	b
0	x_4	0	[-6]	-1	1	0	-2←
0	x_5	-5	-2	-1	0	1	-1
λ		15	24↑	5	0	0	0
C_B	X_B	x_1	x_2	x_3	x_4	x_5	b

续表

24	x_2	0	1	1/6	−1/6	0	1/3
0	x_5	−5	0	[−2/3]	−1/3	1	−1/3←
λ	15	0	1	4↑	0		
C_B	X_B	x_1	x_2	x_3	x_4	x_5	b
24	x_2	−5/4	1	0	−1/4	1/4	1/4
5	x_3	15/2	0	1	1/2	−3/2	1/2
λ		15/2	0	0	7/2	3/2	

从以上求解过程可以看到,对偶单纯形法有以下优点:

初始基本解可以是非可行解,但必须是正则基,即检验数均都为非正(要是求最小值,检验数均为非负),就可以进行基的变换,这时不需要加入人工变量,因此可以简化计算。

在灵敏度分析中,有时需要用对偶单纯形法,这样可使问题的处理简化。这将在后面内容中讲到。

对偶单纯形法是解决线性规划问题的另一种方法,而此方法适用于初始基为正则基的情况(即检验数均非正(max);检验数均非负(min))。

3.5 线性规划问题的灵敏度分析

前面所讨论的线型规划模型,其参数 A,b,C 都是根据经验和预测给出的固定值,但实际中,市场在变化,产品的成本和利润也在发生变化,因此,A,b,C 的值也会发生变化。

线性规划问题的灵敏度分析也称为敏感性分析,它主要研究和分析参数 C,b,A 的波动对最优解的影响程度,包括以下两个方面:

(1) 参数在什么范围内变化时,原最优解或最优基不变;

(2) 模型发生变化时(增减约束,变量,参数变化),原最优解或最优基有何变化,以及如何以最简单的方式求得新的最优解。

进行灵敏度分析的原因有二:一是由于线性规划模型的建立和求解是一项相当耗费人力和物力的工作,因而应尽可能充分利用它所提供的信息,为分析问题和决策服务;二是既然输入线性规划模型的参数是一些预测和估计的数字,因而有必要对可能发生的变化进行分析。

灵敏度分析的步骤可归纳如下:

(1) 将参数的改变反映到最终单纯形表上,具体计算方法是,按下列公式计算出最终单纯形表上有关数据的变化:

b 列变化,则最终表中 $b' = B^{-1}b$ 或 $\Delta b' = B^{-1}\Delta b$ (3-13)

λ 行 $\lambda_j = c_j - C_B B^{-1} p_j$ (3-14)

p_j 列 $p_j' = B^{-1} p_j$ 或 $\Delta p_j' = B^{-1}\Delta p_j'$ (3-15)

(2) 检查最终表中原问题和对偶问题是否仍为可行解,并根据不同情况按表 3-8 采取相应步骤。

表 3-8

原问题	对偶问题	对偶相应步骤
可行解	可行解	仍为最优基(最优基不变)
可行解	非可行解(检验数行不满足最优性检验)	用单纯形法继续迭代
非可行解(b 列出现负数)	可行解	用对偶单纯形法继续迭代
非可行解(b 列出现负数)	非可行解(检验数行不满足最优性检验)	引入人工变量,重新计算

下面就参数 b_j,c_j,a_{ij}的变化进行灵敏度分析。

3.5.1　资源限量的灵敏度分析

资源限量变化分析实质上就是线性规划模型中的 b_j 的变化分析。b_j 的变化反映在实际问题中即表示可用资源的数量发生变化。b 变化不影响最终表的检验数行,仅影响 b 列的值。对于资源量变化的灵敏分析具体步骤分为:

(1) 根据 $b'=B^{-1}b$ 或 $\Delta b'=B^{-1}\Delta b$ 算出 $\Delta b'$,将其加到最终表的 b 列的数字上。

(2) 这时对偶问题仍为可行解(检验数行仍满足最优性检验),要保证变化后的最有基不变(即新的 b 列仍要保持非负),则可计算出 $\Delta b'$的变化范围。如超出该变化范围,即新 b 列出现负数,则用对偶单纯刑法继续求解。

【例 3-10】 现有线性规划问题:

$$\max z=2x_1+x_2+0x_3+0x_4+0x_5$$

$$\begin{cases}5x_2+x_3=15\\6x_1+2x_2+x_4=24\\x_1+x_2+x_5=5\\x_1,x_2,x_3,x_4,x_5\geqslant 0\end{cases}\qquad(3\text{-}16)$$

解得其最终单纯形表如表 3-9 所示:

表 3-9

C	2	1	0	0	0		b
C_B	X_B	x_1	x_2	x_3	x_4	x_5	
0	x_3	0	0	1	5/4	−15/2	15/2
2	x_1	1	0	0	1/4	−1/2	7/2
1	x_2	0	1	0	[−1/4]	3/2	3/2
λ		0	0	0	−1/4	−1/2	

现假设第二种资源可增加到 32 个单位(即第二个约束右端项由 24 增加至 32),问最优解发生怎样的变化?

解: $\Delta b=\begin{bmatrix}0\\32-24\\0\end{bmatrix}=\begin{bmatrix}0\\8\\0\end{bmatrix}$

根据公式(3-13)有:

$$\Delta b'=\begin{bmatrix}1 & 5/4 & -15/2\\0 & 1/4 & -1/2\\0 & -1/4 & 3/2\end{bmatrix}\begin{bmatrix}0\\8\\0\end{bmatrix}=\begin{bmatrix}10\\2\\-2\end{bmatrix}$$

将其加到表 3-9 的 b 列数字上，得到新的表如表 3-10：

表 3-10

C		2	1	0	0	0	b
C_B	X_B	x_1	x_2	x_3	x_4	x_5	
0	x_3	0	0	1	5/4	-15/2	35/2
2	x_1	1	0	0	1/4	-1/2	11/2
1	x_2	0	1	0	[-1/4]	3/2	-1/2←
λ		0	0	0	-1/4↑	-1/2	

因表 3-10 中 b 列有负数，原问题为非可行解，故用对偶单纯形法继续计算得表 3-11：

表 3-11

C		2	1	0	0	0	b
C_B	X_B	x_1	x_2	x_3	x_4	x_5	
0	x_3	0	5	1	0	0	15
2	x_1	1	1	0	0	1	5
1	x_4	0	-4	0	1	-6	2
λ		0	-1	0	0	-2	

从表 3-11 可得到新的最优解为：$x_1=5, z^*=2\times5=10$

从上面的分析可以看出，当第二种资源量增加 8 个单位时，原最优基(解)发生改变，那么当第二资源在多大范围内变化时，原最优解(基)才会不变呢？

设资源量 b 变化量为 Δb，若 $b'=B^{-1}(b+\Delta b)\geqslant0$，则原解(基)仍为最优解(基)。

以例 3-3 为例，b_2 有变化，设它的变动量为 Δb_2，如能保证下式成立：

$$b'=B^{-1}(b+\Delta b)=B^{-1}b+B^{-1}\Delta b=\begin{bmatrix}15/2\\7/2\\3/2\end{bmatrix}+\begin{bmatrix}1 & 5/4 & -15/2\\0 & 1/4 & -1/2\\0 & -1/4 & 3/2\end{bmatrix}\begin{bmatrix}0\\\Delta b_2\\0\end{bmatrix}\geqslant0$$

则原解(基)不变。

从上面的不等式可写出下面三个不等式：

$$15/2+5/4\Delta b_2\geqslant0$$

$$7/2+1/4\Delta b_2\geqslant0$$

$$3/2-1/4\Delta b_2\geqslant0$$

解得 $-6\leqslant\Delta b_2\leqslant6$，亦即当 $24-6\leqslant b_2\leqslant24+6$ 时，原最优基不变。

3.5.2 价值系数的灵敏度分析

在此主要研究对于目标函数系数变化的灵敏度分析，即价值系数在什么范围内变化时，原最优解保持不变，也就是求 C_k 的变化范围。

分以下两种情况进行讨论。一是非基变量在目标函数中的系数，二是基变量在目标函数中的系数。

（1）当 x_k 为非基变量时，c_k 的变化只影响到非基变量 x_k 检验数 λ_k，且新的检验数（设新的 $c_k^0=c_k+\Delta c_k$）$\lambda_k^0=c_k^0-c_BB^{-1}A_k=-c_BB^{-1}A_k-c_k+c_k+c_k^0=\lambda_k+\Delta c_k$（其中 $\Delta c_k=c_k^0-c_k$，c_k^0 为变化后的值），要保持 $\lambda_k^0\leqslant 0$，所以当 $\Delta C_k\leqslant-\lambda_k$ 时原最优解不变

（2）当 x_k 为基变量时，c_k 的变化影响到所有非基变量的检验数。重新计算新的 λ_j 行，令所有新的 $\lambda_j\leqslant 0$，可解出使最优解不变的 c_k 的变化范围。如超出该范围，必定有检验数大于0，对最终表进行计算后，可以利用单纯形继续求解。

下面我们通过一个例题来进一步掌握目标函数系数的灵敏度分析的方法。

【例3-11】 已知线性规划问题

$$\max Z=2x_1+3x_2$$

$$\begin{cases}x_1+2x_2+x_3=8\\4x_1+x_4=16\\4x_2+x_5=12\\x_1,x_2,x_3,x_4,x_5\geqslant 0\end{cases}\tag{3-17}$$

解：其最终单纯形表为：

表3-12

C_i			2	3	0	0	0
C_B	X_B	b	x_1	x_2	x_3	x_4	x_5
2	x_1	4	1	0	0	1/4	0
0	x_5	4	0	0	-2	1/2	1
3	x_2	2	0	1	1/2	-1/8	0
	σ_j		0	0	-1.5	-1/8	0

考虑基变量系数 c_2 发生变化，即由3变为 $3+\Delta c_2$。将其放入单纯形表中有：

C_i			2	$3+\Delta c_2$	0	0	0
C_B	X_B	B	x_1	x_2	x_3	x_4	x_5
2	x_1	4	1	0	0	1/4	0
0	x_5	4	0	0	-2	1/2	1
$3+\Delta c_2$	x_2	2	0	1	1/2	-1/8	0
	σ_j		0	0	$-1.5-\Delta c_2/2$	$-1/8+\Delta c_2/8$	0

从上表中看到，要使最优基保持不变，则有 $-1.5-\Delta c_2/2\leqslant 0$，且 $-1/8+\Delta c_2/2\leqslant 0$。由此可得 $-3\leqslant\Delta c_2\leqslant 1$ 时，原最优解不变。

以上是对于基变量在目标函数中的系数变化的灵敏度分析，对于非基变量在目标函数中的系数变化的灵敏度分析较简单请读者按上述方法自行求解。

3.5.3 增加一个变量的灵敏度分析

增加一个变量在实际问题中反映为增加一种新的产品，分析的目的是生产这种新产品能否给企业带来更多的效益。分析的步骤如下。

（1）计算新增变量的检验数：$\lambda = c - c_B B^{-1} A$

（2）计算新增变量在最终单纯形中的对应列向量：$p_j' = B^{-1} p_j$

（3）若 $\lambda_j \leqslant 0$，则只需以上计算的值反映到最终单纯形表中即可，原最优解不变，否则说明增加这种新产品在经济上是有变化的，按单纯形法继续迭代。

下面以一例题进一步说明对于增加一个变量的灵敏度分析。

【例 3-12】 现有线性规划问题，现若增加一个变量 x_6，且知：$c_6 = 3$；$p_6 = (3,4,2)^T$。试分析最优解变化。

$$\max\ Z = 2x_1 + x_2$$

$$\begin{cases} 5x_2 + x_3 = 15 \\ 6x_1 + 2x_2 + x_4 = 24 \\ x_1 + x_2 + x_5 = 5 \\ x_1, x_2, x_3, x_4, x_5 \geqslant 0 \end{cases} \tag{3-18}$$

解：通过计算其最终单纯形表如表 3-13：

表 3-13

C		2	1	0	0	0	b
C_B	X_B	x_1	x_2	x_3	x_4	x_5	
0	x_3	0	0	1	5/4	15/2	15/2
2	x_1	1	0	0	1/4	1/2	7/2
1	x_2	0	1	0	−1/4	3/2	3/2
λ		0	0	0	−1/4	−1/2	

从表 3-13 可以得到：$X^* = \left(\frac{7}{2}, \frac{3}{2}\right)^T$，$Z^* = \frac{17}{2}$ 对偶解为 $Y^* = \left(0, \frac{1}{4}, \frac{1}{2}\right)$

现若增加一个变量 x_6，计算其检验数及列向量：

$$\lambda_6 = c_6 - Y^* p_6 = 3 - \left(0, \frac{1}{4}, \frac{1}{2}\right)\begin{bmatrix}3\\4\\2\end{bmatrix} = 1 > 0 \tag{3-19}$$

$$p_6' = B^{-1} p_6 = \begin{bmatrix} 1 & \frac{5}{4} & -\frac{15}{2} \\ 0 & \frac{1}{4} & -\frac{1}{2} \\ 0 & -\frac{1}{4} & \frac{3}{2} \end{bmatrix}\begin{bmatrix}3\\4\\2\end{bmatrix} = \begin{bmatrix}-7\\0\\2\end{bmatrix} \tag{3-20}$$

因为检验数大于 0，所以将其反映到单纯表中继续迭代。

表 3-14

C		2	1	0	0	0	3	b
C_B	X_B	x_1	x_2	x_3	x_4	x_5	x_6	
0	x_3	0	0	1	5/4	15/2	-7	15/2
2	x_1	1	0	0	1/4	1/2	0	7/2
1	x_2	0	1	0	-1/4	3/2	[2]	3/2←
λ		0	0	0	-1/4	-1/2	1↑	
0	x_3	0	7/2	1	3/8	-9/4	0	5/4
2	x_1	1	0	0	-1/4	-1/2	0	7/2
3	x_6	0	1/2	0	-1/8	3/4	1	3/4
λ		0	-1/2	0	-1/8	-5/4	0	

由上表可知,新的最优解为 $x_1=\frac{7}{2},x_3=\frac{5}{4},x_6=\frac{3}{4}\quad Z^*=\frac{37}{4}\left(\text{原来为 } z^*=\frac{17}{2}\right)$。

3.5.4 工艺结构参数变化的分析

这里主要研究某一变量的系数列向量发生变化对最优解的影响,具体做法是先将其作为一新的变量,按前面的方法计算出它在最终单纯形表中的数值。若所分析的变量是非基变量,则直接将原变量所在的列划去,继续按上面的做法进行。若所分析的变量是基变量,则以新计算出的向量为主元列,以所分析的变量所在行为主无行进行迭代,迭代计算后,将原变量所在列划去,而后根据迭代计算结果的具体情况进行相应的处理。下面以一具体例题进行分析。

【例 3-13】 若例 3-11 中,$c_2=3$,x_2 的系数向量变为 $p_2=(8,4,1)^T$,试分析最优解的变化。

解:首先将 x_2 按新增加变量处理,计算 x_2 在最终表中的检验数和系数向量:

$$\lambda_2=c_2-Y^*p_2=3-\left(0,\frac{1}{4},\frac{1}{2}\right)\begin{bmatrix}8\\4\\1\end{bmatrix}=\frac{3}{2} \tag{3-21}$$

$$p_2'=B^{-1}p_2=\begin{bmatrix}1 & \frac{5}{4} & -\frac{15}{2}\\ 0 & \frac{1}{4} & -\frac{1}{2}\\ 0 & -\frac{1}{4} & \frac{3}{2}\end{bmatrix}\begin{bmatrix}8\\4\\1\end{bmatrix}=\begin{bmatrix}\frac{11}{2}\\ \frac{1}{2}\\ \frac{1}{2}\end{bmatrix} \tag{3-22}$$

将其列入最终单纯形表(见表 3-15):

作为新的变量

表 3-15

C		2	1	0	0	0		b
C_B	X_B	x_1	x_2	x_3	x_4	x_5	x_2'	
0	x_3	0	0	1	5/4	15/2	11/2	15/2
2	x_1	1	0	0	1/4	1/2	1/2	7/2
1	x_2	0	1	0	−1/4	3/2	1/2	3/2
λ		0	0	0	−1/4	−1/2	3/2	
0	x_3	0		1	4	−24	0	−9
2	x_1	1		0	1/2	−2	0	2
3	x_2'	0		0	−1/2	3	1	3
λ		0		0	1/2	−5	0	

变换成单位列向量

表 3-15 中，原问题与对偶问题均为非可行解，需引入人工变量，将原问题转化为可行解，再用单纯形法继续迭代。将第一个约束乘(−1)，引入人工变量 x_6 得：

$$-x_3-4x_4+24x_5+x_6=9$$

用上式代替最终单纯形表的第一行，同时把 x_2'换位到原来 x_2 的位置，并继续进行迭代计算(见表 3-16)：

表 3-16

C		2	3	0	0	0	$-M$	b
C_B	X_B	x_1	x'_2	x_3	x_4	x_5	x_6	
0	x_3	0	0	−1	−4	24	1	9
2	x_1	1	0	0	1/2	−2	0	2
3	x_2'	0	1	0	−1/2	3	0	3
λ	0	0	$-M$	$1/2-4M$	$-5+24M$	0		
0	x_3	0	0	−1/24	1/6	1	1/24	3/8
2	x_1	1	0	−1/12	1/3	0	1/12	11/4
3	x_2'	0	1	1/8	0	0	−1/8	15/8
λ		0	0	−5/24	−2/3	0	$-M+5/24$	

由表 3-16 得到新最优解：$x_1=\dfrac{11}{4}, x_2'=\dfrac{15}{8}, z^*=\dfrac{89}{8}$

3.5.5 增加一个约束条件的分析

增加一个约束条件,在实际问题中相当于增添一道工序或新增一种可利用的资源。分析的方法是:先将原问题的最优解代入新增的约束条件中,如满足约束,说明新增的约束未起到新的限制作用,原最优解不变,否则,将新增约束直接反映到最终单纯形表中,再进行分析。

【例 3-14】 若例 3-11 中,增加一个约束条件:$3x_1+2x_2\leqslant 12$,试分析最优解的变化。

解:将原最优解代入后不满足新增加约束,故将新增约束条件写成:

$$3x_1+2x_2+x_6=12$$

取 x_6 为基变量,新增到单纯形表中,如下表所示,为使 x_1,x_2 列的系数保持为单位向量,对表 3-17 进行行初等变换,变换后 b 列出现了负数,所以继续用对偶单纯形法求解,得到最优解:$x_1=4,x_2=0,z^*=8$。

表 3-17

C		2	1	0	0	0		b
C_B	X_B	x_1	x_2	x_3	x_4	x_5	x_6	
0	x_3	0	0	1	5/4	15/2	0	15/2
2	x_1	1	0	0	1/4	−1/2	0	7/2
1	x_2	0	1	0	−1/4	3/2	0	3/2
0	x_6	3	2	0	0	0	1	12
λ		0	0	0	−1/4	−1/2	0	
0	x_3	0	0	1	5/4	−15/2	0	15/2
2	x_1	1	0	0	1/4	−1/2	0	7/2
1	x_2	0	1	0	−1/4	3/2	0	3/2
0	x_6	0	0	0	−1/4	[−3/2]	1	−3/2←
λ		0	0	0	−1/4	−1/2	0	
C		2	1	0	0	0		b
C_B	X_B	x_1	x_2	x_3	x_4	x_5	x_6	
0	x_3	0	0	1	5/2	0	−5	15
2	x_1	1	0	0	1/3	0	−1/3	4
1	x_2	0	1	0	−1/2	0	1	0
0	x_5	0	0	0	1/6	1	−2/3	1
λ		0	0	0	−1/4	−1/2	0	

3.6 参数线性规划

前面的灵敏度分析时，主要讨论在最优基不变情况下，确定系数的变化范围。而参数线性规划是研究这些参数中某一参数连续变化时，使最优解发生变化的各临界界点的值。即把某一参数作为参变量，如目标函数在某区间内是这参变量的线性函数，含这参变量的约束条件是线性等式或不等式。因此仍可用单纯形和对偶单纯形法进行分析参数线性规划问题。其步骤是：

(1) 对含有某参变量 t 的参数线性规划问题，先令 $t=0$，用单纯形法求出最优解。

(2) 用灵敏度分析法，将参变量 t 直接反映到最终表中。

(3) 当参变量 t 连续变大或变小时，观察 b 列和检验数行各数字的变化。若在 b 列首先出现某负值时，则以它对应的变量为换出变量；于是用对偶单纯形法迭代一步。若在检验数行首先出现某正时，则将它对应的变量为换入变量；用单纯形法迭代一步。

(4) 在经迭代一步后得到的新表上，令参变量 t 继续变大或变小。重复(3)，直到 b 列不能再出现负值，检验数行不能再出正值为止。

3.6.1 参数 C 的变化

【例 3-15】 试分析以下参数线性规划问题。当参数 $t\geqslant 0$ 时的最优解变化。

$$\max z(t)=(3+2t)x_1+(5-t)x_2$$

$$\begin{cases}x_1\leqslant 4\\2x_2\leqslant 12\\3x_1+2x_2\leqslant 18\\x_1,x_2\geqslant 0\end{cases}$$

解：将模型化为标准型

$$\max z(t)=(3+2t)x_1+(5-t)x_2$$

$$\begin{cases}x_1+x_3=4\\2x_2+x_4=12\\3x_1+2x_2+x_5=18\\x_j\geqslant 0\quad(j=1,\cdots,5)\end{cases}$$

令 $t=0$，用单纯形法求解如表 3-18：

表 3-18

C		3	5	0	0	0	b
C_B	X_B	x_1	x_2	x_3	x_4	x_5	
0	x_3	0	0	1	1/3	-1/3	2
5	x_2	0	1	0	1/2	0	6
3	x_1	1	0	0	-1/3	1/3	2
λ		0	0	0	-3/2	-1	

将 t 的变化直接反映到表 3-18 中，得表 3-19：

表 3-19

C		$3+2t$	$(5-t)$	0	0	0	b
C_B	X_B	x_1	x_2	x_3	x_4	x_5	
0	x_3	0	0	1	1/3	$-1/3$	2
$5-t$	x_2	0	1	0	1/2	0	6
$3+2t$	x_1	1	0	0	$-1/3$	1/3	2
λ		0	0	0	$-3/2$ $7t/6$	-1 $-2t/3$	

即 $0 \leqslant t \leqslant 9/7$ 时，得最优解 $(2,6,2,0,0)^T$，出现 $\lambda_4=0$，$t=9/7$ 为第一临界点。当 t 增大到 $t>9/7$ 时，$\lambda_4>0$，此时 x_4 作为换入变量，用单纯形法继续迭代，得表 3-20：

表 3-20

C		$3+2t$	$(5-t)$	0	0	0	b
C_B	X_B	x_1	x_2	x_3	x_4	x_5	
0	x_4	0	0	3	1	-1	6
$5-t$	x_2	0	1	$-3/2$	0	1/2	3
$3+2t$	x_1	1	0	1	0	0	4
λ		0	0	9/2 $-7t/2$	0	$-5/2$ $t/2$	

即 $9/7 \leqslant t \leqslant 5$ 时，得最优解 $(4,3,0,6,0)^T$，当 t 继续增加大，首先出现 $\lambda_5 \geqslant 0$，在 $\lambda_5=0$，$t=5$ 为第二临界点。当 $t>5$ 时，$\lambda_5>0$，这时 x_5 作为换入变量，用单纯形法迭代一步，得表 3-21：

表 3-21

C		$3+2t$	$(5-t)$	0	0	0	b
C_B	X_B	x_1	x_2	x_3	x_4	x_5	
0	x_4	0	2	0	1	0	12
0	x_5	0	2	-3	0	1	6
$3+2t$	x_1	1	0	1	0	0	4
λ		0	$(5-t)$	$-3-2t$	0	0	

表 3-21 中，t 继续增大，恒有 $\lambda_2,\lambda_3<0$ 故当 $t \geqslant 5$ 时，最优解为 $(4,0,0,12,6)^T$。

3.6.2 参数 b 的变化

【例 3-16】 分析以下线性规划，当 $t \geqslant 0$ 时，其最优解的变化。

$$\max z = x_1 + 3x_2$$

$$\begin{cases} x_1 + x_2 \leqslant 6 - t \\ -x_1 + 2x_2 \leqslant 6 + t \\ x_1, x_2 \geqslant 0 \end{cases}$$

解:将模型标准化为

$$\max z = x_1 + 3x_2$$

$$\begin{cases} x_1 + x_2 + x_3 = 6 - t \\ -x_1 + 2x_2 + x_4 = 6 + t \\ x_i \geqslant 0 \quad (i = 1, 2, \cdots, x) \end{cases}$$

令 $t = 0$,用单纯形法求解,得表 3-22:

表 3-22

C		1	3	0	0	
C_B	X_B	x_1	x_2	x_3	x_4	b
1	x_1	1	0	2/3	-1/3	2
3	x_2	0	1	1/3	1/3	4
λ		0	0	-5/3	-2/3	

计算

$$B^{-1}\Delta b = \begin{bmatrix} 2/3 & -1/3 \\ 1/3 & 1/3 \end{bmatrix} \begin{bmatrix} -t \\ t \end{bmatrix} = \begin{bmatrix} -t \\ 0 \end{bmatrix}$$

将这一结果反映到最终表 3-22 中,得表 3-23:

表 3-23

C		1	3	0	0	
C_B	X_B	x_1	x_2	x_3	x_4	b
1	x_1	1	0	2/3	-1/3	$2-t$
3	x_2	0	1	1/3	1/3	4
λ		0	0	-5/3	-2/3	

在表 3-23 中,当 $t \geqslant 2$ 时,则 $b \leqslant 0$,即 $0 \leqslant t \leqslant 2$ 时,最优解为$(2-t, 4, 0, 0)^T$,当 $t > 2$ 时,$b_1 < 0$,故将 x_1 作为换出变量,用对偶单纯形法迭代一步,得表 3-24:

表 3-24

C		1	3	0	0	
C_B	X_B	x_1	x_2	x_3	x_4	b
1	x_4	-3	0	-2	-1	$-6+3t$
3	x_2	1	1	1	0	$6-t$
λ		0	0	-5/3	-2/3	

当 $2 \leqslant t \leqslant b$ 时,问题的最优解为$(0, 6+t, 0, -6+3t)^T$。从表 3-24 可见,当 $t > 6$ 时问题无最优解。

课 后 习 题

1. 写出下列问题的对偶问题

(1) $\max Z = 6x_1 - 2x_2 + 3x_3$

$$s.t. \begin{cases} 2x_1 - x_2 + 2x_3 \leqslant 2 \\ x_1 + 4x_3 \leqslant 4 \\ x_1, x_2, x_3 \geqslant 0 \end{cases}$$

(2) $\max z = x_1 + 2x_2 + x_3$

$$\begin{cases} x_1 + x_2 - x_3 \leqslant 2 \\ x_1 - x_2 + x_3 = 1 \\ 2x_1 - x_2 + x_3 \geqslant 2 \\ x_1 \geqslant 0, x_2 \leqslant 0, x_3 \text{ 无约束} \end{cases}$$

2. 已知线性规划：

$$\max Z = 3x_1 + 2x_2$$

$$s.t. \begin{cases} -x_1 + 2x_2 \leqslant 5 \\ 3x_1 + 2x_2 \leqslant 12 \\ x_1 - x_2 \leqslant 3 \\ x_1, x_2 \geqslant 0 \end{cases}$$

(1) 用单纯形法求解该线性规划问题的最优解和最优值；
(2) 写出该线性规划的对偶问题；
(3) 求该对偶问题的最优解和最优值。

3. 已知线性规划

$$\max Z = x_1 - 4x_2 + 3x_3$$

$$\begin{cases} 2x_1 - 3x_2 - 5x_3 \leqslant 2 \\ 3x_1 + x_2 + 6x_3 \geqslant 1 \\ x_1 - x_2 + x_3 = 4 \\ x_1, x_2 \geqslant 0, x_3 \text{ 无约束} \end{cases}$$

的最优解为 $x^* = (0,0,4)^T$
(1) 写出对偶问题。
(2) 求对偶问题最优解。

4. 用对偶单纯形法求解：

$$\min Z = x_1 + x_2$$

$$\begin{cases} 2x_1 + x_2 \geqslant 4 \\ x_1 + 7x_2 \geqslant 7 \\ x_1, x_2 \geqslant 0 \end{cases}$$

5. 试用对偶理论说明下列线性规划无最优解。

$$\max Z = x_1 - 2x_2 + x_3$$

$$\begin{cases} -x_1 + x_2 + x_3 \geqslant 4 \\ -2x_1 - x_2 + 2x_3 \geqslant 3 \\ x_1 \geqslant 0, x_2 \leqslant 0, x_3 \geqslant 0 \end{cases}$$

第四章　整数规划

【本章要点】

本章主要介绍了整数规划与线性规划的区别、整数规划的特点和整数规划问题的数学模型,详细阐述了整数规划问题、0-1 规划问题、指派问题以及相应的求解方法,并运用 MATLAB 软件快速求解。

通过本章的学习你能够:熟悉整数线性规划的特点及求解的思路;掌握分支定界法和割平面法的求解过程;运用隐枚举法求解 0-1 规划,用匈牙利法求解指派问题;运用软件求解模型得到最优决策结果;掌握整数规划及 0-1 规划的实际应用。

【学习指导】

教学内容	学习要点	学习难点	掌握的意义
4.1　整数规划的数学模型及解的特点	了解整数规划的基本知识	熟悉整数规划和一般线性规划的区别与关系	能够快速识别和建立整数规划模型
4.2　一般整数规划的求解	学会建立一般整数规划模型以及掌握求解一般整数规划的两种方法	分支定界与割平面法的求解过程	能够有效地解决实际生产生活中的整数规划问题
4.3　0-1 型整数规划	学会建立 0-1 规划模型以及掌握求解 0-1 规划的方法	对实际问题建立 0-1 规划模型;0-1 规划的两种方法的求解	能够有效地解决实际生产生活中的 0-1 规划问题
4.4　指派问题	学会建立指派问题模型以及掌握求解指派问题的方法	匈牙利法求解	能够很好地解决实际生产生活中的指派问题
4.5　MATLAB 软件的应用	学会用 MATLAB 软件求解各种整数规划问题	MATALAB 软件的操作	针对现实生产生活中的各种整数规划问题都能快速求解

【引导案例】

家具公司如何确定最优生产方案

某家具制造公司是一个家具生产的专业企业,该公司在生产管理过程中,重视科学管理,努力节约原材料的消耗,年底节余了木材 14 立方米,辅料 9 立方米。该公司希望把节余的材料加工成两种不同款式的电脑桌,通过销售来增加公司的收益。

根据市场调查,款式Ⅰ电脑桌和款式Ⅱ电脑桌的市场价格分别为 300 元和 200 元。该公司生产两种不同款式电脑桌的材料消耗定额见表 4-1,该公司希望制定两种不同款式电脑桌的生产方案,在满足节余材料用量的条件下,使销售收入达到最大。

表 4-1

材料名称	材料的消耗定额(立方米/张)		总量(立方米)
	款式Ⅰ	款式Ⅱ	
木材	2	3	14
辅料	2	1	9

由于电脑桌的生产数量必须取整数,可知此问题是一个整数规划问题。若令 x_1、x_2 分别为款式Ⅰ电脑桌和款式Ⅱ电脑桌的生产数量,其数学模型可建立为:

$$\max z = 3x_1 + 2x_2$$

$$\begin{cases} 2x_1 + 3x_2 \leqslant 14 \\ 2x_1 + x_2 \leqslant 9 \\ x_1, x_2 \geqslant 0 \\ x_1, x_2 \text{ 为整数} \end{cases}$$

4.1 整数规划问题的基本概念

在前面讨论的线性规划问题中,有些最优解可能是分数或小数。但在许多实际的规划问题中,决策变量仅仅在取整数值时才有意义。例如,求解设备的台数,员工的人数、货物运输中的集装箱箱数、货物的件数等。显然,此时的决策变量必须取整数。

要求线性规划中一部分或全部决策变量必须取整数值时,这个规划称为**整数规划**(Integer Programming,IP);不考虑整数条件,由余下的目标函数和约束条件构成的规划问题称为该整数规划的**松弛问题**(Relaxation Problem);要求全部决策变量都必须取整数值的规划称为**纯整数规划**(Pure Integer Programming);要求一部分决策变量取整数值的规划称为**混合整数**规划(Mixed Integer Programming);要求决策变量只能取值 0 或 1 的规划称为 **0 −1 整数规划**(Zero-One Integer Programming);如果整数规划的模型是线性的,则称为**整数线性规划**(Integer Linear Programming,ILP),整数线性规划是本章的研究对象,简称整数规划。

整数规划可分为纯整数规划和混合整数规划。前者指所有的变量都限制为整数,后者指仅一部分变量限制为整数。变量限值仅限于 0 或 1 的情况是整数规划的一种特殊情形——

0－1规划。指派问题又是0－1规划问题的一个特例。本章将首先介绍整数规划的特点及其两种求解方法，然后再研究0－1规划与指派问题这两类特殊的整数规划问题。

整数规划的数学模型可以表示为：

$$\max(\min)z = \sum_{j=1}^{n} c_j x_j$$

$$\begin{cases} \sum_{j=1}^{n} a_{ij}x_j \leqslant (=\geqslant) b_i \quad (i = 1,2,\cdots,m) \\ x_j \geqslant 0 \quad (j = 1,2,\cdots,n) \\ x_1, x_2, \cdots, x_n \text{ 中部分或全部取整数} \end{cases} \tag{4-1}$$

其松弛问题的数学模型为：

$$\max(\min)z = \sum_{j=1}^{n} c_j x_j$$

$$\begin{cases} \sum_{j=1}^{n} a_{ij}x_j \leqslant (=\geqslant) b_i \quad (i = 1,2,\cdots,m) \\ x_j \geqslant 0 \quad (j = 1,2,\cdots,n) \end{cases} \tag{4-2}$$

由此可见，整数线性规划模型与一般线性规划模型的区别仅在于：模型(4－1)中的决策变量有整数约束条件。

比较整数规划问题和该整数规划的松弛问题，有如下特点：

1. 可行解的特点

整数规划问题的可行解一定是该整数规划的松弛问题的可行解。整数规划问题(以下简称 A)的可行解集为离散的点集，而该整数规划的松弛问题(以下简称 B)的可行解集为一个区域。以引入案例为例，从图4-1中可以看出，标有“•”的点都是该整数规划的可行整数解。由

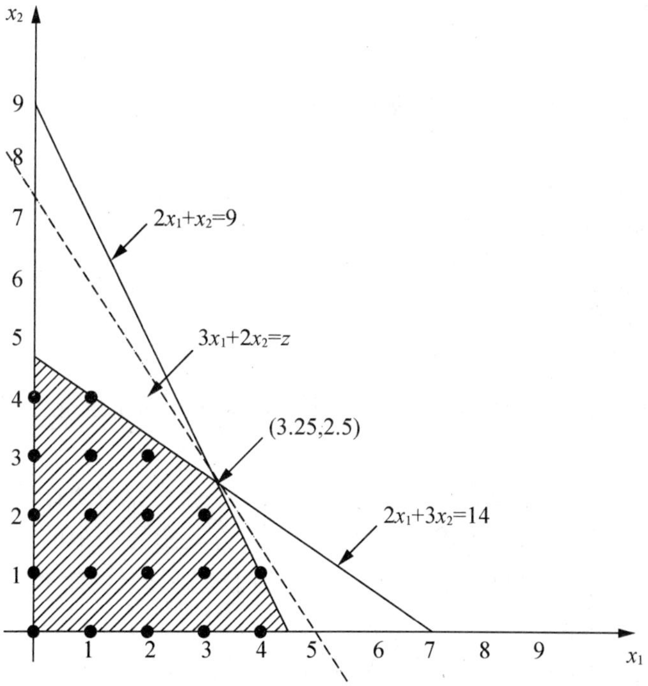

图4-1

此可得，问题A的可行解集合是问题 B 的可行解集合的一个子集，因此，问题 A 的可行解一定是问题 B 的可行解。

2. 最优值的特点

问题 A 的最优值不会优于问题 B 的最优值。对于极大化问题，问题 B 的目标函数值是问题 A 的上界；对于极小化问题，问题 B 的目标函数值则是问题 A 的下界。例如从图 4-1 可看出，该松弛问题的最优解为 $X=(3.25,2.5)$，用图解法求解整数规划时，将等值线从点(3.25，2.5)处向线性规划的可行域内移动，与等值线第一个接触的"●"点为整数规划的最优整数解，此过程使 A 的最优值劣于 B 的最优值。

3. 求解方法的特点

(1) 求解整数线性规划问题的方法不能采用舍入取整法。

所谓舍入取整法，即先求问题 B 的最优解，若不是整数解，再利用四舍五入的方法获得整数解。但用此方法得到的解可能不是问题 A 的最优解，甚至可能根本不是问题 A 的可行解。

例如例 4-1 中，该整数规划的松弛问题的最优解为 $X=(3.25,2.5)$。

如果用"舍入取整"的"舍入"办法，可求得 $X^{(1)}=(3,3)$，但此解已超出可行解集的范围，故不是可行解。

如果用"舍入取整"的"取整"办法，可求得 $X^{(2)}=(3,2)$，代入可得目标函数值 $z^{(2)}=13$。但此时并不是最优解，如 $X^{(3)}=(4,1)$，对应的目标函数值 $z^{(3)}=14$，显然 $z^{(3)}>z^{(2)}$。

(2) 求解整数线性规划也不宜采用枚举法。

由第一个特点知，整数规划中的变量只能取离散的整数值，因此若有可行解的话，其个数是有限的。从有限可行解集中找出最优解的最直观最简便的方法就是枚举法，即将问题的可行解全部列举出来比较，找出最优解。此法对于变量数少，可行的整数组合个数也少时还行得通；但若变量数较多，且可行的整数组合个数很多时，枚举法就失去意义了。

以上两种方法都不可取，那么如何求整数规划的最优解呢？

4.2 一般整数规划的求解方法

对于整数规划的求解常用的方法很多，下面分别介绍求解整数规划的最常用的两种方法——分支定界法和割平面法。

4.2.1 分支定界法

分支定界法(Branch and Bound Method)是由戴金(R. J. Dakin)于 1960 年提出的，是求解整数规划的常用算法，既可用来求解纯整数规划问题，又可用来求解混合整数规划问题。

1. 基本思想

先求出整数规划的松弛问题的最优解，若此最优解不符合整数条件，则将原问题分支为两个子问题，对子问题继续求解，直到求出最优整数解。分支定界法中的"分支"是为了去掉部分非整数区域使整数最优解更早出现，"定界"则是为了提高搜索的效率。

2. 解题步骤

下面通过求解如下例题来阐明分支定界法的基本思想和一般步骤。

【例 4-1】 求解如下整数规划问题。

$$\max z = 7x_1 + 9x_2$$

$$\begin{cases} -x_1 + 3x_2 \leqslant 6 \\ 7x_1 + x_2 \leqslant 35 \\ x_1, x_2 \geqslant 0 \text{ 且均为整数} \end{cases}$$

解：

令该整数规划问题为 A，该整数规划的松弛问题为 B。

$$\max z = 7x_1 + 9x_2$$

$$B:\begin{cases} -x_1 + 3x_2 \leqslant 6 \\ 7x_1 + x_2 \leqslant 35 \\ x_1, x_2 \geqslant 0 \end{cases}$$

步骤一，求解松弛问题 B 的最优解。

用单纯形法或图解法求解问题 B：

图解法求解问题 B，得最优解为：$x_1 = 9/2, x_2 = 7/2$，最优目标函数值为：$z_0 = 63$，该解不符合整数要求，如图 4-2 所示。而由整数规划的特点 2 知，问题 A 的最优目标函数值不会优于问题 B 的最优目标函数值。故 $z_0 = 63$ 是问题 A 最优目标函数值 z^* 的上界。当 $x_1 = 0, x_2 = 0$ 时，显然是问题 A 的一个整数可行解，这时 $z = 0$，是 z^* 的一个下界，故有问题 A 的最优目标函数值的取值范围为：$0 \leqslant z^* \leqslant 63$。

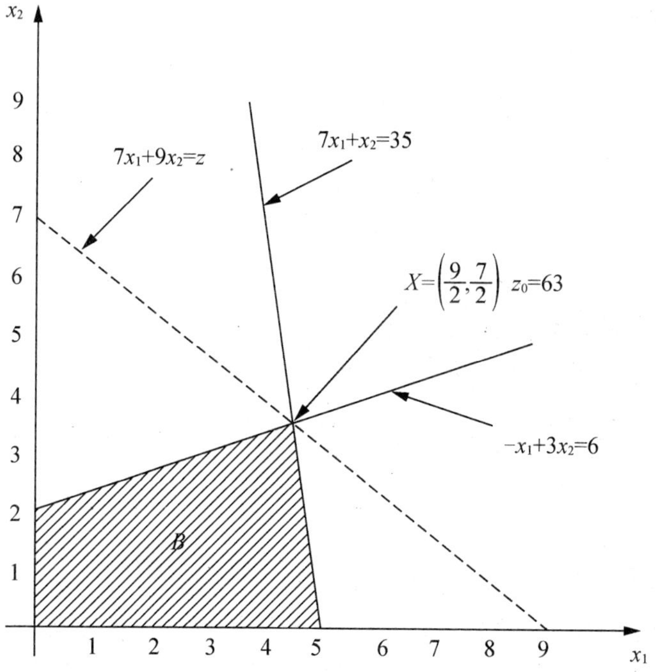

图 4-2

步骤二，进行分支。

在求解出的问题 B 的最优解中任意选一个非整数解的变量为分支变量，如选 $x_1 = 9/2$，对

问题 A 来讲，由于 x_1 不可能在 $4 < x_1 < 5$ 的范围内取值，所以最优整数解一定在 $x_1 \leqslant 4$ 或 $x_1 \geqslant 5$ 的区间上。故构造两个新的约束条件：

$$x_1 \leqslant [9/2] \tag{4-3}$$

$$x_1 \geqslant [9/2] + 1 \tag{4-4}$$

此处[9/2]表示不超过 9/2 的最大整数，即 4。将两约束条件(4-3)与(4-4)分别加到问题 B 中，得到线性规划 B_1 和 B_2：

$$\max z = 7x_1 + 9x_2 \qquad\qquad \max z = 7x_1 + 9x_2$$

$$B_1:\begin{cases} -x_1 + 3x_2 \leqslant 6 \\ 7x_1 + x_2 \leqslant 35 \\ x_1 \leqslant 4 \\ x_1, x_2 \geqslant 0 \end{cases} \qquad\qquad B_2:\begin{cases} -x_1 + 3x_2 \leqslant 6 \\ 7x_1 + x_2 \leqslant 35 \\ x_1 \geqslant 5 \\ x_1, x_2 \geqslant 0 \end{cases}$$

步骤三，求解分支。

用图解法求解问题 B_1，得最优解为：$x_1 = 4, x_2 = 10/3$，最优目标函数值为：$z_1 = 58$。同样的，求解问题 B_2，得最优解为：$x_1 = 5, x_2 = 0$，最优目标函数值为：$z_2 = 35$，如图 4-3 所示。

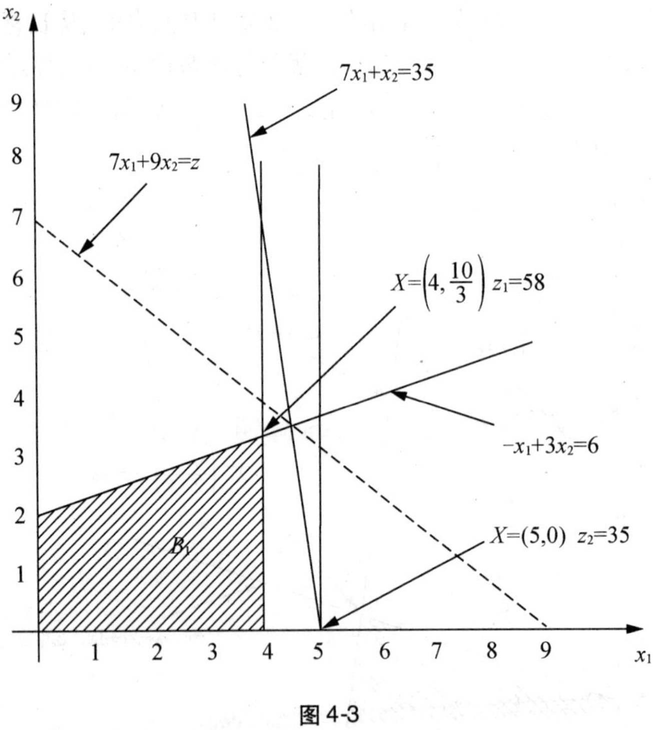

图 4-3

步骤四，检查子分支是否需要继续进行分支。

此时，子分支 B_2 的最优解符合整数要求，停止对 B_2 分支。子分支 B_1 的最优解中含有非整数，且最优值 $z_1 > z_2$，说明 B_1 的后继分支中仍有可能存在优于 B_2 的整数最优解，故需对 B_1 继续分支，并将问题 A 的最优目标函数值的取值范围改为：$35 \leqslant z^* \leqslant 58$。增加约束条件：

$$x_2 \leqslant [10/3] \tag{4-5}$$

$$x_2 \geqslant [10/3] + 1 \tag{4-6}$$

将两约束条件(4-5)与(4-6)分别加到问题 B_1 中,得到线性规划 B_{11} 和 B_{12}:

$$\max z = 7x_1 + 9x_2 \qquad\qquad \max z = 7x_1 + 9x_2$$

$$B_{11}:\begin{cases}-x_1+3x_2\leqslant 6\\7x_1+x_2\leqslant 35\\x_1\leqslant 4, x_2\leqslant 3\\x_1, x_2\geqslant 0\end{cases}\qquad\qquad B_{12}:\begin{cases}-x_1+3x_2\leqslant 6\\7x_1+x_2\leqslant 35\\x_1\leqslant 4, x_2\geqslant 4\\x_1, x_2\geqslant 0\end{cases}$$

用图解法求解问题 B_{11},得最优解为:$x_1=4, x_2=3$,最优目标函数值为:$z_{11}=55$。用图解法求解问题 B_{12},得 B_{12} 无可行解,如图 4-4 所示。此时,问题 B_{11} 的最优解已符合整数要求且问题 B_{12} 无可行解,停止分支。

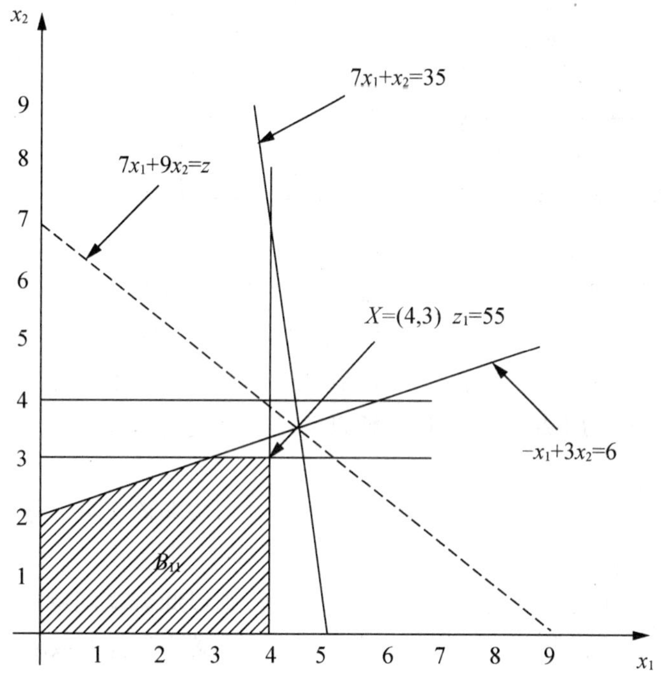

图 4-4

比较问题 B_{11} 与问题 B_2 的两组整数解的最优值,得 $z_{11} > z_2$,故问题 B_{11} 的最优解即为整数规划问题 A 的最优解。该整数规划的最优解为:$X=(4,3)$, $\max z = 55$。

全部分支过程用图 4-5 表示。

3. 小结

由上述例子,可以总结出用分支定界法求解整数规划的一般步骤如下:

称整数规划问题为 A,称该整数规划的松弛问题为 B。

步骤一,求解问题 B 的最优解。

(1)若问题 B 无可行解,则停止,此时问题 A 也无可行解。

(2)若问题 B 的最优解为整数解,则这个解也是问题 A 的最优解。

(3)若问题 B 的最优解为非整数解,则转入第二步。

步骤二,进行分支。

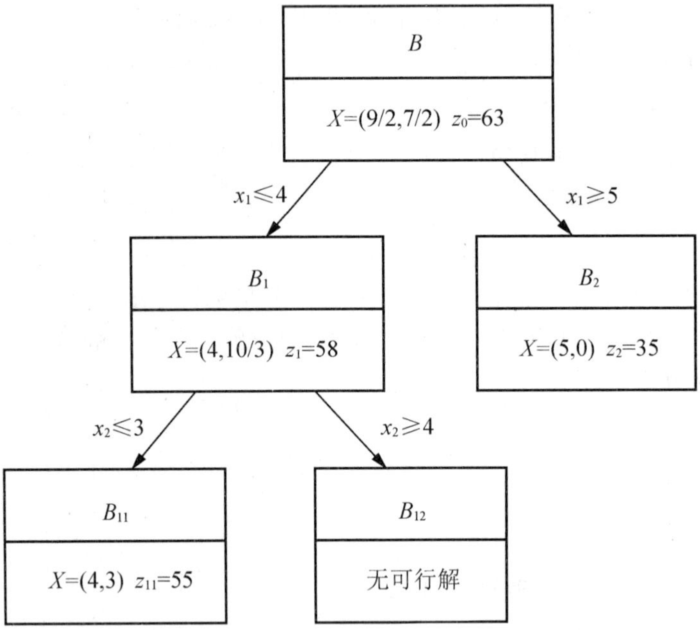

图 4-5

在上一步求出的最优解中,任意选一个非整数解的变量为分支变量,添加约束条件,进行分支。设选择的变量为 x_j,且 $x_j=b_j$。(其中 b_j 是问题 B 中 x_j 的最优解)构造两个约束条件 $x_j \leqslant [b_j]$ 和 $x_j \geqslant [b_j]+1$,将这两个约束条件分别加入问题 B,使问题 B 分为两个后继的分支问题 B_1 和 B_2。其中,$[b_j]$ 为不超过 b_j 的最大整数。

步骤三,求解分支。

不考虑决策变量的整数约束条件,用图解法或单纯形法求解这两个分支问题。

步骤四,检查分支。

(1)若上一步求出的分支问题的最优解为整数解,则以此分支问题的最优目标函数值为界,判定其他分支问题是否需要继续分支和确定哪个整数解为最优整数解。

(2)若上一步求出的分支问题的最优解为非整数解,则按各分支问题的目标函数值的优劣顺序继续分支,直到求出整数解。

分支定界法不仅广泛应用于求解纯整数规划,它还可以用来求解混合整数规划问题。仍以例 4-2 为例,若只要求 x_1 为整数,则只需在第一次分支后,比较 B_1 与 B_2 的最优目标函数值,由图 4-5 知,B_1 问题的最优解就是此混合整数规划问题最优解。

当整数规划问题的决策变量个数为两个时,此时使用网格法,即直接将其松弛问题可行域内的整数点代入求解更为简单。

4.2.2 割平面法

割平面法是由美国学者高莫瑞(R. E. Gomory)于 1958 年提出来的,也是历史上第一个求解整数规划的方法,又称 Gomory 割平面法。

1. 基本思想

首先求整数规划的松弛问题(即不考虑决策变量的整数约束条件)的最优解,若求得的最优解满足整数要求，停止运算。当某个变量不满足整数要求时，寻找一个适当的约束方程（又称割平面方程）并添加到松弛问题中，其作用是切割掉了原松弛问题可行域中不含整数可行解的部分，使结果逼近整数问题的最优解。

2. 解题步骤

【例 4-2】 用割平面法求解例 4-1。

$$\max z = 7x_1 + 9x_2$$

$$\begin{cases} -x_1 + 3x_2 \leqslant 6 \\ 7x_1 + x_2 \leqslant 35 \\ x_1, x_2 \geqslant 0 \text{ 且均为整数} \end{cases}$$

解：

步骤一，引入非负松弛变量 x_3、x_4，将该整数规划标准化为：

$$\max z = 7x_1 + 9x_2$$

$$\begin{cases} -x_1 + 3x_2 + x_3 = 6 \\ 7x_1 + x_2 + x_4 = 35 \\ x_1, x_2 \geqslant 0 \text{ 且均为整数} \end{cases}$$

并用单纯形法求解出其松弛问题的最优解。得最优表 4-2。

表 4-2

c_j		7	9	0	0	b_j
C_B	X_B	x_1	x_2	x_3	x_4	
9	x_2	0	1	7/22	1/22	7/2
7	x_1	1	0	−1/22	3/22	9/2
σ_j		0	0	−28/11	−15/11	

如表 4-2，解出的最优解为：

$x_1 = \dfrac{9}{2}$，$x_2 = \dfrac{7}{2}$，最优目标函数值为 63。显然，最优解不符合整数规划要求。

步骤二，构造割平面方程。

在求出的非整数最优解中，任意选一个非整数变量（如选 x_2）所在的行为来源行，构造割平面方程。

由表 4-2，x_2 所在的来源行为：

$$x_2 + \frac{7}{22}x_3 + \frac{1}{22}x_4 = \frac{7}{2} \tag{4-7}$$

将式（4-7）中所有变量的系数写为一个整数与一个非负真分数的和：

$$(1+0)x_2 + \left(\frac{7}{22}+0\right)x_3 + \left(\frac{1}{22}+0\right)x_4 = 3 + \frac{1}{2} \tag{4-8}$$

将式（4-8）中所有整数以及带有整数系数的变量移到方程的左边，分数以及带有分数系数的变量移到方程的右边：

$$x_2 - 3 = \frac{1}{2} - \frac{7}{22}x_3 - \frac{1}{22}x_4 \tag{4-9}$$

由于要求变量取值为正整数，故式(4-9)的左边必然为整数。当然，方程的右边也应为整数，又由于 $x_3, x_4 \geqslant 0$，于是有：

$$\frac{1}{2} - \frac{7}{22}x_3 - \frac{1}{22}x_4 \leqslant 0 \tag{4-10}$$

在式(4-10)中引入松弛变量 s_1，割平面方程为：

$$-\frac{7}{22}x_3 - \frac{1}{22}x_4 + s_1 = -\frac{1}{2} \tag{4-11}$$

步骤三，将割平面方程(4-11)添加到表4-2中，用对偶单纯形法求解，如表4-3。

表4-3

c_j		7	9	0	0	0	b_j
C_B	X_B	x_1	x_2	x_3	x_4	s_1	
9	x_2	0	1	7/22	1/22	0	7/2
7	x_1	1	0	-1/22	3/22	0	9/2
0	s_1	0	0	[-7/22]	-1/22	1	-1/2→
σ_j		0	0	-28/11 ↑	-15/11	0	
9	x_2	0	1	0	0	1	3
7	x_1	1	0	0	1/7	-1/7	32/7
0	x_3	0	0	1	1/7	-22/7	11/7
σ_j		0	0	0	-1	-8	

由表4-3，最优解中仍存在非整数解，故继续构造割平面方程。

以表4-3的 x_1 行为割平面来源行：

$$x_1 + \frac{1}{7}x_4 - \frac{1}{7}s_1 = \frac{32}{7}$$

分离系数后改写为：

$$x_1 + (0 + \frac{1}{7})x_4 + (-1 + \frac{6}{7})s_1 = 4 + \frac{4}{7}$$

$$x_1 - s_1 - 4 = \frac{4}{7} - \frac{1}{7}x_4 - \frac{6}{7}s_1 \leqslant 0$$

引入松弛变量 s_2，得新的割平面方程为：

$$-\frac{1}{7}x_4 - \frac{6}{7}s_1 + s_2 = -\frac{4}{7} \tag{4-12}$$

同上，将割平面方程(4-12)添加到表4-3中，并用对偶单纯形法继续求解，如表4-4。

表4-4

c_j		7	9	0	0	0	0	b_j
C_B	X_B	x_1	x_2	x_3	x_4	s_1	s_2	
9	x_2	0	1	0	0	1	0	3
7	x_1	1	0	0	1/7	-1/7	0	32/7
0	x_3	0	0	1	1/7	-22/7	0	11/7

续表

c_j		7	9	0	0	0	0	b_j
C_B	X_B	x_1	x_2	x_3	x_4	s_1	s_2	
0	s_2	0	0	0	[−1/7]	−6/7	1	−4/7→
σ_j		0	0	0	−1↑	−8	0	
9	x_2	0	1	0	0	1	0	3
7	x_1	1	0	0	0	−1	1	4
0	x_3	0	0	1	0	−4	1	1
0	x_4	0	0	0	1	6	−7	4
σ_j		0	0	0	0	−2	−7	

从表4-4中可见,表中的最优解已经是整数解,故此解为整数规划的最优解。

最优解为:$x_1=4,x_2=3,\max z=55$。

3. 小结

由上述例子,可以总结出用割平面法求解整数规划的一般步骤如下:

步骤一,将该整数规划标准化,并用单纯形法求解出其松弛问题的最优解。

(1) 若松弛问题无可行解,则停止计算,原整数规划无可行解。

(2) 若松弛问题的最优解为整数解,则这个解也是原整数规划的最优解。

(3) 若松弛问题的最优解为非整数解,则转入第二步。

步骤二,构造割平面方程。

(1) 找出求出的最优解中为非整数值的基变量 x_i,以最优表中 x_i 对应的行为割平面来源行:$x_i + \sum_k a_{ik}x_k = b_i$。

(2) 将来源行左右两边的 a_{ik} 与 b_i 均分解成一个整数部分与一个非负真分数部分的和:$a_{ik}=[a_{ik}]+f_{ik}, b_i=[b_i]+f_i, 0\leqslant f_{ik}<1, 0<f_i<1$。

将其带入方程,并整理(将整数部分全部放在方程左边,分数部分放在方程右边)得:$x_i+\sum_k [a_{ik}]x_k-[b_i]=f_i-\sum_k f_{ik}x_k$。

(3) 令 $f_i-\sum_k f_{ik}x_k\leqslant 0$,并添加松弛变量 s_i,则割平面方程:$s_i-\sum_k f_{ik}x_k=-f_i$。

步骤三,将割平面方程添加到上一张最优表中,并用对偶单纯形法求解。

如求出的解仍为非整数解,则重复步骤二、步骤三,直至求出整数最优解。

4.3 0-1型整数规划

4.3.1 0-1型整数规划的提出以及数学模型

当整数规划中,决策变量只能取整数0或1时,该线性规划就成为了特殊的整数规划——**0-1整数规划**(Zero-One Integer Programming)。只能取0或1的变量称为**0-1变量**。

0－1 变量作为逻辑变量,常被用来表示系统是否处于某个特定状态,或者决策是否采取某个特定方案。当变量取 1 时表示选择该状态或采取该方案;当变量取 0 时,表示不选择该状态或不采取该方案。具体实例如下:

【例 4-3】 某公司欲对三个项目进行投资,根据公司的资金情况,四年内的总投资数额分别为 5 万元、7 万元、7 万元、6 万元,三个项目每年所需投资额以及所创纯利润由表 4-5 所示。问:应对哪几个项目进行投资,可获利最大? 试建立数学模型。

表 4-5

投资年度	项目			投资额
	Ⅰ	Ⅱ	Ⅲ	
1	0	4	2	5
2	5	1	2	7
3	4	0	3	7
4	5	1	3	6
纯利润	20	8	16	

解:

建立模型,由题意设

$$x_j = \begin{cases} 1,\text{投资项目 } j \\ 0,\text{不投资项目 } j \end{cases}$$

则该 0-1 规划可表示为:

$$\max z = 20x_1 + 8x_2 + 16x_3$$

$$\begin{cases} 4x_2 + 2x_3 \leqslant 5 \\ 5x_1 + x_2 + 2x_3 \leqslant 7 \\ 4x_1 + 3x_3 \leqslant 7 \\ 5x_1 + x_2 + 3x_3 \leqslant 6 \\ x_1, x_2, x_3 = 0 \text{ 或 } 1 \end{cases}$$

0－1 型规划的一般数学模型为:

$$\max(\min) z = \sum_{j=1}^{n} c_j x_j$$

$$s.t. \begin{cases} \sum_{j=1}^{n} a_{ij} x_j \leqslant (=, \geqslant) b_i \quad (i = 1,2,\cdots,m) \\ x_1, x_2, \cdots, x_n = 0 \text{ 或 } 1 \end{cases} \tag{4-13}$$

4.3.2 隐枚举法求解

1. 基本思想

求解 0－1 规划问题最容易想到的方法是穷举法,即检查变量取值为 0 或 1 的每一种组合是否符合约束条件,并比较目标函数值以求得最优解,当变量个数为 n 时,这就需要检查变量

取值的 2^n 个组合。当变量较少时,此方法比较有效。但是对于变量个数 n 较多时,此法就不是一种有效的算法。

隐枚举法(Implicit Enumeration Method)的基本思想不同于穷举法,它不需要对所有的变量组合逐一计算,而是通过添加过滤条件分析、判断,然后排除一些不可能成为最优解的变量组合,这样计算量大大减少,简单易行。

2. 解题步骤

下面引入一个例子,来具体阐述如何用隐枚举法求解 0 - 1 规划。

【例 4-4】 用隐枚举法求解下列 0 - 1 规划问题。

$$\max z = 4x_1 + 2x_2 + 5x_3 - x_4$$

$$s.t.\begin{cases} x_1 + 2x_2 + x_3 + 2x_4 \leqslant 4 \\ 7x_1 + 3x_3 - 4x_4 \leqslant 8 \\ 11x_1 - 6x_2 + 3x_4 \geqslant 3 \\ x_j = 0 \text{ 或 } 1 \quad (j = 1, 2, \cdots, 5) \end{cases}$$

解法一:

步骤一,先通过观察法易找到一个可行解:$X_0 = (1,0,0,0)$,此时目标函数值为 $z_0 = 4$,由于原目标函数是求最大值,故可将 4 作为该 0 - 1 规划问题的下界(最小值问题则为上界),于是可增加一个约束条件:

$$4x_1 + 2x_2 + 5x_3 - x_4 \geqslant 4$$

此约束条件也称为过滤条件,这样,原问题就变为了:

$$\max z = 4x_1 + 2x_2 + 5x_3 - x_4$$

$$s.t.\begin{cases} 4x_1 + 2x_2 + 5x_3 - x_4 \geqslant 4 & (4\text{-}14a) \\ x_1 + 2x_2 + x_3 + 2x_4 \leqslant 4 & (4\text{-}14b) \\ 7x_1 + 3x_3 - 4x_4 \leqslant 8 & (4\text{-}14c) \\ 11x_1 - 6x_2 + 3x_4 \geqslant 3 & (4\text{-}14d) \\ x_j = 0 \text{ 或 } 1 \quad (j = 1, 2, \cdots, 5) \end{cases}$$

将目标函数按变量系数从小到大的顺序排列为:

$$\max z = -x_4 + 2x_2 + 4x_1 + 5x_3$$

步骤二,列出变量取值 0 或 1 的所有组合,共 2^4 个。并将变量组合按照(x_4, x_2, x_1, x_3)列出,以便能较早找出最优解。将约束条件按顺序排好(如表 4-6 所示),然后分别将这些变量的组合解依次代入约束条件的左侧,求出数值,看是否适合不等式条件,如某一条件不适合,同行以下各条件就不必再检查,从而减少了运算次数。符合约束条件的打"√",否则打"×"。

当某一变量的组合解代入后符合所有约束条件,且代入变量值后的目标函数值大于(最小值问题则为小于)过滤条件(4-14a)不等式右边的值,则立即修改过滤条件(4-14a),使该目标函数值为新的过滤条件(4-14a)不等式右边的值。例如(0,1,1,0)使得目标函数值为 6,大于原条件(4-14a)右边的值 4,因此修改原过滤条件(4-14a)为:$4x_1 + 2x_2 + 5x_3 - x_4 \geqslant 6$。

步骤三,根据求出的目标函数值确定最优解。

计算过程如表 4-6 所示。

表 4-6

(x_4,x_2,x_1,x_3)	(4-14a)	(4-14b)	(4-14c)	(4-14d)	Z
(0,0,0,0)	×				
(0,0,0,1)	×				
(0,0,1,0)	√	√	√	√	4
(0,1,0,0)	×				
(1,0,0,0)	×				
(0,0,1,1)	√	√	×		
(0,1,0,1)	√	√	√	×	
(0,1,1,0)	√	√	√	√	6
(1,0,0,1)	×				
(1,0,1,0)	×				
(1,1,0,0)	×				
(0,1,1,1)	√	√	×		
(1,0,1,1)	√	√	√	√	8
(1,1,0,1)	×				
(1,1,1,0)	×				
(1,1,1,1)	√	×			

由表 4-6 知，该整数规划的最优解为 $(x_4,x_2,x_1,x_3)=(1,0,1,1)$，即 $X=(x_1,x_2,x_3,x_4)=(1,0,1,1)$，$\max z=8$。

解法二：

步骤一，变换目标函数和约束方程组。

统一价值系数 C_j 的符号：

在目标要求极大时，统一转化为负号；求极小时统一转化为正号。

在不满足上述要求时，用 $x_j=1-\bar{x}_j$ 进行变换。

按 $|C_j|$ 值从小到大排列决策变量项：

变换结果如下：

$$\max z=11-(x_4+2\bar{x}_2+4\bar{x}_1+5\bar{x}_3)$$

$$s.t.\begin{cases}2x_4-2\bar{x}_2-\bar{x}_1-\bar{x}_3\leqslant 0 & \text{(4-14e)}\\ -4x_4-7\bar{x}_1-3\bar{x}_3\leqslant -2 & \text{(4-14f)}\\ 3x_4+6\bar{x}_2-11\bar{x}_1\geqslant -2 & \text{(4-14g)}\\ x_j=0\text{ 或 }1\quad (j=1,2,\cdots\cdots,5)\end{cases}$$

步骤二，用目标函数值探索法求最优解。

以 $z_0=11$ 为上界，逐步向下搜索，直至获得可行解为止，即得到最优解。

探索计算过程如表 4-7 所示。

表 4-7

$\sum \lvert C_j \rvert$	z 值	组合解				是否满足约束条件			是否可行解
		x_4	$\bar{x}_2$	$\bar{x}_1$	$\bar{x}_3$	(4-14e)	(4-14f)	(4-14g)	
0	11	0	0	0	0	√	×		否
1	10	1	0	0	0	×			否
2	9	0	1	0	0	√	×		否
3	8	1	1	0	0	√	√	√	是

得最优解为：$x_1=1-\bar{x}_1=1, x_2=1-\bar{x}_2=0, x_3=1-\bar{x}_3=1, x_4=1, \max z=8$。

3. 小结

由上述例子，可以总结出隐枚举法求 0-1 整数规划的一般步骤如下：

解法一步骤：

步骤一，由观察法找到一个可行解 X_0，得到目标函数值下界 z_0（最小值问题则为上界），增加过滤条件。并将目标函数按变量系数递增（最小值问题则按递减）顺序排列。

步骤二，按照目标函数变量的排列顺序，依次列出 2^n 个变量取值的组合，并依次检查是否满足各约束条件。若全部满足，则算出相应的目标函数值。

步骤三，比较各可行解的目标函数值，确定最优解和最优值。

解法二步骤：

步骤一，变换目标函数和约束方程组。

统一价值系数 C_j 的符号。

在目标求极大时，统一转化为负号；求极小时统一转化为正号。

在不满足上述要求时，用 $x_j=1-\bar{x}_j$ 进行变换。

按 $\lvert C_j \rvert$ 值从小到大排列决策变量项。

步骤二，用目标函数值探索法求最优解。

以 z_0（即经过步骤一变换整理后目标函数的常数项的值）为上界（最小值问题则为下界），逐步向下搜索，直至获得可行解为止，即得到最优解。

4.4 指派问题

4.4.1 指派问题的提出以及数学模型

在现实生活中，我们经常会遇到这样的问题：有若干待加工的任务，如何合理分配若干员工完成这些加工任务，使得完成的总效率最高？有若干条线路，如何指定若干车辆的运输路线，使总运输成本最低？有若干项项目需要承包给若干承包商，如何选择承包商，使承包总价格最低？

以上问题都有一个共同的特点：有若干项任务要指派给若干个人（或部门）去完成，而一项任务只能由一个人（或部门）来完成。

由于每项任务的工作性质不同，每个人（或部门）的专长也不同，所以每个人（或部门）完成各项任务的效率（工作时间）也不同。作为管理者总是希望能够在满足基本要求的情况下，尽可能地将人员（或部门）进行最佳分配，以使得总工作效率最优化。

像这类使资源合理配置以达到方案总体最优的分派问题称为指派问题（Assignment problem）。指派问题是0-1规划问题的一个特例。

以下面例题为例，介绍指派问题的数学模型。

【例4-5】 某公司欲将A、B、C、D四个项目承包给甲、乙、丙、丁四个物流公司，每个物流公司只能承包一个项目，由于4个物流公司分别对4个项目的承包出价不同（如表4-8），应如何确定各项目的承包商，使总承包价格最低？试建立数学模型。

表4-8 **单位（万元）**

承包商 \ 项目	A	B	C	D
甲	9	4	6	8
乙	8	5	9	10
丙	9	7	4	5
丁	4	8	6	9

解：

表4-8中数据构成的矩阵被称为系数矩阵或效率矩阵，矩阵中的元素c_{ij}表示第i个承包商完成第j个项目的价格。

引入变量x_{ij}，其值只能取0或1。

令 $x_{ij}=\begin{cases}1 & \text{指派第 } i \text{ 个承包商完成第 } j \text{ 个项目}\\ 0 & \text{不指派第 } i \text{ 个承包商完成第 } j \text{ 个项目}\end{cases}\quad (i,j=1,2,3,4)$

决策变量$x_{ij}(i,j=1,2,3,4)$以矩阵形式表达为：

$$X=\begin{bmatrix} x_{11} & x_{12} & x_{13} & x_{14}\\ x_{21} & x_{22} & x_{23} & x_{24}\\ x_{31} & x_{32} & x_{33} & x_{34}\\ x_{41} & x_{42} & x_{43} & x_{44}\end{bmatrix}$$

其系数c_{ij}以矩阵形式表示为：

$$C_{ij}=\begin{bmatrix} c_{11} & c_{12} & c_{13} & c_{14}\\ c_{21} & c_{22} & c_{23} & c_{24}\\ c_{31} & c_{32} & c_{33} & c_{34}\\ c_{41} & c_{42} & c_{43} & c_{44}\end{bmatrix}$$

该指派问题可以写为：

$$\min z=9x_{11}+4x_{12}+6x_{13}+8x_{14}+8x_{21}+5x_{22}+9x_{23}+10x_{24}+9x_{31}+7x_{32}+4x_{33}+5x_{34}$$
$$+4x_{41}+8x_{42}+6x_{43}+9x_{44}$$

$$
s.t.\begin{cases}
x_{11}+x_{12}+x_{13}+x_{14}=1\\
x_{21}+x_{22}+x_{23}+x_{24}=1\\
x_{31}+x_{32}+x_{33}+x_{34}=1\\
x_{41}+x_{42}+x_{43}+x_{44}=1\\
x_{11}+x_{21}+x_{31}+x_{41}=1\\
x_{12}+x_{22}+x_{32}+x_{42}=1\\
x_{13}+x_{23}+x_{33}+x_{43}=1\\
x_{14}+x_{24}+x_{34}+x_{44}=1\\
x_{ij}=0 \text{ 或 } 1\ (i,j=1,2,3,4)
\end{cases}
$$

一般的指派问题表示为：有 n 项任务，将其分派给 n 个人去完成，而一项任务只能由一个人来完成。

由此指派问题的一般数学模型为：

$$
\min z = \sum_{i=1}^{n}\sum_{j=1}^{n} c_{ij}x_{ij}
$$

$$
s.t.\begin{cases}
\sum_{i=1}^{n} x_{ij} = 1 & (j = 1,2,\cdots,n)\\
\sum_{j=1}^{n} x_{ij} = 1 & (i = 1,2,\cdots,n)\\
x_{ij} = 0 \text{ 或 } 1 & (i,j = 1,2,\cdots,n)
\end{cases}
\tag{4-15}
$$

该指派问题的系数矩阵（或效率矩阵）为：

$$
C_{ij} = \begin{bmatrix}
c_{11} & c_{12} & \cdots & c_{1n}\\
c_{21} & c_{22} & \cdots & c_{2n}\\
\cdots & \cdots & \cdots & \cdots\\
c_{n1} & c_{n2} & \cdots & c_{nn}
\end{bmatrix}
$$

值得注意的是，指派问题不仅是 0－1 规划的特例，也是运输问题的特例，即 $n=m, a_i=b_j=1$，因此可以用求整数规划，0－1 规划或运输问题的解法求解，但下面介绍的匈牙利法更为简单有效。

4.4.2　匈牙利法求解

匈牙利法是由库恩于 1955 年提出的，因引用了匈牙利数学家康尼格一个关于矩阵中零元素原理而得名。

1. 基本思想

修改系数矩阵的行（列），使得在每一行（列）中至少有一个为零的元素，直至在不同行不同列中都至少存在一个为零的元素，从而得到与原效率矩阵有相同最优解的新效率矩阵，该新效率矩阵更易求最优解。

2. 解题步骤

以 4－6 为例来说明用匈牙利法求解指派问题的解题步骤。

【例 4-6】　某指派问题效率矩阵如下，试用匈牙利法求解其最小化问题。

$$\begin{bmatrix} 9 & 17 & 16 & 7 \\ 12 & 7 & 14 & 16 \\ 8 & 17 & 14 & 17 \\ 7 & 9 & 11 & 9 \end{bmatrix}$$

解：

步骤一，变换效率矩阵。使系数矩阵的每一行每一列都至少有一个零元素。

(1) 找出系数矩阵中每行的最小元素，从每行中分别减去该行的最小元素。

$$\begin{bmatrix} 9 & 17 & 16 & 7 \\ 12 & 7 & 14 & 16 \\ 8 & 17 & 14 & 17 \\ 7 & 9 & 11 & 9 \end{bmatrix}\begin{matrix} \min \\ 7 \\ 7 \\ 8 \\ 7 \end{matrix} \Rightarrow \begin{bmatrix} 2 & 10 & 9 & 0 \\ 5 & 0 & 7 & 9 \\ 0 & 9 & 6 & 9 \\ 0 & 2 & 4 & 2 \end{bmatrix}$$

(2) 找出系数矩阵中每列的最小元素，再从每列中分别减去该列的最小元素。

$$\begin{bmatrix} 2 & 10 & 9 & 0 \\ 5 & 0 & 7 & 9 \\ 0 & 9 & 6 & 9 \\ 0 & 2 & 4 & 2 \end{bmatrix} \Rightarrow \begin{bmatrix} 2 & 10 & 5 & 0 \\ 5 & 0 & 3 & 9 \\ 0 & 9 & 2 & 9 \\ 0 & 2 & 0 & 2 \end{bmatrix}$$

$$\begin{bmatrix} 5 & 0 & 2 & 4 \\ 3 & 0 & 4 & 5 \\ 5 & 3 & 0 & 1 \\ 0 & 4 & 2 & 5 \end{bmatrix}$$
$$\min\ 0\quad 0\quad 4\quad 0$$

步骤二，用观察法找出是否存在 n（n 为矩阵的维数，此例中 $n=4$）个不同行不同列的零元素，并将这些零元素以"( )"为标记。

$$\begin{bmatrix} 2 & 10 & 5 & (0) \\ 5 & (0) & 3 & 9 \\ (0) & 9 & 2 & 9 \\ 0 & 2 & (0) & 2 \end{bmatrix}$$

令所有用"( )"标记的零元素对应的变量为"1"，其余元素为"0"，得本例的最优解：

$$X = \begin{bmatrix} 0 & 0 & 0 & 1 \\ 0 & 1 & 0 & 0 \\ 1 & 0 & 0 & 0 \\ 0 & 0 & 1 & 0 \end{bmatrix}$$

最优值为：$7x_{14} + 7x_{22} + 8x_{31} + 11x_{43} = 33$。

此例经过步骤一变换效率矩阵后恰好得到了一个含有 n 个不同行不同列零元素的新效率矩阵，但很多情况下经过步骤一变换后可能得到新效率矩阵中不同行不同列的零元素少于 n 个，此种情况应如何求解呢？

【例 4-7】 用匈牙利法求解例 4-5。

解：

例 4-5 中的系数矩阵为：

$$\begin{bmatrix} 9 & 4 & 6 & 8 \\ 8 & 5 & 9 & 10 \\ 9 & 7 & 4 & 5 \\ 4 & 8 & 6 & 9 \end{bmatrix}$$

步骤一,变换效率矩阵。使系数矩阵的每一行每一列都至少有一个零元素。

(1) 找出系数矩阵中每行的最小元素,从每行中分别减去该行的最小元素。

$$\begin{bmatrix} 9 & 4 & 6 & 8 \\ 8 & 5 & 9 & 10 \\ 9 & 7 & 4 & 5 \\ 4 & 8 & 6 & 9 \end{bmatrix}\begin{matrix} \min \\ 4 \\ 5 \\ 4 \\ 4 \end{matrix} \Rightarrow \begin{bmatrix} 5 & 0 & 2 & 4 \\ 3 & 0 & 4 & 5 \\ 5 & 3 & 0 & 1 \\ 0 & 4 & 2 & 5 \end{bmatrix}$$

(2) 找出系数矩阵中每列的最小元素,再从每列中分别减去该列的最小元素。

$$\begin{matrix} \begin{bmatrix} 5 & 0 & 2 & 4 \\ 3 & 0 & 4 & 5 \\ 5 & 3 & 0 & 1 \\ 0 & 4 & 2 & 5 \end{bmatrix} \\ \min\ 0 \quad 0 \quad 0 \quad 1 \end{matrix} \Rightarrow \begin{bmatrix} 5 & 0 & 2 & 3 \\ 3 & 0 & 4 & 4 \\ 5 & 3 & 0 & 0 \\ 0 & 4 & 2 & 4 \end{bmatrix}$$

此时的新效率矩阵中用观察法找不到 4 个不同行不同列的零元素。

步骤二,用最少的直线覆盖所有的“0”,得到:

$$\begin{bmatrix} 5 & 0 & 2 & 3 \\ 3 & 0 & 4 & 4 \\ 5 & 3 & 0 & 0 \\ 0 & 4 & 2 & 4 \end{bmatrix}$$

此处直线数为 3,不等于该系数矩阵维数 4(若等于 4 则直接进入第四步)。

步骤三,继续变换系数矩阵。

(1) 从未被直线覆盖的所有元素中,找出最小元素 k,此时 $k=2$。

(2) 对所有未被直线覆盖的元素减去 k,对直线相交处的元素加上 k,其他被直线覆盖又没有被直线相交的元素不变,得到

$$\begin{bmatrix} 3 & 0 & 0 & 1 \\ 1 & 0 & 2 & 2 \\ 5 & 5 & 0 & 0 \\ 0 & 6 & 2 & 4 \end{bmatrix}$$

此时,易看出该矩阵中最少覆盖所有“0”的直线数为 4。表明矩阵中存在 4 个不同行不同列的零元素。

步骤四,找出这些不同行不同列零元素并以“( )”为标记。

$$\begin{bmatrix} 3 & 0 & (0) & 1 \\ 1 & (0) & 2 & 2 \\ 5 & 5 & 0 & (0) \\ (0) & 6 & 2 & 4 \end{bmatrix}$$

令所有用“( )”标记的零元素对应的变量为“1”,其余元素为“0”,得本例的最优解:

$$X=\begin{bmatrix}0&0&1&0\\0&1&0&0\\0&0&0&1\\1&0&0&0\end{bmatrix}$$

它的具体意义是：

丁公司承包 A 项目，乙公司承包 B 项目，甲公司承包 C 项目，丙公司承包 D 项目。将最优解代入目标函数得：$\min z=6x_{13}+5x_{21}+5x_{34}+4x_{41}=20$，即该公司的最低承包价格为 20 万元。

当工作人数与任务数都很多的时候，用直观法找出第三步中覆盖所有零元素的最少直线就显得不那么容易了，此时，可以按如下方法进行：

找出零元素最少的行（或列），并对该零元素画"（）"标记。同时把该零元素位于的行、列的其他零元素全部划掉，用"×"标记。

如此反复进行，直到系数矩阵中的所有零元素都被"（）"或"×"标记为止。

此时，若系数矩阵中的"（）"数等于矩阵的维数，则停止，否则

(1) 对没有"（）"的行打"√"

(2) 在已打"√"的行中，对"×"所在的列打"√"

(3) 在已打"√"的列中，对"（）"所在的行打"√"

(4) 重复(2)与(3)步骤，直到再也找不到可以打"√"的行和列为止。

(5) 对于没有打"√"的行画横线，对打"√"的列画垂线。这样就得到了能够覆盖所有零元素的最少直线。

3. 小结

由上述例子，可以总结出用匈牙利法求解整数线性规划的一般步骤如下：

步骤一，使系数矩阵的每一行每一列都至少有一个零元素。

(1) 找出系数矩阵中每行的最小元素，且每行分别减去该行的最小元素。

(2) 找出矩阵中每列的最小元素，再每列分别减去该列的最小元素。

步骤二，找出能覆盖所有零元素的最少直线，并覆盖这些零元素。若直线数等于 n，则停止计算，转向第四步得到最优解。否则转向第三步。

步骤三，变换系数矩阵。

(1) 从未被直线覆盖的所有元素中，找出最小元素 k。

(2) 对所有未被直线覆盖的元素减去 k，对直线相交处的元素加上 k，其他被直线覆盖又没有被直线相交的元素不变，得到新的系数矩阵。（相当于对没有用直线覆盖的行减去 k，对覆盖的列加上 k）。

步骤四，从系数矩阵中找出不同行不同列的零元素并以"（）"标记，令所有标有"（）"对应的元素为"1"，其余元素为"0"，得到最优解。否则重复步骤二、步骤三。

值得提出的是，匈牙利法是根据最优化原理而得到的求解方法。

最优化原理：如果从分配问题效率矩阵的每一行（或列）分别减去（或加上）一个常数，得到的一个新的效率矩阵的最优解不变。

4.4.3 非标准形式的指派问题求解

匈牙利算法求解指派问题的前提条件是：问题为求最小值，人数和任务数相等，每人只能

分派一项任务且每项任务只能由一人完成，且效率非负。

然而现实生活中，存在着很多指派问题是求最大值，人数与任务数并不相等，某人可以完成几项任务或者某人不能完成某项任务等多种情况。对于这些特殊情况的指派问题又当如何求解呢？

1. 求最大化的指派问题

设最大化指派问题的系数矩阵 $C=(C_{ij})_{n\times n}$，其中最大元素为 M。用 M 分别减去系数矩阵中各元素，得到的新系数矩阵 $B=(M-c_{ij})_{n\times n}$，然后再对新的系数矩阵 B 求最小化问题。此时矩阵 B 与矩阵 C 的最优解相同。

【例 4-8】 求解例 4-5 中系数矩阵最大值的指派问题。

$$\begin{bmatrix}9&4&6&8\\8&5&9&10\\9&7&4&5\\4&8&6&9\end{bmatrix}$$

解：

令 $M=10$，则 $B=\begin{bmatrix}1&6&4&2\\2&5&1&0\\1&3&6&5\\6&2&4&1\end{bmatrix}$

求此问题的最小值，求解过程如下：

$$\begin{bmatrix}1&6&4&2\\2&5&1&0\\1&3&6&5\\6&2&4&1\end{bmatrix}\Rightarrow\begin{bmatrix}0&5&3&1\\2&5&1&0\\0&2&5&4\\5&1&3&0\end{bmatrix}\Rightarrow\begin{bmatrix}0&4&2&1\\2&4&0&0\\0&1&4&4\\5&0&2&0\end{bmatrix}\Rightarrow\begin{bmatrix}0&4&2&1\\2&4&0&0\\0&1&4&4\\5&0&2&0\end{bmatrix}$$

$$\Rightarrow\begin{bmatrix}0&3&1&0\\3&4&0&0\\0&0&3&3\\6&0&2&0\end{bmatrix}\Rightarrow\begin{bmatrix}0&3&1&(0)\\3&4&(0)&0\\(0)&0&3&3\\6&(0)&2&0\end{bmatrix}\text{或}\begin{bmatrix}(0)&3&1&0\\3&4&(0)&0\\0&(0)&3&3\\6&0&2&(0)\end{bmatrix}$$

因此，最优解为：

$$X=\begin{bmatrix}0&0&0&1\\0&0&1&0\\1&0&0&0\\0&1&0&0\end{bmatrix}\text{或}\begin{bmatrix}1&0&0&0\\0&0&1&0\\0&1&0&0\\0&0&0&1\end{bmatrix}$$

可求得问题 B 的最小值为：$2+1+1+2=1+1+3+1=6$，再将最优解代入原目标函数得原问题的最大值为：$8+9+9+8=9+9+7+9=34$。

2. 人数与任务数不相等的指派问题

对于人数与任务数不相等的情况，只需添上一些虚拟的人或任务使人数与任务数达到相等即可。设人数为 m，项目数为 n，若 $m<n$，此时人数不够，则添加 $n-m$ 个人，这些虚拟人的效率系数为“0”。若 $m>n$，则添加 $m-n$ 个任务，这些虚拟任务被各人完成的效率系数为“0”。

【例 4-9】 有 5 个人分做 3 项任务，效率矩阵为：

$$\begin{bmatrix} 7 & 6 & 5 \\ 8 & 8 & 6 \\ 7 & 9 & 7 \\ 4 & 6 & 5 \\ 5 & 3 & 8 \end{bmatrix}$$

解：

该系数矩阵可作如下变化：

$$\begin{bmatrix} 7 & 6 & 5 \\ 8 & 8 & 6 \\ 7 & 9 & 7 \\ 4 & 6 & 5 \\ 5 & 3 & 8 \end{bmatrix} \Rightarrow \begin{bmatrix} 7 & 6 & 5 & 0 & 0 \\ 8 & 8 & 6 & 0 & 0 \\ 7 & 9 & 7 & 0 & 0 \\ 4 & 6 & 5 & 0 & 0 \\ 5 & 3 & 8 & 0 & 0 \end{bmatrix}$$

再用匈牙利法求解，求解过程如下：

$$\begin{bmatrix} 7 & 6 & 5 & 0 & 0 \\ 8 & 8 & 6 & 0 & 0 \\ 7 & 9 & 7 & 0 & 0 \\ 4 & 6 & 5 & 0 & 0 \\ 5 & 3 & 8 & 0 & 0 \end{bmatrix} \Rightarrow \begin{bmatrix} 3 & 3 & 0 & 0 & 0 \\ 4 & 5 & 1 & 0 & 0 \\ 3 & 6 & 2 & 0 & 0 \\ 0 & 3 & 0 & 0 & 0 \\ 1 & 0 & 3 & 0 & 0 \end{bmatrix} \Rightarrow \begin{bmatrix} 3 & 3 & (0) & 0 & 0 \\ 4 & 5 & 1 & (0) & 0 \\ 3 & 6 & 2 & 0 & (0) \\ (0) & 3 & 0 & 0 & 0 \\ 1 & (0) & 3 & 0 & 0 \end{bmatrix}$$

$$\text{或}\begin{bmatrix} 3 & 3 & (0) & 0 & 0 \\ 4 & 5 & 1 & 0 & (0) \\ 3 & 6 & 2 & (0) & 0 \\ (0) & 3 & 0 & 0 & 0 \\ 1 & (0) & 3 & 0 & 0 \end{bmatrix}$$

因此，最优解为：

$$X = \begin{bmatrix} 0 & 0 & 1 & 0 & 0 \\ 0 & 0 & 0 & 1 & 0 \\ 0 & 0 & 0 & 0 & 1 \\ 1 & 0 & 0 & 0 & 0 \\ 0 & 1 & 0 & 0 & 0 \end{bmatrix} \text{或} \begin{bmatrix} 0 & 0 & 1 & 0 & 0 \\ 0 & 0 & 0 & 0 & 1 \\ 0 & 0 & 0 & 1 & 0 \\ 1 & 0 & 0 & 0 & 0 \\ 0 & 1 & 0 & 0 & 0 \end{bmatrix}$$

最优指派方案为：第 1 个人完成第 3 项任务，第 4 个人完成第 1 项任务，第 5 个人完成第 2 项任务。最优值为：$5+4+3=12$。

值得注意的是，最优解中第 2，3 个人完成第 4，5 项任务，由于第 4 和第 5 项任务为虚拟任务，故表明第 2 个人和第 3 个人没有分配任务。

3. 某个人可以完成几项任务，或某人不能完成某项任务

对于某个人可以完成几项任务，则可将该人化成相同的几个人来接受指派，这几个人完成同一任务对应的效率系数相同。

对于某人不能完成某项任务，则令对应的效率系数为一个足够大的数 M 即可。

【例 4-10】 有甲、乙、丙 3 个人分做 A、B、C、D 4 项任务，每人完成各项任务的时间如表 4-9所示。若丙可以完成两项任务，其他每人只能完成一项任务，但甲不能完成任务 A，试确

定最优指派方案。

表 4-9 单位(时)

人 \ 任务	A	B	C	D
甲	—	4	6	8
乙	8	5	9	10
丙	9	7	4	5

解:

由于丙可以完成两项任务,故将丙看成两个人丙和丙′来接受指派,丙′的工作效率与丙相同。又由于甲不能完成任务 A,故令甲完成任务 A 的工作效率为一个很大的正数 M。该系数矩阵变化为:

$$\begin{bmatrix} M & 4 & 6 & 8 \\ 8 & 5 & 9 & 10 \\ 9 & 7 & 4 & 5 \\ 9 & 7 & 4 & 5 \end{bmatrix}$$

再用匈牙利法求解,求解过程如下:

$$\begin{bmatrix} M & 4 & 6 & 8 \\ 8 & 5 & 9 & 10 \\ 9 & 7 & 4 & 5 \\ 9 & 7 & 4 & 5 \end{bmatrix} \Rightarrow \begin{bmatrix} M-4 & 0 & 2 & 4 \\ 3 & 0 & 4 & 5 \\ 5 & 3 & 0 & 1 \\ 5 & 3 & 0 & 1 \end{bmatrix} \Rightarrow \begin{bmatrix} M-7 & 0 & 2 & 3 \\ 0 & 0 & 4 & 4 \\ 2 & 3 & 0 & 0 \\ 2 & 3 & 0 & 0 \end{bmatrix}$$

$$\Rightarrow \begin{bmatrix} M-7 & (0) & 2 & 3 \\ (0) & 0 & 4 & 4 \\ 2 & 3 & (0) & 0 \\ 2 & 3 & 0 & (0) \end{bmatrix} \text{或} \begin{bmatrix} M-7 & (0) & 2 & 3 \\ (0) & 0 & 4 & 4 \\ 2 & 3 & 0 & (0) \\ 2 & 3 & (0) & 0 \end{bmatrix}$$

最优解为:

$$X = \begin{bmatrix} 0 & 1 & 0 & 0 \\ 1 & 0 & 0 & 0 \\ 0 & 0 & 1 & 0 \\ 0 & 0 & 0 & 1 \end{bmatrix} \text{或} \begin{bmatrix} 0 & 1 & 0 & 0 \\ 1 & 0 & 0 & 0 \\ 0 & 0 & 0 & 1 \\ 0 & 0 & 1 & 0 \end{bmatrix}$$

最优指派方案为:甲完成任务 B,乙完成任务 A,丙完成任务 C,D。最优值为:$4+8+4+5=21$。

4.5 整数规划的应用

4.5.1 钢管下料问题

【例 4-11】 某钢管零售商从钢管厂进货,将钢管按照顾客的要求切割后售出,从钢管厂进货时得到的原料都是 19 米。现有一顾客需要 50 根 4 米、20 根 6 米和 15 根 8 米的钢管。应如何下料最节省?

解：

按照客户需要在一根原料钢管上安排切割，合理的切割模式的余料应小于客户需要钢管的最小尺寸，切割组合如表4-10：

表4-10

模式	4米钢管根数	6米钢管根数	8米钢管根数	余料
1	4	0	0	3
2	3	1	0	1
3	2	0	1	3
4	1	2	0	3
5	1	1	1	1
6	0	3	0	1
7	0	0	2	3

为满足客户需要，按照哪几种合理模式，每种模式切割多少根原料钢管，最为节省呢？切割时，一般坚持两种切割准则：

① 原料钢管剩余总余量最少；

② 所用原料钢管总根数最少。

引入决策变量 x_i，表示按第 i 种模式切割的原料钢管根数（$i=1,2,\cdots,7$），构建立数学模型：

目标1：总余料最少：

$$\min z_1 = 3x_1 + x_2 + 3x_3 + 3x_4 + x_5 + x_6 + 3x_7$$

$$s.t.\begin{cases}4x_1 + 3x_2 + 2x_3 + x_4 + x_5 = 50\\ x_2 + 2x_4 + x_5 + 3x_6 = 20\\ x_3 + x_5 + 2x_7 = 15\\ x_i \text{ 为非负整数} \quad (i=1,2,\cdots,7)\end{cases}$$

用割平面法求解该整数规划得最优解 X = (0,15,0,0,5,0,5)，最优值为35。

目标2：总根数最少：

$$\min z_1 = x_1 + x_2 + x_3 + x_4 + x_5 + x_6 + x_7$$

$$s.t.\begin{cases}4x_1 + 3x_2 + 2x_3 + x_4 + x_5 = 50\\ x_2 + 2x_4 + x_5 + 3x_6 = 20\\ x_3 + x_5 + 2x_7 = 15\\ x_i \text{ 为非负整数} \quad (i=1,2,\cdots,7)\end{cases}$$

用割平面法求解该整数规划问题得最优解：$X=(0,15,0,0,5,0,5)$，最优值为25。

容易看出，虽然目标1与目标2的目标函数不同，但求得的最优解是相同的，余料为35米，总根数为25根。由此可得，此类问题无论从余料最省或原料总根数最省考虑，都能得到最优解且最优解一致。

4.5.2 投资项目的选择问题

【例4-12】 华美公司有5个项目被列入投资计划，各项目的投资额和期望的投资收益见

表 4-11：

表 4-11

项目	投资额(万元)	投资收益(万元)
1	210	150
2	300	210
3	100	60
4	130	80
5	260	180

该公司只有 600 万元资金可用于投资，由于技术原因，投资受到以下约束：

① 在项目 1、2 和项目 3 中必须有一项被选中；

② 项目 3 和项目 4 最多选中一项；

③ 项目 5 被选中的前提是项目 1 必须被选中。

如何在上述条件下，选择一个最好的投资方案，使收益最大。

解：

令 $x_i=\begin{cases}1 & \text{选中项目 } i\\ 0 & \text{未选中项目 i}\end{cases}(i=1,2,\cdots,5)$

由题意，可建立数学模型如下：

$$\max z=150x_1+210x_2+60x_3+80x_4+180x_5$$

$$s.t.\begin{cases}210x_1+300x_2+100x_3+130x_4+260x_5\leqslant 600\\ x_1+x_2+x_3\geqslant 1\\ x_3+x_4\leqslant 1\\ x_5\leqslant x_1\\ x_i=0 \text{ 或 } 1 \quad (i=1,2,\cdots,5)\end{cases}$$

用隐枚举法求解此 0-1 规划问题得最优解为：$X=(1,0,0,1,1)$，最优值为 410，即投资项目 1、4、5 可以获得 410 万元。

4.5.3 参赛项目的选择问题

【例 4-13】 某游泳队拟选用 A、B、C、D 四名运动员组成一个 4×100 混合游泳接力队，参加运动会，他们的 100m 自由泳、蛙泳、蝶泳、仰泳的时间成绩如表 4-12，如何安排游泳才能最大可能得取得最好成绩?

表 4-12 单位(秒)

项目 / 队员	自由泳	蛙泳	蝶泳	仰泳
A	56	74	61	63
B	63	69	65	71
C	57	77	63	67
D	55	76	62	62

解：

这是一个最小化的指派问题，可用匈牙利法求解，求解过程如下：

$$\begin{bmatrix}56&74&61&63\\63&69&65&71\\57&77&63&67\\55&76&62&62\end{bmatrix}\Rightarrow\begin{bmatrix}0&8&5&7\\0&6&2&8\\0&20&6&10\\0&21&7&7\end{bmatrix}\Rightarrow\begin{bmatrix}0&2&3&0\\0&0&0&1\\0&14&4&3\\0&15&5&0\end{bmatrix}$$

$$\Rightarrow\begin{bmatrix}0&2&3&0\\0&0&0&1\\0&14&4&3\\0&15&5&0\end{bmatrix}\Rightarrow\begin{bmatrix}0&0&1&0\\2&0&0&3\\0&12&2&3\\0&13&3&0\end{bmatrix}\Rightarrow\begin{bmatrix}0&(0)&1&0\\2&0&(0)&3\\(0)&12&2&3\\0&13&3&(0)\end{bmatrix}$$

最优解为：$X=\begin{bmatrix}0&1&0&0\\0&0&1&0\\1&0&0&0\\0&0&0&1\end{bmatrix}$，即 A、B、C、D 四名运动员分别安排蛙泳、蝶泳、自由泳、仰泳。取得的最好总成绩（最优值）为 258 秒。

4.6 MATLAB 软件的应用

4.6.1 MATLAB 求解一般整数规划

求解一般整数规划常用分支定界法和割平面法，且两种方法求出的解相同，故用 MATLAB 求解整数规划时只需以其中一种方法的思想为依托编程即可。本节是以分支定界法的思想为依托编调用程序 BranchBound. m，采用调用 BranchBound. m 来完成的。

【例 4-14】 用 MATLAB 软件求解例 4-1。

$$\max z=7x_1+9x_2$$

$$s.t.\begin{cases}-x_1+3x_2\leqslant 6\\7x_1+x_2\leqslant 35\\x_1,x_2\geqslant 0\text{ 且均为整数}\end{cases}$$

解：

步骤一，将原整数规划化为如下形式：

$$\min z=c'x \qquad\qquad \min z=-7x_1-9x_2$$

$$s.t.\begin{cases}Ax\leqslant b\\Aeqx=beq\\x\text{ 为整数}\end{cases}\qquad \text{即}\begin{cases}-x_1+3x_2\leqslant 6\\7x_1+x_2\leqslant 35\\x_1,x_2\geqslant 0\text{ 且均为整数}\end{cases}$$

可以得知 $c=[-7\quad -9]$；$A=[-1\quad 3;7\quad 1]$；$b=[6\quad 35]$；由于不存在等式约束条件，故令 Aeq = [ ]；beq = [ ]；

步骤二，打开 MATLAB 软件命令窗口，在命令窗口中输入如下命令（注：最后一条命令是用来调用 BranchBound. m 程序的）：

```
>>c=[-7  -9];
A=[-1  3;7  1];
b=[6;35];
Aeq=[];beq=[];
[x,val]=BranchBound(c,A,b,Aeq,beq)
```

如图 4-6 所示。

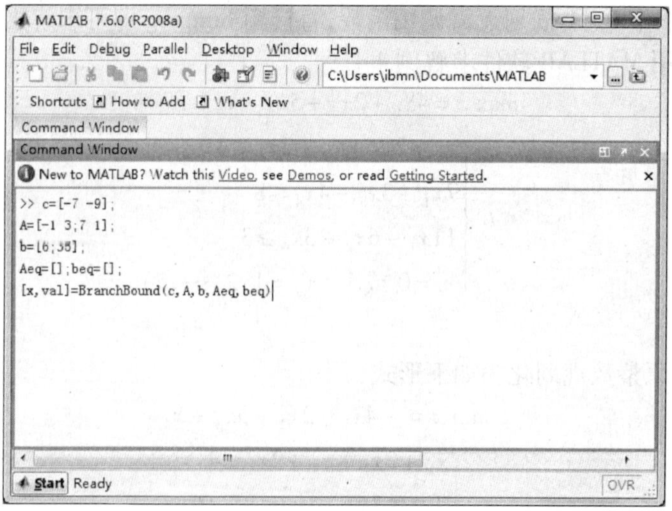

图 4-6

步骤三,按回车键,即可得到该整数规划的最优整数解及最优值(如图 4-7 所示)。

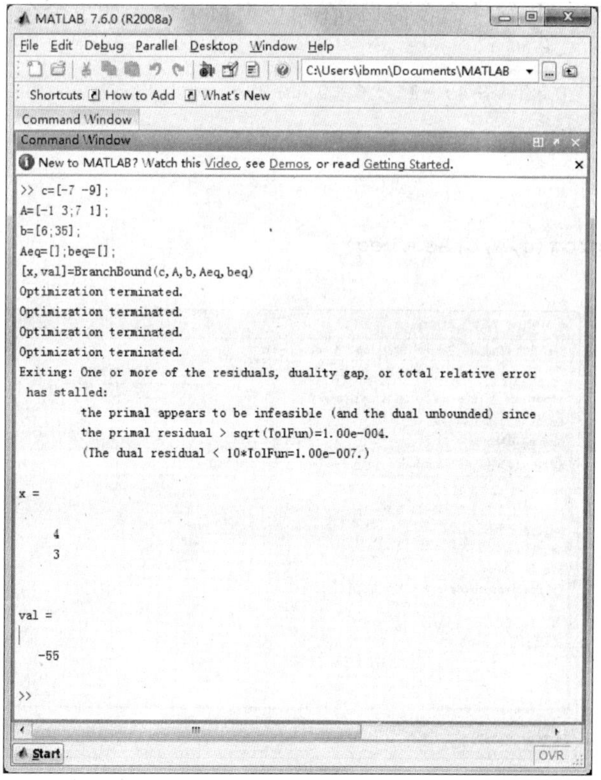

图 4-7

由图 4-7 的运行结果可知，此整数规划的最优解为 $x_1=4, x_2=3$，最优值为 55（由于第一步中将目标函数改为了 min，故此处最优值取 val 的相反数即可）。

命令窗口中从第 6 行开始为运行结果。第 6-9 行，表明前 4 次分支均有最优解，第 10-14 行表明第 5 次分支无可行解，第 15 行开始为最优解与最优值。

4.6.2 MATLAB 求解 0－1 型整数规划

用 MATLAB 求解 0－1 规划无需调用函数，直接用 bintprog 即可求解出最优解。

【例 4-15】 用 MATLAB 软件求解例 4-4。

$$\max z = 4x_1 + 2x_2 + 5x_3 - x_4$$

$$s.t.\begin{cases} x_1 + 2x_2 + x_3 + 2x_4 \leqslant 4 \\ 7x_1 + 3x_3 - 4x_4 \leqslant 8 \\ 11x_1 - 6x_2 + 3x_4 \geqslant 3 \\ x_j = 0 \text{ 或 } 1 \quad (j = 1, 2, \cdots, 5) \end{cases}$$

解：

步骤一，仍将原整数规划化为如下形式：

$$\min z = c'x \qquad \min z = -4x_1 - 2x_2 - 5x_3 + x_4$$

$$\begin{cases} Ax \leqslant b \\ Aeqx = beq \\ x \text{ 为 } 0 \text{ 或 } 1 \end{cases} \qquad \text{即}\begin{cases} x_1 + 2x_2 + x_3 + 2x_4 \leqslant 4 \\ 7x_1 + 3x_3 - 4x_4 \leqslant 8 \\ -11x_1 + 6x_2 - 3x_4 \leqslant -3 \\ x_j = 0 \text{ 或 } 1 \quad (j = 1, 2, \cdots, 5) \end{cases}$$

步骤二，打开 MATLAB 软件命令窗口，在命令窗口中输入如下命令：

```
>>c=[-4  -2  -5  1];
A=[1  2  1  2;7  0  3  -4;-11  6  0  -3];
b=[4;8;-3];
Aeq=[];
beq=[];
[x,fval]=bintprog(c,A,b,Aeq,beq)
```

如图 4-8 所示。

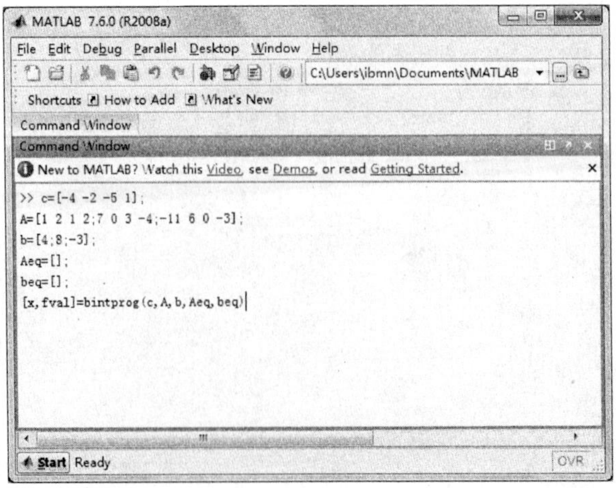

图 4-8

第三步，按回车键，即可得到该 0 - 1 规划的最优整数解及最优值（如图 4-9 所示）。

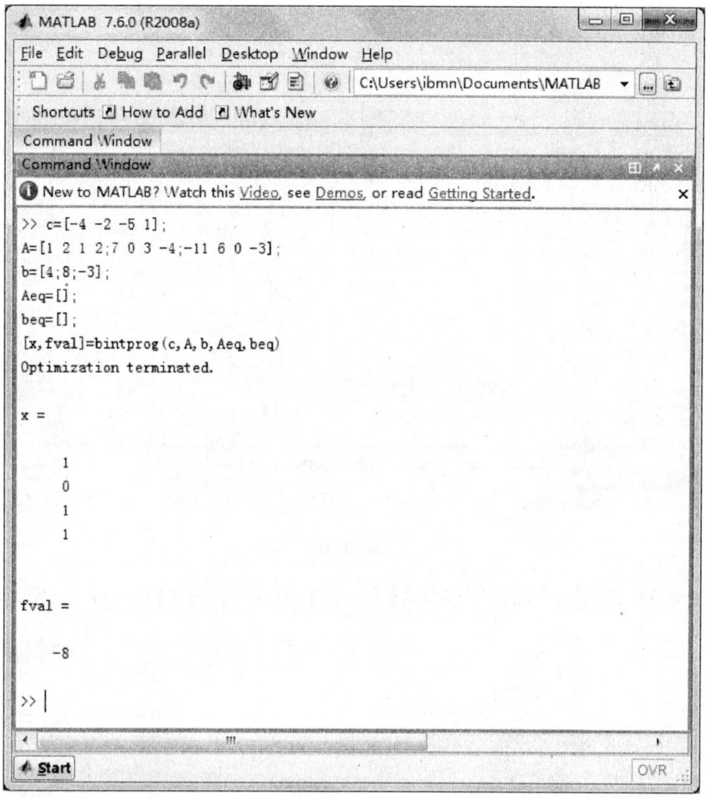

图 4-9

由图 4-9 的运行结果可知，此 0-1 规划的最优解为 $X=(1,0,1,1)$，最优值为：8（*fval* 的相反数）。

命令窗口中从第 7 行开始为运行结果。第 7 行，表明此 0 - 1 规划有最优解，第 8 行开始为最优解和最优值。

4.6.3 MATLAB 求解指派问题

用 MATLAB 求解指派问题采取调用程序 assign_math. m 来完成。

【例 4-16】 用 MATLAB 软件求解例 4-7。

$$\begin{bmatrix} 9 & 4 & 6 & 8 \\ 8 & 5 & 9 & 10 \\ 9 & 7 & 4 & 5 \\ 4 & 8 & 6 & 9 \end{bmatrix}$$

解：

步骤一，打开 MATLAB 软件命令窗口，在命令窗口中输入如下命令（注：最后一条命令是用来调用 assign_math. m 程序的）：

```
>>C=[9 4 6 8;8 5 9 10;9 7 4 5;4 8 6 9];
[x,fval]=assign_math(C)
```

如图 4-10 所示。

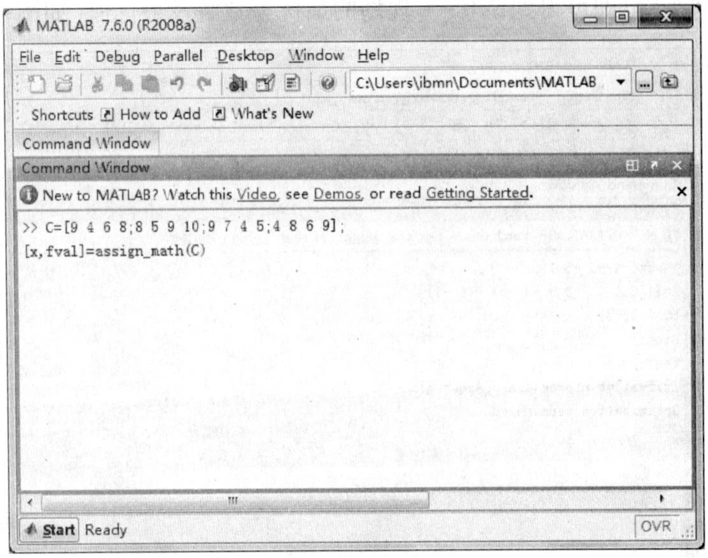

图 4-10

步骤二,按回车键,即可得到该指派问题的最优整数解及最优值(如图 4-11 所示)。

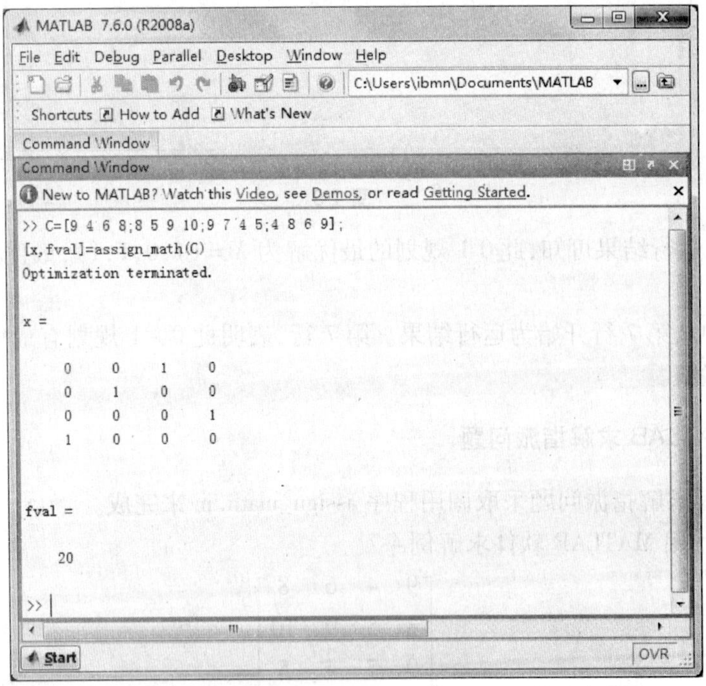

图 4-11

由图 4-11 的运行结果可知,此指派问题的最优解为:

$$X=\begin{bmatrix}0&0&0&1\\0&1&0&0\\1&0&0&0\\0&0&1&0\end{bmatrix}$$

最优值为20。

命令窗口中从第3行开始为运行结果。第3行，表明此指派问题有最优解，第4行开始为最优解和最优值。

课后习题

1. 用分支定界法求解下列整数规划问题：

(1) $\max z = 5x_1 + 8x_2$

$$s.t.\begin{cases} x_1 + x_2 \leqslant 6 \\ 5x_1 + 9x_2 \leqslant 45 \\ x_1, x_2 \geqslant 0 \text{ 且为整数} \end{cases}$$

(2) $\max z = 3x_1 + 2x_2$

$$s.t.\begin{cases} 2x_1 + 3x_2 \leqslant 14 \\ 4x_1 + 2x_2 \leqslant 18 \\ x_1, x_2 \geqslant 0 \text{ 且为整数} \end{cases}$$

2. 用割平面法求解下列整数规划问题：

(1) $\max z = 4x_1 + 3x_2$

$$s.t.\begin{cases} 6x_1 + 4x_2 \leqslant 30 \\ x_1 + 2x_2 \leqslant 10 \\ x_1, x_2 \geqslant 0 \text{ 且为整数} \end{cases}$$

(2) $\max z = x_1 + x_2$

$$s.t.\begin{cases} 2x_1 + x_2 \leqslant 6 \\ 4x_1 + 5x_2 \leqslant 20 \\ x_1, x_2 \geqslant 0 \text{ 且为整数} \end{cases}$$

3. 用隐枚举法求解下列0－1规划问题：

(1) $\max z = 4x_1 - 3x_2 + 2x_3$

$$s.t.\begin{cases} 2x_1 - 5x_2 + 3x_3 \leqslant 5 \\ 4x_1 + x_2 + 3x_3 \geqslant 3 \\ x_2 + x_3 \geqslant 1 \\ x_j = 0 \text{ 或 } 1\ (j = 1, 2, 3) \end{cases}$$

(2) $\min z = 2x_1 + 3x_2 + 5x_3 + 6x_4$

$$s.t.\begin{cases} 6x_1 + 2x_2 + 3x_3 + 5x_4 \geqslant 6 \\ 3x_1 - 5x_2 + x_3 + 6x_4 \geqslant 4 \\ 2x_1 + x_2 + x_3 - x_4 \leqslant 3 \\ x_j = 0 \text{ 或 } 1\ (j = 1, 2, 3, 4) \end{cases}$$

4. 用匈牙利法求解下述最小化指派问题：

(1) $$\begin{bmatrix} 4 & 8 & 7 & 15 & 12 \\ 7 & 9 & 17 & 14 & 10 \\ 6 & 9 & 12 & 8 & 7 \\ 6 & 7 & 14 & 6 & 10 \\ 6 & 9 & 12 & 10 & 6 \end{bmatrix}$$

(2) $$\begin{bmatrix} 9 & 4 & 3 & 7 \\ 4 & 6 & 5 & 6 \\ 5 & 4 & 7 & 5 \\ 7 & 5 & 2 & 3 \end{bmatrix}$$

5. 在今后三年内有五项工程考虑施工，每项工程的期望收入和年度费用（千元）如表4-13所示。假定每一项已经批准的工程要在三年内完成，目标是要选出使总收入达到最大的那些工程。

表 4-13

工程	费用（千元）			收入
	第1年	第2年	第3年	
1	5	1	8	20
2	4	7	10	40
3	3	9	2	20

续表

工程	费用(千元)			收入
	第1年	第2年	第3年	
4	7	4	1	15
5	8	6	10	30
可用基金最大数	25	25	25	

6. 分配甲、乙、丙、丁4个人去完成A、B、C、D、E 5项任务。每个人完成各项任务的时间如表4-14所示。由于任务数多于人数,故考虑:

(1)任务E必须完成,其他4项工作中可任选3项完成;

(2)其中有一人完成两项,其他每人完成一项。

试分别确定最优分配方案,使完成任务的总时间最少。

表4-14

人 \ 任务	A	B	C	D	E
甲	25	29	31	42	37
乙	39	38	26	20	33
丙	34	27	28	40	32
丁	24	42	36	23	45

第五章　目标规划

【本章要点】

目标规划是由线性规划演变而来的，是根据不同目标的重要程度来寻求一个尽可能满意的方案，使得工作结果达到规定目标或使得差距最小，是对线性规划只能有唯一目标的补充。本章对企业中常见的目标规划问题进行分析，讲解目标规划的基本知识，最后分别用图解法和单纯形法求得目标规划的满意解。本章的重点是目标规划的建模过程，以及求解方法。

通过本章的学习你能够：掌握目标规划的基本概念和建模过程；运用图解法和单纯形法求解目标规划问题；掌握目标规划的灵敏度分析；能用计算机软件 MATLAB 求解目标规划问题。

【学习指导】

教学内容	知识点	难点	掌握的意义
5.1　目标规划基本概念	目标规划的相关概念、建模过程及特点	d^+，d^- 的理解	能够建立目标规划模型
5.2　目标规划图解法	目标规划图解法的解题步骤	d^+，d^- 方向的确定及满意解的判断	能用图解法解目标规划问题
5.3　目标规划单纯形法	目标规划单纯形法的解题步骤	检验数的判断	能用单纯形法解目标规划问题
5.4　目标规划的灵敏度分析	目标规划的灵敏度分析的运用	目标函数的调整	能够对目标规划进行灵敏度分析
5.5 目标规划的 MATLAB 软件应用	运用 MATLAB 求解目标规划模型	程序的理解	能够运用 MATLAB 求解目标规划问题

【引导案例】

企业如何制订最优生产计划

某服装生产厂以生产羽绒服、毛衣和牛仔裤而出名，每一生产期都会计划下一时期的产量，但是由于生产设备和原材料的影响，其生产能力会受到各方面的制约，其中设备使用台时、每件产品原材料使用量和每种产品的利润都已经在表 5-1 中给出。

表 5-1

消耗 产品 资源	羽绒服	毛衣	牛仔裤	现有资源
设备 A	3	1	2	200
设备 B	2	2	4	200
原材料 C	4	5	1	360
原材料 D	2	3	5	300
利润(元/件)	40	30	50	

试问该服装厂应如何安排生产计划才能使企业利润达到最大化?

其实上面的问题并不难解,通过前面学习的线性规划模型的方法就可以求出其最优解,但是现实中,企业在拟订生产计划时,不仅要考虑利润目标,还要考虑原材料价格、产品结构和设备利用率等一系列问题,因此企业在制定目标时往往是同时制定多个目标,有些时候制定的目标之间往往不能达到一致性。

假设企业决策者根据企业的实际情况和市场需求,重新制定了经营目标,其目标的优先顺序如下:

(1) 利润不小于3200;

(2) 产品甲与产品乙的产量比例尽量不超过1.5;

(3) 提高产品丙的产量使之达到30件;

(4) 设备加工能力不足可以加班解决,能不加班最好不加班;

(5) 受到资金的限制,只能使用现有材料而不能再购进。

试问该食品厂又该如何安排生产计划才能达到经营目标?

5.1 目标规划的基本概念

1961年美国学者查纳斯(A. Charnes)和库伯(W. W. Cooper)首次提出了目标规划(Goal Programming)这一概念,他们将目标规划定义为线性规划的一种特殊应用,可以用来解决单个主目标与多个次目标并存、多个主目标与多个次目标并存的问题。1978年诺贝尔经济奖获得者西蒙(H. A. Simon)教授提出“满意行为模型要比最大化行为模型丰富得多”,对目标规划这一数学理论在企业管理中的应用作出了开创性的研究。

5.1.1 目标规划相关概念

由于目标规划中存在多目标,在处理目标规划问题时,我们引入绝对约束与目标约束;优先因子与权系数;正负偏差变量 d^+,d^-;目标规划的目标函数等概念。

1. 绝对约束与目标约束

绝对约束是指必须严格满足的等式约束和不等式约束,如线性规划问题的所有约束条件,它们是硬约束,不能满足这些条件的解称为非可行解;目标约束是目标规划特有的,可把约束右端项看做要追求的目标值,在达到此目标值时允许发生正或负的偏差,因此在这些约束中加入正、负偏差变量,它们是软约束。线性规划问题的目标函数,在给定目标值和加入正、负偏差变量后可变换成目标规划的目标函数,也可根据问题的需要将绝对约束变换成目标约束。

2. 优先因子(优先等级)与权系数

一个规划问题常常有若干目标,但决策者在要求达到这些目标时,是有主次或轻重缓急的不同,凡要求第一位达到的目标赋予优先因子 P_1,次位的目标赋予优先因子 P_2,依此类推。并规定 $P_k >> P_{k+1}, k=1,2,\cdots,K$,表示 P_k 比 P_{k+1} 有更大的优先权,即首先保证 P_1 级目标的实现,这时可不考虑次级目标,而 P_2 级目标是在实现 P_1 级目标的基础上考虑的,若要区别具有相同优先因子的两个目标的差别,这时可分别赋予它们不同的权系数 ω_1、ω_2,这些都由决策者按具体情况而定。

3. 正负偏差变量 d^+, d^-

正偏差变量(Positive Deviation Variable)d^+ 表示决策值超过目标值的部分;**负偏差变量**(Negative Deviation Variable)d^- 表示决策值未达到目标值的部分,因此 $d^+ \geqslant 0, d^- \geqslant 0$,因为决策值不可能既超过目标值同时又未达到目标值,所以恒有 $d^+ \cdot d^- = 0$。

4. 目标规划的目标函数

目标规划的目标函数(准则函数)是按各目标约束的正、负偏差变量和赋予相应的优先因子而构造的,当每一目标值确定后,决策者的要求是尽可能缩小与目标的差距,因此目标规划的目标函数只能是 $\min z = f\{d^+, d^-\}$,其基本形式有三种:

(1)要求恰好达到目标值,即正、负偏差变量都要尽可能小,这时:

$$\min z = f\{d^+, d^-\}$$

(2)要求不超过目标值,即允许达不到目标值,就是正偏差变量要尽可能小,这时:

$$\min z = f\{d^+\}$$

(3)要求不低于目标值,即超过量不限,但必须是负偏差变量要尽可能小,这时:

$$\min z = f\{d^-\}$$

对每一个具体目标规划问题,可根据决策者的要求赋予各目标的优先因子来构造目标函数。

5.1.2 目标规划的建模过程

怎样将一个目标规划问题用数学模型的方式表达出来,并通过求解得到最满意的答案呢?建模在其中起到了关键的作用,建立数学模型的准确性直接关系到模型结果的可靠性和真实性。通过下面的例子希望能直观的表达建模的过程。

【例 5-1】 某工厂计划生产 A、B 两种产品,但由于受到原材料供应和设备工时的限制,在单件利润等有关数据已知的条件下,要求制定一个获利最大的生产计划。具体数据如表 5-2 所示。

表 5-2

产品	A	B	限量
原材料(kg/件)	5	10	60
设备工时(h/件)	4	4	40
利润(元/件)	6	8	

解:设产品 A 和产品 B 的产量分别为 x_1 和 x_2,其数学模型为:

$$\max z = 6x_1 + 8x_2$$

$$s.t.\begin{cases}5x_1 + 10x_2 \leqslant 60 \\ 4x_1 + 4x_2 \leqslant 40 \\ x_1, x_2 \geqslant 0 \text{ 且为整数}\end{cases}$$

通过图解法或者单纯形法,可以很容易的求得其最优解为 $x_1 = 8, x_2 = 0$,且 $\max z = 64$ 元。

从线性规划的角度来出发,该模型已经求得了最优解,但是从实际角度出发,存在一些不合理的地方,例如原材料的消耗、产品数量的配比等都是需要考虑的问题。因此,假设在例 5-1 的基础上,计划人员还被要求考虑如下的意见:

(1) 原材料严重短缺,生产中应避免过量消耗;

(2) 由于产品 B 销售疲软,故希望产品 B 的产量不超过产品 A 的一半;

(3) 最好能节约 4 小时设备工时;

(4) 计划利润不少于 48 元。

那么,重新考虑约束条件,并建立目标规划模型:

(1) 由于原材料短缺,所以在生产过程中,不可能出现补充原材料的情况,消耗总量最大值只能为 60,因此不会有正偏差,此约束条件为绝对约束,即:

$$5x_1 + 10x_2 \leqslant 60$$

(2) 设 d_1^- 和 d_1^+ 分别为产品 B 未达到和超过产品 A 产量一半的偏差变量,即产量比例尽量不超过 2,即使超过也要让比值尽可能的小,因此表示为:

$$\begin{cases}\min d_1^- \\ x_1 - 2x_2 + d_1^- - d_1^+ = 0\end{cases}$$

(3) 设 d_2^- 和 d_2^+ 分别表示设备工时未达到和超过 36 小时的偏差变量,则设备工时尽可能少于 36 小时的表达式为:

$$\begin{cases}\min d_2^+ \\ 4x_1 + 4x_2 + d_2^- - d_2^+ = 36\end{cases}$$

(4) 设 d_3^- 和 d_3^+ 分别表示利润未达到和超过 48 元的偏差变量,利润不少于 48 元可以理解为达到或超过 48 元,即使不能达到也要尽可能接近 48 元,因此可以表示为:

$$\begin{cases}\min d_3^- \\ 6x_1 + 8x_2 + d_3^- - d_3^+ = 48\end{cases}$$

综合上面的分析,得到目标规划模型:

$$\min z = P_1 d_1^- + P_2 d_2^+ + P_3 d_3^-$$

$$s.t.\begin{cases}5x_1 + 10x_2 \leqslant 60 \\ x_1 - 2x_2 + d_1^- - d_1^+ = 0 \\ 4x_1 + 4x_2 + d_2^- - d_2^+ = 36 \\ 6x_1 + 8x_2 + d_3^- - d_3^+ = 48 \\ x_1, x_2, d_i^-, d_i^+ \geqslant 0 \quad (i = 1,2,3)\end{cases} \tag{5-1}$$

因此,目标规划的一般数学模型可以表示为:

$$\min z = \sum_{l=1}^{L} P_l \left(\sum_{k=1}^{K} w_{lk}^- d_k^- + w_{lk}^+ d_k^+ \right)$$

$$s.t. \begin{cases} \sum_{j=1}^{n} c_{kj} x_j + d_k^- - d_k^+ = g_k & (k = 1, \cdots, K) \\ \sum_{j=1}^{n} a_{ij} x_j \leqslant (= \geqslant) b_j & (i = 1, \cdots, m) \\ x_j \geqslant 0 & (j = 1, \cdots, n) \\ d_k^-, d_k^+ \geqslant 0 & (k = 1, \cdots, K) \end{cases} \tag{5-2}$$

建立目标规划的数学模型时,需要确定目标值、优先等级、权系数等,具有一定的主观性和模糊性,有时需要专家评定法给以量化。

5.1.3 目标规划的特点

目标规划的核心问题是确定目标,然后根据目标建立模型,求解目标与预计成果的最小差距。目标规划是以线性规划为基础而发展起来的理论,它不仅拥有线性规划的一般特点,同时也具有不同于线性规划的独特之处:

(1) 目标规划中的目标是多目标而不是单一目标,各目标之间既可以是并列的关系,也可以是总分的关系。并列关系的时候各目标之间应相互协调,达到一种平衡状态;总分关系的时候,各分目标在制定时应考虑有利于总目标的实现,总目标较分目标有更高的优先权。

(2) 目标规划可用一般解线性规划方法求解,也可用单体法求解,或者先用线性规划求解后,再用单体法验证有无错误。目标规划有时还要用对偶原理进行运算。

(3) 线性规划是寻求目标函数的最优值,即最大值或最小值。而目标规划寻求的是满意解,由于是多目标,其目标函数不是寻求最大值或最小值,而是寻求这些目标与预计成果的最小差距,差距越小,目标实现的可能性越大。目标规划中有超出目标和未达目标两种差距。一般以 d^+ 代表超出目标的差距,d^- 代表未达目标的差距。d^+ 和 d^- 两者之一必为零,或两者均为零。当目标与预计成果一致时,两者均为零,即没有差距。

5.2 目标规划图解法

1. 基本思想

用图解法解目标规划时,首先必须满足所有的绝对约束条件。在此基础上,再按照优先级从高到低的顺序,逐个地考虑各个目标约束。一般地,若优先因子 P_j 对应解空间为 R_j 中考虑,即 $R_{j+1} \subseteq R_j$,若 $R_j \neq \varnothing$ 而 $R_{j+1} = \varnothing$,则 R_j 中的解为目标规划的满意解,但它只能保证满足 $P_1, P_2, \cdots, P_j$ 级目标,而不保证满足其后的各级目标。

2. 解题步骤

(1)令各偏差变量为 0,作出所有的约束直线;

(2)作图表示偏差变量增加对约束直线的影响;

(3)确定满足第一优先级目标集的最优空间(不考虑其他优先级);

(4)转到第 $k+1$ 优先级,求出其相应的最优解空间;

(5)令 $k = k+1$,反复执行步骤(4),直到所有优先级均求解完毕。

下面通过例题来阐明图解法求目标规划的基本思想和解题步骤。

【例 5-2】 用图解法求解下面的目标规划模型。

$$\min z = P_1 d_1^- + P_2 d_2^+ + P_3(2d_3^- + d_4^-)$$

$$s.t.\begin{cases} x_1 + x_2 + d_1^- - d_1^+ = 40 & (1) \\ x_1 + x_2 + d_2^- - d_2^+ = 50 & (2) \\ x_1 + d_3^- - d_3^+ = 24 & (3) \\ x_2 + d_4^- - d_4^+ = 30 & (4) \\ x_1, x_2, d_i^-, d_i^+ \geqslant 0 \quad (i = 1, \cdots, 4) \end{cases}$$

解:步骤一,以 x_1, x_2 为轴画出平面直角坐标系,令所有偏差变量为零,画出与目标约束相对应的直线 1,2,3,4,如果有系统约束条件同样要画出系统约束直线,然后标明偏差变量增加对目标直线的影响。

具体算法为:在直线 1 的左侧选取一点,假定取点(0,0),则将 $x_1 = 0, x_2 = 0$ 代入到目标约束(1)中,得到 $0 + d_1^- - d_1^+ = 40$,由于前面所知,$d_1^- \geqslant 0, d_1^+ \geqslant 0$ 且 $d^+ \times d^- = 0$,因此可得:$d_1^- > 0, d_1^+ = 0$,因此 d_1^+ 指向直线 1 的左侧,d_1^- 指向直线 1 的右侧。(或 d_1^- 与该直线的梯度同向,d_1^+ 与该直线的梯度反方向)其他直线同样可以画出,最后如图 5-1 所示。

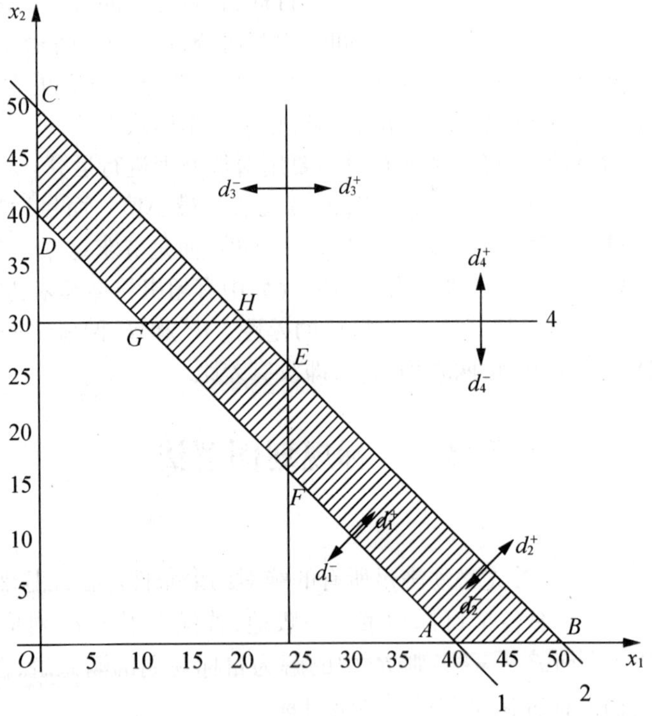

图 5-1

步骤二,在图 5-1 中依次按目标的优先级次序求目标函数的最小值。

按优先级高低,首先考虑 P_1,再考虑 P_2,在 P_1, P_2 的目标实现后,x_1, x_2 的取值范围是 *ABCD*。考虑 P_3 的目标要求时,因 d_3^- 的权系数大于 d_4^-,故先取 $d_3^- = 0$;这时 x_1, x_2 的取值范围为 *ABEF*。在 *ABEF* 中只有 *E* 点使 d_4^- 取值最小。故取 *E* 点为满意解。

步骤三，结果分析。通过计算容易求得 $x_1=24, x_2=26$，故满意解是点(24,26)。

【例 5-3】 用图解法求解例题 5-1 的目标规划。

解：首先，先写出目标规划的标准型：

$\min z=P_1d_1^-+P_2d_2^++P_3d_3^-$

$$s.t.\begin{cases}5x_1+10x_2\leqslant 60 & (1)\\ x_1-2x_2+d_1^--d_1^+=0 & (2)\\ 4x_1+4x_2+d_2^--d_2^+=36 & (3)\\ 6x_1+8x_2+d_3^--d_3^+=48 & (4)\\ x_1,x_2,d_i^-,d_i^+\geqslant 0\quad (i=1,2,3)\end{cases}$$

步骤一，首先画出平面直角坐标系，以及与目标约束相对应的直线 1,2,3,4，然后标明偏差变量大于零时点 (x_1,x_2) 所在的区域。如图 5-2 所示。

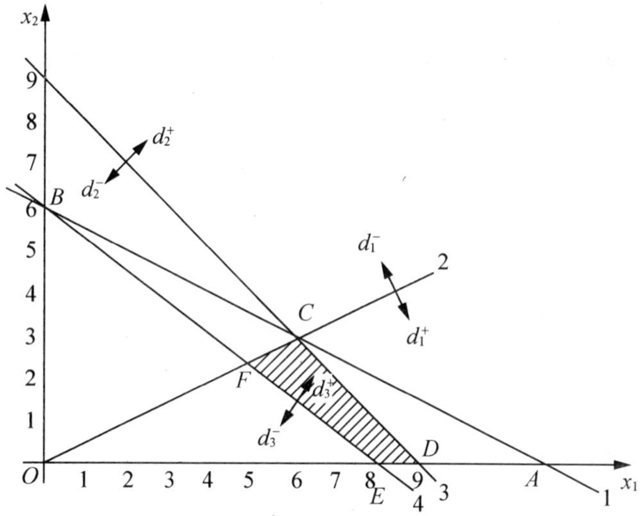

图 5-2

步骤二，在图 5-2 的三角形区域 OAB 内按目标的优先次序求函数的最小值。

按优先级高低，首先考虑优先因子 P_1，由于要求 $\min d_1^-$，即 d_1^- 应尽可能的小，因而解空间由△OAB 区域缩小为△OAC 区域；再考虑优先因子 P_2，由于要求 $\min d_2^+$，即 d_2^+ 应尽可能的小，因而解空间由△OAC 区域缩小为△ODC 区域；最后考虑优先因子 P_3，同理可得，解空间由ΔODC 区域缩小为四边形 $EDCF$ 区域。因此该目标规划有无穷多个满意解。

步骤三，结果分析。通过计算容易求得 E,D,C,F，四点的坐标分别为：(8,0)、(9,0)、(6,3)、(4.8,2.4)，因此，组成四边形 EDCF 内的点(包括边界)都是满意解，其解的形式可以表示为：

$$\begin{aligned}X&=a_1(8,0)+a_2(9,0)+a_3(6,3)+a_4(4.8,2.4)\\&=(8a_1+9a_2+6a_3+4.8a_4,3a_3+2.4a_4)\end{aligned}$$

其中

$$\alpha_1,a_2,a_3,a_4,\geqslant 0,a_1+a_2+a_3+a_4=1$$

我们在应用图解法求解目标规划问题时，应该要注意可能会遇到另一种情况，就是所得到的解并不能满足所有的目标。这时要找的满意解,应使它尽可能满足高级别的目标,同时又要使它对那些不能满足的较低级别的目标偏离程度尽可能小。

5.3 目标规划单纯形法

目标规划的数学模型结构与线性规划的数学模型结构形式上没有本质的区别,因此可用单纯形法求解,但要考虑目标规划的数学模型一些特点,作一下规定:

(1) 因目标规划问题的目标函数都是求最小化,所以检验数中都是以 $c_j - z_j \geqslant 0, j = 1,2,\cdots,n$ 为最优准则。

(2) 因非基变量的检验数中含有不同等级的优先因子,即

$$c_j - z_j = \sum a_{kj} P_k,\ j = 1,2,\cdots,n;\ k = 1,2,\cdots,K$$

因为 $P_1 >> P_2 >> \cdots >> P_k$,每个检验数的整体来看:检验数的正、负首先决定于 P_1 的系数 a_{1j}的正、负,若 $a_{1j}=0$,这时此检验数的正、负就决定于 P_2 的系数 a_{2j}的正、负,下面可以此类推。

(3) 当所有检验数都满足条件 $c_j - z_j \geqslant 0, j = 1,2,\cdots,n$ 时,从最终单纯形表上的就可以得到目标规划的解。

【例 5-4】 试用单纯形法求解例 5-1。

解:引入松弛变量 x_3,将例 5-1 的目标规划模型化为线性规划标准形式:

$$\min z = P_1 d_1^- + P_2 d_2^+ + P_3 d_3^-$$

$$s.t.\begin{cases} 5x_1 + 10x_2 + x_3 = 60 \\ x_1 - 2x_2 + d_1^- - d_1^+ = 0 \\ 4x_1 + 4x_2 + d_2^- - d_2^+ = 36 \\ 6x_1 + 8x_2 + d_3^- - d_3^+ = 48 \\ x_1, x_2, x_3, d_j^-, d_j^+ \geqslant 0 \quad (i = 1,2,3) \end{cases}$$

(1) 取 x_3, d_1^-, d_2^-, d_3^- 为初始基变量,列初始单纯形表,并计算检验数得表 5-3。

表 5-3

c_j			0	0	0	P_1	0	0	P_2	P_3	0
c_B	x_B	b	x_1	x_2	x_3	d_1^-	d_1^+	d_2^-	d_2^+	d_3^-	d_3^+
0	x_3	60	5	10	1	0	0	0	0	0	0
P_1	d_1^-	0	[1]	−2	0	1	−1	0	0	0	0
0	d_2^-	36	4	4	0	0	0	1	−1	0	0
P_3	d_3^-	48	6	8	0	0	0	0	0	1	−1
$c_j - z_j$		P_1	−1	2	0	0	1	0	0	0	0
		P_2	0	0	0	0	0	0	0	0	0
		P_3	−6	−8	0	0	0	0	0	0	0

(2) 检查检验数 P_1 行中只有 x_1 对应的检验数为负数,因此将 x_1 作为换入变量,又根据最小比值规则确定 d_1^- 为换出变量,经过基变换运算得到表 5-4。

表 5-4

c_j			0	0	0	P_1	0	0	P_2	P_3	0
c_B	x_B	b	x_1	x_2	x_3	d_1^-	d_1^+	d_2^-	d_2^+	d_3^-	d_3^+
0	x_3	60	0	20	1	-5	5	0	0	0	0
0	x_1	0	1	-2	0	1	-1	0	0	0	0
0	d_2^-	36	0	12	0	-4	4	1	-1	0	0
P_3	d_3^-	48	0	[20]	0	-6	6	0	0	1	-1
$c_j - z_j$		P_1	0	0	0	1	0	0	0	0	0
		P_2	0	0	0	0	0	0	1	0	0
		P_3	0	-20	0	6	-6	0	0	0	0

（3）检验数 P_2 行中没有负数，则检验 P_3 行，P_3 行中有 -20，-6，取最小值 -20，则对应的 x_2 为换入变量，根据最小比值规则确定 d_3^- 为换出变量，再经过基变换运算得到表 5-5。

（4）表 5-4 中检验数 P_1, P_2, P_3 行都不存在负数，即 $c_j - z_j \geqslant 0$，达到最优，计算结束。表 5-5 所示的解为 $x_1 = 24/5 = 4.8$，$x_2 = 12/5 = 2.4$。

表 5-5

c_j			0	0	0	P_1	0	0	P_2	P_3	0
c_B	x_B	b	x_1	x_2	x_3	d_1^-	d_1^+	d_2^-	d_2^+	d_3^-	d_3^+
0	x_3	12	0	0	1	1	-1	0	0	-1	1
0	x_1	24/5	1	0	0	2/5	-2/5	0	0	1/10	-1/10
0	d_2^-	36/5	0	0	0	-2/5	-2/5	1	-1	-3/5	3/5
0	x_2	12/5	0	1	0	-3/10	3/10	0	0	1/20	-1/20
$c_j - z_j$		P_1	0	0	0	1	0	0	0	0	0
		P_2	0	0	0	0	0	0	1	0	0
		P_3	0	0	0	0	0	0	0	1	0

另外观察可得，在单纯形表 5-5 中，由于非变量 d_1^+ 和 d_3^+ 的检验数都是零，故知例 5-4 有多个最优解。若以 d_1^+ 为换入变量继续迭代，可得单纯形表 5-6；如以 d_3^+ 为换入变量继续迭代，可得单纯形表 5-7。

表 5-6

c_j			0	0	0	P_1	0	0	P_2	P_3	0
c_B	x_B	b	x_1	x_2	x_3	d_1^-	d_1^+	d_2^-	d_2^+	d_3^-	d_3^+
0	x_3	20	0	10/3	1	0	0	0	0	-5/6	5/6
0	x_1	8	1	4/3	0	0	0	0	0	1/6	-1/6
0	d_2^-	4	0	-4/3	0	0	0	1	-1	-2/3	2/3
0	d_1^+	8	0	10/3	0	-1	1	0	0	1/6	-1/6
$c_j - z_j$		P_1	0	0	0	1	0	0	0	0	0
		P_2	0	0	0	0	0	0	1	0	0
		P_3	0	0	0	0	0	0	0	1	0

表 5-7

c_j			0	0	0	P_1	0	0	P_2	P_3	0
c_B	x_B	b	x_1	x_2	x_3	d_1^-	d_1^+	d_2^-	d_2^+	d_3^-	d_3^+
0	d_3^+	12	0	0	1	1	−1	0	0	−1	1
0	x_1	6	1	0	1/10	1/2	−1/2	0	0	0	0
0	d_2^-	0	0	0	−3/5	−1	1	1	−1	0	0
0	x_2	3	0	1	1/20	−1/4	1/4	0	0	0	0
$c_j - z_j$		P_1	0	0	0	1	0	0	0	0	0
		P_2	0	0	0	0	0	0	1	0	0
		P_3	0	0	0	0	0	0	0	1	0

从单纯形表5-6和表5-7中，分别可得例5-4的另两个满意解，即 $x_1=8, x_2=0$，和 $x_1=6, x_2=3$。

在单纯形表5-6中，非基变量 x_2 和 d_3^+ 的检验数为零；在单纯形表5-7中，非基变量 x_3 和 d_1^+ 的检验数为零。因此它们都可以作为换入变量 z 继进行迭代变换，但只能得到一个新的满意解，即 $x_1=9, x_2=0$，对应了图5-2中的点 D 点，如表5-8所示。

表 5-8

c_j			0	0	0	P_1	0	0	P_2	P_3	0
c_B	x_B	b	x_1	x_2	x_3	d_1^-	d_1^+	d_2^-	d_2^+	d_3^-	d_3^+
0	d_3^+	6	0	−2	0	0	0	3/2	−3/2	−1	1
0	x_1	9	1	1	0	0	0	1/4	−1/4	0	0
0	d_1^+	9	0	3	0	−1	1	1/4	−1/4	0	0
0	x_3	15	0	−5	1	0	0	−5/4	5/4	0	0
$c_j - z_j$		P_1	0	0	0	1	0	0	0	0	0
		P_2	0	0	0	0	0	0	1	0	0
		P_3	0	0	0	0	0	0	0	1	0

从单纯形表5-5、5-6、5-7、5-8中可知，各非基变量检验数中三个优先因子的检验数全部非负，这表示四个解都是该目标规划的满意解。与图解法的解题结果完全一致。

5.4 灵敏度分析

在目标规划建模时，目标优先级和权系数的确定往往带有一定的主观性，因此，需要对其灵敏度进行分析，目标规划的灵敏度分析方法与线性规划相似。下面举例说明。

【例5-5】 已知目标规划问题

$$\min z = P_1(2d_1^+ + 3d_2^+) + P_2 d_3^- + P_3 d_4^+$$

$$s.t.\begin{cases} x_1 + x_2 + d_1^- - d_1^+ = 10 \\ x_1 + d_2^- - d_2^+ = 4 \\ 5x_1 + 3x_2 + d_3^- - d_3^+ = 56 \\ x_1 + x_2 + d_4^- - d_4^+ = 12 \\ x_1, x_2, d_i^-, d_i^+ \geqslant 0 \quad (i = 1, \cdots, 4) \end{cases}$$

目标函数的优先等级变化为：

(1) $\min z = P_1(2d_1^+ + 3d_2^+) + P_2 d_4^+ + P_3 d_3^-$

(2) $\min z = P_1 d_3^- + P_2(2d_1^+ + 3d_2^+) + P_3 d_4^+$

试分析原解有什么变化。

解:通过单纯形法计算得到最终表5-9。

表5-9

c_j			0	0	0	$2P_1$	0	$3P_1$	P_2	0	0	P_3
c_B	x_B	b	x_1	x_2	d_1^-	d_1^+	d_2^-	d_2^+	d_3^-	d_3^+	d_4^-	d_4^+
0	x_2	6	0	1	1	−1	−1	1	0	0	0	0
0	x_1	4	1	0	0	0	1	−1	0	0	0	0
P_2	d_3^-	18	0	0	−3	3	−2	2	1	−1	0	0
0	d_4^-	2	1	0	−1	1	0	0	0	0	1	−1
$c_j - z_j$		P_1	0	0	0	2	0	3	0	0	0	0
		P_2	0	0	3	−3	2	−2	0	1	0	0
		P_3	0	0	0	0	0	0	0	0	0	1

由最终表可以看出,最优解为:$x_1 = 4, x_2 = 6$。

分析(1),实际是将原目标函数中 d_4^+, d_3^- 的优先因子对换了一下,这时将表5-9的检验数中的 P_2, P_3 行和 c_j 行中的 P_2, P_3 对换即可,重新计算检验数得到表5-10,可见原解仍满足最优解条件。即 $x_1 = 4, x_2 = 6$。

表5-10

c_j			0	0	0	$2P_1$	0	$3P_1$	P_3	0	0	P_2
c_B	x_B	b	x_1	x_2	d_1^-	d_1^+	d_2^-	d_2^+	d_3^-	d_3^+	d_4^-	d_4^+
0	x_2	6	0	1	1	−1	−1	1	0	0	0	0
0	x_1	4	1	0	0	0	1	−1	0	0	0	0
P_3	d_3^-	18	0	0	−3	3	−2	2	1	−1	0	0
0	d_4^-	2	1	0	−1	1	0	0	0	0	1	−1
$c_j - z_j$		P_1	0	0	0	2	0	3	0	0	0	0
		P_2	0	0	0	0	0	0	0	0	0	1
		P_3	0	0	3	−3	2	−2	0	1	0	0

分析(2),同样将变化了的优先等级直接反映到表5-9,再计算检验数,得表5-11,然后进行迭代,直到求得最新的满意解为止,从表5-11中得到新的满意解:$x_1^* = 4, x_2^* = 12$。

表 5-11

c_j			0	0	0	$2P_2$	0	$3P_2$	P_1	0	0	P_3
c_B	x_B	b	x_1	x_2	d_1^-	d_1^+	d_2^-	d_2^+	d_3^-	d_3^+	d_4^-	d_4^+
0	x_2	6	0	1	1	−1	−1	1	0	0	0	0
0	x_1	4	1	0	0	0	1	−1	0	0	0	0
P_1	d_3^-	18	0	0	−3	3	−2	2	1	−1	0	0
0	d_4^-	2	0	0	−1	[1]	0	0	0	0	1	−1
$c_j - z_j$		P_1	0	0	3	−3	2	−2	0	1	0	0
		P_2	0	0	0	2	0	3	0	0	0	0
		P_3	0	0	0	0	0	0	0	0	0	1
0	x_2	8	0	1	0	0	−1	1	0	0	1	−1
0	x_1	4	1	0	0	0	1	−1	0	0	0	0
P_1	d_3^-	12	0	0	0	0	−2	2	1	−1	−3	[3]
$2P_2$	d_1^-	2	0	0	−1	1	0	0	0	0	1	−1
$c_j - z_j$		P_1	0	0	0	0	2	−2	0	1	3	−3
		P_2	0	0	2	0	0	3	0	0	0	2
		P_3	0	0	0	0	0	0	0	0	0	1
0	x_2	12	0	1	0	0	−5/3	5/3	1/3	−1/3	0	0
0	x_1	4	1	0	0	0	1	−1	0	0	0	0
P_3	d_4^+	4	0	0	0	0	−2/3	2/3	1/3	−1/3	−1	1
0	d_4^-	6	0	0	−1	1	−2/3	2/3	1/3	−1/3	0	0
$c_j - z_j$		P_1	0	0	0	0	0	0	1	0	0	0
		P_2	0	0	0	2	0	3	0	0	0	0
		P_3	0	0	0	0	2/3	−2/3	−1/3	1/3	0	1

5.5 MATLAB 软件应用

【例 5-6】 用 MATLAB 求解下面目标规划模型。

$$\min z=P_1(d_1^+ +d_2^+)+P_2d_3^+ +P_3d_4^- +P_4(d_1^- +2d_2^-)$$

$$s.t.\begin{cases}x_1+d_1^- -d_1^+ =9\\x_2+d_2^- -d_2^+ =8\\4x_1+6x_2+d_3^- -d_3^+ =60\\12x_1+18x_2+d_4^- -d_4^+ =252\\x_1,x_2,d_i^-,d_i^+\geqslant 0\quad(i=1,2,3,4)\end{cases}$$

为了便于编程,令:

$$d_1^- =x_3,d_1^+ =x_4$$
$$d_2^- =x_5,d_2^+ =x_6$$
$$d_3^- =x_7,d_3^+ =x_8$$
$$d_4^- =x_9,d_4^+ =x_{10}$$
$$x_i\geqslant 0\quad(i=3,\cdots,10)$$

原问题变成标准的约束优化问题:

$$\min z=P_1(d_1^+ +d_2^+)+P_2d_3^+ +P_3d_4^- +P_4(d_1^- +2d_2^-)$$

$$s.t.\begin{cases}x_1+x_3-x_4=9\\x_2+x_5-x_6=8\\4x_1+6x_2+x_7-x_8=60\\12x_1+18x_2+x_9-x_{10}=252\\x_i\geqslant 0\quad(i=1,2,\cdots,10)\end{cases}$$

利用 Linprog 函数的求解步骤为:

设 $P=[1000,100,10,1]$

$$\begin{aligned}z&=P_1(x_4+x_6)+P_2x_8+P_3x_9+P_4(x_3+2x_5)\\&=P_4x_3+P_1x_4+2P_4x_5+P_1x_6+P_2x_8+P_3x_9\\&=x_3+1000x_4+2x_5+1000x_6+100x_8+10x_9\end{aligned}$$

首先:运行 MATLAB 软件,点击 File—open,选择程序文件夹下的程序文件 liti5. m,这时会出现编辑框,如图 5-3,点击编辑框中的 Debug—Run liti5. m,或直接使用快捷键 F5。

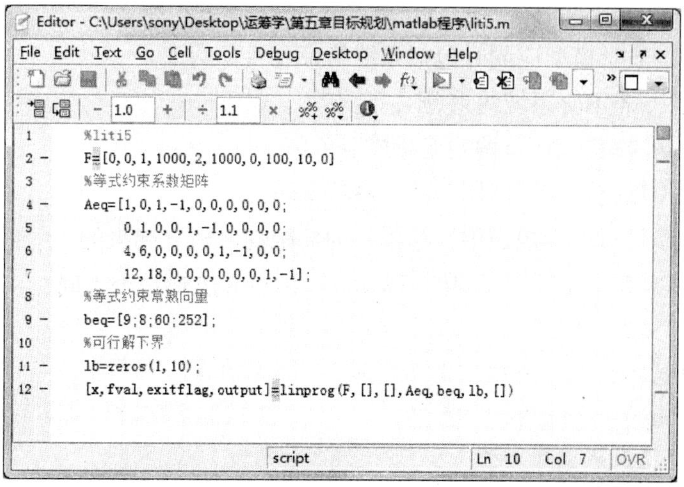

图 5-3

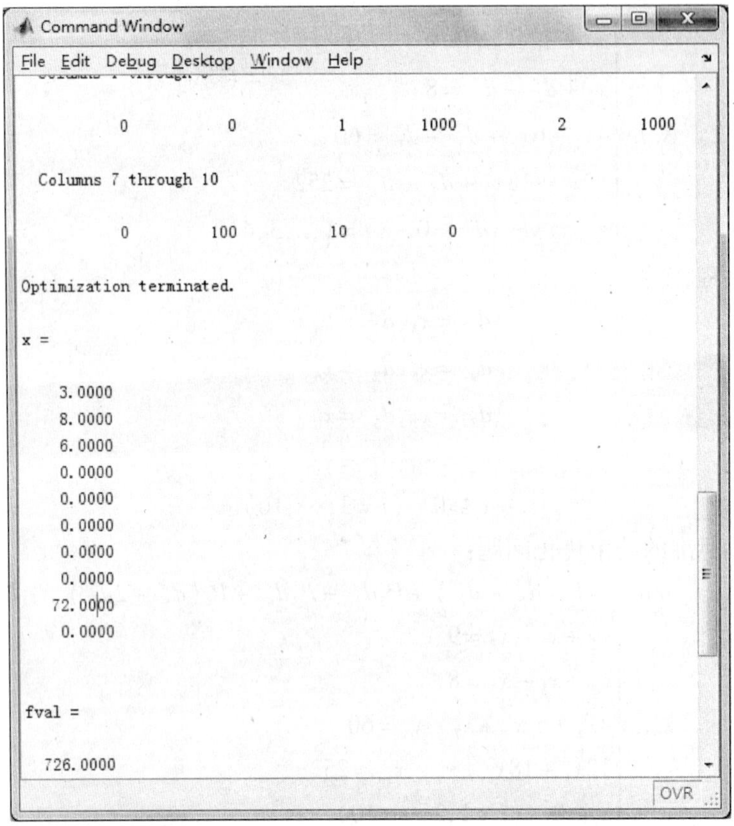

图 5-4

在主面板中出现运行结果，如图 5-4 所示，计算得到的结果为：$x_1=3$. $x_2=8$. $x_3=6$，$x_9=72$，由于 $x_3=d_1^-$，$x_9=d_4^-$，因此满意解为：$x_1=3$，$x_2=8$，满意解所对应的目标值为：$Z^*=726$。

课 后 习 题

1. 判断下述说法是否正确？

(1) 目标规划的数学模型应同时包括系统约束和目标约束。

(2) 目标规划中，若不含系统约束，则一定有解。

(3) 正偏差变量应取正值，负偏差变量应取负值。

(4) 线性规划模型是目标规划模型的一种特殊形式。

(5) 目标规划是针对线性规划中目标单一的局限性而建立起来的。

2. 若用以下表达式作为目标规划的目标函数，试述其逻辑是否正确？

(1) $\max z=d^-+d^+$

(2) $\max z=d^--d^+$

(3) $\min z=d^-+d^+$

(4) $\min z=d^--d^+$

3. 将下面线性规划模型转换为目标规划模型。

$$\max Z = 100x_1 + 50x_2$$

$$s.t.\begin{cases}10x_1 + 16x_2 \leqslant 200 \text{（资源 1）} \\ 11x_1 + 3x_2 \geqslant 25 \text{（资源 2）} \\ x_1, x_2 \geqslant 0\end{cases}$$

假定重新确定这个问题的目标为：

P_1：Z 的值应不低于 1900。

P_2：资源 1 必须全部利用。

4. 某公司要将一批货从三个产地运到四个销地，有关数据如表 5-12 所示。

表 5-12

销地 产地	B_1	B_2	B_2	B_4	供应量
A_1	7	3	7	9	560
A_2	2	6	5	11	400
A_3	6	4	2	5	750
需求量	320	240	480	380	

现要求制订调运计划，且依次满足：

（1）B_3 的供应量不低于需要量；

（2）其余销地的供应量不低于 85%；

（3）A_3 给 B_3 的供应量不低于 200；

（4）A_2 尽可能少给 B_1；

（5）销地 B_2，B_3 的供应量尽可能保持平衡；

（6）使总运费最小。

试建立该问题的目标规划数学模型。

5. 用图解法找出下列目标规划问题的满意解：

$$\min Z = P_1 d_1^+ + P_2 d_3^+ + P_3 d_2^+$$

$$\text{a)}\begin{cases}-x_1 + 2x_2 + d_1^- - d_1^+ = 4 \\ x_1 - 2x_2 + d_2^- - d_2^+ = 4 \\ x_1 + 2x_2 + d_3^- - d_3^+ = 8 \\ x_1, x_2, d_i^-, d_i^+ \geqslant 0 \quad (i = 1,2,3)\end{cases}$$

$$\min Z = P_1 d_3^+ + P_2 d_2^- + P_3 (d_1^- + d_1^+)$$

$$\text{b)}\begin{cases}6x_1 + 2x_2 + d_1^- - d_1^+ = 24 \\ x_1 + x_2 + d_2^- - d_2^+ = 5 \\ 2x_2 + d_3^- - d_3^+ = 15 \\ x_1, x_2, d_i^-, d_i^+ \geqslant 0 \quad (i = 1,2,3)\end{cases}$$

6. 用单纯形法求下面目标规划问题的满意解：

$$\min Z = P_1 d_1^- + P_2 d_2^+ + P_3 (d_3^- + d_3^+)$$

$$s.t.\begin{cases}3x_1 + x_2 + x_3 + d_1^- - d_1^+ = 60 \\ x_1 - x_2 + 2x_3 + d_2^- - d_2^+ = 10 \\ x_1 + 2x_2 - x_3 + d_3^- - d_3^+ = 20 \\ x_i \geqslant 0, d_i^-, d_i^+ \geqslant 0 \quad (i = 1,2,3)\end{cases}$$

7. 已知目标规划问题

$$\min Z = P_1 d_1^- + P_2 d_2^+ + P_3 (5d_3^- + 3d_4^-) + P_4 d_1^+$$

$$s.t. \begin{cases} x_1 + 2x_2 + d_1^- - d_1^+ = 6 \\ x_1 + 2x_2 + d_2^- - d_2^+ = 9 \\ x_1 - 2x_2 + d_3^- - d_3^+ = 4 \\ x_2 + d_4^- - d_4^+ = 2 \\ x_1, x_2, d_i^-, d_i^+ \geq 0 \quad (i = 1,2,3,4) \end{cases}$$

(1)分别用图解法和单纯形法求解；

(2)分析目标函数分别变为如下两种情况时解的变化

a) $\min Z = P_1 d_1^- + P_2 d_2^+ + P_3 d_1^+ + P_4 (5d_3^- + 3d_4^-)$。

b) $\min Z = P_1 d_1^- + P_2 d_2^+ + P_3 (w_1 d_3^- + w_2 d_4^-) + P_4 d_1^+$（分析 w_1 和 w_2 的比例变化）。

第六章 图与网络

【本章要点】

图与网络又简称为“图论”。从诞生至今已近300年,但很多问题一直没有很好地解决。随着计算机科学的发展,图论又重新成为了人们研究讨论的热点,它是一种描述和解决问题直观有效的手段。本章介绍图与网络的基本概念,以及一个实际问题如何用图来描述,用图的基本理论和方法来解决实际问题。具体包括通过最短路问题的网络模型、最大流最小割定理、旅行售货员问题、一笔画及中国邮路问题等知识求解相应问题,在介绍各类问题的求解方法的基础上,同时介绍运用计算机软件 MATLAB 工具计算的方法。

通过本章的学习,你应该掌握:将实际问题用图来描述;求解图的最小部分树;求解网络的最短路问题;求解网络的最大流;解决实际旅行售货员和中国邮路问题等;掌握用 MATLAB 软件求解网络问题的技巧。

【学习指导】

教学内容	学习要点	学习难点	掌握的意义
6.1　图论基础知识	图的基本概念和模型 树图和图的最小部分树	基本概念的区分与理解	便于将抽象的问题模型化
6.2　最短路问题	最短路问题的网络模型	最短路的 Dijkstra 算法 最短路问题的 Floyd 算法	很好解决实际中的最短路问题
6.3　网络最大流问题	最大流的基本概念 割集与割量 求网络的最大流	最大流最小割定理 求网络最大流的标号算法 最小费用最大流的计算	解决实际中在网络的容量一定的条件下的最大流问题及最小费用最大流问题
6.4 旅行售货员与中国邮路问题	旅行售货员问题、一笔画问题	奇偶点图上作业法	将理论应用于解决现实问题
6.5 案例分析与 MATLAB 的应用	学会用 MATLAB 软件求解网络问题	软件的灵活应用	针对现实问题的模型可快速求解

【引导案例】

哥尼斯堡七桥问题

18 世纪在东普鲁士的哥尼斯堡城,有一条河叫普雷格尔河,河上有七座桥连接两岸及河中的两个岛,如图 6-1 所示。当时困扰当地居民的一个问题是:允许以任何地点为开始,任何地点为终点,人们能否步行穿越所有的桥而不在任何一座桥上穿越两次?哥尼斯堡人写信给著名的瑞士数学家 L. 欧拉(L. Euler),向他请教这个问题。欧拉把该问题抽象为图 6-2,他在 1736 年证明,这样的走法是不可能的。并把这个问题提高到理论即"一笔画"问题。

欧拉将此问题用图来描述:用点 A、B 分别表示图中两岸及用点 C、D 分别表示图中两个孤岛,而桥用两点间的连接线(称为边)表示分别为 $e_1, e_2, e_3, e_4, e_5, e_6, e_7$,即图 6-1 可用图论中的图 6-2 表示。则原问题表示为:能否从 A、B、C、D 中任一点出发,以任何点为终点,并通过每条边一次且仅一次,这样的路径是否存在?

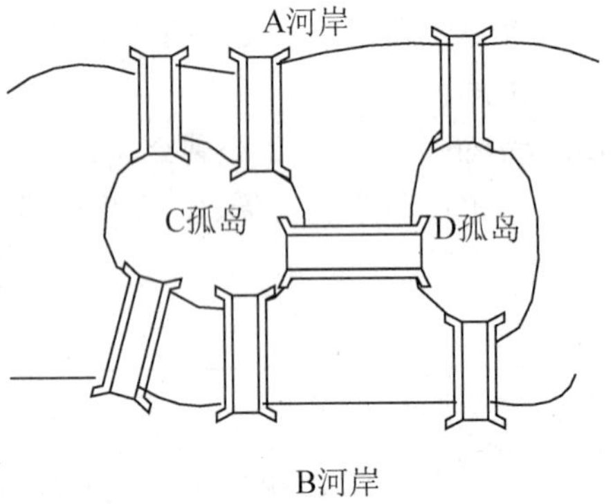

图 6-1

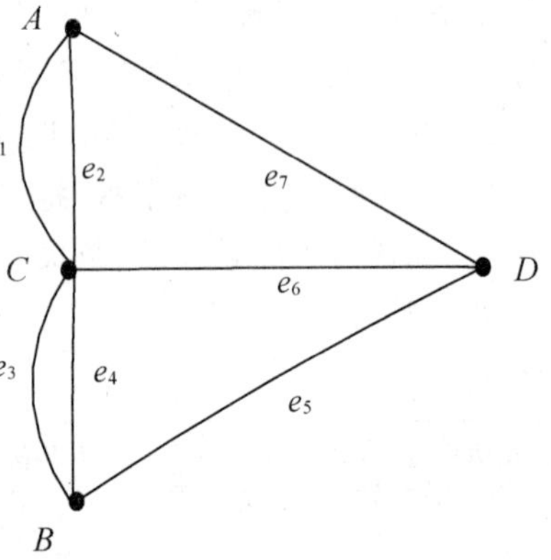

图 6-2

6.1 图论基础知识

首先考虑一下:除了上述案例提到的一个图论问题,在日常生活中发生的还有哪些事件可以应用图论的知识?生活中经常碰到各种各样的图,如公路或铁路交通图、旅游景点线路图、城市交通布局图等。运筹学中研究的图是上述各类图的抽象概括,它表明一些研究对象和这些对象之间的相互联系。

例如:图 6-3 是我国北京、上海、重庆等十四个城市之间的铁路交通图,这里用点表示城市,用点与点之间的线表示城市之间的铁路线。诸如此类还有城市中的市政管道图,民用航空线图,等等。

通过上例可以看出,我们用点和点之间的线所构成的图,反映实际生产和生活中的某些特定对象之间的特定关系。图论即形象地用一些点以及点与点之间的连线构成的图或网络来表示具体问题。利用图与网络的特点来解决系统中的问题,比用线性规划等其他模型来求解往往要简单、有效得多。图论就是研究图和网络模型特点、性质和方法的理论。图论在许多领域,诸如物理、化学、计算机科学、信息论、控制论、网络理论、社会科学以及经济管理等各方面都有广泛的应用,它已经广泛地应用于实际生活、生产和科学研究中。图论是运筹学的重要内容之一。

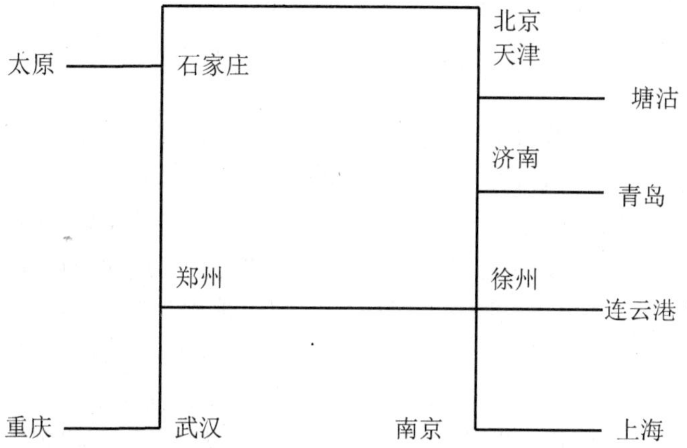

图 6-3

6.1.1 图的基本概念和模型

如果用点表示研究对象,用边表示对象之间的联系,则图 G 可以定义为点和边的集合,记作

$$G=(V,E)$$

式中 V 是点的集合或顶点的集合,E 是边的集合。注意上面定义的图 G 区别于几何学中的图。在几何学中,图中点的位置、线的长度和斜率等都十分重要,而这里只关心图中有多少个点以及哪些点之间有线相连。如果给图中的点和边赋以具体的含义和权数,如距离、费用、容量等,把这样的图称为网络图,记作 N。图和网络分析的方法已广泛应用于物理、化学、控制论、信息论、计算机科学和经济管理等各个领域。

为了后面的讨论,需要了解图的一些名词和基本概念。如图 6-4 所示,图中的点(又称顶点或节点)用 v 表示,边用 e 表示。对每条边可用它的联结的点表示,例如记作:$e_1=[v_1,v_1]$,$e_3=[v_1,v_3]$或 $e_3=[v_3,v_1]$

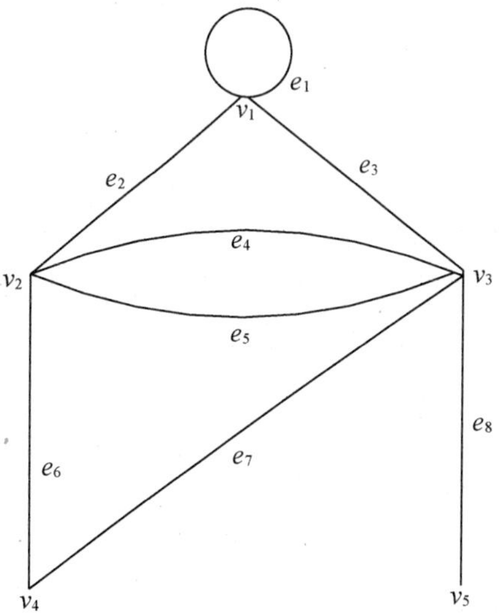

图 6-4

端点、关联边、相邻　若有边 e 可表示为 $e=[v_i,v_j]$，称 v_i 和 v_j 是边 e 的端点，反之称边 e 为点 v_i 或 v_j 的关联边。若点 v_i、v_j 与同一条边关联，称点 v_i 和 v_j 相邻；若边 e_i 和 e_j 具有公共的端点，称边 e_i 和 e_j 相邻。

环、多重边、简单图　如果边 e 的两个端点相重，称该边为环，如果两个点之间的边多于一条，称为具有多重边。如图 6-4 中的 e_4 和 e_5。对于无环、无多重边的图称做简单图。

链、链长、简单链、初等链、道路　无向图中一个点、边交错的序列，序列中的第一个和最后一个元素都是点，若其中每条边以序列中位于它之前和之后的点为端点，则称这个点边序列为图中连接其第一个点与最后一个点的**链**；链中所含的边数称为链长；链中没有重复的边，称为**简单链**；既无重复边也无重复点称为**初等链**；对有向图可类似定义链，如果各边的方向一致，则称为道路。例如：图 6-5(a)中 $u=\{v_2e_6v_4e_7v_3e_8v_5\}$ 即是简单链又是初等链。

连通图　若在一个图中任何两顶点间至少有一条链，则称 G 是**连通图**，否则为不连通。

子图、部分图　图 $G_1=(V_1,E_1)$ 和图 $G_2=(V_2,E_2)$ 如果有 $V_1\subseteq V_2$ 和 $E_1\subseteq E_2$，称 G_1 是 G_2 的一个子图。若有 $V_1=V_2$，$E_1\subset E_2$，则称 G_1 是 G_2 的部分图。图 6-5(a)是图 6-4 的一个子图，图 6-5(b)是图 6-4 的部分图。注意部分图也是子图，但子图不一定是部分图。

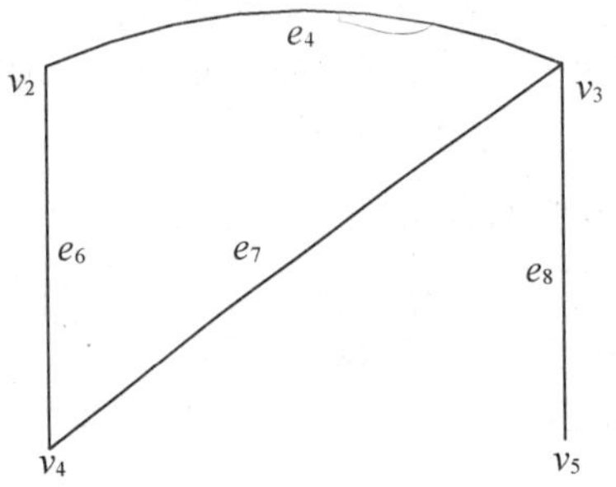

(a)

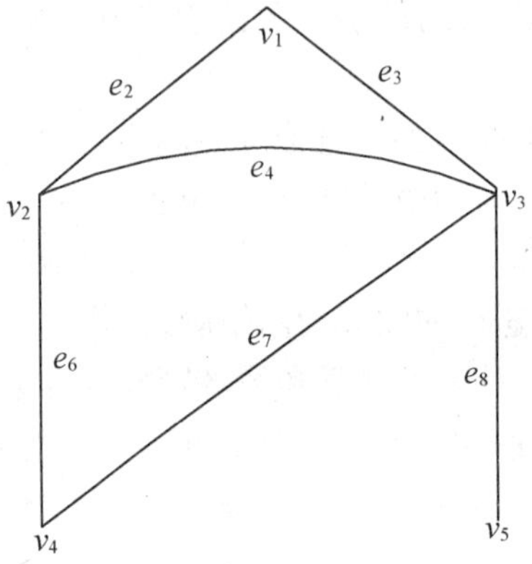

(b)

图 6-5

无向图、有向图　一般地，设 $V=\{v_1,v_2,\cdots,v_P\}$ 是 p 个点的集合，$E=\{e_1,e_2,\cdots,e_q\}$ 是 q 条边的集合，其中 $e_i=(v_i,\ v_j)=(v_j,v_i)$，$v_i,\ v_j\in V$。即，$e_i=[v_i,\ v_j]$

把由 V 和 E 组成的图形称为**无向图**，记为 $G=(V,E)$。

如果一个图是由点和弧所组成，则称此图为有向图，记为 $D=(V,A)$。其中 $V=\{v_1,v_2,...,v_P\}$，$A=\{e_1,e_2,...,e_q\}$. $e_i=(v_i,v_j)\neq(v_j,v_i)$，$v_i,\ v_j\in V$。并称 e_i 是以 v_i 为始点，v_j 为终点的弧。即图中每一条边标了方向的图就是有向图(如下文的图 6-13 就是一个有向图)。

注：边用[ ]表示，弧用( )表示。弧即为有方向的边。

赋权图、权：图 G 中，如果每条边(弧)$[v_i,v_j]$((v_i,v_j))都被赋予一个权数 w_{ij}，则称 G 为**赋权无向图(有向图)**，记为 $G=(V,E,W)$($D=(V,A,W)$)。这里的"**权**"可根据实际问题的需要赋予不同的含义，如距离、时间、费用等。

次、奇点、偶点：以点 v 为端点的边的条数叫做顶点 v 的次(度)，记作：$\deg(v)$ 或($d(v)$)。次为奇数的点，称为**奇点**，否则称为**偶点**。

【**定理 6-1**】 图 $G=(V,E)$ 中,所有点的次之和是边数的两倍,即

$$\sum_{v\in V} d(v) = 2q$$

式中,q 为边的条数。这是显然的,因为每一条边有两个端点,则这一条边对两个端点计算次数时都分别用了一次,也就是说每一边计算次数时用了两遍,于是 G 中全部顶点次数的和,就是边数的两倍。

【**定理 6-2**】 在任意图中,奇点的个数为偶数。

证 设 V_1 和 V_2 分别是 G 中奇点和偶点的集合,有定理 6-1,有

$$\sum_{v\in V_1} d(v) + \sum_{v\in V_2} d(v) = \sum_{v\in V} d(v) = 2q$$

因 $\sum_{v\in V} d(v)$ 是偶数,$\sum_{v\in V_2} d(v)$ 也是偶数,故 $\sum_{v\in V_1} d(v)$ 必也是偶数,从而 V_1 中的点的个数是偶数。

实例应用:一个部门中有 25 人,由于纠纷而使得关系十分紧张,是否可使每人与 5 个人相处融洽?则可以建立一个图的模型,最基本的问题是如何描述它——什么是结点,什么是边?在本问题中,没有太多的选择,只有人和纠纷。我们可试着用结点来代表人。用边来代表图中结点之间的关系,这是很常见的。在这里结点之间的关系是"关系是否融洽",因此,若两个结点(人)关系融洽,那么就在它们之间加上一条边。现在假设每人与其他 5 个人关系融洽。在图 6-6 上显示出我们所描述的图的一部分,小张与小王、小李、小赵、小黄和小吴关系融洽,再没有其他人,25 个人均是这种情况。这是否可能?

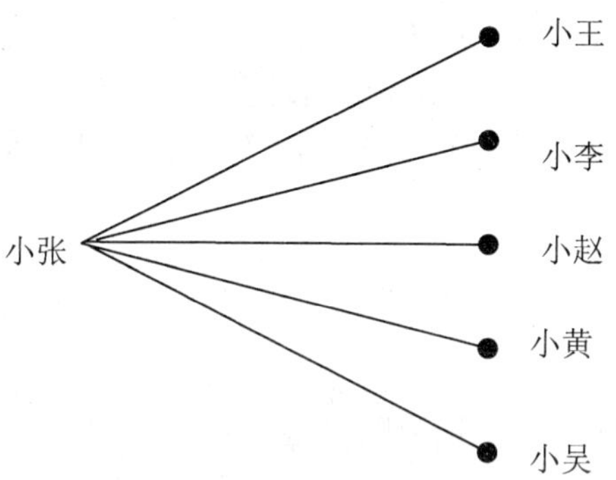

图 6-6

根据定理 6-2:在任意图中,奇点的个数为偶数。现在出现了矛盾:有 25(奇数)个具有 5(奇数)次的结点。因此,该方案是不可能实现的。

6.1.2 树图和图的最小部分树

1. 树图

树图(简称树,记作 $T=(V,E)$)是一类简单而十分有用的图。

树图:是无圈的连通图。

这类图与大自然的树的特征相似,因而得名树图。铁路专用线、管理组织机构、学科分类和一些决策过程往往都可以用树图的形式表示。

例如:已知有五个城市,要在它们之间架设电话线,要求任何两个城市都可以互相通话(允许通过其他城市),并且电话线的根数最少。

用五个点 $v_1,v_2,\cdots,v_5$ 代表五个城市,如果在某两个城市之间架设电话线,则在相应的两个点之间连一条边,这样一个电话线网就可以用一个图来表示。为了使任何两个城市都可以通话,这样的图必须是连通的,其次,若图中有圈的话,从圈上任意去掉一条边,余下的图仍是连通的,这样可以省去一根电话线。因而,满足要求的电话线网所对应的图必定是不含圈的连通图。图 6-7 代表了满足要求的一个电话线网。

悬挂点、悬挂边 以后称图中次为 1 的点为**悬挂点**,与悬挂点关联的边称为悬挂边。很显

然，如果从树图中拿掉悬挂点及与其关联的悬挂边，余下的点和边构成的图形仍连通且无圈，则还是一个树图。

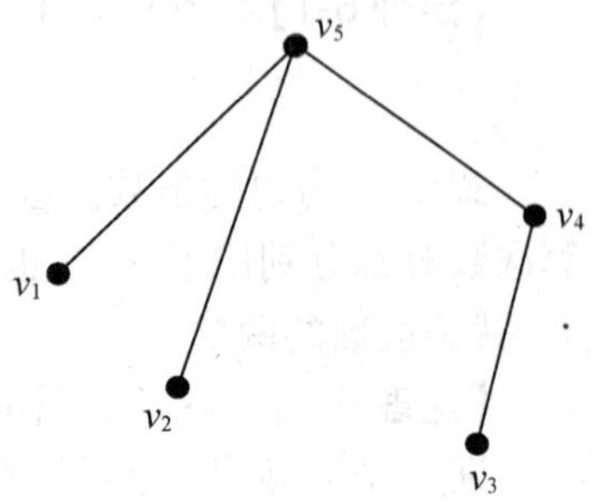

图 6-7

树的性质：

根据树的定义，可以推导出树的以下性质：

【定理 6-3】 已知 $T=(V,E)$ 为树图，顶点数 $p(T)\geqslant 2$，则 T 中至少有两个悬挂点。

证明略。

【定理 6-4】 图 $T=(V,E)$ 是一个树的充分必要条件是不含圈，且恰有 $(p-1)$ 条边（p 为图中顶点的个数）。

证 必要性 设 T 是有 P 个顶点的一个树，根据定义 T 不含圈，证明 T 恰有 $(p-1)$ 条边，对点数 p 施行数学归纳法。当 $p=1$ 时上述性质显然成立。

假定 $p\leqslant n$ 时，结论成立，设树 T 含 $n+1$ 个点，由定理 6-3，T 含悬挂点，设 v_1 是 T 的一个悬挂点，考虑图 $T-v_1$，易见 $P(T-v_1)=n$，$q(T-v_1)=q(T)-1$。$T-v_1$ 是 n 个点的树，由归纳假设，$q(T-v_1)=n-1$，于是 $q(T)=q(T-v_1)+1=(n-1)+1=n=p(T)-1$。

充分性只要证明 T 是连通的。用反证法，设 T 是不连通的，T 含 s 个连通分图 $T_1,T_2,\cdots,T_s(s\geqslant 2)$，因每个 $T_i(i=1,2,\cdots,s)$ 是连通的，并且不含圈，故每个 T_i 是树。设 T_i 有 p_i 个点，则由必要性，T_i 有 p_i-1 条边，于是

$$q(T)=\sum_{i=1}^{s}q(T_i)=\sum_{i=1}^{s}(p_i-1)=\sum_{i=1}^{s}p_i-s=p(T)-s\leqslant p(G)-2$$

这与 $q(T)=p(T)-1$ 的假设矛盾。

【定理 6-5】 图 $G=(V,E)$ 是一个树的充分必要条件是 G 是连通图，并且

$$q(G)=p(G)-1。$$

证 必要性 设 G 是树，根据定义，G 是连通图，由定理 6－4，$q(G)=p(G)-1$。

充分性 只要证明 G 不含圈，对点数施行归纳。$P(G)=1,2$ 时，结论显然成立。设 $P(G)=n(n\geqslant 1)$ 时结论成立。现设 $P(G)=n+1$，首先证明 G 必有悬挂点。若不然，因 G 是连通的，且 $P(G)\geqslant 2$，故对每个点 v_i，有 $d(v_i)\geqslant 2$，从而

$$q(G)=\frac{1}{2}\sum_{i=1}^{p(G)}d(v_i)\geqslant p(G)$$

这与 $q(G)=p(G)-1$ 矛盾，故 G 必有悬挂点。设 v_1 是 G 的一个悬挂点，考虑 $G-v_1$，这个图仍是连通的，$q(G-v_1)=q(G)-1=p(G)-2=p(G-v_1)-1$，由归纳假设知 $G-v_1$ 不含圈，于是 G 也不含圈。

【定理 6-6】 图 G 是树的充分必要条件是任意两个顶点之间恰有一条链。

证 必要性 因 G 是连通的，故任两个点之间至少有一条链。但如果某两个点之间有两条链的话，那么图 G 中含有圈，这与树的定义矛盾，从而任两个点之间恰有一条链。

充分性 设图 G 中任两个点之间恰有一条链，那么易见 G 是连通的。如果 G 中含有圈，那么这个圈上的两个顶点之间有两条链，这与假设矛盾，故 G 不含圈，于是 G 是树。

由这个定理，很容易推出如下结论：

(1) 从一个树中去掉任意一条边，则余下的图是不连通的。

由此可知，在点集合相同的所有图中，树是含边数最少的连通图。

(2) 在树中不相邻的两个点间添上一条边，则恰好得到一个圈。

2. 部分树及最小部分树

部分树:如果 G_1 是 G_2 的部分图,G_1 又是树图,则称 G_1 是 G_2 的**部分树(或支撑树)**。

树图的各条边称为树枝。

最小部分树:一般图 G_2 含有多个部分树,如果图为赋权图,即各边均有权重,则树枝总长最小的部分树,称为该图的**最小部分树(也称最小支撑树,minimum spanning tree)**。

【定理 6-7】 图 G 有部分树的充分必要条件是图 G 是连通的。

证 必要性是显然的

充分性 设图 G 是连通图,如果 G 不含圈,那么 G 本身是一个树,从而 G 是它自身的一个部分树。现设 G 含圈,任取一个圈,从圈中任意地去掉一条边,得到图 G 的一个部分子图 G_1。如果 G_1 不含圈,那么 G_1 是 G 的一个部分树(因为易见 G_1 是连通的);如果 G_1 仍含圈,那么从 G_1 中任取一个圈,从圈中再任意去掉一条边,得到图 G 的一个部分子图 G_2,如此重复,最终可以得到 G 的一个部分子图 G_k,它不含圈,于是 G_k 是 G 的一个部分树。

【定理 6-8】 图中任一个点 i,若 j 是与 i 相邻点中距离最近的,则边$[i,j]$一定必含在该图的最小部分树内。

证 用反证法。如图 6-8 所示,设$[i,j]$不在最小部分树内,将这条边加上去,图中必出现圈。假定图中 i 点的原关联边是$[i,k]$,据给定条件,有$[i,k] > [i,j]$。因在树图中加上边$[i,j]$,再拿走边$[i,k]$,该图仍为树图,但树枝总长度减少了,所以原来的树必不是最小部分树。定理得证。

推论 把图的所有点分成 V 和 $\bar{V}$ 两个集合,则两集合之间连线的最短边一定包含在最小部分树内。

因为假定上述结论不成立,如图 6-9 中,$[i,j]$是 V 与 $\bar{V}$ 两集合之间连线中最短边,但不在最小部分树内。将边$[i,j]$加到原树图内必出现圈,圈中至少还有另一条边$[m,k]$,其端点分别在 V 与 $\bar{V}$ 两个集合内。从圈中把$[m,k]$拿掉,加进$[i,j]$仍是树图,且树枝总长比原来的小,产生矛盾。所以结论成立。

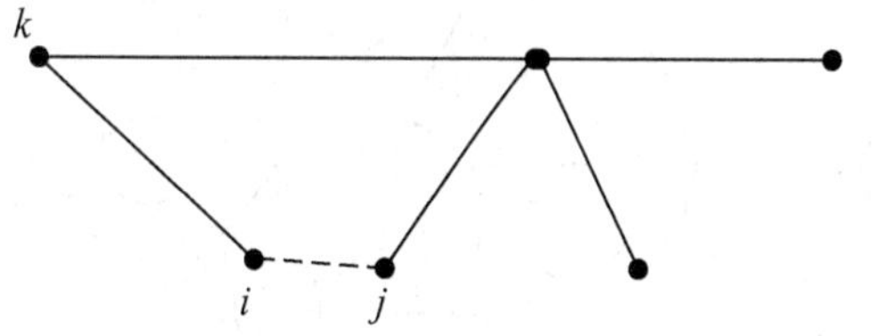

图 6-8

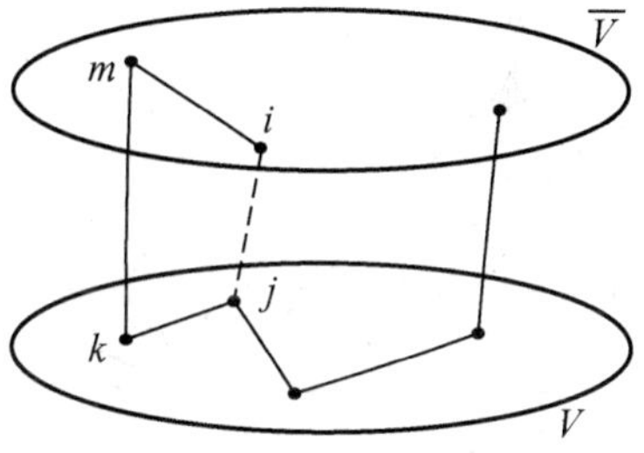

图 6-9

3. 求解最小部分树方法

下面给出最小部分树的求解方法:避圈法、破圈法。

避圈法:先去掉图 G 的所有边,只留下点,每次取回一条权数最小的边,使与已取回的边不构成圈,反复进行,直到不能进行为止。

【例 6-1】 如图 6-10,用 S、A、B、C、D、E、T 分别代表七个村镇,它们间连线表明各村镇间现有道路交通情况,连线旁数字代表道路的长度。现要求沿图中道路架设电线,使上述村镇全部通上电,应如何架设,使总的线路长度为最短。

解:因要使上述村镇全部通上电,各点之间必须连通。故架设长度最短的线路就是从图

6-10中寻找一棵最小部分树。

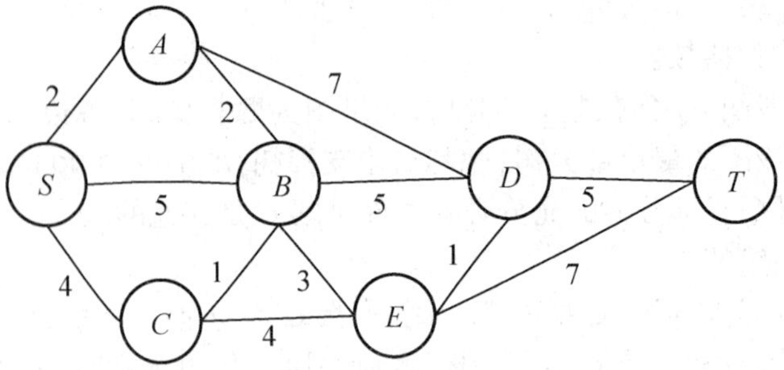

图 6-10

用避圈法时,步骤如下:

步骤一:先从图 6-10 中任选一点,设为 S。令 $S \in V$,其余点 $\in \bar{V}$,V 与 $\bar{V}$ 间的最短边为 $[S,A]$,将该边加粗,标志它是最小树内的边。

步骤二:再令 $V \cup A \Rightarrow V$,$\bar{V} \backslash A \Rightarrow \bar{V}$,重复上述步骤,一直到所有点连通为止。

其过程如图 6-11(a)～(f)所示,其中图 6-11(f)中加粗的边即为该网络图的最小部分树。

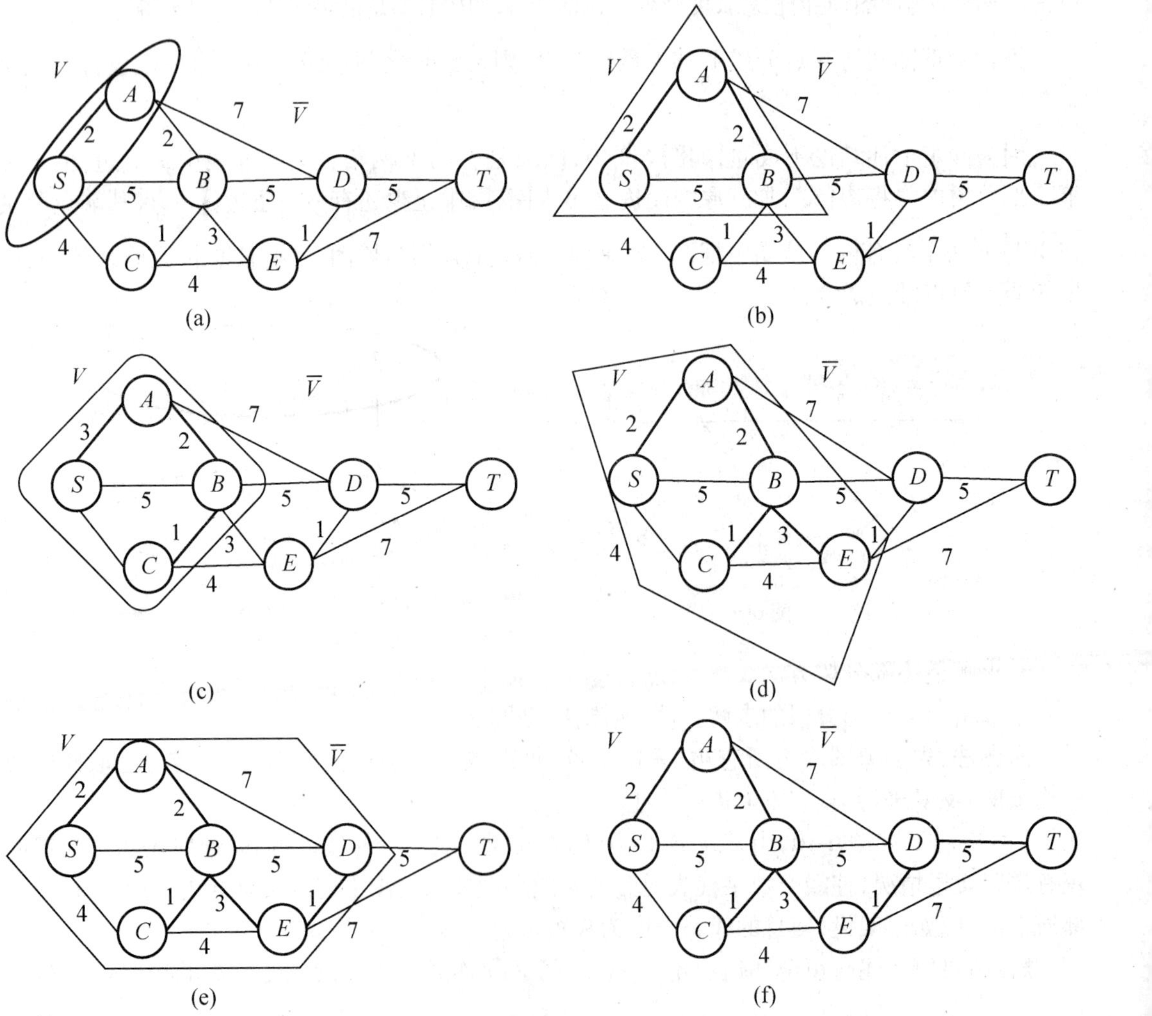

图 6-11

破圈法：在 G 中任取一个圈，去掉圈中权最大的一条边，反复进行，直到没有圈。

用破圈法求例 6-1 的解时，步骤如下：

步骤一：从图 6-10 中任取一回路，如为 $DETD$，去掉最大边 ET，得 N_1。

步骤二：从 N_1 中再任取一回路，如为 $BDEB$，去掉最大边 BD，得 N_2。

依次类推，详细过程见图 6-12(a) ~ (f)。

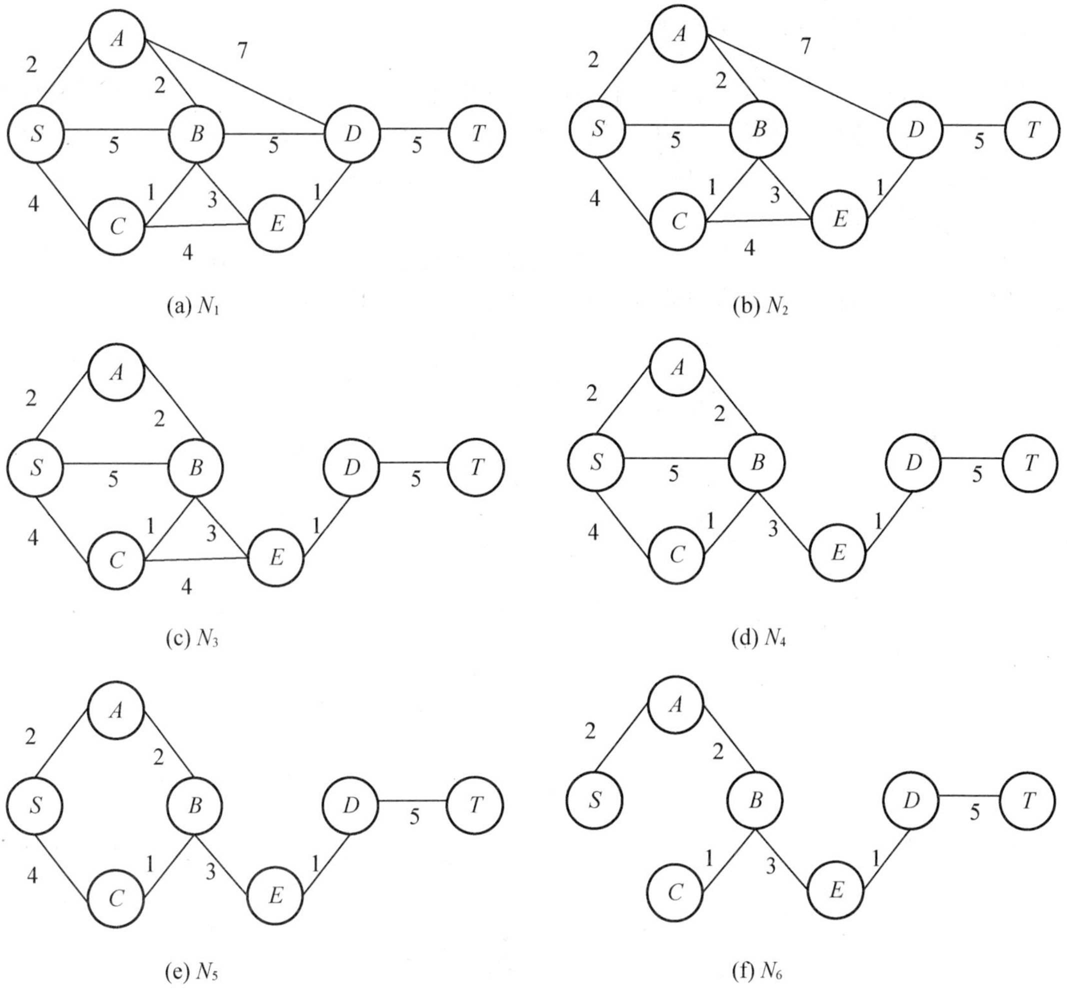

图 6-12

6.2 最短路问题

在实际的工作和生活中常常遇到寻找最短路线的问题，比如在运输过程中我们希望物资从生产地运往需求地的运输路线最短，在架设管道时，希望起点到终点的管道路线最短等等。最短路问题，一般来说就是从给定的网络图中找出任意两点之间距离最短的一条路。这里说的距离只是权数的代称，在实际的网络中，权数也可以是时间、费用等等。有些问题，如选址、设备更新、投资、某些整数规划和动态规划的问题，也可以归结为求最短路的问题。因此这类问题在生产实际中应用非常广泛。

例如：一名货柜车司机奉命在最短的时间内将一车货物从甲地运往乙地。从甲地到乙地的公路网纵横交错，因此有多种行车路线，这名司机应选择哪条线路使总路程最短？假设货柜车的运行速度是恒定的，那么这一问题相当于寻找一条从甲地到乙地的最短路。

求最短路有两种算法：一是求从某一点至其他各点之间最短距离的（如 Dijkstra 算法等）；另一种是求网络图上任意两点之间最短距离（如：Floyd 算法等）。

6.2.1 最短路问题的网络模型

图 6-13 中的边有方向，即是一个有向图，表明路线只能沿着箭头方向行走，不能逆向而行。每条边都有方向的图称为有向图，部分边有方向的图称为混合图。将有方向的边称为弧。并用有序对 (v_i, v_j) 表示，v_i 是弧的起点（箭尾），v_j 是弧的终点（箭头）。图中的 (v_2, v_3) 与 (v_3, v_2) 表示两条不同的弧。

【例 6-2】 图 6-13 中的权 C_{ij} 表示 v_i 到 v_j 的距离（费用、时间），从 v_1 修一条公路或架设一条高压线到 v_7，如何选择一条路线使距离最短，建立该问题的网络数学模型。

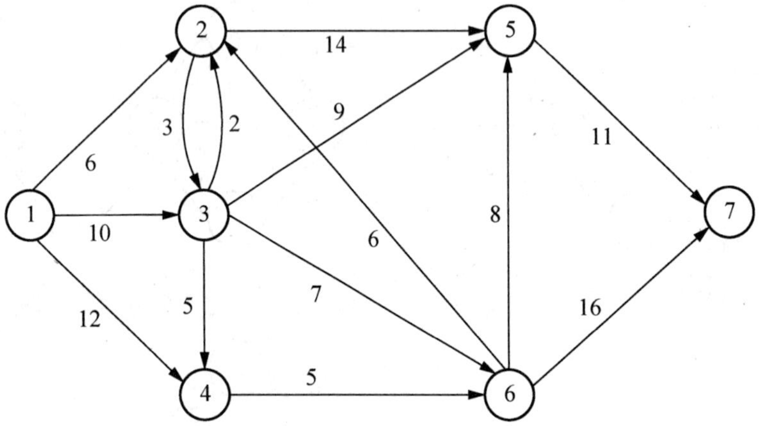

图 6-13

解：设 x_{ij} 为选择弧 (i,j) 的状态变量，选择弧 (i,j) 时 $x_{ij}=1$，不选择弧 (i,j) 时 $x_{ij}=0$，得到最短路问题的网络模型：

$$\min Z = \sum_{(i,j)\in E} c_{ij}x_{ij}$$

$$\begin{cases} x_{12}+x_{13}+x_{14}=1 \\ \sum\limits_{(k,i)\in E} x_{ki} - \sum\limits_{(i,j)\in E} x_{ij} = 0 \quad (i=2,3,\cdots,6) \\ x_{57}+x_{67}=1 \\ x_{ij}=0 \text{ 或 } 1 \quad (i,j)\in E \end{cases}$$

模型中变量个数等于图的弧数，约束个数等于图的点数，如点 v_3 的约束是：

$x_{13}+x_{23}-x_{32}-x_{34}-x_{35}-x_{36}=0$，其含义为：进入该点和出该点的弧的数目相同。

该模型是一个整数线性规划模型，可以采用整数规划求解，对于最短路问题来说在图上计算更为简单。

由于整数规划用的是逐次逼近的思想，故基于此思想将例 6-1 编程，其程序见 6.6 节。

6.2.2 最短路的 Dijkstra 算法

1. 有向图的 Dijkstra 算法

狄克斯特拉(Dijkstra)算法又称标号法,是由 E. W. Dijkstra 于 1959 年首先提出的,其基本思路是:若起点 v_s 到终点 v_t 的最短路经过点 v_1, v_2, v_3,则 v_1 到 v_t 的最短路是 $p_{1t} = \{v_1, v_2, v_3, v_t\}$,$v_2$ 到 v_t 的最短路是 $p_{2t} = \{v_2, v_3, v_t\}$,$v_3$ 到 v_t 的最短路是 $p_{3t} = \{v_3, v_t\}$。

其求网络起点 v_s 到终点 v_t 的最短路是在图上进行一种标号迭代的过程。其具体计算过程如下:

设弧(i,j)的长度 $c_{ij} \geqslant 0$,v_i 到 v_j 的最短路记为 p_{ij},最短路长记为 L_{ij}。

点标号 $b(j)$表示起点 v_s 到点 v_j 的最短路长(距离),网络的起点 v_s 标号为 $b(s)=0$。

弧标号 $k(i,j)=b(i)+c_{ij}$。

步骤一:找出所有起点 v_i 已标号,终点 v_j 未标号的弧,集合为$B=\{(i,j) \mid v_i$已标号;v_j 未标号$\}$,如果这样的弧不存在或 v_t 已标号则计算结束;

步骤二:计算集合 B 中弧的标号:$k(i,j)=b(i)+c_{ij}$;

步骤三:$b(l)=\min\limits_{j}\{k(i,j) \mid (i,j) \in B\}$,在弧的终点 v_l 标号 $b(l)$,返回步骤一。

完成步骤一至三为一轮计算,每一轮计算至少得到一个点的标号,最多通过 n(图的点数)轮计算得到最短路。

【例 6-3】 用 Dijkstra 算法求图 6-13 所示 v_1 到 v_7 的最短路及最短路长。

解:起点 v_1 标号 $b(1)=0$。

第一轮,起点已标号终点未标号的弧集合 $B=\{(1,2),(1,3),(1,4)\}$,$k(1,2)=b(1)+c_{12}=0+6=6$,$k(1,3)=0+10=10$,$k(1,4)=0+12=12$,将弧的标号用圆括号填在弧上。

$\min\{k(1,2),k(1,3),k(1,4)\}=\min\{6,10,12\}=6$

$k(1,2)=6$ 最小,在弧(1,2)的终点 v_2 处标号$\boxed{6}$,见图 6-14(a)。

第二轮,在图 6-14(a)中,$B=\{(1,3),(1,4),(2,3),(2,5)\}$,$k(1,3)$,$k(1,4)$在第一轮已经算出,$k(2,3)=6+3=9$,$k(2,5)=6+14=20$,对弧(2,3)及(2,5)标号。

$\min\{k(1,3),k(1,4),k(2,3),k(2,5)\}=\min\{10,12,9,20\}=9$

$k(2,3)=9$ 最小,在弧(2,3)的终点 v_3 处标号$\boxed{9}$,见图 6-14(b)。注意,这里弧(3,2)不存在集合 B 中。

第三轮,在图 6-14(b)中,$B=\{(1,4),(2,5),(3,4),(3,5),(3,6)\}$,$k(1,4)$与 $k(2,5)$在前两轮中已算出,$k(3,4)=9+5=14$,$k(3,5)=9+9=18$,$k(3,6)=9+7=16$,对弧(3,4),(3,5)及(3,6)标号。

$\min\{k(1,4),k(2,5),k(3,4),k(3,5),k(3,6)\}=min\{12,20,14,18,16\}=12$

$k(1,4)=12$ 最小,在弧(1,4)的终点 v_4 处标号$\boxed{12}$,见图 6-15(a)。

第四轮,在图 6-15(a)中,$B=\{(2,5),(3,5),(3,6),(4,6)\}$,$k(2,5)$,$k(3,5)$,$k(3,6)$前面已经算出,$k(4,6)=12+5=17$,对弧(4,6)标号。

$$\min\{k(2,5),k(3,5),k(3,6),k(4,6)\}=\min\{20,18,16,17\}=16$$

$k(3,6)=16$ 最小,在弧(3,6)的终点 v_6 处标号$\boxed{16}$,见图 6-15(b)。

第五轮,在图 6-15(b)中,$\{(2,5),(3,5),(6,5),(6,7)\}$,$k(2,5)$,$k(3,5)$前面已算出,

$k(6,5)=16+8=24$，$k(6,7)=16+16=32$，对弧(6,5)及(6,7)标号。

$\min\{k(2,5),k(3,5),k(6,5),k(6,7)\}=\min\{20,18,24,32\}=18$

$k(3,5)=18$ 最小，在弧(3,5)的终点 v_5 处标号$\boxed{18}$，见图 6-16(a)。

第六轮，在图 6-16(a)，$B=\{(6,7),(5,7)\}$，$k(6,7)=32$，$k(5,7)=18+11=29$，对弧(5,7)标号。$\min\{k(6,7),k(5,7)\}=\min\{32,29\}=29$

$k(5,7)=29$ 最小，在弧(5,7)的终点 v_7 处标号$\boxed{29}$，见图 6-16(b)。

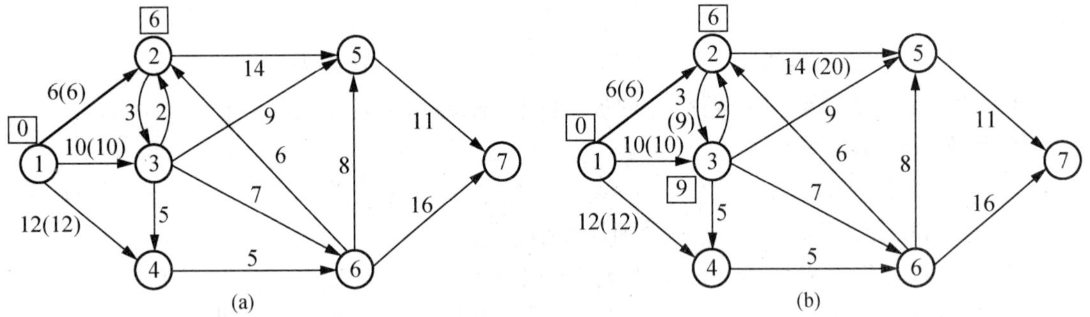

图 6-14

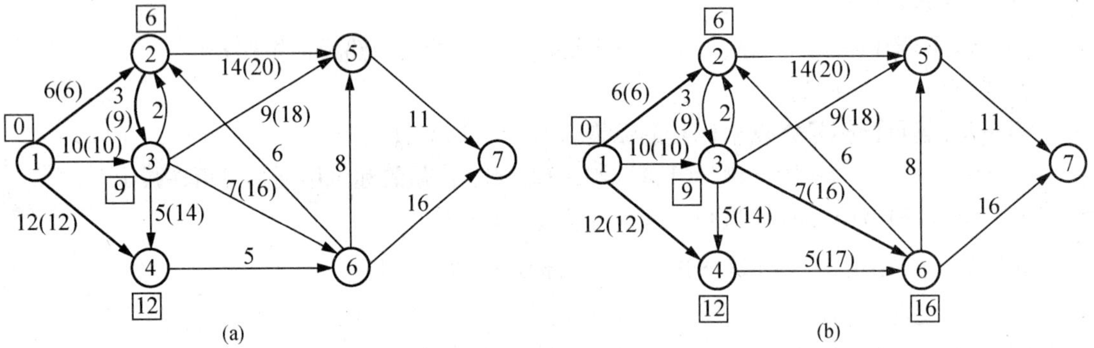

图 6-15

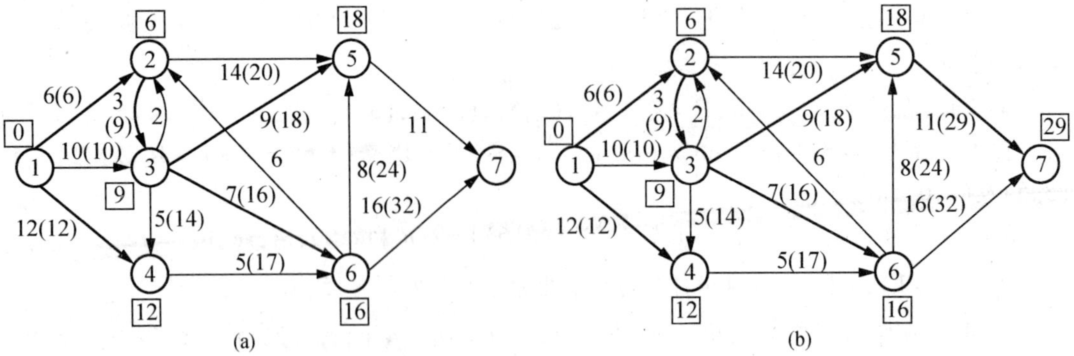

图 6-16

图 6-16(b)的终点 v_7 已标号，说明已得到 v_1 到 v_7 的最短路，计算结束。从终点 v_7 沿着加粗的箭头逆向追踪，v_1 到 v_7 的最短路为：$p_{17}=\{v_1,v_2,v_3,v_5,v_7\}$，最短路长为 $L_{17}=29$。

从例6-3的计算可以看出：

(1) Dijkstra 算法可以求某一点 v_i 到其他各点 v_j 的最短路，只要 v_j 看做路线的终点，使 v_j 得到标号，如果 v_j 不能得到标号，说明 v_i 不可到达 v_j。图6-16(b)的每一点都得到标号，说明 v_1 到其他各点的最短路已经找到，如 v_1 到 v_6 的最短路是 $p_{16}=\{v_1,v_2,v_3,v_6\}$，最短路长为16。

(2) Dijkstra 算法可以求任意两点之间的最短路(最短路存在)，只要将两个点看做路线的起点和终点，然后进行标号。

(3) 最短路线可能不唯一，但最短路长相等。

(4) Dijkstra 算法的条件是弧长非负，问题求最小值，对含有负权的图该算法无效。

2. 无向图的 Dijkstra 算法

如果 v_i 与 v_j 之间存在一条无方向的边相关联，说明 v_i 与 v_j 之间可以互达。当 v_i 与 v_j 之间至少有两条边相关联时，留下一条最短边，去掉其他关联边。对于无向图最短路的求解 Dijkstra 算法同样有效。

标号方法与有向图相同，路线的起点标号 $\boxed{0}$，将标号的第一步改为：

找到所有一端 v_i 已标号的另一端 v_j 未标号的边，集合为 $B=\{[i,j]\mid v_i$ 已标号 v_j 未标号$\}$，如果这样的边不存在或 v_j 已标号则计算结束。点标号和边标号的计算公式相同。

6.2.3 最短路的 Floyd 算法

Floyd(弗洛伊德)算法是更一般的算法。该算法是一种矩阵(表格)迭代方法，对于求任意两点间最短路、混合图的最短路、有负权的赋权图的最短路等一般网络问题来说比较有效。

Floyd 算法基本步骤如下：

步骤一：写出 v_i 一步到达 v_j 的距离矩阵 $L_1=(L_{ij}^{(1)})$，L_1 也是一步到达的最短距离矩阵。如果 v_i 与 v_j 之间没有边关联，则令 $c_{ij}=+\infty$。

步骤二：计算两步最短距离矩阵。设 v_i 经过一个中间点 v_r 两步到达 v_j，则 v_i 到 v_j 的最短距离

$$L_{ij}^{(2)}=\min_r\{c_{ir}+c_{rj}\} \tag{6-1}$$

最短距离矩阵记为 $L_2=(L_{ij}^{(2)})$。

步骤三：k 步最短距离矩阵。设 v_i 经过中间点 v_r 到达 v_j，v_i 经过 $k-1$ 步到达点 v_r 的最短距离为 $L_{ir}^{(k-1)}$，v_r 经过 $k-1$ 步到达点 v_j 的最短距离为 $L_{rj}^{(k-1)}$，则 v_i 经 k 步到达 v_j 的最短距离为

$$L_{ij}^{(k)}=\min_r\{L_{ir}^{(k-1)}+L_{rj}^{(k-1)}\} \tag{6-2}$$

最短距离矩阵记为 $L_k=(L_{ij}^{(k)})$。

步骤四：比较矩阵 L_k 与 L_{k-1}，当 $L_k=L_{k-1}$ 时得到任意两点间的最短距离矩阵 L_k。设图的点数为 n 并且 $c_{ij}\geqslant 0$，迭代次数 k 由式(6-3)估计得到。

$$2^{k-1}-1<n-2\leqslant 2^k-1$$

$$k-1<\frac{\lg(n-1)}{\lg 2}\leqslant k \tag{6-3}$$

应注意，这里的 k 是迭代次数，不一定等于 v_i 到达 v_j 最短路中间所经过的点数，中间最多等于 $2^{k-1}-1$，经过一条边看做是一步，则最多走 2^{k-1} 步，区分公式中的“步”与实际经过的“步”之间的关系，就不难理解式(6-2)的含义。

【例6-4】 图6-17是一张8个城市的铁路交通图，铁路部门要制作一张两两城市间的距离表。这个问题实际就是求任意两点间的最短路问题。

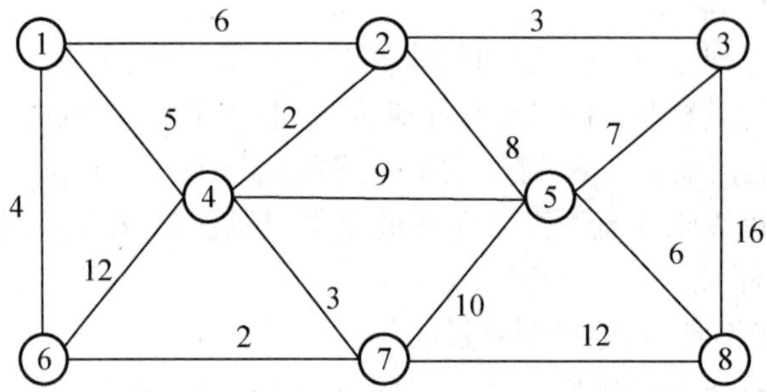

图 6-17

解:步骤一:依据图 6-17,写出任意两点间一步到达距离表 L_1,如表 6-1 所示。本例 $n=8$,$\frac{\lg 7}{\lg 2}=2.807$,因此计算到 L_3。

表 6-1　最短距离表 L_1

	v_1	v_2	v_3	v_4	v_5	v_6	v_7	v_8
v_1	0	6	∞	5	∞	4	∞	∞
v_2	6	0	3	2	8	∞	∞	∞
v_3	∞	3	0	∞	7	∞	∞	16
v_4	5	2	∞	0	9	12	3	∞
v_5	∞	8	7	9	0	∞	10	6
v_6	4	∞	∞	12	∞	0	2	∞
v_7	∞	∞	∞	3	10	2	0	12
v_8	∞	∞	16	∞	6	∞	12	0

步骤二:由式(6-1)得到矩阵 L_2,如表 6-2 所示。

表 6-2 计算示例。$L_{ij}(2)$ 等于表 6-1 中第 i 行与第 j 列对应元素相加取最小值。例如 v_4 经过两步(最多一个中间点)到达 v_3 的最短距离是:

$$L_{43}^{(2)}=\min\{c_{41}+c_{13},c_{42}+c_{23},c_{43}+c_{33},c_{44}+c_{43},c_{45}+c_{53},c_{46}+c_{63},c_{47}+c_{73},c_{48}+c_{83}\}$$
$$=\min\{5+\infty,2+3,\infty+0,0+\infty,9+7,12+\infty,3+\infty,\infty+16\}=5$$

步骤三:由式(6-2)得到矩阵 L_3,如表 6-3 所示。

表 6-2　最短距离表 L_2

	v_1	v_2	v_3	v_4	v_5	v_6	v_7	v_8
v_1	0	6	9	5	14	4	6	∞
v_2	6	0	3	2	8	10	5	14
v_3	9	3	0	5	7	∞	17	13
v_4	5	2	5	0	9	15	3	15
v_5	14	8	7	9	0	12	10	6
v_6	4	10	∞	5	12	0	2	14
v_7	6	5	17	3	10	2	0	12
v_8	∞	14	13	15	6	14	12	0

表 6-3　最短距离表 L_3

	v_1	v_2	v_3	v_4	v_5	v_6	v_7	v_8
v_1	0	6	9	5	14	4	6	18
v_2	6	0	3	2	8	7	5	14
v_3	9	3	0	5	7	10	8	13
v_4	5	2	5	0	9	5	3	15
v_5	14	8	7	9	0	12	10	6
v_6	4	7	10	5	12	0	2	14
v_7	6	5	8	3	10	2	0	12
v_8	18	14	13	15	6	14	12	0

表 6-3 计算示例。$L_{ij}(3)$等于表 6-2 中第 i 行与第 j 列对应元素相加取最小值. 例如,v_3 经过三步(最多三个中间点 4 条边)到达 v_6 的最短距离是

$$L_{36}^{(3)}=\min\{L_{31}^{(2)}+L_{16}^{(2)},L_{32}^{(2)}+L_{26}^{(2)},L_{33}^{(2)}+L_{36}^{(2)},\cdots,L_{38}^{(2)}+L_{86}^{(2)}\}$$

$\min\{9+4,3+10,0+\infty,5+5,7+12,\infty+0,19+2,13+14\}=10$ 用反推法

由表 6-2 及表 6-1 可知,最短距离由 4 条边长之和构成:

$L_{34}^{(2)}+L_{46}^{(2)}=(L_{32}^{(1)}+L_{24}^{(1)})+(L_{47}^{(1)}+L_{76}^{(1)})=c_{32}+c_{24}+c_{47}+c_{76}=3+2+3+2=10$ 则 v_3 到 v_6 的最短路线是 $v_3\to v_2\to v_4\to v_7\to v_6$。

表 6-3 就是最优表,即任意两点间的最短距离。取表中下三角得到 8 个城市间的铁路交通距离表。

6.3　网络最大流问题

6.3.1　最大流的基本概念

如图 6－18 所示,网络图定义了一个发点 s',称为源(Source,Supply Node),定义了一个收点 t',称为汇(Sink,Demand Node),其余点为中间点,称为转运点(Transshipment Node)。如果多个发点和多个收点,可以另外虚设一个总发点和一个总收点 t'。并将其分别与各发点、收点连起来,图 6-18 就是一个总发点 s'和一个总收点 t',这样就可以转换为只含一个发点和一个收点的网络。如果有发点和收点,就必然在有向图中进行,如供水管道中水流总是从水厂流向用户,电网中电流从高压流向低压处等。对网络流的研究是在容量网络上进行的,所谓容量网络是指对网络上的每条弧(v_i,v_j)都给出一个最大的通过能力,称为**该弧的容量**(Capacity),记为 $c(v_i,v_j)$或简写为 c_{ij},当网络中的每一条弧给出了容量,称该网络为容量网络。下面

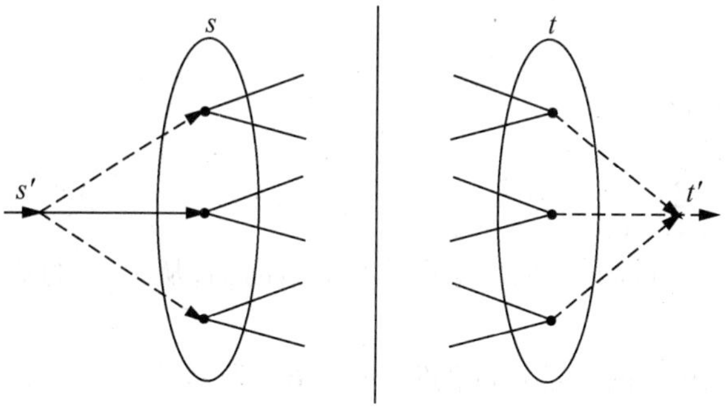

图 6-18

只研究具有一个发点和一个收点的容量网络。

6.3.2 流与可行流

何谓流？所谓流是指加在网络各条弧上的一组负载量。对加在弧(v_i, v_j)上的负载量记作$f(v_i, v_j)$，或简写为f_{ij}. 若网络上所有的$f_{ij}=0$，这个流称为零流。

称在容量网络上满足条件(6-4)、(6-5)的一组流为可行流：

(1) 容量限制条件。对所有弧有

$$0 \leqslant f(v_i, v_j) \leqslant c(v_i, v_j) \tag{6-4}$$

(2) 中间点平衡条件(总流入量 = 总流出量)

$$\sum f(v_i, v_j) - \sum f(v_j, v_i) = 0 \qquad (i \neq s, t) \tag{6-5}$$

若以$v(f)$表示网络中从$s \to t$的流量，则有

$$v(f) = \sum_j f(v_s, v_j) = \sum_j f(v_j, v_t) \tag{6-6}$$

任何网络上一定存在可行流，零流就是可行流，所谓求网络的最大流，是指求满足容量限制条件和中间点平衡的条件下，使$v(f)$值达到最大的流。显然这是一个线性规划问题。但由于网络的特殊性，我们可以寻求比单纯形法要简单得多的方法来求解。

6.3.3 割集与流量

何谓割集？所谓割集(或截集)是指将容量网络中的发点和收点分割开，并使$s \to t$的流中断的一组弧的集合。如图 6-19 所示，KK将网络上的点分割成V和$\bar{V}$两个集合，并有$s \in V, t \in \bar{V}$称弧的集合$(V, \bar{V}) = \{(v_1, v_3), (v_2, v_4)\}$是一个割。割的容量是组成它的集合中的各弧的容量之和，用$c(V, \bar{V})$表示，也称为这个截集的截量。由此

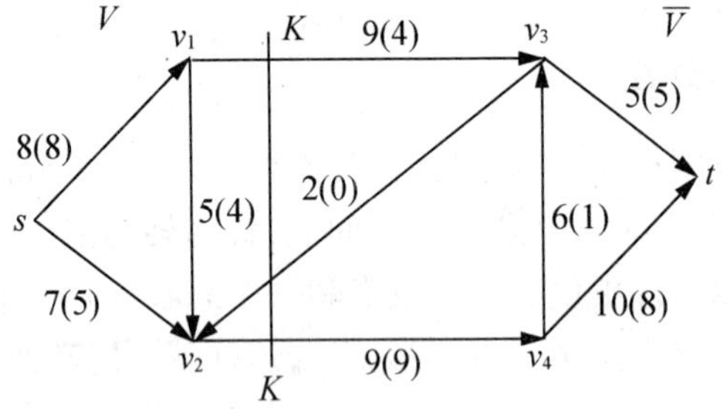

图中弧旁数字表示$c_{ij}(f_{ij})$

图 6-19

$$c(V, \bar{V}) = \sum_{(i,j) \in (V, \bar{V})} c(v_i, v_j) \tag{6-7}$$

注意在组成上述割的弧集合中不包含(v_3, v_2)，因为即使这条弧不割断的话，从$s \to t$的流仍然中断。

考虑KK的不同画法，可以找出网络图 6-19 中的全部不同的割，如表 6-4 所示。

表 6-4

V	$\bar{V}$	割	割的容量
s	v_1,v_2,v_3,v_4,t	$(s,1)(s,2)$	15
s,v_1	v_2,v_3,v_4,t	$(s,2)(1,2)(1,3)$	21
s,v_2	v_1,v_3,v_4,t	$(s,1)(2,4)$	17
s,v_1,v_2	v_3,v_4,t	$(1,3)(2,4)$	18
s,v_1,v_3	v_2,v_4,t	$(s,2)(1,2)(3,2)(3,t)$	19
s,v_2,v_4	v_1,v_3,t	$(s,1)(4,3)(4,t)$	24
s,v_1,v_2,v_3	v_4,t	$(2,4)(3,t)$	14
s,v_1,v_2,v_4	v_3,t	$(1,3)(4,3)(4,t)$	25
s,v_1,v_2,v_3,v_4	t	$(3,t)(4,t)$	15

通过表 6-4 可知，此处割集的个数是 9 个。

若用 $f(V,\bar{V})$ 表示通过割 $(V,\bar{V})$ 中所有 $V\to\bar{V}$ 方向的流量的总和，$f(\bar{V},V)$ 表示割中所有 $\bar{V}\to V$ 方向的弧的流量的总和，则有

$$f(V,\bar{V}) = \sum_{(i,j)\in(V,\bar{V})} f(v_i,v_j) \tag{6-8}$$

$$f(\bar{V},V) = \sum_{(j,i)\in(\bar{V},V)} f(v_j,v_i) \tag{6-9}$$

从 $s\to t$ 的流量实际上等于通过割的从 V 到 $\bar{V}$ 的流量减去 $\bar{V}\to V$ 的流量。故有

$$v(f) = f(V,\bar{V}) - f(\bar{V},V) \tag{6-10}$$

若用 $v^*(f)$ 代表网络中从 $s\to t$ 的最大流量，则有

$$v^*(f) = f^*(V-\bar{V}) - f^*(\bar{V},V) \tag{6-11}$$

根据割的概念，$v^*(f)$ 应小于等于网络中最小一个割的容量（用 $c^*(V,\bar{V})$ 表示），即有

$$v^*(f) = f^*(V,\bar{V}) - f^*(\bar{V},V) \leqslant c^*(V,\bar{V}) \tag{6-12}$$

由表 6-4 得出网络图 6-19 中从 $s\to t$ 的最大流量不超过 14 单位。

因此，任何一个截集的截量都不小于任何一个流的流量。

6.3.4 最大流最小割定理

最大流最小割定理是图和网络流理论方面的一个重要定理，也是下面要叙述的用标号法求网络最大流的理论依据。在讲述这个定理前先介绍增广链（augmenting path）的概念。

增广链：如果在网络的发点和收点之间能找出一条链，在这条链上所有指向为 $s\to t$ 的弧（称前向弧，记作 u^+），存在 $f<c$；所有指向为 $t\to s$ 的弧（称后向弧，记作 u^-），存在 $f>0$，这样的链称**增广链**，如图 6-20 所示。

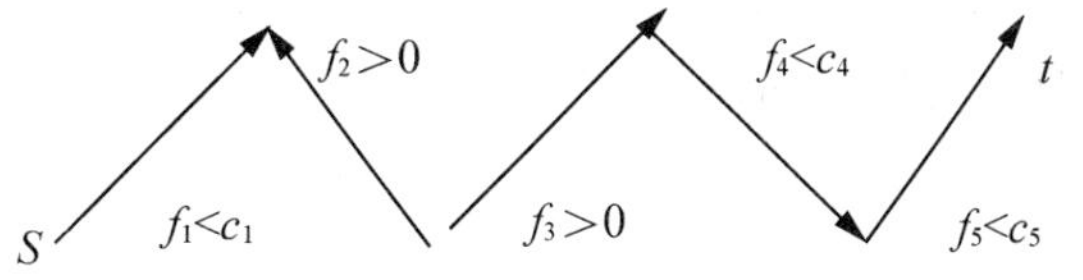

图 6-20

增广链即为可以增大流量的链。如果一个网络图中的一个可行流存在增广链，则该可行流不是最大流。

当有增广链存在时，找出可调整量

$$\theta=\min\begin{cases}(c_i-f_i),\text{对 } u^+\\ f_i,\text{对 } u^-\end{cases}\qquad \theta>0$$

调整，即

$$\text{令 } f'=\begin{cases}f_i+\theta,\text{对所有 } u^+\\ f_i-\theta,\text{对所有 } u^-\\ f_i,\text{对非增广链上的弧}\end{cases}$$

显然f'仍是一个可行流，但较之原来的可行流f，这时网络中从$s\to t$的流量增大了一个θ值($\theta>0$)．因此只有当网络图中找不到增广链时，$s\to t$的流才不可能进一步增大。

【定理 6-9】 在网络中$s\to t$的最大流的流量等于它的最小割集的容量，即

$$v^*(f)=c^*(V,\bar{V})$$

不难证明任何一个容量网络的最小截集存在且等于该网络的最大流的流量。

6.3.5 求网络最大流的标号算法

网络最大流的标号算法由 Ford 和 Fulkerson 于 1956 年提出，故又称为 Ford – Fulkerson 标号算法。其实质是给出一个初始的可行流，判断是否有增广链存在，并设法找出增广链。算法的步骤如下：

1．标号过程

步骤一：首先给发点s标号$(0,\varepsilon(s))$。括弧中第一个数字是使这个点得到标号的前一个点的代号，因s是发点，故记为0。括弧中第二个数字$\varepsilon(s)$表示从上一标号点到这个标号点的流量的最大允许调整值。s为发点，不限允许调整量，故$\varepsilon(s)=\infty$。

步骤二：列出与已标号点相邻的所有未标号点：

(1) 考虑从标号点i出发的弧(i,j)，如果有$f_{ij}=c_{ij}$，不给点j标号；

若有$f_{ij}<c_{ij}$，则对点j标号，记为$(i,\varepsilon(j))$。括弧中的i表示点j的标号是从点i延伸过来的，$\varepsilon(j)=\min\{\varepsilon(i),(c_{ij}-f_{ij})\}$；

(2) 考虑所有指向标号点i的弧(h,i)，如果有$f_{hi}=0$，对h点不标号；

若有$f_{hi}>0$，则对点h标号，记为$(-i,\varepsilon(h))$，其中$\varepsilon(h)=\min\{\varepsilon(i),f_{hi}\}$；

(3) 如果某未标号点k有两个以上相邻的标号点，为减少迭代次数，可按(1)、(2)中所述规则分别计算出$\varepsilon(k)$的值，并取其中最大的一个标记。

步骤三：重复步骤二，可以出现两种结局。

(1) 标号过程中断，t得不到标号，说明该网络中不存在增广链，给定的流即为最大流。记已标号点的集合为V，未标号点的集合为$\bar{V}$，$(V,\bar{V})$为网络的最小割。

(2) t得到标号，这时可用反向追踪法在网络中找出一条从$s\to t$的由标号点及相应的弧连接而成的增广链。

2．调整的过程

步骤四：修改流量。设图中原有可行流为f，令

$$f'=\begin{cases}f+\varepsilon(t),\text{对增广链上所有前向弧}\\ f-\varepsilon(t),\text{对增广链上所有后向弧}\\ f,\text{对非增广链上的弧}\end{cases}$$

这样又得到网络上的一个新的可行流f'。新的可行流的流量比原可行流的流量增加了$\varepsilon(t)$。

步骤五：抹掉图上所有标号，在新的可行流下，重复步骤一到步骤四，直至图中找不到关于该可行流的任何增广链，即出现步骤三的结局（1）为止，这时网络图中的流即为最大流。

【例6-5】 用标号算法求图6-19中$s\to t$的最大流量，并找出该网络的最小割。

解：首先给出可行流为0流，即$f_{ij}=0$。

（1）标号的过程

步骤一：先给发点s标号$(0,\infty)$；

步骤二：

① 从s点出发的弧(s,v_2)，因有$f_{s2}<c_{s2}$，故对v_2点标号$(s,\varepsilon(v_2))$，其中$\varepsilon(v_2)=\min\{\varepsilon(s),(c_{s2}-f_{s2})\}=2$

② 对弧(v_1,v_2)，因$f_{12}>0$，故对v_1标号$(-v_2,\varepsilon(v_1))$，其中

$$\varepsilon(v_1)=\min\{\varepsilon(v_2),f_{12}\}=\min\{2,4\}=2$$

③ 对弧(v_1,v_3)因$f_{13}<c_{13}$，故对v_3标号$(v_1,\varepsilon(v_3))$，其中

$$\varepsilon(v_3)=\min\{\varepsilon(v_1),(c_{13}-f_{13})\}=\min\{2,5\}=2$$

④ 对弧(v_4,v_3)，因$f_{43}>0$，故对v_4标号$(-v_3,\varepsilon(v_4))$，其中

$$\varepsilon(v_4)=\min\{\varepsilon(v_3),f_{43}\}=min\{2,1\}=1$$

⑤ 对弧(v_4,t)，因$f_{4t}<c_{4t}$，故t点得到标号$(v_4,\varepsilon(t))$，其中

$\varepsilon(t)=\min\{\varepsilon(v_4),(c_{4t}-f_{4t})\}=\min\{1,2\}=1$

步骤三：因收点t得到标号，可用反向追踪法找出网络图上的一条增广链，如图5-18中虚线所示。

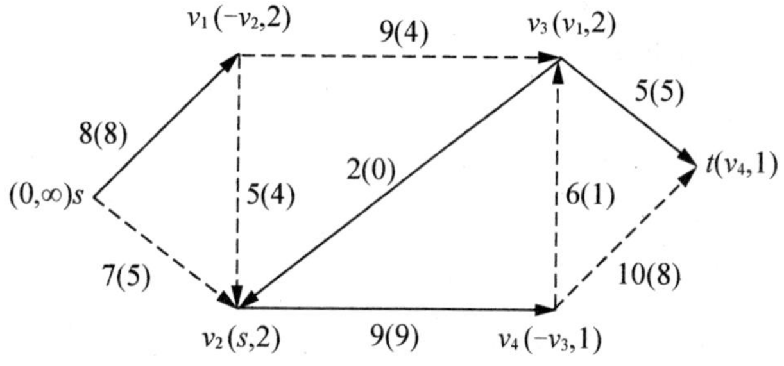

图6-21

（2）调整的过程

步骤四：修改增广链上各弧的流量

$f'_{s2}=f_{s2}+\varepsilon(t)=5+1=6$

$f'_{12}=f_{12}-\varepsilon(t)=4-1=3$

$f'_{13}=f_{13}+\varepsilon(t)=4+1=5$

$f'_{43}=f_{43}-\varepsilon(t)=1-1=0$

$f'_{4t}=f_{4t}+\varepsilon(t)=8+1=9$

非增广链上的所有弧流量不变。这样得到网络图上的一个新的可行流,如图 6-22 所示。

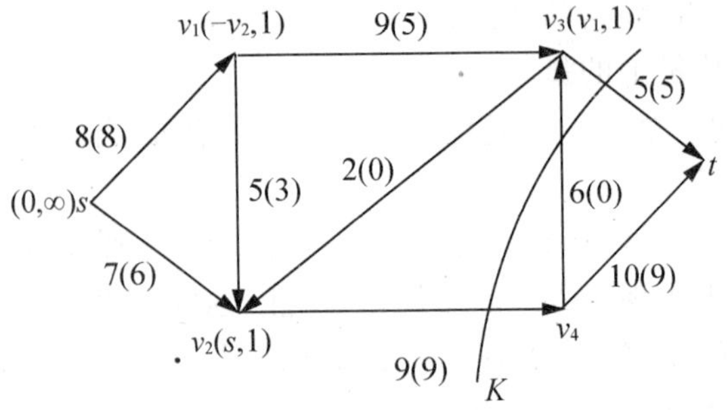

图 6-22

步骤五:在图 6-22 中重复上述标号过程,由于对点 s、v_2、v_1、v_3 标号后,标号中断,故图中给出的可行流即为网络的最大流,$v^*(f)=14$。

将已标号点 s、v_1、v_2、v_3 的集合记为 V,未标号点 v_4、t 的集合记为 $\bar{V}$,$(V,\bar{V})=\{(3,t),(2,4)\}$即为该网络的最小割,有 $c^*(V,\bar{V})=14$。

6.3.6 最小费用最大流问题

什么是最小费用最大流问题?本章最大流问题一节中,考虑了联结两个点之间的弧容量限制,但未考虑流量通过各条弧时发生的费用。实际的物资调配问题,既要考虑弧的容量的限制,也需要考虑调运费用的节省,这就是最小费用流要研究的问题。由此前面讲过的运输问题、转运问题和求网络最大流问题,都可看做是最小费用流的特例。若在最小费用流问题中,将单位流量通过弧的费用当成是距离,则求从发点至收点调运一单位流量的最小费用,也就等价于求该两点之间的最短距离,这样,求最短路问题也成了最小费用最大流的特例。

例如:某一地区有若干个主要城市,现准备修建高速公路把这些城市连接起来,使得从其中任何一个城市都可以经高速公路直接或间接到达另一个城市。假定已经知道了任意两个城市之间修建高速公路的成本,那么应如何决定在哪些城市间修建高速公路,使得总成本最小?

最小费用最大流可以这样描述:设网络有 n 个点,f_{ij}为弧(i,j)上的流量,c_{ij}为该弧的容量,b_{ij}为在弧(i,j)上通过单位流量时的费用,s_i 代表第 i 点的可供量或需求量,当 i 为发点时,$s_i>0$,i 为收点时,$s_i<0$,i 为中转点时,$s_i=0$。当网络供需平衡($\sum_i s_i=0$)时,将各发点物资调运到各收点(或从各发点按最大流量调运到各收点),使总调运费最小的问题,可归结为如下线性规划模型:

$$\min z=\sum_{i=1}^{n}\sum_{j=1}^{n}b_{ij}f_{ij} \tag{6-13a}$$

$$s.t.\begin{cases}\sum_{j=1}^{n}f_{ij}-\sum_{k=1}^{n}f_{ki}=s_i & (i=1,\cdots,n)\\ 0\leqslant f_{ij}\leqslant c_{ij} & (\text{对所弧}(i,j))\end{cases} \tag{6-13b}$$

求最小费用最大流时,一方面仍通过寻找增广链来调整流量,并判断是否达到了最大流量,但另一方面为了保证每步调整的流量花的费用最少,需要找出每一步费用最小的增广链,以保证最终给出的流量或最大流也是费用最少的。

设 $b(f)$ 为可行流 f 的费用，沿增广链调整后的流量为 $f'(>f)$，相应费用为 $b(f')$，有：

$$\begin{aligned}\Delta b(f) &= b(f') - b(f) = \sum_{u^+} b_{ij}(f'_{ij} - f_{ij}) - \sum_{u^-} b_{ij}(f_{ij}' - f_{ij}) \\ &= \theta\left(\sum_{u^+} b_{ij} - \sum_{u^-} b_{ji}\right)\end{aligned} \tag{6-14}$$

称比值 $\Delta b(f)/\theta$ 最小，也即调整单位流量花费最小的增广链为费用最小的增广链。若将每条弧可能作为正向弧或反向弧出现时，通过该弧一单位流量的费用在该弧旁作为权数标注，则寻找费用最小的增广链，又可转化为一个求发点到收点的最短路问题。因此求最小费用流的步骤可归结为：

步骤一：从零流 f_0 开始，f_0 是最小费用可行流，也是相应的流量为零时费用最小的。

步骤二：对可行流 f_k 构造加权网络 $W(f_k)$，方法是：

(1) 对 $0<f_{ij}<c_{ij}$ 的弧 (i,j)，当其为正向弧时，通过单位流的费用为 b_{ij}，为反向弧时，相应费用 $b_{ji}=-b_{ij}$。故在 i 和 j 点间分别给出弧 (i,j) 和 (j,i)，其权数分别为 b_{ij} 和 $-b_{ij}$。

(2) 对 $f_{ij}=c_{ij}$ 的弧 (i,j)，因为弧流量已饱和，在增广链中只能作为反向弧。故在 $W(f_k)$ 中只画出弧 (j,i)，其权数值为 $-b_{ij}$。

(3) 对 $f_{ij}=0$ 的弧 (i,j)，在增广链中该弧只能为正向弧，故在 $W(f_k)$ 中只给出弧 (i,j)，其权数值为 b_{ij}.

步骤三：在加权网络 $W(f_k)$ 中，寻找费用最小的增广链，也即求从 $s\to t$ 的最短路，该最短路对应的是一个费用最小的增广链。并将该增广链上流量调整至允许的最大值，得到一个新的流 f_{k+1}，新的流的流量增加，即 $f_{k+1}(>f_k)$。

步骤四：重复步骤二、三两步，一直到在网络 $W(f_{k+m})$ 中找不到增广链（也即找不出最短路）时，f_{k+m} 即为要寻找的最小费用最大流。

【例 6-6】 图 6-23 各弧旁数字为 (c_{ij},b_{ij})，试求图中从 s→t 的最小费用最大流。

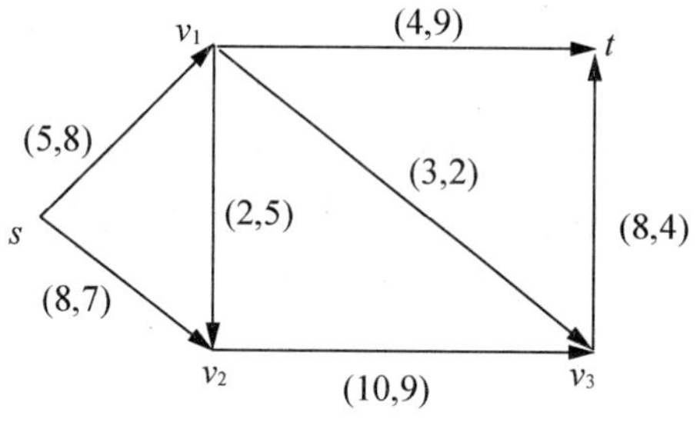

图 6-23

解：步骤一：从 $f_0=0$ 开始，构造加权网络图 $W(f_0)$，如图 6-24(a) 所示。图中从 $s\to t$ 的最短路为 $s-v_1-v_3-t$，根据各弧容量，可将流量调整到 $V(f_1)=3$，如图 6-24(b) 所示。

步骤二：构建加权网络 $W(f_1)$，如图 6-24(c) 所示。图中从 $s\to t$ 的最短路为 $s-v_1-t$，先调整增广链上流量，并使 $V(f_2)=5$，如图 6-24(d) 所示。

步骤三：重复上述过程，因在 $W(f_4)$ 中找不到 $s\to t$ 的最短路，故 $V(f_4)=12$ 为图 6-23 中从 $s\to t$ 的最小费用最大流量，f_4 为最小费用最大流。如图 6-24(h) 所示。

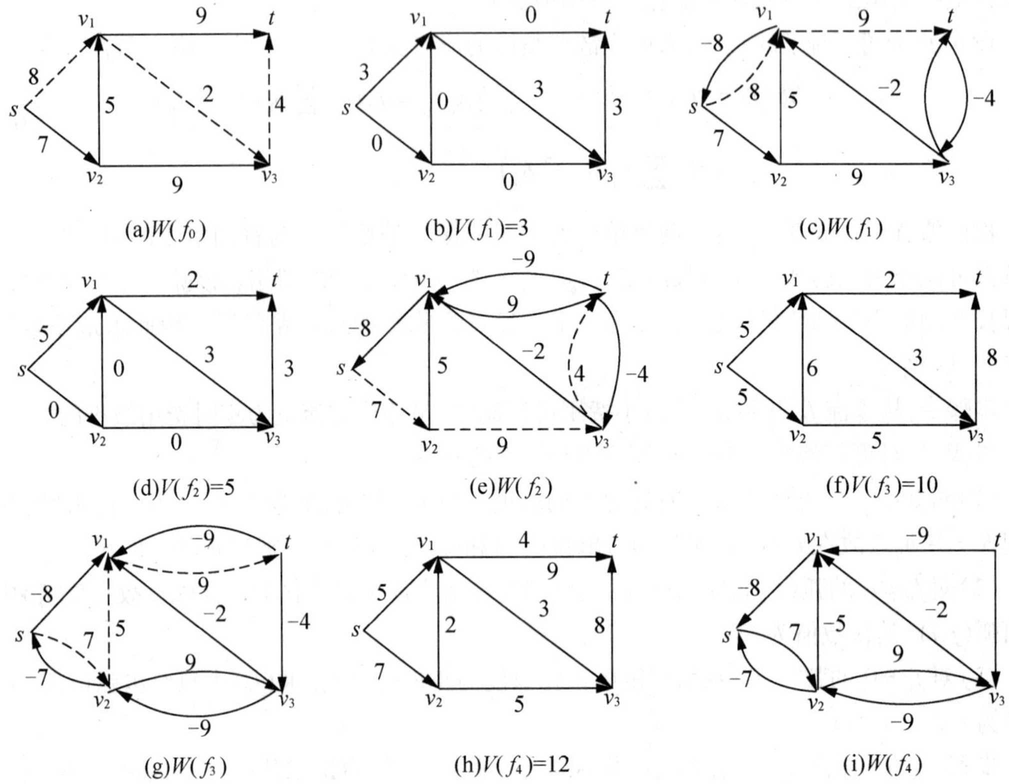

图 6-24

6.4 旅行售货员与中国邮路问题

6.4.1 旅行售货员问题

什么是旅游售货员问题？一个推销商从 n 个城市 $v_1, v_2, \dots, v_n$ 中某一个城市如 v_1 出发，到其他 $n-1$ 个城市推销产品，每个城市都必须访问到并且只访问一次最后回到 v_1，如何安排他的旅行路线使总距离最短，就是旅行售货员问题或货郎担问题。

设 C_{ij} 为城市 i 到城市 j 的距离，定义 0 - 1 变量

$$x_{ij} = \begin{cases} 1 & \text{从城市 } i \text{ 到城市 } j \\ 0 & \text{否则} \end{cases}$$

则旅行售货员问题的 0 - 1 规划数学模型为

$$\min Z = \sum_{i=1}^{n} \sum_{j=1}^{n} c_{ij} x_{ij} \quad (i \neq j)$$

$$
s.t.\begin{cases}
\sum\limits_{i=1}^{n} x_{ij} = 1 & (j = 1,2,\ldots,n)(i \neq j) \\
\sum\limits_{j=1}^{n} x_{ij} = 1 & (i = 1,2,\ldots,n)(i \neq j) \\
x_{ij} + x_{ji} \leqslant 1 & (i \neq j) \\
x_{ij} + x_{jk} + x_{ki} \leqslant 2 & (i \neq j \neq k) \\
\vdots & \vdots \\
x_{ij} + x_{jk} + x_{kl} + \cdots + x_{pn} \leqslant n-2 & (i \neq j \neq \cdots \neq p) \\
x_{ij} = 0 \text{ 或 } 1 & (i,j = 1,2,\cdots,n)
\end{cases}
$$

旅游售货员问题虽然能用整数规划、动态规划等方法求解，当 n 较大时求解就不一定有效。一种可行的方法就是求最小的 Hamilton 回路。

设图 $G=[V,E]$，若一个回路 H 过每一顶点一次且仅一次，则称 H 是 G 的一个 Hamilton 回路。与点 v_i 相关联的边数称为点的次(degree)，记为 $d(v_i)$，若 G 中任意两个点 v_i、v_j 均满足 $d(v_i)+d(v_j)\geqslant n$（n 为图 G 的点数并且 $n\geqslant 3$），则 G 中存在 Hamilton 回路。

旅行售货员所走的路线就是一个由 n 个城市构成的交通图 G 的一个 Hamilton 回路，旅行售货员问题就是寻找一个总距离最小的 Hamilton 回路。

下面用例题介绍一种求满意解（不一定最优）的修正方法。

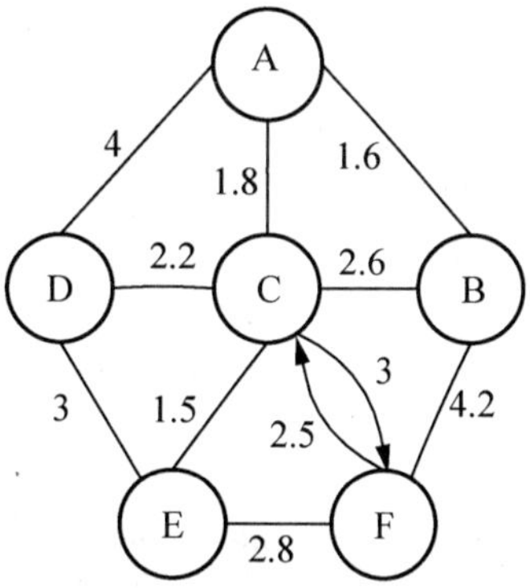

图 6-25

【例 6-7】 某电动汽车公司与学校合作，拟定在校园内开通无污染无噪音的“绿色通道”路线。图 6-25 是某大学教学楼和学生宿舍楼的分布图，其中 C、F 之间是两条单向通道，边上的数字为汽车通过两点间的正常时间（分钟）。电动汽车公司如何设计一条路线，使汽车通过每一处教学楼和宿舍楼一次后总时间最少。

解：(1) 显然图 6-25 存在 Hamilton 回路，将图表示成距离矩阵 C，顺序为 $A,B,\cdots,F$，两点间没有边连接的时间为∞。

(2) 类似解指派问题（匈牙利算法）的第一步，每行每列分别减去该行该列最小元素，得到矩阵 C_1，C_1 与 C 的解相同。

$$
C=\begin{array}{c} v_1 \\ v_2 \\ v_3 \\ v_4 \\ v_5 \\ v_6 \end{array}
\begin{array}{c}
\begin{array}{cccccc} v_1 & v_2 & v_3 & v_4 & v_5 & v_6 \end{array} \\
\begin{bmatrix}
\infty & 1.6 & 1.8 & 4 & \infty & \infty \\
1.6 & \infty & 2.6 & \infty & \infty & 4.2 \\
1.8 & 2.6 & \infty & 2.2 & 1.5 & 2.5 \\
4 & \infty & 2.2 & \infty & 3 & \infty \\
\infty & \infty & 1.5 & 3 & \infty & 2.8 \\
\infty & 4.2 & 3 & \infty & 2.8 & \infty
\end{bmatrix}
\end{array},\quad
C_1=\begin{bmatrix}
\infty & 0 & 0.2 & 1.7 & \infty & \infty \\
0 & \infty & 1 & \infty & \infty & 1.6 \\
0.3 & 1.1 & \infty & 0 & 0 & 0 \\
1.8 & \infty & 0 & \infty & 0.8 & \infty \\
\infty & \infty & 0 & 0.8 & \infty & 0.3 \\
\infty & 1.4 & 0.2 & \infty & 0 & \infty
\end{bmatrix}
$$

(3) 采用最近城市法(nearest neighbor heuristic)，在 C_1 中取一个初始 Hamilton 回路 H_1，起步可以从任意点开始，不妨从 v_1 出发，下一步到离 v_1 最近的点 v_2，依次取 v_3,v_6,v_5,v_4,v_1，回路 $H_1=\{v_1,v_2,v_3,v_6,v_5,v_4,v_1\}$的距离为

$$C(\mathrm{H}_1)=1.6+2.6+2.5+2.8+3+4=16.5$$

(4) 修正回路 H_1。在矩阵 C_1 中从 v_1 到 v_2 的距离 $c_{12}=0$ 最短,去掉 C_1 的第一行第二列,为避免出现回路 $v_1 \to v_2 \to v_1$,令 $c_{21}=\infty$ 得到矩阵 C_2。在 C_2 中第一行减去最小元素 1,第一列减去最小元素 0.3 得到矩阵 C_3。

$$C_2=\begin{matrix} & v_1 & v_3 & v_4 & v_5 & v_6 \\ v_2 \\ v_3 \\ v_4 \\ v_5 \\ v_6 \end{matrix}\begin{bmatrix} \infty & 1 & \infty & \infty & 1.6 \\ 0.3 & \infty & 0 & 0 & 0 \\ 1.8 & 0 & \infty & 0.8 & \infty \\ \infty & 0 & 0.8 & \infty & 0.3 \\ \infty & 0.2 & \infty & 0 & \infty \end{bmatrix}, C_3=\begin{bmatrix} \infty & 0 & \infty & \infty & 0.6 \\ 0 & \infty & 0 & 0 & 0 \\ 1.5 & 0 & \infty & 0.8 & \infty \\ \infty & 0 & 0.8 & \infty & 0.3 \\ \infty & 0.2 & \infty & 0 & \infty \end{bmatrix}$$

在 C_3 中,按最近城市法 v_2 下一步应达到 V_3,从 C_2 看出最后一个点不能是 v_5 和 v_6(因为这样回不到 V_1),下一步 V_2 不能选 v_4 只能选 v_5 和 v_6,如果依次选 v_5,v_6,v_4,v_1 不能构成 Hamilton 回路,如果依次选 v_6,v_5,v_4,v_1 则回路和 H_1 相同,没有改进。

因此在 C_3 中,v_2 下一步应达到 v_6,取回路 $H_2=\{v_1,v_2,v_6,v_5,v_3,v_4,v_1\}$,距离为

$$C(H_2)=1.6+4.2+2.8+1.5+2.2+4=16.3$$

(5) 与第(4)步一样,去掉 C_3 中第一行和第五列,并且令 $c_{61}=\infty$(C_3 中已是∞),得到矩阵 C_4。矩阵 C_4 中每行每列都有零,在 C_4 中找一个与 H_1、H_2 不同的 Hamilton 回路,有两条不同的回路 $\{v_1,v_2,v_6,v_5,v_4,v_3,v_1\}$ 和 $\{v_1,v_2,v_6,v_3,v_5,v_4,v_1\}$,取第一条回路 $H_3=\{v_1,v_2,v_6,v_5,v_4,v_3,v_1\}$,即 v_6 下一步到达 v_5,距离为

$$C(H_3)=1.6+4.2+2.8+3+2.2+1.8=15.6$$

$$C_4=\begin{matrix} & v_1 & v_3 & v_4 & v_5 \\ v_3 \\ v_4 \\ v_5 \\ v_6 \end{matrix}\begin{bmatrix} 0 & \infty & 0 & 0 \\ 1.5 & 0 & \infty & 0.8 \\ \infty & 0 & 0.8 & \infty \\ \infty & 0.2 & \infty & 0 \end{bmatrix}, C_5=\begin{matrix} & v_1 & v_3 & v_4 \\ v_3 \\ v_4 \\ v_5 \end{matrix}\begin{bmatrix} 0 & \infty & 0 \\ 1.5 & 0 & \infty \\ \infty & 0 & 0.8 \end{bmatrix}$$

去掉 C_4 中第四行第四列,得到矩阵 C_5。C_5 中不存在与 H_1、H_2、H_3 不同的回路,H_3 为最小 Hamilton 回路。

电动汽车公司的行车路线是 $A \to B \to F \to E \to D \to C \to A$,汽车在校园行驶一圈需要 15.6 分钟。

从例题的计算看出,最后结果很大程度上依赖于前面走过的路线,如第一步从某个点出发到另一个点确定后,就不能再变动,其结果可能不是最小 Hamilton 回路。在例中,由矩阵 C_1 第一步从 v_2 开始到 v_1 取一个 Hamilton 回路,最后结果就与例题结果不同。开始可以取不同的 Hamilton 回路,重复计算几次,从中筛选较优的结果。

6.4.2 一笔画问题与中国邮路问题

欧拉链、欧拉圈、欧拉图 给定一个连通多重图 G,若存在一条链,过每边一次,且仅一次,则称这条链为**欧拉链**。若存在一个简单图,过每边一次,称这个圈为**欧拉圈**。一个图若有欧拉圈,则称为**欧拉图**。显然,一个图若能一笔画出,这个图必是欧拉圈或含有欧拉链。

很明显,可一笔画的一定是有限的和连通的。图 6-26(a)标出了图 6-26(b)中多重图的可一笔画的迹。为了指示图的方向,图解中表示走向的各边没有接触到它实际穿过的顶点。由此可

知本章引导案例中的哥尼斯堡七桥问题所要求的行走是否可能就看图 6-2 是否可一笔画。

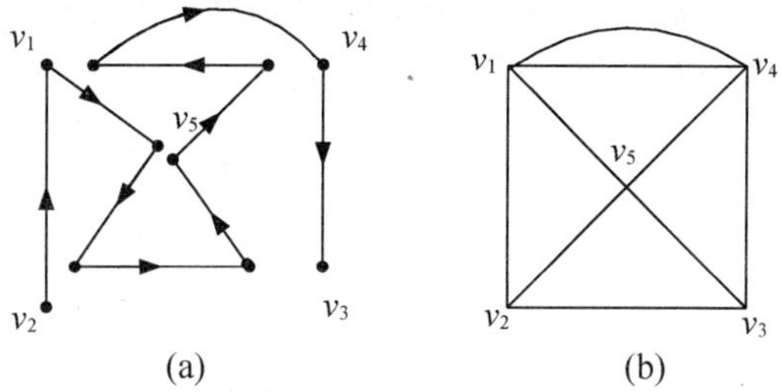

图 6-26

【定理 6-10】 连通多重图 G 是欧拉图,当且仅当 G 中无奇点。

证 必要性是显然的,只证明充分性。

假设 G 的各个顶点都是偶点。首先构造一个欧拉迹,在任何一条边 e 开始一条迹 u_1 用逐次增加一条边的方法来延长 u_1。如果 u_1 在任何一步都不是闭的,比方说 u_1 在 u 开始但是在 $v \neq u$ 结束,则在 u_1 中与 v 关联的边出现奇数条;因此可以用和 v 关联的另一边来延长 u_1。这样可以继续去延长 u_1,直到 u_1 回到它的初始顶点 u,即直到 u_1 是封闭的。如果 u_1 包含了 G 的所有的边,则 u_1 是所找的欧拉迹。

假设 u_1 不包含 G 的所有的边。考虑从 G 中删除 u_1 的所有的边得到的图 H。H 可以是不连通的,但是 H 的每一个顶点有偶数度,这是因为在 u_1 中,和任何顶点关联的边数是偶数。由于 G 是连通的,所以存在 H 的一条边 e',它在 u_1 中一个端点 u'。利用 e',从 u'点开始,在 H 中构造一条迹 u_2。因为 H 中所有的顶点是偶数度的,可以在 H 中继续延长 u_2,直到 u_2 返回 u',如图 6-27 所画。可以容易地把 u_1 和 u_2 放在一起,在 G 中形成一个更大的闭的迹。

继续这个过程,直到 G 的所有边都被用到。最后得一个欧拉链,所以 G 是欧拉图。

推论 连通多重图 G 有欧拉链,当且仅当 G 恰有两个奇点。

证 必要性是显然的。现设连通多重图 G 恰有两个奇点 u,v,在 G 中增加一个新点 w 及新边(w,v),(w,u),得连通多重图 G',由【定理 6-10】,G'有欧拉圈 C',从 C'中去掉点 w 及点 w 的关联边(w,v),(w,u),即得 G 中的一条联结 v,u 的欧拉链。

上述定理和推论提供了识别一个图能否一笔画的较为简单的办法。如图 6-27 所示,有 2 个奇点,可以一笔画出来。从奇点 v_2 开始,一笔画到奇点 v_5 为止。

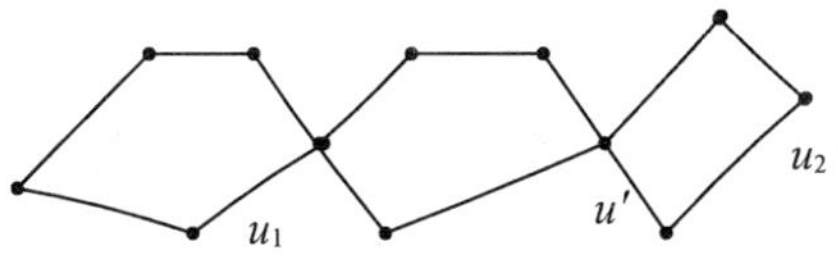

图 6-27

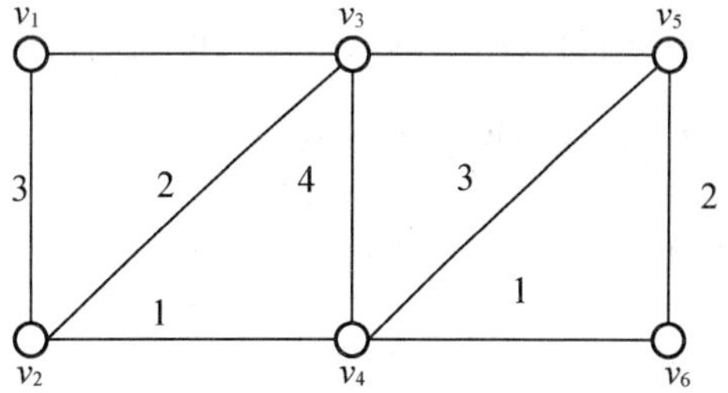

图 6-28

设连通图 $G=[V,E]$,如果存在一条回路,不重复包含 G 的每一条,这条回路称为欧拉(Euler)回路,具有欧拉回路的图称为欧拉图,全为偶点的图是欧拉图。

图 6-28 中有 4 个奇点 v_1,v_2,v_6,v_7,不存在欧拉回路,假设,该图为某邮局的一个邮递网络,

其中，每一条边为邮递的街道，点为街道的交叉处。无论邮局在哪一个点，邮递员要经过每一条边至少有一条边重复经过。如果将图6-29(a)增加四条边为图6-29(b)，这四条边就等价于邮递员重复经过的边，图6-29(b)所有点都是偶点，因而是欧拉图，存在欧拉回路。

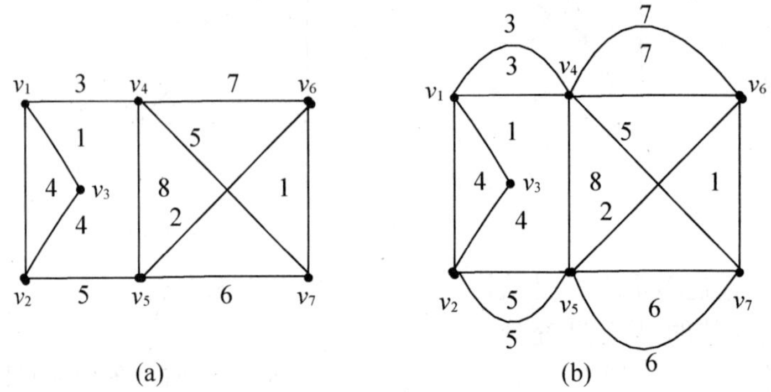

图 6-29

什么是中国邮路问题?

例如：一个邮递员，负责某一地区的信件投递。他每天要从邮局出发，走遍该地区所有街道再返回邮局，问应如何安排送信的路线可以使所走的总路程最短？用图论的语言描述：给定一个连通图，每边有非负权，要求一条回路过每边至少一次，且满足总权最小。

一个邮递员从邮局出发，将邮件投递到他管辖的所有街道最后回到邮局，如何安排他的行驶路线使总路长最短，这个问题由中国数学家管梅谷教授于1962年提出，因此称为中国邮路问题。旅行售货员与中国邮路问题不同之处是前者遍历图的所有点，后者是遍历图的所有边。下面我们将邮递员问题抽象为图的语言(用图论的语言复述)，中国邮路问题变为在一个具有奇点的图中，如何添加重复边将奇点变为偶点成为欧拉图，使重复边的总长最短。

即构造一个连通图 $G=(V,E)$，图中的每一条边代表邮递员路线中的每一条街，而每一顶点则代表两条街之间的交叉点。每一条边 e_i 上赋予一个非负的权(距离) $w(e_i)$，这样就得到一个赋权图、问题是：要求一个圈，过每边至少一次，并使圈的总权数最小。

显然，若能找到一个圈，每边都走过并不重复，则一定是最短路线，换句话说，如果一个图是欧拉图，则它的一个欧拉圈的总长即为所求的最短邮路长。

若图不是欧拉图，则邮路中的某些边必须重复，这时问题是哪些街道上重复最好？为了解这个问题，我们要利用图的一些性质即前面讲的定理6-1与定理6-2。

6.4.3 奇偶点图上作业法

邮递员问题的求解方法为奇偶点图上作业法。

若图中无奇点，这时图中的图为欧拉图，所以从邮局出发一定能找到一个可游历迹最后回到邮局。这条迹就是最短邮路线。

若图中有奇点。这时图中不能找到能一笔画的圈，所以邮路中有些边必须重复，应重复哪些边才能回到出发点，又使总的邮路长最短？此种情况的求解方法我们从一个例题的求解过程来讲解。

【例6-8】 图6-30中的街道图，(有4个奇点，v_2,v_4,v_6,v_8)，求从任一点(邮局)出发经过每边至少一次，回到出发点的最短路线。

解:因为图中有 4 个奇点,所以要能一笔画一个圈必须在图上添加重复边,使图不含奇点。我们把使图不含奇点而增加的重复边,称为可行方案。显然不同的添加方法,得到不同的可行方案,则对应的欧拉圈的总权也不同,我们称使总权数最小的可行方案为最优方案。

步骤一:第一个可行方案的确定。因为奇点的个数为偶数,所以可将奇点配对。

又因为图是连通的,故每一对奇点之间必有一条链,我们把这条链的所有边作为重复边加到图中去(易见新图中必无奇点,这就给出了第一方案)。

将 v_2 与 v_4;v_6 与 v_8 配成对(通常是就近配对,这里是为了说明调整的方法)。连 v_2 和 v_4 的链有几条,任取一条 $v_2 \to v_3 \to v_4$ 把边$[v_2,v_3]$,$[v_3,v_4]$作为重复边加到图中去,同样的取 v_6 与 v_8 之间的一条链 $v_6 \to v_7 \to v_8$ 把边$[v_6,v_7]$,$[v_7,v_8]$加到图中去,重复边上的权与原来边上的权相等,于是得到新图 6-31,新图中无奇点,故它是欧拉图,对应于这个可行方案,重复边总权为:$5+9+3+4=21$。

步骤二:调整可行方案,使重复边总长度下降。

(1) 去掉边上的偶数条重复边,使图的每一边上最多有一条重复边。

一般情况下,若边$[v_i,v_j]$上有两条或两条以上的重复边时,我们从中去掉偶数条边,图仍无奇点,这样就得到一个总长度较小的可行方案。

(2) 使图中每个圈上的重复边的总权不大于该圈总权的一半。

任取一个圈,当圈上重复边的总权大于圈的总权的 1/2 时,则去掉该圈上所有重复边,在没有重复边的边上添加一条重复边,图仍无奇点。

在图 6-31 中,圈$\{v_2,v_3,v_4,v_9,v_2\}$的总长为 24,但圈上重复边总权为 14,大于该圈总长度的一半,因此可以作一次调整,以$[v_2,v_9][v_9,v_4]$上的重复边代替$[v_2,v_3][v_3,v_4]$上的重复边,使图中重复边的总长度下降为 17,如图 6-31 所示。

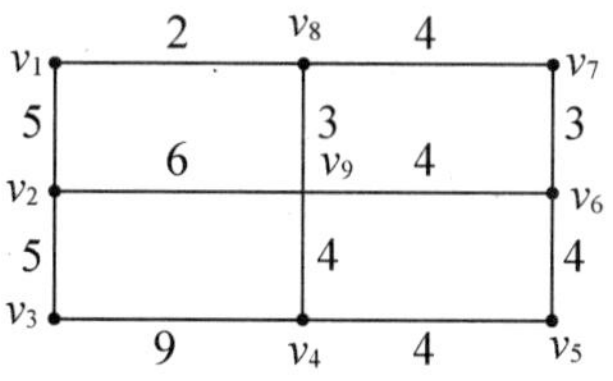

图 6-30

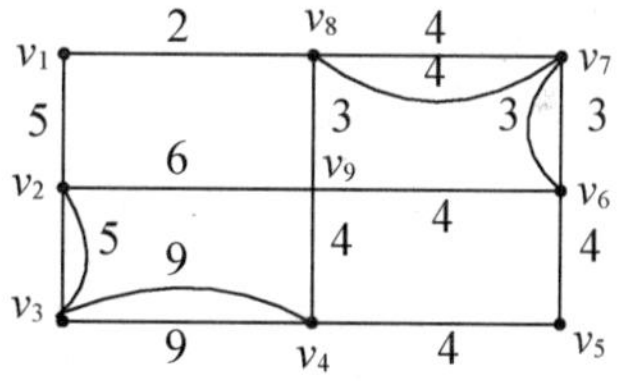

图 6-31

再检查圈$\{v_1,v_2,v_9,v_6,v_7,v_8,v_1\}$中总权为 24,重复边总权为 13,大于该圈总长度的一半,因此再作一次调整,以$[v_9,v_6]$,$[v_1,v_8]$,$[v_1,v_2]$上的重复边代替$[v_2,v_9]$,$[v_8,v_7]$,$[v_6,v_7]$上的重复边,使图中重复边的总权下降为 15。如图 6-32 所示。

步骤三:判断最优方案的标准。从步骤二的分析可知,一个最优方案一定是满足(1)和(2)的可行方案,反之,一个可行方案若满足(1)和(2),则这个可行方案一定是最优方案。根据这样的判断标准,对给定的可行方案,检查它是否满足条件(1)和(2)。若满足,所得方案即为最优方案,若不满足,则对方案进行调整,直至条件(1)和(2)均得到满足时为止。

检查图 6-33,条件(1)和(2)均满足。于是得最优方案。图 6-33 中的任一个欧拉圈就是邮递员的最优邮递路线。

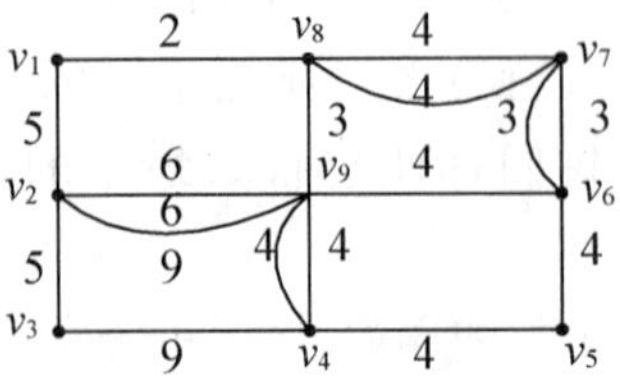

图 6-32

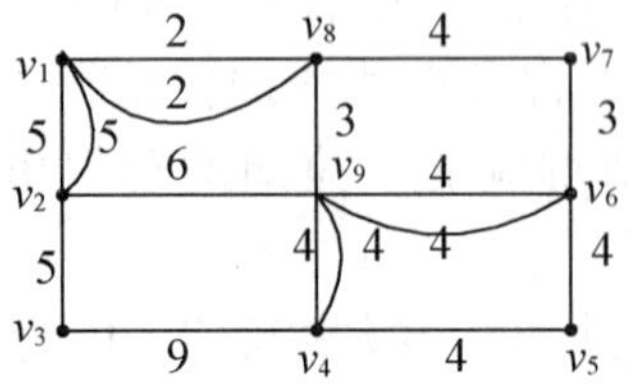

图 6-33

值得注意的是，方法的主要困难在于检查条件(2)，它要求检查每一个圈。当图中点、边数较多时，圈的个数将会很多。如“日”字形图就有三个圈，而“田”字形的图形就有 13 个圈。关于中国邮递员问题，还有其他的算法，读者有兴趣可参阅其他材料，在此就不介绍了。

6.5 图与网络问题计算软件的实现

6.5.1 用避圈法求解图的最小部分树

例 6-1 求解最小部分树的 MATLAB 的实现。

步骤一：运行 MATLAB 软件，点击 File—open，调用程序文件夹下的程序文件 fun. m，这时会出现编辑框，如图 6-34。

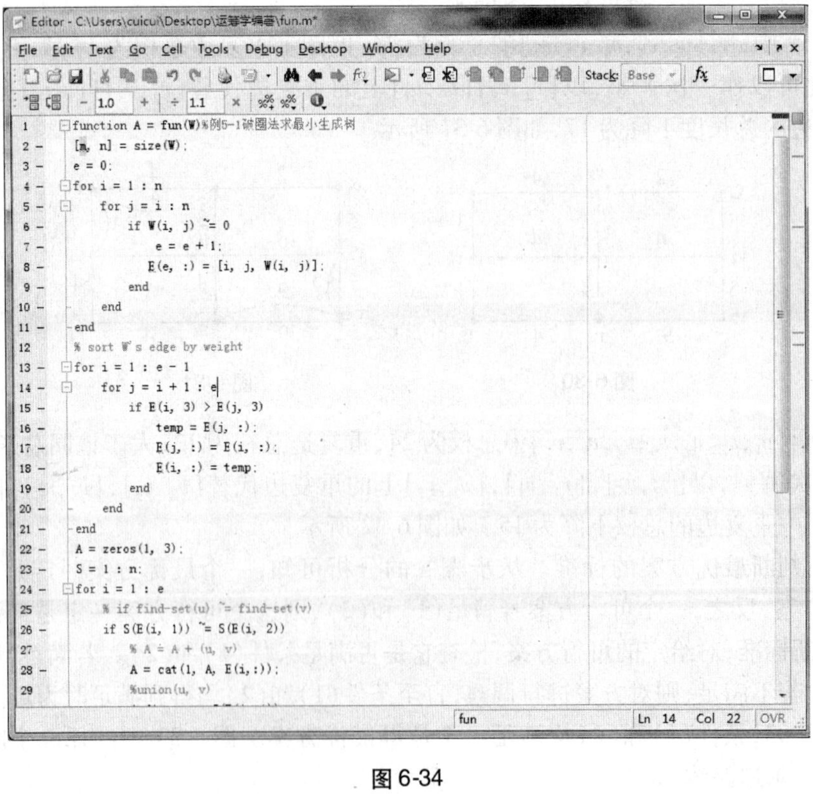

图 6-34

步骤二:根据例 6-1 题中的已知条件在命令窗口中根据题意输入:

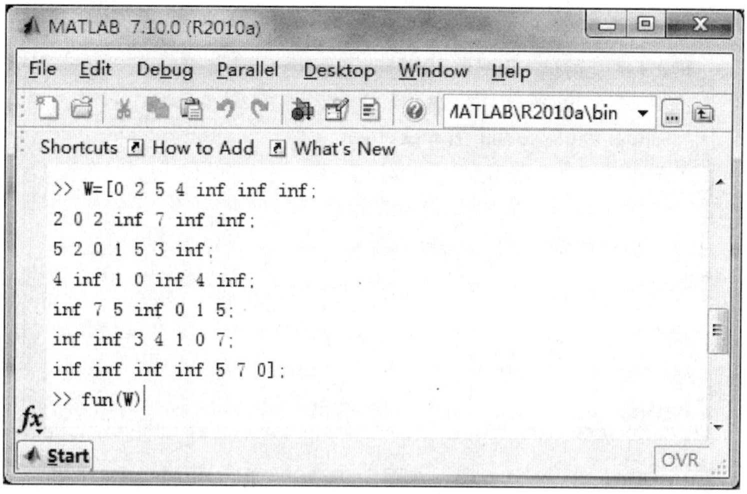

其中:w 表示起点 S 到各点的距离,即图的邻接矩阵的第一行。例如第一行,表示点 S 到 S 的距离是 0,S 到第二个点 A 的距离是 2,S 到点 B 的距离是 5,S 到点 C 的距离是 4,S 到点 D 为 inf,(因为 S 到 D 没有关联),同样第二行表示 A 到 $S,\cdots,T$ 的距离(也就是输入邻接矩阵)。

步骤三:然后按回车键。

得到如下结果如图 6-35:

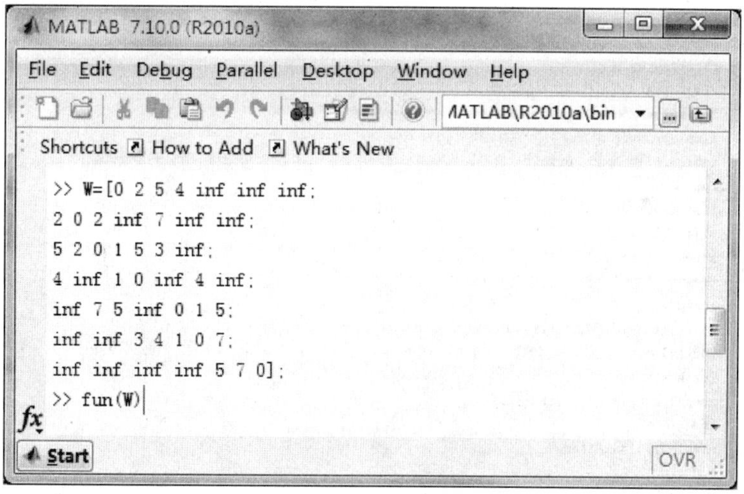

图 6-35

步骤四:根据输出的结果进行分析:

ans 是 answer 的缩写,第一列、第二列都表示相应的第几个点,第三列表示第一列点到同一行中第二列点的最短距离。结果即为例 6-1 中图 6-12(f)。

6.5.2 用线性规划中逐次逼近法求解最短路问题

例 6-2 求解最短路问题的 MATLAB 的实现。

步骤一:运行 MATLAB 软件,将点击 File—open,选择程序文件夹下的程序文件例6 - 2. m,

如图 6-36 所示：

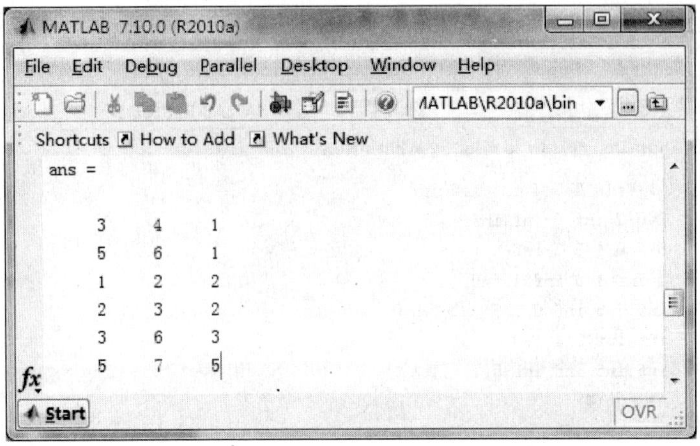

图 6-36

步骤二：将例 6-2 的程序复制到命令窗口并按回车。即得图 6-37 的界面：

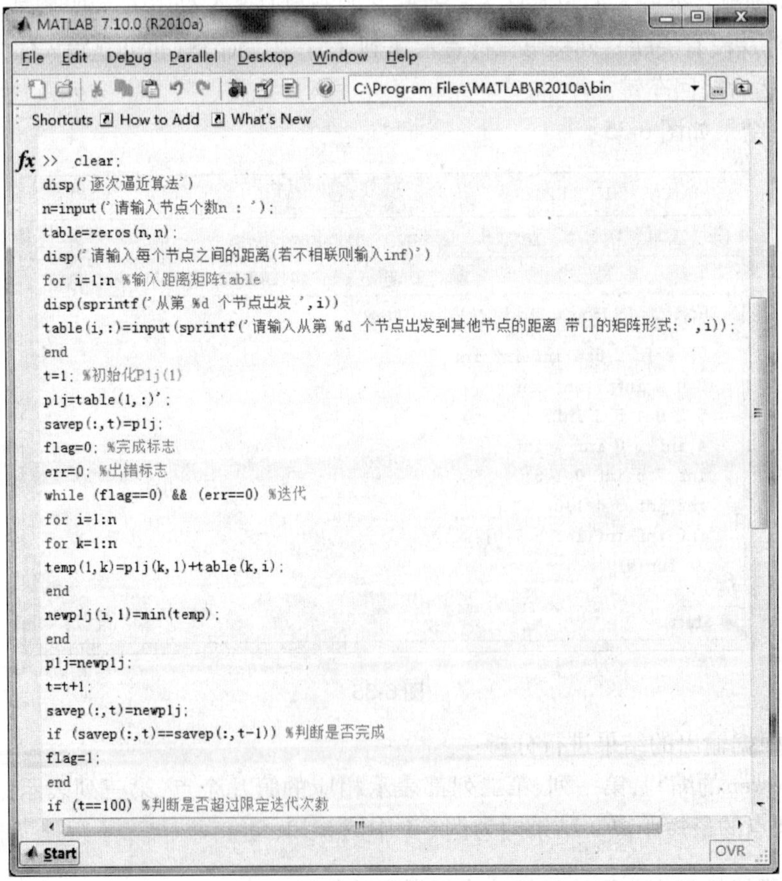

图 6-37

步骤三：根据提示，由例 6-2 已知条件，可知节点个数 $n=7$，即直接输入 7，然后按回车键，得步骤二提示，如图 6-38 所示。

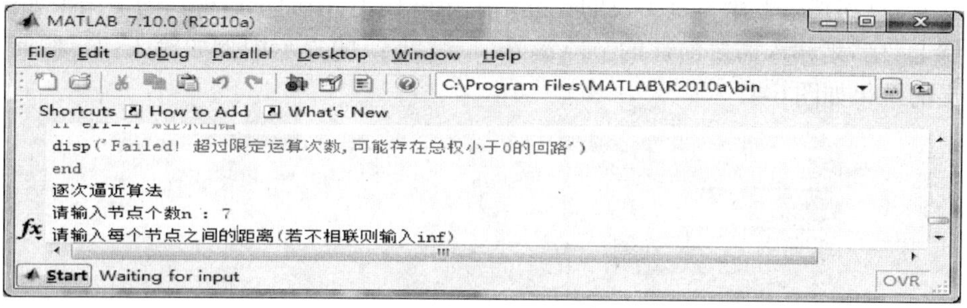

图 6-38

步骤四：根据提示，输入：[0 6 10 12 inf inf inf]，然后按回车后得图 6-39 的提示：

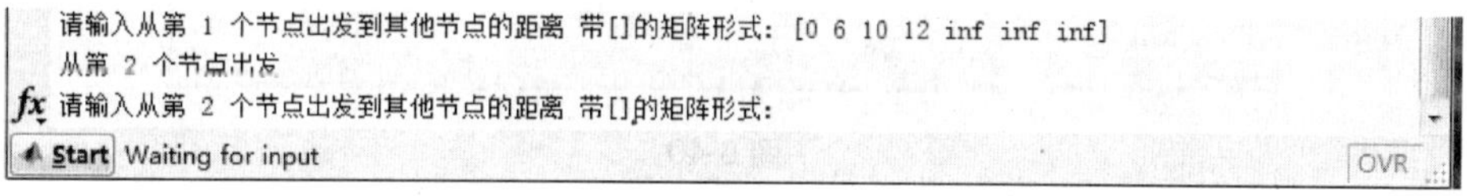

图 6-39

步骤五：然后再输入：[inf 0 3 inf 14 inf inf]，按回车，即根据提示如此操作可得到以下操作：

逐次逼近算法══════════MATLAB 命令行界面求解过程══════════

逐次逼近算法

请输入节点个数 *n*:*7*

请输入每个节点之间的距离(若不相联则输入 inf)

从第 1 个节点出发

请输入从第 1 个节点出发到其他节点的距离带[ ]的矩阵形式：[*0 6 10 12 inf inf inf*]

从第 2 个节点出发

请输入从第 2 个节点出发到其他节点的距离带[ ]的矩阵形式：[*inf 0 3 inf 14 inf inf*]

从第 3 个节点出发

请输入从第 3 个节点出发到其他节点的距离带[ ]的矩阵形式：[*inf 2 0 5 9 7 inf*]

从第 4 个节点出发

请输入从第 4 个节点出发到其他节点的距离带[ ]的矩阵形式：[*inf inf inf 0 inf 5 inf*]

从第 5 个节点出发

请输入从第 5 个节点出发到其他节点的距离带[ ]的矩阵形式：[*inf inf inf inf 0 inf 11*]

从第 6 个节点出发

请输入从第 6 个节点出发到其他节点的距离带[ ]的矩阵形式：[*inf inf inf inf 8 0 16*]

从第 7 个节点出发

请输入从第 7 个节点出发到其他节点的距离带[ ]的矩阵形式：[*inf inf inf inf inf inf 0*]

注：文中斜体部分须手动输入。

步骤六：直到到第七个节点出发的矩阵形式矩阵输出，按回车后得到图下结果如图 6-40：

步骤七：在“请输入需要前往的节点编号(1 到 7)：”的提示中例如输入：7。按回车，即可得出输出的结果如图 6-41。

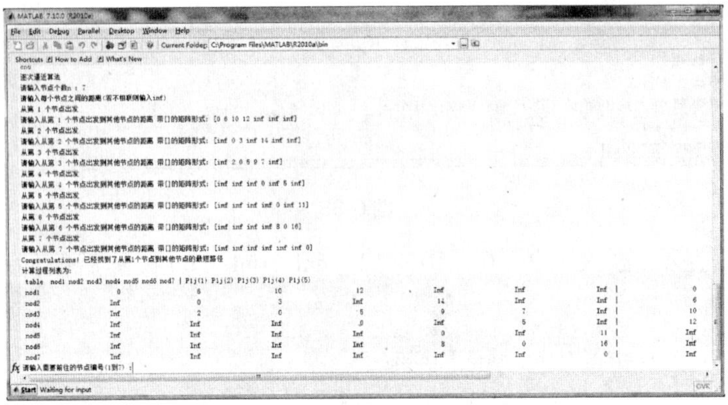

图 6-40

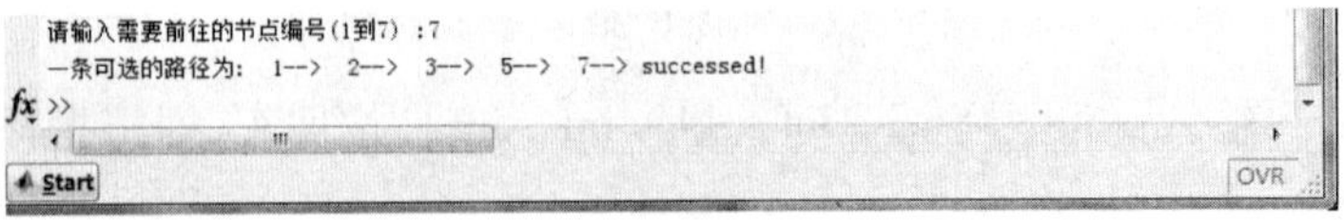

图 6-41

6.5.3 用 Dijkstra 算法求解最短路问题

例 6-3 求解最短路问题的 MATLAB 的实现。

步骤一：运行 MATLAB 软件，将点击 File—open，选择程序文件夹下的程序文件 MinPath.m，如图 6-42 所示：

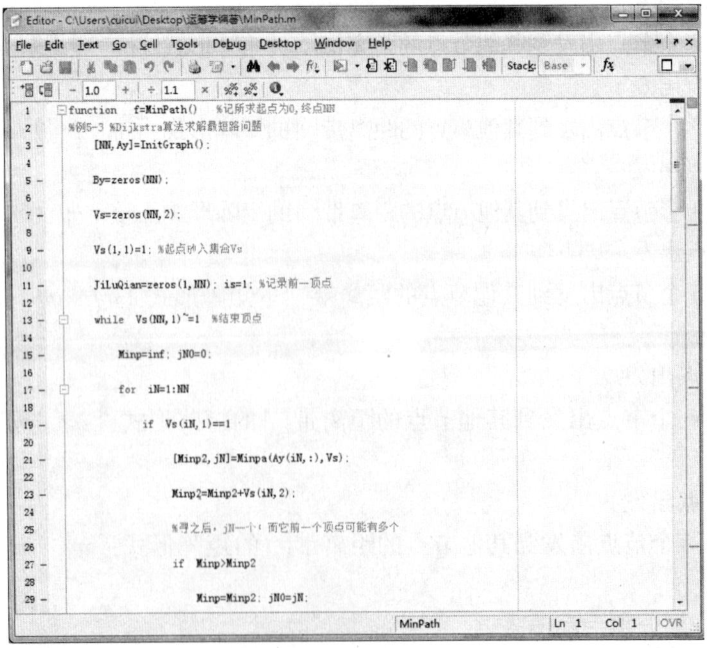

图 6-42

步骤二:直接按调用命令窗口中的 按钮,则在命令窗口即可得如下结果见图 6-43:

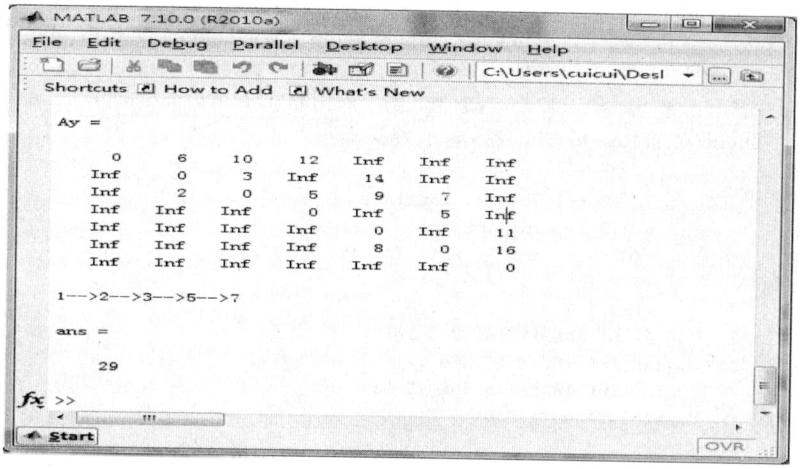

图 6-43

步骤三:分析结果,则从节点 1 到节点 7 的最短路为:1→2→3→5→7,最小路长为 29。

6.5.4 用 Floyd 算法求解最短路问题

例 6-4 求解最短路问题的 MATLAB 的实现。

步骤一:运行 MATLAB 软件,将点击 File—open,选择程序文件夹下的程序文件 floyd. m,如图 6-44 所示:

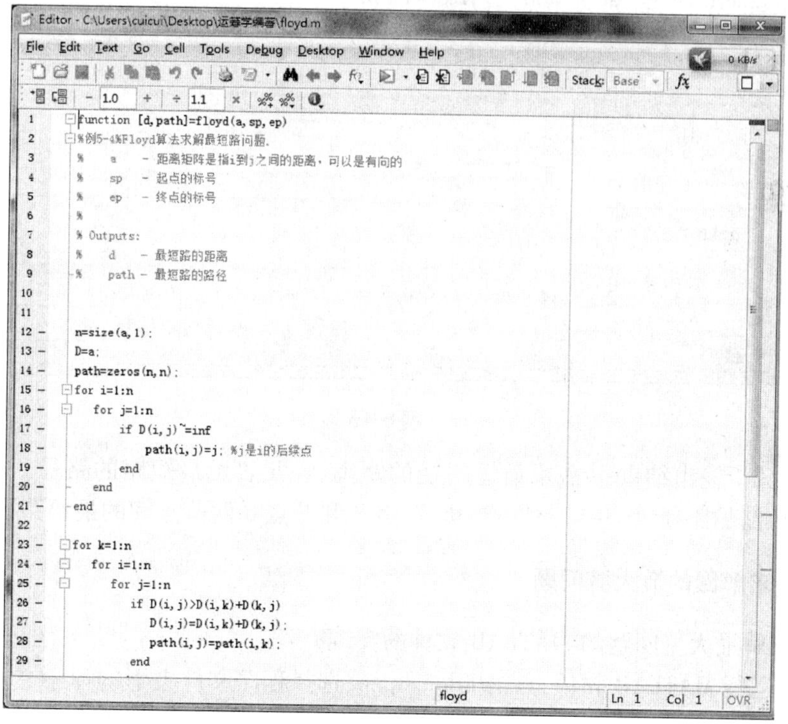

图 6-44

步骤二:调用此程序后根据例6-4在命令窗口输入为:

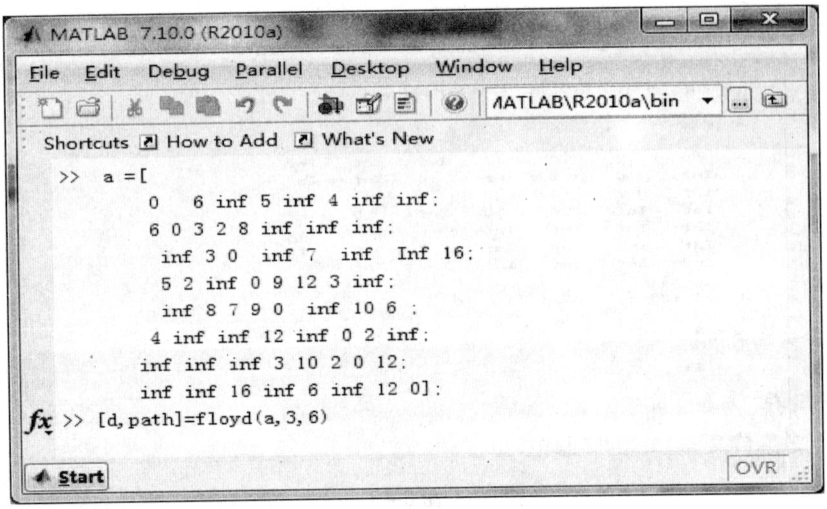

步骤三:按回车的如下运行结果如图6-45所示:

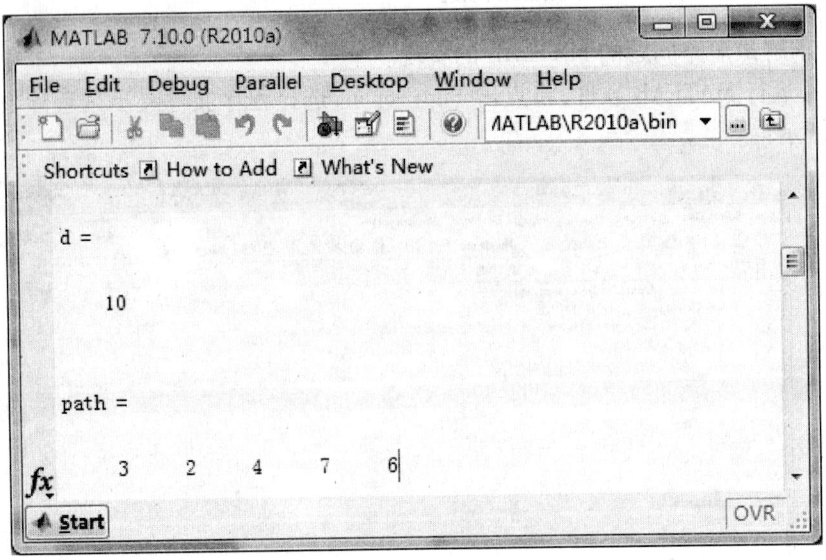

图6-45

步骤四:分析输出结果:*d* 表示最短路径的距离,path 表示最短路的路径。即由节点3到节点6的最短路的路径为:3→2→4→7→6,节点3和节点6两节点间的最短路径为10。

6.5.5 求解图的最大流问题

例6-5 求解最大流问题的MATLAB软件的实现。

步骤一:运行MATLAB软件,点击File—open,选择程序文件夹下的程序文件例6-5.m,如图6-46所示:

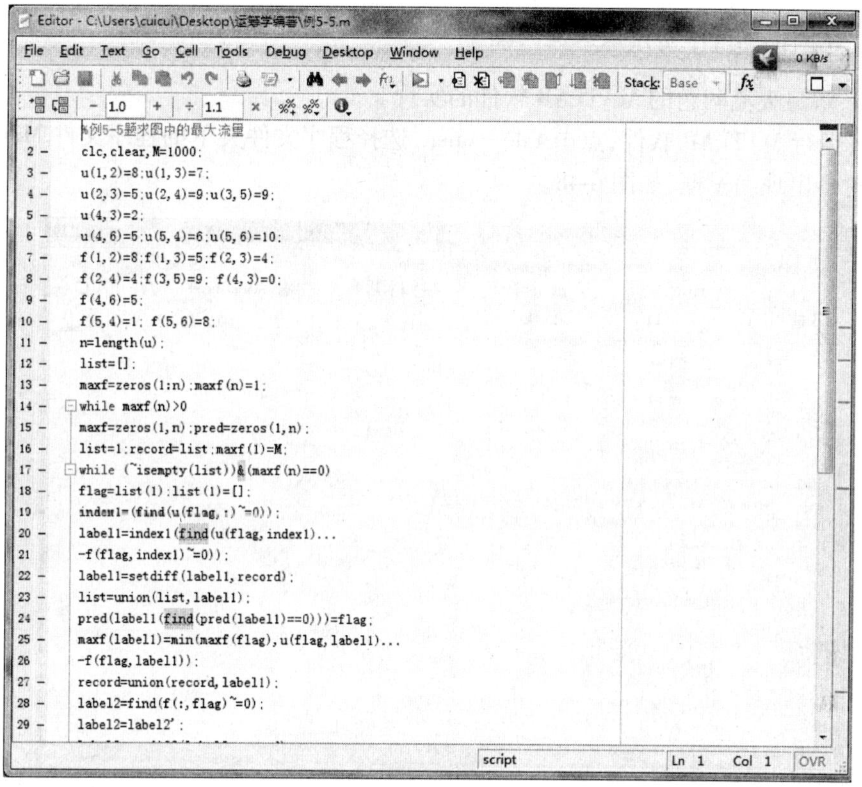

图 6-46

步骤二：将例 6-5 的程序复制到命令窗口并按回车。即得图 6-47 的界面：

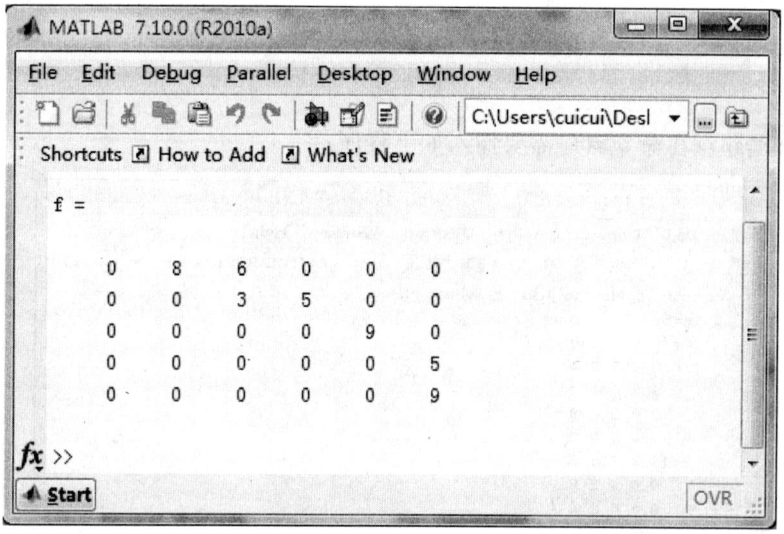

图 6-47

步骤三：分析输出结果，第一行表示起点 s 到 v_1 的最大流量为 8，起点 s 到 v_2 的最大流量为 6，第二行表示 v_1 到 v_2 的最大流量为 3，v_1 到 v_3 的最大流量为 5，第三行表示 v_2 到 v_4 的最大流为 9，第四行表示 v_3 到 t 的最大流量为 5，最后一行表示 v_4 到 v_3 到 t 的最大流量为 9。

6.5.6 求解图的最小费用最大流问题

例 6-6 求解最大流问题的 MATLAB 软件的实现。

步骤一:运行 MATLAB 软件,点击 File—open,选择程序文件夹下的程序文件 MinCostMaxFlow. m,这时会出现编辑框,如图 6-48。

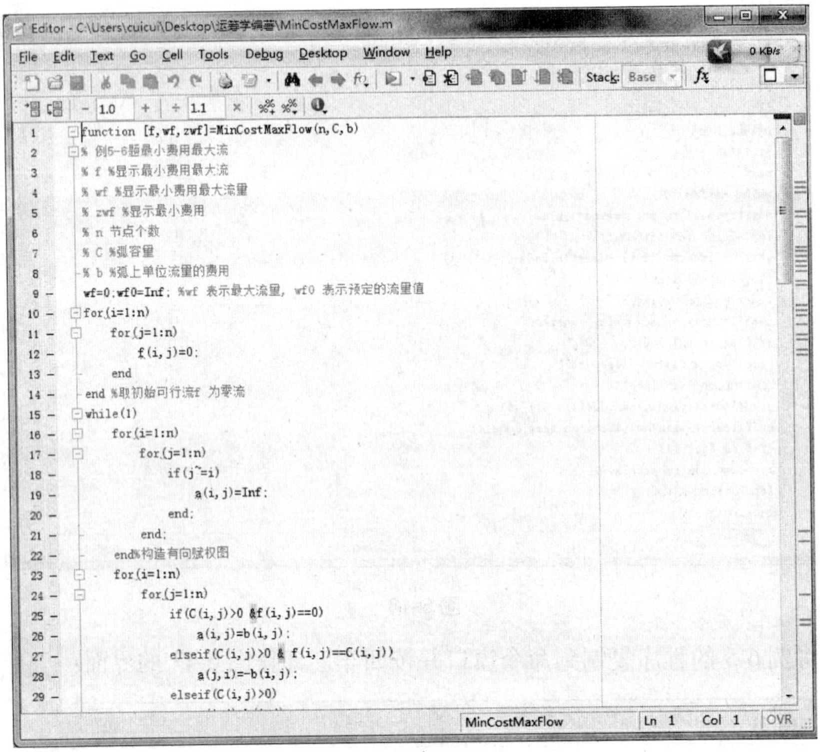

图 6-48

步骤二:根据题意在命令窗口需要输入如下程序:

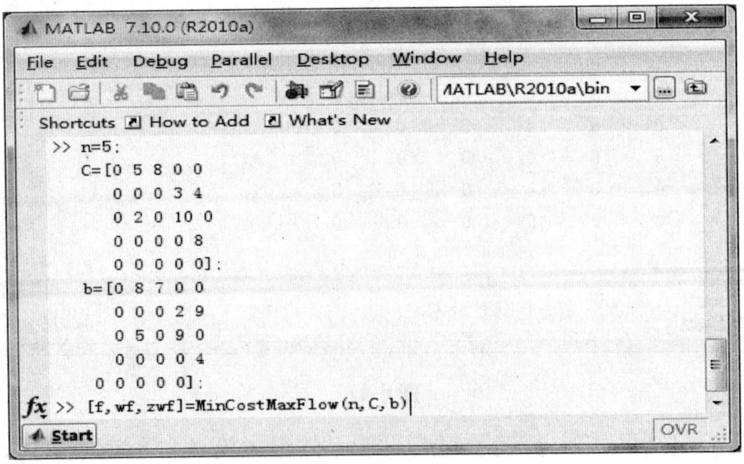

步骤三:按回车后,出现如下结果,如图 6-49:

则输出结果如下：

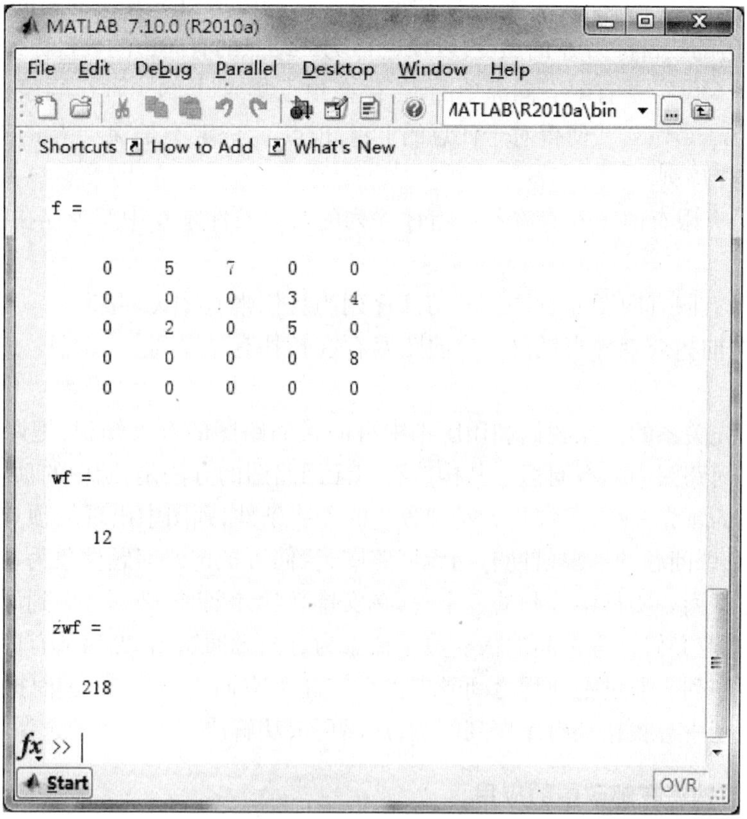

图 6-49

步骤四：分析结果：f 表示现实最小费用最大流，wf 表示最小费用最大流量 12，zwf 表示最小费用为 218. 其中 f 的矩阵表示：第一行表示起点 s 到 v_1 的最大流量为 5，起点 s 到 v_2 的最大流量为 7，第二行表示 v_1 到 v_3 的最大流量为 3，v_1 到 t 的最大流量为 4，第三行表示 v_2 到 v_1 的最大流量为 2，v_2 到 v_3 的最大流量为 5，第四行表示 v_3 到 t 的最大流量为 8。即为图 6-24(h)所示。

6.6 图与网络知识的扩展及应用

6.6.1 图与网络在高校选课中的应用

随着高校教学体制改革，越来越多的高校实行了学分制。在学分制度下，学生只要选修一定量的课程，修完规定的学分，即可毕业. 其中有一部分课程是必修课，是培养专业素质的根基. 在必修课程中，有些是基础课，它们独立于其他课程，必须先修；而另一些是后续课程必须在学完作为它的基础的先修课程以后，才能开始。这些先决条件决定了课程之间的先后关系。因此，每个专业的学生在选修必修课程时，必需考虑到课程之间的先后关系。研究选课问题具有重要的现实意义。

图论知识：

设 $G=(V,E)$ 是简单有向图，其 V 是顶点的有穷非空集合，E 是有向边的集合。若 $(v_i,\ \ v_j)\in E$，则(v_i,v_j)表示从顶点v_i到顶点v_j的一条有向边,且称v_i为有向边(v_i,v_j)的初始点,v_j是有向边(v_i,v_j)的终结点,v_i是v_j的先驱,v_j是v_i的后继,顶点v_i的度是和v_i相关的边的数目;以顶点v_i为初始点的有向边的数目称为v_i的出度;以顶点v_i为终结点的有向边的数目称为v_i的入度。

定义:设$G=(V,E)$是有限有向简单图,若存在顶点集V上的一种标顺序,得到一个顶点序列$\{v_1,v_2,...,v_j,...,v_n\}$,使得对于任意的$j>i$,顶点$v_j$一定不是顶点$v_i$的先驱,则称该顶点序列为**拓扑有序序列**。

【定理6-11】有限有向图G存在拓扑有序序列的必要条件是G中至少存在一个顶点,其入度为0。

【定理6-12】有限有向图G存在拓扑有序序列当且仅当G中无回路。

推论:G是有向树或森林当且仅当有向图G存在拓扑有序序列。

模型建立:

课程之间领先关系的抽象我们利用图论中有向无回路图的有关知识,把课程之间领先关系转化为有向无回路图中的有向边。其构造有向无回路图的方法是:图中的顶点表示课,有向边表示课程之间的领先关系;若课程x是课程y的先决条件,则图中出现从顶点x到顶点y的有向边(x,y)。选课问题的抽象借助有向无回路图,我们可把选课问题抽象为在有向无回路图中寻找拓扑有序序列。实行学分制的各个院,在安排教学计划时,必须考虑到课程之间的领先关系,首先把该专业必修课程之间的依靠关系抽象为有向无回路图,然后从有向无回路图中找到多个拓扑有序序列。通过把课程之间领先关系转化为有向无回路图,进而把选课问题转化为在有向无回路图中寻找拓扑有序序列问题,从而可成功解决高校学生的选课问题。

6.6.2 图与网络在邮政中的应用

纵观这些年我国邮政事业,其发展远远落后于经济增长的需求,突出表现在邮政运输能力的薄弱上,邮政运输具有全程全网,联合作业的特点,要求各部分邮路都能做到环环相和,并和邮件处理环节相配合,以最快的速度传递信息载体,所以在组建邮运网这项复杂的系统工程中,不仅要科学地组织邮件运输,还要组织好与邮件运输有紧密联系并相互交叉的处理作业环节。

图论知识:

图论中的图,用点表示所研究的对象,用点与点之间的连线表示这两个对象之间有的特定的关系。在实际问题中,不仅要表示两个对象之间有无关系,还要表达这两个对象之间的数量关系,如距离、时间、费用称之为权,则每条边上都标有一个数量(称为权)的图称为赋权图。

模型建立:

从图论的观点出发,最小载集直接影响网络的运输能力,要想提高邮运的能力,首先应考虑改善最小截集中各条弧的容量,即各段邮路上的运能,提高它们的通过能力。另一方面,一旦最小截集中弧的通过能力被降低,就会使总的输送量减少。

下面具体应用"最大流算法"对一局部邮政网进行优化。

两个邮局V_1和V_2发往T_1,T_2,T_3三地的邮件需经V_3和V_4两个经转局,其中"○"中的数字为该局的最大处理能力,弧上所标的权值为该线路的最大运输能力。现欲计算此邮运网的最大运输能力,并对结果进行分析,改善网中的薄弱环节,提高该网的最大运能,如图6-50:

这个问题属于多收点、多发点的网络最大流问题。首先,虚拟一发点V_s和一收点V_t,将该问题转化为一个收点和发点,如图6-51所示:

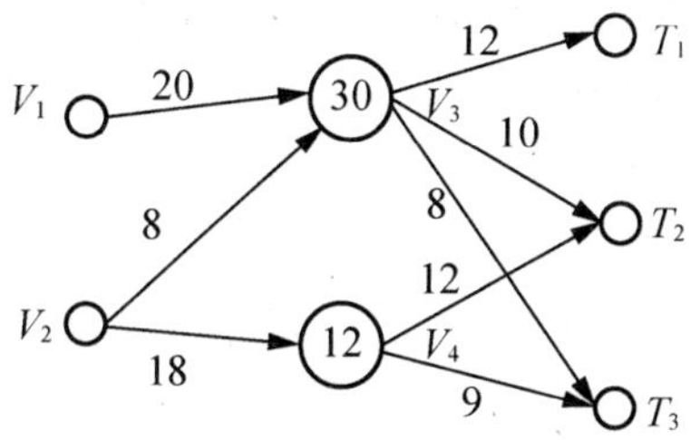

图 6-50

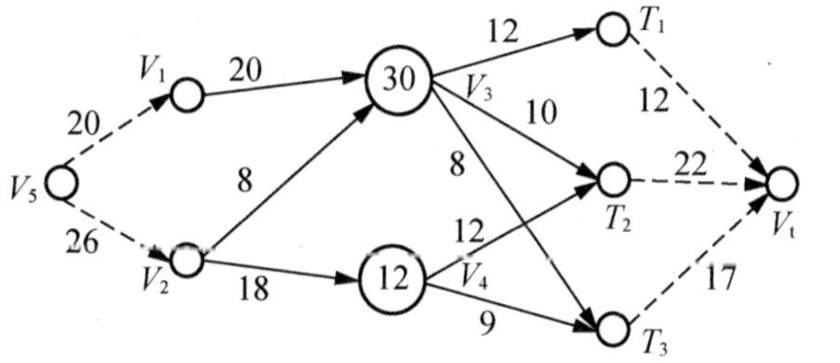

图 6-51

其中弧(V_s,V_1)的容量取所有以 V_1 为起始点的弧的容量之和(或任一大于这个数的值),这里应等于20;同样,弧(V_s,V_2)的容量取作 $18+8=26$,弧(V_1,V_t),(T_2,V_t),(T_3,V_t)的容量分别取作12、22、17。同时,由于 V_3 和 V_4 两个经转局受处理能力的限制,这里将 V_3 点转换为 V'_3 和 V''_3 两没有任何处理能力的点,(V'_3,V''_3)的容量为30;同样转化为 V_4,得到了一个顶点无容量约束的网络,如图 6-52 所示。

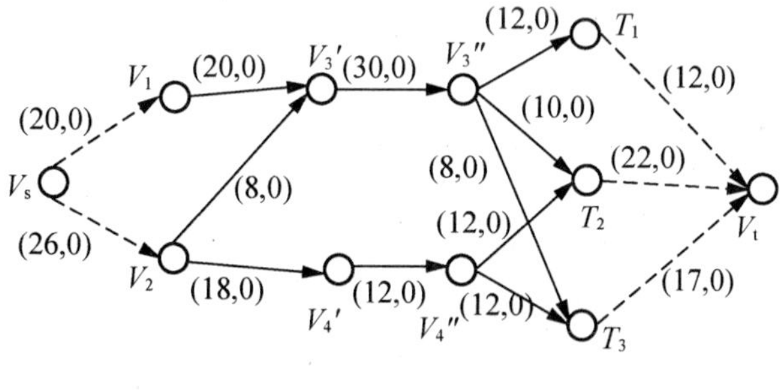

图 6-52

根据最大流量法,对上图进行标号,找出增广链,并调整,直至无法进行为止。结果如图 6-53。由此可得该网络的最大通过能力为40。

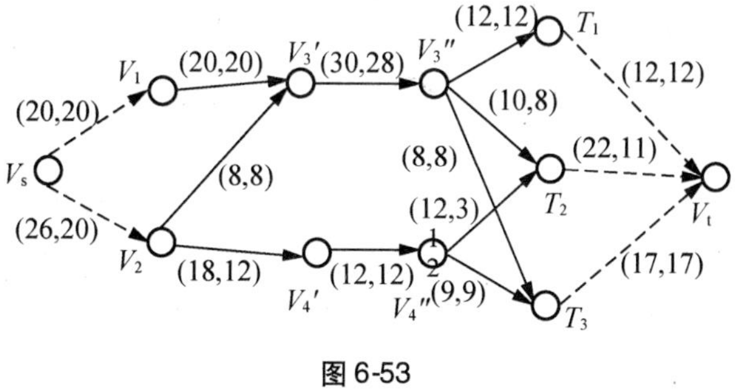

图 6-53

从图 6-50 至 6-53 不难看出，V_3 局的处理能力还有空余。具体表现在弧（V'_3，V''_3）的流量小于容量，V_4 局的处理能力全部投入使用，并且能力严重不足；邮路（V_2，V_4），（V_4，V_2）等还未达到满载，存在空载现象。要提高整个网络的通邮能力消除部分空载现象和瓶颈环节，就必须提高邮路（V_1，V_3）和（V_2，V_3）的最大运输能力。提高 V_4 局的处理能力。通过调查分析，（V_1，V_3）和（V_2，V_3）间主要依靠干线邮路的火车运邮；V_1，V_3 间的公路情况是良好的。同时由于 V_4 的处理能力不足。当 V_4 局的邮件量大时，V_4 局就会发生"堵塞"现象。在物质投入一定的情况下，可在邮运高峰期加开（V_2，V_3）局之间的运邮汽车班次，提高这一段邮路的局部运输能力，使 V_3 局的处理能力能够得到进一步利用。V_4 局的处理能力较差是由于该局的规模过小，机械设备缺乏，邮政工作人员基本上停留于手工作业。针对这种情况，可给该局配置自动分拣机、悬挂输送机，叉车等一系列机械设备，增添一定面积的厂房，并对一部分工作人员进行培训，正确、高效、科学地使用生产设备，以期达到最大工作效率。

课后习题

1. 指出图 6-54 中与每一条边关联的一对顶点，并求出每一顶点的次数。

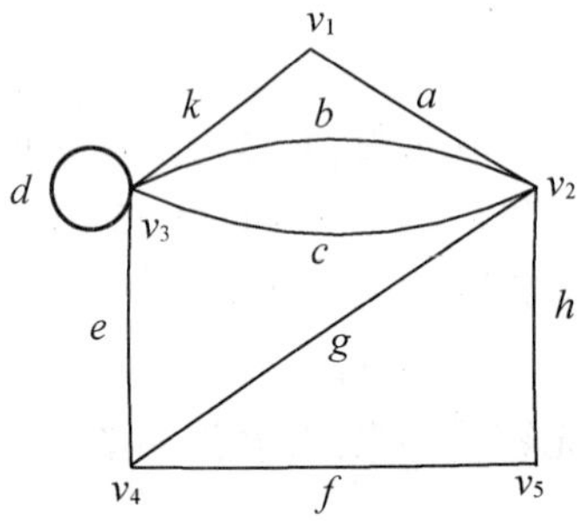

图 6-54

2. 已知图 $G(V,E)$，其中：$V=\{v_1,v_2,v_3,v_4\}$，$E=\{e_1,e_2,e_3,e_4,e_5,e_6,e_7\}$，

$e_1=(v_1,v_2)$，$e_2=(v_1,v_4)$，$e_3=(v_4,v_3)$，$e_4=(v_2,v_2)$，$e_5=(v_5,v_2)$，$e_6=(v_1,v_3)$，$e_7=(v_2,v_1)$。又 $G_1=\{V_1,E_1\}$、$G_2=\{V_2,E_2\}$是 G 的子图，其中：$V_1=\{v_1,v_3,v_4\}$，$E_1=\{e_2,e_6\}$，$V_2=\{v_1,v_2,v_3\}$，$E_2=\{e_2,e_6,e_7\}$。

试画出图 G，子图 G_1，子图 G_2。

3. (1) 一棵树有两个 2 次顶点，一个 3 次顶点，三个 4 次顶点，其余为 1 次顶点，试求 1 次顶点的个数。

(2) 一棵树有 n_i 个 i 次顶点，$i=2,3,\cdots,k$，其余为 1 次顶点，试求 1 次顶点的个数。

4. 求图 6-55 中任意两点间的最短距离。

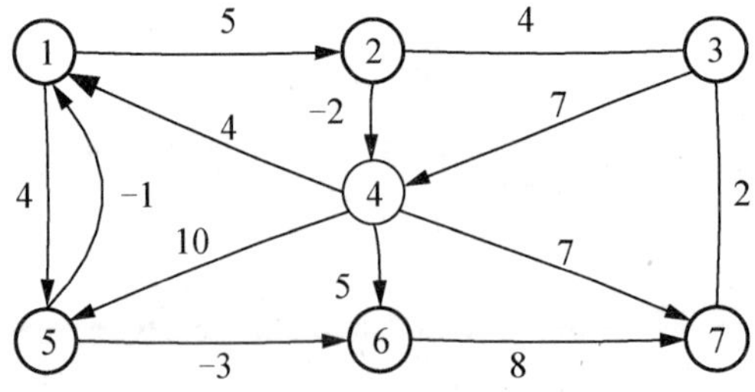

图 6-55

5. 已知某设备可继续使用 5 年，也可以在每年年末卖掉重新购置新设备。已知 5 年年初购置新设备的价格分别为 3.5、3.8、4.0、4.2 和 4.5 万元。使用时间在 1 ~ 5 年内的维护费用分别为 0.4、0.9、1.4、2.3 和 3 万元。试确定一个设备更新策略，使 5 年的设备购置和维护总费用最小。

6. 中国石油天然气集团公司在东海有一个油气田(节点 v_s),该公司要将开采的天然气通过管道运送到上海的一个配送点(节点 v_t),天然气在运送途中要经过两次管道接点(节点 B 和 C),换接前后的管道长短不一,而且不同的管道对应不同的单位流量运费。图 6-56 是天然气运送的管道网络图,弧线表示管道,弧旁的数字为(b_{ij},c_{ij}),其中 b_{ij}表示管道上的单位流量费用,c_{ij}表示管道上的容量。公司希望选择一个经济实惠的管道路线运送天然气,即运送的天然气最多且使总的运输费用最少。

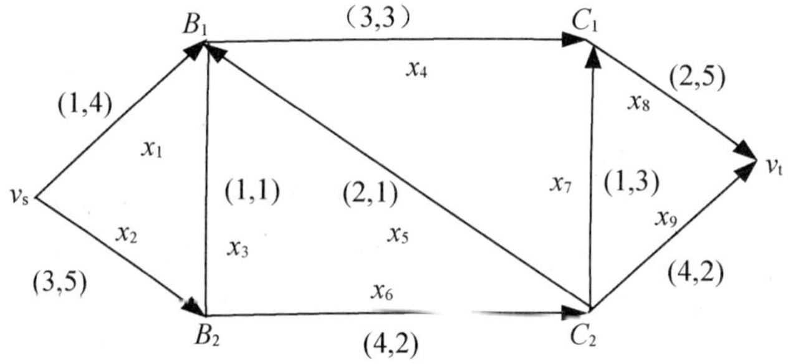

图 6-56

第七章　排　队　论

【本章要点】

排队论作为运筹学中一个重要的分支，有着广泛的应用，就其理论而言它适用于一切服务系统，尤其在通信系统、交通系统、计算机存储系统和生产管理系统等方面应用得较多。本章通过对生活实践中常见的排队问题进行分析，用简单易懂的方式来介绍排队论基本知识以及常见的多种模型和求解方法。并运用 MATLAB 软件来实现计算过程。本章主要介绍了单服务台和多服务台情况下的负指数排队系统的 6 种模型，以及一般服务时间的 $M/G/1$ 模型、$M/D/1$ 模型和 $M/Er/1$ 模型。

通过本章的学习你能够：熟悉排队论的基本概念及性质；掌握排队论模型的运用方法和求解；运用 MATLAB 软件求解排队系统模型；了解拓展延伸后的排队论问题。

【学习指导】

教学内容	知识点	难点	掌握的意义
7.1　排队论的基本概念	排队论的相关概念；基本指标和模型分类	输入过程、排队规则及服务规则	掌握排队论理论基础
7.2　单服务台模型	基本模型；优先队列模型；有限顾客源模型	三种模型之间的区别及各自应用的条件	能够求解单服务台排队模型
7.3　多服务台模型	三种多服务台排队模型的建模及求解方法	模型之间的区别及各自应用的条件	能够求解多服务台排队模型
7.4　一般服务时间排队模型分析	三种模型的建模及求解方法	模型各自应用的条件	能够运用三种模型解决实际排队问题
7.5　拓展知识	单队多服务台与多个单服务台的效率比较、最优服务设施数确定	根据效率和成本确定最优服务设施数	能够有效确定实际问题的最优服务台数
7.6　MATLAB 软件操作说明	软件操作与计算过程	软件应用与分析	能够运用 MATLAB 求解排队论问题

【引导案例】

收费站该确定多少个服务台效果最好

为了加快B地区经济的发展,B市交通局已采用自筹资金、国内银行贷款、国际金融组织及外国政府贷款等多元化模式来筹集高等级公路建设资金,在B市与L市之间修了一条高速公路。通过收取车辆过路费来回收资金,收费站的设计是这项工程的重要组成部分。在收费站的设计与管理中运用排队论进行定量分析,对避免盲目确定收费站建设规模大小,提高收费站的服务和管理水平,降低运行成本等有着重要的作用。

要在新建的B市到L市的高速公路上设立收费站,据统计单向车流量为平均800辆/小时,一般工作人员平均能在8秒内处理一辆汽车,假设服务时间符合负指数分布,在已知这些条件下,我们该如何运用排队论知识来确定收费站单向至少需设多少通道呢?是采用单服务台系统还是多服务台系统呢?依据哪些指标来衡量排队系统的运行情况从而确定最佳的服务台数呢?

7.1 排队论的基本概念

排队论(Queuing Theory)又叫做随机服务系统理论(Random Service System Theory),是研究系统随机聚散现象和随机服务系统工作过程的数学理论和方法,在研究各种排队系统概率规律性的基础上,解决相应排队系统的最优设计和最优控制问题,是运筹学的重要分支之一。

在生活中,我们每时每刻都存在于大大小小不同的排队系统之中,例如每天排队洗车或是到食堂吃饭,从我们排队那一刻开始,我们便进入一个排队系统中。如:从开始排队上车一直到下车离开,才算经过了一次完整的排队系统。排队系统和排队的概念是不同的,排队系统不仅包含了排队的过程,并且还包含了接受服务的过程。

在排队论中,我们将要求服务的对象称为"顾客","顾客"停留的区域称为"队列",把提供服务的人或机构称为"服务员"或"服务台"。例如引导案例中通过高速公路的汽车就是顾客,汽车等候的地方就是队列,收费通道就是服务台,汽车从开始排队到缴费再到离开,才算经过一个排队系统。正是由于顾客、队列与服务台的不同就构成了不同的排队系统。

用文字语言可以把排队论的过程表述为:每个顾客由顾客源出发按一定的方式到达服务系统,先加入等候队列等待接受服务,服务台按一定规则从队列中选择顾客进行服务,获得服务的顾客即可离开。整个过程如图7-1所示。

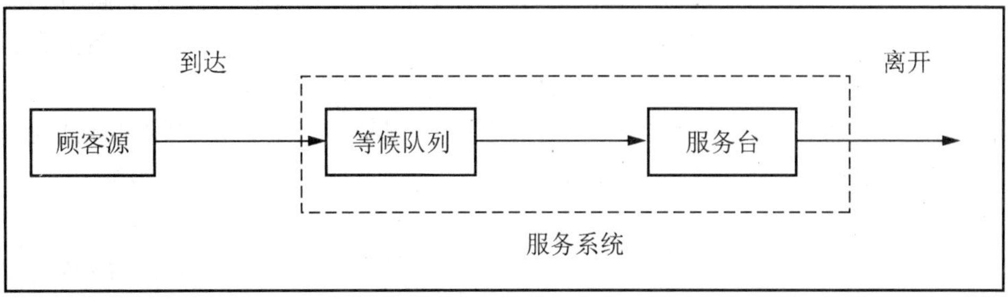

图7-1

7.1.1 排队论模型

把一个排队论系统抽象成数学模型的形式时，我们应该了解一个排队系统的组成要素，每个要素又有哪些参数来定义等。排队系统又称为随机服务系统，因为服务系统对顾客的服务时间和顾客来到排队系统的时间可能是随机的，也可能是确定的，因此一个完整的排队系统可以理解为由输入过程、排队规则和服务规则三个部分组成。

1. 输入过程

输入过程又叫做顾客流，是指要求服务的顾客按一定的规律到达排队系统的过程。在排队论中，我们考虑顾客到达系统时的情况，主要是从整个系统的角度去考虑问题，如顾客的数量如何？顾客到达的分布如何？

顾客的总数，又叫顾客源，顾客源分为有限集和无限集，如工厂内待修的机器数是有限集，火车站购票的顾客数则是无限集。

顾客到达的概率分布，即顾客相继到达系统的时间间隔是确定性的或者是随机性的。主要的概率分布有：负指数分布、泊松分布、爱尔朗分布、定长分布等。如生产线上的部件到达各个工序的时间间隔是确定的，而顾客到购票窗口购买车票的时间间隔则是随机的。事实上，现实生活中多数排队系统的顾客到达都是随机的。

一般来说，如果顾客到达的时间间隔服从负指数分布，那么在一定的时间间隔内到达的顾客数就服从泊松分布，这时称到达系统的顾客流为泊松流，也叫最简单流，泊松流是最常见的顾客流，也是排队论研究的重点。

2. 排队规则

排队规则就是指顾客来到排队系统地后如何排队等候服务的规则，我们天天都会见到这样的情况，学生去食堂打饭时，都会自觉地排成一队，先到者先打，后到者后打，大多数人都没想过其中就包含着一个排队规则的问题，在排队论中，我们称之为**先到先服务** FCFS(First Come First Serve)。常见的排队规则还有**后到先服务** LCFS(Last Come First Serve)，**随机服务** SIRO(Service in Random Order)，以及**优先服务** PS(Priority Service)。例如：在银行办理业务时，一般都是采用先到先服务原则，但如果你是该行的贵宾客户，那么就享有优先服务的待遇，从而节省了排队等候的时间。本书中排队系统所引用的例子采用的都是先到先服务规则。

损失制是指当顾客到达系统时，如果所有服务台都已被占用，顾客就立刻离开系统。例如去宾馆住宿时恰好客房已满，则顾客就会立即离开，另寻其他地方，对于这家宾馆来说就损失了一名顾客，因此叫做损失制。

等候制是指当顾客到达系统时，如果所有服务台都已被占用，顾客就加入排队队列等候服务。例如我们常见的到银行办理业务和到医院就医看病，由于人数超过了服务台的数目，一般都需要排队才能接受服务。

混合制是损失制和等候制相结合的一种排队服务规则。当队列长有限制时，即顾客排队等候服务的人数超过排队系统规定的数量时，后来的顾客就自动离开，另求服务。

3. 服务规则

服务规则指顾客从接受服务到离开排队系统的情况。服务规则和服务台的数量、结构以及服务时间的分布有关。

服务台从数量上说，有单服务台和多服务台之分；从结构上说，多服务台有并联和串联之分。另外,服务台和队列的组合又可以分为:单队单服务台式(图 7-2a)、单队多服务台并联式(图 7-2b)、单队多服务台串联式(图 7-2c)等。本书中单服务台和多服务台都是采用的单队列。

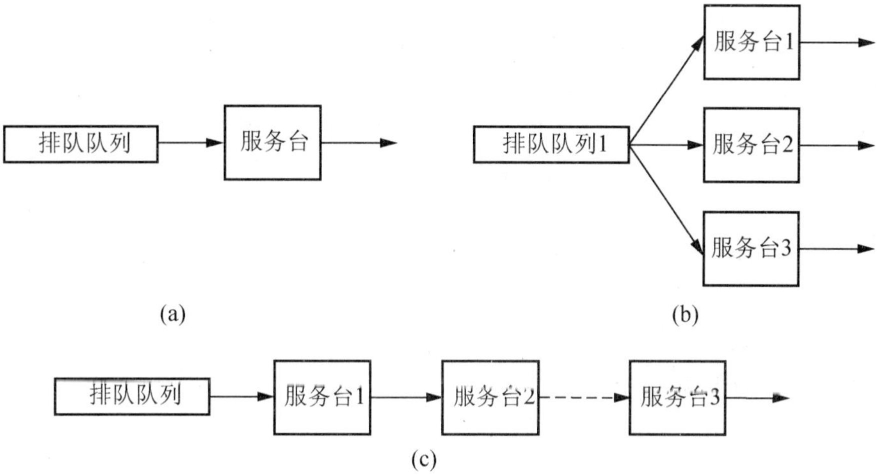

图 7-2

需要明确的是,单队多服务台并联式并不是多个单队单服务台的简单并联,单队多服务台并联中所有的顾客共享同一条队列,相比多个独自等待的队列而言,具有等待时间短,服务台利用率高的优点。

服务台对顾客的服务时间有时是确定性的,也有时是随机性的,如生产线上机器装配零件的时间是确定性的,但大多数情形下服务时间都是随机的。随机性服务时间的概率分布通常有:定长分布、负指数分布、爱尔朗分布等。

需要指出的是,爱尔朗分布是指多个服务台串联,每个服务台服务时间相互独立,并且服从相同的指数分布。例如学生办理入学手续时,每个部门都要按一定的顺序经过,这些部门就如同串联的服务台。

7.1.2 排队论模型分类

1957 年,英国数学家 D. G. Kendall 提出一种分类方法,即按排队系统的输入过程、服务规则和排队规则的特征来划分不同的排队模型,称为 Kendall 符号,一般的符号形式为:

$$X/Y/Z$$

其中 X 为顾客相继到达间隔时间的分布,Y 为服务时间的分布,Z 为并列的服务台的数目,即分类受到三个因素的影响。

1971 年,在一次关于排队论符号标准化国际会议上,将 Kendall 符号扩充为:

$$X/Y/Z/A/B/C \text{ 或 } [X/Y/Z]:\ [A/B/C]$$

前三项定义不变,而 A 用以表示系统的容量限制;B 则表示顾客源的数目;C 表示服务规则,如先到先服务、随机服务等。当 A 和 B 为无穷大时,即系统容量和顾客源无限制时,可以把这两项略去。

例如,$M/M/1/\infty/\infty/FCFS$ 表示顾客到达的时间间隔是负指数分布,服务时间是负指数分布,单个服务台,排队系统的容量和顾客源数量都是无限的,并且实行先到先服务的一个排队系统。

7.1.3 排队系统的运行指标

前面说过,排队论是为了实现排队系统最优控制和最优设计的,那么一个排队系统的优劣应该根据哪些指标来判断呢?或者说该用哪些指标来设计一个排队系统呢?这里主要依据四个关键的运行指标:

平均队长 L_s:指排队系统的顾客平均数(其中包括正在接受服务的顾客)。

平均排队长 L_q:指在系统中等待服务的顾客平均数。

平均逗留时间 W_s:指一个顾客在系统逗留时间的平均值(包括接受服务的时间)。

平均等待时间 W_q:指一个顾客在系统的等待时间的平均值。

这几个运行指标值越小,说明系统队长越短,顾客等待时间越少,系统的性能也就越好。并且当系统处于稳态的情况下时,这四个数量指标之间的关系可以用 Little 公式表示。

Little 公式适用各种情况的排队论模型,并且在 L_s、L_q、W_s、W_q 四个运行指标中只需知道其中的一个,就可以由 Little 公式求得其他三个。

$$\begin{aligned} L_s &= \lambda_e W_s \\ L_q &= \lambda_e W_q \\ W_s &= W_q + \frac{1}{\mu} \\ L_s &= L_q + \frac{\lambda_e}{\mu} \end{aligned} \tag{7-1}$$

为了计算上述运行指标还需要引入下面常用的数量指标:

平均到达率 λ:指单位时间内到达服务系统的平均顾客数。$1/\lambda$ 为相邻两个顾客到达系统的平均间隔时间。例如平均到达率为 $\lambda=2$ 人/分钟,那么相邻两个顾客到达的平均间隔时间为 $1/\lambda=1/2$ 分钟。

平均服务率 μ:单位时间内被服务完毕后离开系统的平均顾客数。同理,$1/\mu$ 表示每个顾客的平均服务时间。

服务强度 ρ:指每个服务台在单位时间内的平均服务时间。一般有 $\rho=\lambda/c\mu$,其中 c 为系统中并列服务台的数目。

有效到达率 λ_e:指单位时间内平均进入服务系统的顾客人数。对于等候制的排队系统,平均到达率 λ 和有效到达率 λ_e 是一致的,因为不存在顾客未经服务而离开的情况。

$P_n=p(N=n)$:指系统的状态 N(即系统中的顾客数)为 n 的概率。当 $n=0$ 时,P_0 为系统所有服务台全都空闲的概率。

7.1.4 排队系统模型的特点

排队论讨论的一般都是先到先服务,服务台数分为单服务台和多服务台的系统,排队论的输入过程和服务过程一般服从泊松分布、负指数分布和爱尔朗分布。

1. 泊松流

泊松过程又称泊松流,也称为简单流。泊松流具有平稳性、普通性、无后效性的特点。

平稳性是指在长度为 t 的时段内恰好到达 k 个顾客的概率 $P_k(t)$ 仅与时段长度 t 有关,而与时段的起点无关。

普通性是指在充分小的时段内最多到达一个顾客,即不可能有两个以上的顾客同时到达。

无后效性是指在任意不相交的时段内到达的顾客数是相互独立的,与该时段前来了多少顾客无关。

2. 负指数分布

负指数分布的定义:设随机变量 V 的概率密度为:

$$f_v(t)=\begin{cases}\mu e^{-\mu t} & t\geqslant 0\\ 0 & t<0\end{cases} \tag{7-2}$$

则称 V 服从参数为 μ 的负指数分布。

其分布函数是:

$$F_v(t)=\begin{cases}1-e^{-\mu t} & t\geqslant 0\\ 0 & t<0\end{cases} \tag{7-3}$$

若服务时间服从负指数分布,则 $E(v)=\dfrac{1}{\mu}$为每个顾客的平均服务时间。$\mu=\dfrac{1}{E(v)}$为单位时间内服务的平均顾客数。

若顾客以泊松流到达,则顾客相继到达的间隔时间 t 服从负指数分布。

7.2 单服务台模型

单服务台模型是排队论中最简单的模型,也是最基础的模型,日常生活中我们也经常会碰到这样的问题,特别是在小型的排队系统中,系统往往出于容量或者成本的考虑,都只采用单服务台。

这一节讨论的单服务台模型中顾客的到达过程都是泊松过程,服务台的服务时间也都服从负指数分布,排队规则是先到先服务。主要讨论下面的三种情况:

基本模型,即 $M/M/1/\infty/\infty$ 模型

有限队列模型,即 $M/M/1/N/\infty$ 模型

有限顾客源模型,即 $M/M/1/\infty/m$ 模型

7.2.1 基本模型 $M/M/1/\infty/\infty$

$M/M/1/\infty/\infty$ 模型是指符合下列条件的排队系统:

1. 输入过程:顾客源是无限的,顾客的到达过程是泊松过程;
2. 排队规则:单队,对队长无限制,先到先服务;
3. 服务机构:单服务台,服务时间服从负指数分布。

此外,还假定服务时间和顾客相继到达的间隔时间相互独立。

在分析 $M/M/1/\infty/\infty$ 模型时,首先要求出排队系统在任意时刻 t 时状态为 n 的概率 $P_n(t)$,即系统中有 n 个顾客的概率。由于顾客到达过程是服从泊松分布的,泊松分布具有平稳性,因此状态到达稳定时,系统的工作情况和时间无关,即 $P_n(t)$ 与 t 无关,$P_n(t)$ 可以写成 P_n,并称之为系统状态为 n 的概率。

利用随机过程的知识可以得出,在稳定状态下,系统关于 P_n 的差分方程:

$$\begin{cases}\lambda P_0=\mu P_1\\ \lambda P_{n-1}+\mu P_{n+1}=\lambda P_n+\mu P_n \quad (n=1,2,\cdots)\end{cases} \tag{7-4}$$

并可得到 $P_1=\frac{\lambda}{\mu}P_0, P_n=\left(\frac{\lambda}{\mu}\right)^n P_0(n\geqslant1)$，

若设 $\rho=\frac{\lambda}{\mu}<1$（否则队列将排至无限远），则：

$$\sum_{n=0}^{\infty}P_n = \sum_{n=0}^{\infty}\rho^n P_0 = P_0\sum_{n=0}^{\infty}\rho^n = P_0\cdot\frac{1}{1-\rho}=1 \tag{7-5}$$

可推得：

$$\begin{cases}P_0=1-\rho,\\ P_n=(1-\rho)\rho^n \quad (n\geqslant1)\end{cases} \tag{7-6}$$

$\rho=\frac{\lambda}{\mu}$是平均到达率与平均服务率之比，即在相同时间段内顾客到达的平均数与被服务完毕顾客的平均数之比，若 $\rho>1$，表示相同时间内到达系统的人数超过离开的人数，因此排队等待服务的顾客数将随时间延续而越来越多，这在此模型中是不允许的。

当 ρ 表示为 $\rho=\frac{1/\mu}{1/\lambda}$时，$\rho$ 表示顾客的平均服务时间和顾客到达的平均间隔时间之比。因此 ρ 是衡量整个系统工作强度的一个指标。

通常称 ρ 为服务强度。ρ 越接近 1，说明系统的服务强度越高，服务机构越忙。

$M/M/1/\infty/\infty$ 模型的重要运行指标如下：

(1) 系统空闲（即没有顾客）的概率：$P_0=1-\rho$

系统处于忙期（正为顾客服务）的概率：$P=1-P_0=\rho$

(2) 平均队长（包括等待和接受服务的顾客数）：$L_s=\frac{\rho}{1-\rho}=\frac{\lambda}{\mu-\lambda}$

(3) 平均排队长（系统内排队等待的顾客数）：$L_q=L_s-\frac{\lambda}{\mu}=\frac{\lambda^2}{\mu(\mu-\lambda)}$

(4) 平均逗留时间：$W_s=\frac{L_s}{\lambda}=\frac{1}{\lambda}\frac{\lambda}{\mu-\lambda}=\frac{1}{\mu-\lambda}$

(5) 平均等待时间：$W_q=\frac{L_q}{\lambda}=\frac{1}{\lambda}\frac{\lambda^2}{\mu(\mu-\lambda)}=\frac{\lambda}{\mu(\mu-\lambda)}$

由此可以把基本模型 $M/M/1/\infty/\infty$ 的主要运行指标归纳如下：

$$P_0=1-\rho \qquad P_n=(1-\rho)\rho^n, n\geqslant1$$

$$L_s=\frac{\lambda}{\mu-\lambda} \qquad L_q=\frac{\lambda^2}{\mu(\mu-\lambda)}$$

$$W_s=\frac{1}{\mu-\lambda} \qquad W_q=\frac{\lambda}{\mu(\mu-\lambda)}$$

【例 7-1】 某小型加油站只有一台加油设备，来加油的顾客按泊松分布到达，平均每小时 4 人，加油时间服从负指数分布，平均需要 6 分钟，试求：

(1) 加油站空闲的概率；

(2) 加油站内有 3 个顾客的概率；

(3) 加油站内至少有 1 个顾客的概率；

(4) 加油站内顾客的平均数，等待服务的顾客的平均数；

(5) 顾客在加油站内的平均逗留时间和平均等待时间。

解:根据题意可知此题属于 $M/M/1/\infty/\infty$ 模型,并且 $\lambda=\frac{4}{60}=\frac{1}{15}$人/分,

$\mu=\frac{1}{6}$人/分,$\rho=\frac{\lambda}{\mu}=\frac{6}{15}=0.4$

(1) $P_0=1-\rho=1-0.4=0.6$

(2) $P_3=(1-\rho)\rho^3=0.6\times 0.4^3=0.0384$

(3) $P(n\geqslant 1)=1-P(n<1)=1-P_0=1-0.6=0.4$

(4) $L_s=\frac{\rho}{1-\rho}=\frac{0.4}{1-0.4}=0.667$

$L_q=L_s-\rho=0.667-0.4=0.267$

(5) $W_s=\frac{1}{\mu-\lambda}=\frac{1}{\frac{1}{6}-\frac{1}{15}}=10$

$W_q=W_s-\frac{1}{\mu}=10-6=4$

7.2.2 有限队列模型 $M/M/1/N/\infty$

$M/M/1/N/\infty$ 模型的基本定义与 $M/M/1/\infty/\infty$ 模型类似,两者的区别之处在于 $M/M/1/N/\infty$ 模型假定排队服务系统只能容纳 N 个顾客。即当系统中已有 N 个顾客时,第 $N+1$ 个顾客到达后会被拒绝进入系统而自动离去,因此称为有限队列模型。

当 $N=1$ 时,排队系统为损失制;当 $0<N<\infty$ 时,排队系统为混合制;当 $N=\infty$ 时,排队系统为灯带制。

在稳定状态的条件下,可以得到 $M/M/1/N/\infty$ 模型的状态平衡方程:

$$\begin{cases}\lambda P_0=\mu P_1\\ \lambda P_{n-1}+\mu P_{n+1}=\lambda P_n+\mu P_n, 1\leqslant n\leqslant N-1\\ \lambda P_{N-1}=\mu P_N\end{cases}\tag{7-7}$$

其中 $P_1,P_2,\cdots,P_N$ 概率之和为 1,即 $P_0+P_1+\cdots+P_N=1$

求解可得:$P_1=\frac{\lambda}{\mu}P_0, P_n=\left(\frac{\lambda}{\mu}\right)^n P_0(1\leqslant n\leqslant N)$。

在等待队列无限的情形下,我们假定 $\rho=\frac{\lambda}{\mu}$必须小于 1,这不仅是实际问题的需要,也是无穷级数收敛所必需的,否则排队等候的队列就会无限长。但在等待空间有限的情形下,这个条件就没有必要了。不过当 $\rho>1$ 时,拒绝排队的顾客平均数为 λP_n,由此造成的损失将有可能是巨大的。当系统已满($n=N$)时,则到达率为 0,因此需要求出**有效到达率** $\lambda_e=\lambda(1-P_N)$。可以验证:

$$1-P_0=\lambda_e/\mu$$

由于 $\sum_{n=0}^{N}P_n=\sum_{n=0}^{N}\rho^n P_0=P_0\sum_{n=0}^{N}\rho^n=1$, 所以

$$
\begin{cases}
P_0 = \dfrac{1}{\sum\limits_{n=0}^{N} \rho^n} = \dfrac{1-\rho}{1-\rho^{N+1}} \quad (\rho \neq 1) \\
P_N = \dfrac{1-\rho}{1-\rho^{N+1}} \cdot \rho^n \quad (n = 1,2,\cdots,N)
\end{cases}
\tag{7-8}
$$

据此可以计算系统的有关运行指标:

(1)平均队列长:$L_s = \dfrac{\rho}{1-\rho} - \dfrac{(N+1)\rho^{N+1}}{1-\rho^{N+1}}$

当 $N \to \infty$ 时,$L_s = \dfrac{\rho}{1-\rho} - \dfrac{(N+1)\rho^{N+1}}{1-\rho^{N+1}} \to \dfrac{\rho}{1-\rho}$,此时等候队列有限的情形转化为等候队列无限的情形。

(2)平均排队长:$L_q = L_s - \dfrac{\lambda_e}{\mu} = L_s - (1 - P_0)$

(3)平均逗留时间:$W_s = \dfrac{L_s}{\lambda_e} = \dfrac{L_s}{\mu(1-P_0)}$

(4)平均等候时间:$W_q = W_s - \dfrac{1}{\mu}$

由此可以把有限队列模型 $M/M/1/N/\infty$ 的主要运行指标归纳如下:

$P_0 = \dfrac{1-\rho}{1-\rho^{N+1}}$ $\quad$ $P_N = \dfrac{1-\rho}{1-\rho^{N+1}} \cdot \rho^n \quad (0 \leqslant n \leqslant N)$

$L_s = \dfrac{\rho}{1-\rho} - \dfrac{(N+1)\rho^{N+1}}{1-\rho^{N+1}}$ $\quad$ $L_q = L_s - (1 - P_0)$

$W_s = \dfrac{L_s}{\mu(1-P_0)}$ $\quad$ $W_q = W_s - \dfrac{1}{\mu}$

$\lambda_e = \lambda(1 - P_N) = \mu(1 - P_0)$

【例 7-2】 某银行贵宾接待室只有一位接待人员,由于接待室内面积有限,只能安排 3 个座位供来宾等候,一旦满座,后来者将不再进入等候。若来访人员按泊松流到达,平均间隔时间 80 分钟,接待时间服从负指数分布,平均接待时间为 50 分钟。试计算系统的运行指标和任一来宾的平均等待时间及该接待室潜在来宾的流失率。

解:根据题意可知此题属于 $M/M/1/N/\infty$ 模型,且:$N = 1 + 3 = 4$,$\lambda = \dfrac{1}{80}$人/分,

$$\mu = \frac{1}{50}\text{人/分}, \rho = \frac{\lambda}{\mu} = \frac{\frac{1}{80}}{\frac{1}{50}} = 0.625$$

$$P_0 = \frac{1-\rho}{1-\rho^{N+1}} = \frac{1-0.625}{1-0.625^5} = 0.4145$$

$$L_s = \frac{\rho}{1-\rho} - \frac{(N+1)\rho^{N+1}}{1-\rho^{N+1}} = \frac{0.625}{1-0.625} - \frac{5 \times 0.625^5}{1-0.625^5} = 1.1396$$

$$L_q = L_s - (1 - P_0) = 1.1396 - (1 - 0.4145) = 0.5541$$

$$\lambda_e = \mu(1 - P_0) = \frac{1}{50}(1 - 0.4145) = 0.0117$$

来宾的平均等待时间：

$$W_q=\frac{L_q}{\lambda_e}=\frac{0.5541}{0.0117}=47$$

潜在来宾的流失率，即系统满员的概率：

$$P_4=\rho^4P_0=0.625^4\times0.4145=0.06$$

【例 7-3】 单人理发馆有 6 个椅子接待人们排队等待理发，当 6 个椅子都坐满时，后来到的顾客不进店就离开，顾客平均到达率为 3 人/小时，理发需时平均 15 分钟，则 $N=7$ 为系统中最大的顾客数，$\lambda=3$ 人/小时，$\mu=4$ 人/小时。

(1) 求某顾客一到达就能理发的概率？

(2) 求需要等待的顾客数的期望值？

(3) 求有效到达率？

(4) 求一顾客在理发馆内逗留的期望时间？

(5) 在可能到来的顾客中不等待就离开的概率($P_{n\geqslant 7}$)？

解：(1) 这种情形相当于理发馆内没有顾客，所求概率为：

$$P_0=\frac{1-\frac{3}{4}}{1-\left(\frac{3}{4}\right)^8}=0.2778$$

(2) $$L_s=\frac{\frac{3}{4}}{1-\frac{3}{4}}-\frac{8\times\left(\frac{3}{4}\right)^8}{1-\left(\frac{3}{4}\right)^8}=2.11$$

$L_q=L_s-(1-P_0)=2.11-(1-0.2778)=1.39$

(3) $\lambda_e=\mu(1-P_0)=4\times(1-0.2778)=2.89$(人/小时)

(4) $W_s=L_s/\lambda_e=2.11/2.89=0.73$(小时)$=43.8$(分钟)

(5) 这就是求系统中有 7 个顾客的概率：

$$P_7=\left(\frac{\lambda}{\mu}\right)^7\left(\frac{1-\frac{\lambda}{\mu}}{1-\left(\frac{\lambda}{\mu}\right)^8}\right)=\left(\frac{3}{4}\right)^7\left(\frac{1-\frac{3}{4}}{1-\left(\frac{3}{4}\right)^8}\right)\approx3.7\%$$

这也是理发馆的损失率。现比较队长为有限和无限，两种结果如下：

表 7-1

$\lambda=3$ 人/小时 $\mu=4$ 人/小时	L_s	L_q	W_s	W_q	P_0	P_7
有限队长 $N=7$	2.11	1.39	0.73	0.48	0.278	3.7%
无限队长	3	2.25	1.0	0.75	0.25	0

7.2.3 有限顾客源模型 $M/M/1/\infty/m$

$M/M/1/\infty/m$ 模型的基本定义与 $M/M/1/\infty/\infty$ 模型也是类似的，不同之处在于 $M/M/1/\infty/m$ 模型假定加入系统的顾客源的数量有限，即为 m，当有 n 个顾客在排队系统内时，在服务系统以外的潜在顾客减少为 $m-n$ 个。假定每个顾客在单位时间内来到排队系统的概率或平均次数都是相同的，为 λ，那么系统外顾客对系统的平均到达率 $\lambda_e=(m-n)\lambda$。显然该平均到达率随系统状态的变化而变化。

有限顾客源的特点是：顾客到达服务系统，并接受服务以后，又会回到总体顾客源里。

在稳定状态的条件下，可得 $M/M/1/\infty/m$ 模型的状态平衡方程：

$$\begin{cases} m\lambda P_0=\mu P_1 \\ (m-n+1)\lambda P_{n-1}+\mu P_{n+1}=(m-n)\lambda P_n+\mu P_n \quad (1\leqslant n\leqslant m-1) \\ \lambda P_{m-1}=\mu P_m \end{cases} \tag{7-9}$$

求解得到：

$$\begin{cases} P_1=\dfrac{\lambda}{\mu}P_0 \\ P_n=\dfrac{m!}{(m-n)!}\cdot\left(\dfrac{\lambda}{\mu}\right)^n\cdot P_0 \quad (1\leqslant n\leqslant m) \end{cases} \tag{7-10}$$

因为 $\sum_{n=0}^{m}P_n=1$，所以不要求 $\rho=\dfrac{\lambda}{\mu}<1$，因此：

$$\sum_{n=0}^{m}P_n=\sum_{n=0}^{N}\frac{m!}{(m-n)!}\cdot\left(\frac{\lambda}{\mu}\right)^n\cdot P_0=P_0\sum_{n=0}^{N}\frac{m!}{(m-n)!}\cdot\left(\frac{\lambda}{\mu}\right)^n=1 \tag{7-11}$$

所以：

$$P_0=\frac{1}{\sum_{n=0}^{N}\dfrac{m!}{(m-n)!}\cdot\left(\dfrac{\lambda}{\mu}\right)^n} \tag{7-12}$$

由此可推导出系统的各项运行指标：

(1) 平均队长：$L_s=m-\dfrac{\mu}{\lambda}(1-P_0)$

若系统内平均顾客数为 L_s，则系统外潜在平均顾客数为 $m-L_s$，对整个系统来说，其有效到达率 $\lambda_e=(m-L_s)\lambda$，又因为服务台利用率 $1-P_0=\lambda_e/\mu$，因此 $\mu(1-P_0)=(m-L_s)\lambda$。

(2) 平均排队长：$L_q=L_s-\dfrac{\lambda_e}{\mu}=L_s-(1-P_0)$

(3) 平均逗留时间：$W_s=\dfrac{L_s}{\lambda_e}=\dfrac{L_s}{\lambda(m-L_s)}=\dfrac{m-\dfrac{\mu}{\lambda}(1-P_0)}{\mu(1-P_0)}=\dfrac{m}{\mu(1-P_0)}-\dfrac{1}{\lambda}$

(4) 平均等待时间：$W_q=W_s-\dfrac{1}{\mu}$

由此可以把有限顾客源模型 $M/M/1/\infty/m$ 的主要运行指标归纳如下：

$$P_0=\frac{1}{\sum_{n=0}^{N}\dfrac{m!}{(m-n)!}\cdot\left(\dfrac{\lambda}{\mu}\right)^n} \qquad P_n=\frac{m!}{(m-n)!}\cdot\left(\frac{\lambda}{\mu}\right)^n\cdot P_0(1\leqslant n\leqslant m)$$

$$L_s=m-\frac{\mu}{\lambda}(1-P_0) \qquad L_q=L_s-(1-P_0)$$

$$W_s=\frac{m}{\mu(1-P_0)}-\frac{1}{\lambda} \qquad W_q=W_s-\frac{1}{\mu}$$

$$\lambda_e=(m-L_s)\lambda=\mu(1-P_0)$$

【例 7-4】 某工厂有一名夜班工人负责照管 6 台机器,当机器需要添加原料或发生故障时就自动停止运转,等待工人照管。设平均每台机器两次停转的间隔时间为 1 小时,又设平均需要工人照管的时间为 0.1 小时,以上两者均服从负指数分布,试计算:

(1) 工人空闲的概率;

(2) 6 台机器都出故障的概率;

(3) 出故障的平均机器数;

(4) 等待修理的平均机器数;

(5) 平均停转的时间;

(6) 平均等待修理的时间;

(7) 机器设备利用率。

解:根据题意可知此题属于 $M/M/1/\infty/m$ 模型,且 $m=6,\lambda=1$ 台/小时,$\mu=10$ 台/小时,$\rho=\lambda/\mu=0.1$。

(1) $$P_0=\frac{1}{\sum_{n=0}^{m}\frac{m!}{(m-n)!}\cdot\left(\frac{\lambda}{\mu}\right)^n}=\frac{1}{\sum_{n=0}^{6}\frac{6!}{(6-n)!}\cdot(0.1)^n}=0.4845$$

(2) $$P_6=\frac{m!}{(m-n)!}\cdot\left(\frac{\lambda}{\mu}\right)^n\cdot P_0=\frac{6!}{(6-n)!}\cdot(0.1)^n\cdot 0.4845=0.0003$$

(3) $$L_s=m-\frac{\mu}{\lambda}(1-P_0)=6-\frac{10}{1}(1-0.4845)=0.845$$

(4) $$L_q=L_s-(1-P_0)=0.845-(1-0.4845)=0.3295$$

(5) $$W_s=\frac{m}{\mu(1-P_0)}-\frac{1}{\lambda}=\frac{6}{10(1-0.4845)}-\frac{1}{1}=0.1639$$

(6) $$W_q=W_s-\frac{1}{\mu}=0.1639-\frac{1}{10}=0.0639$$

(7) 机器设备利用率 $$\tau=\frac{m-L_s}{m}=\frac{6-0.845}{6}=85.9\%$$

7.3 多服务台模型

多服务台模型较单服务台模型更加复杂,因为多服务台可以是并联的,也可以是串联的,我们在银行办理业务时看到的多个服务窗口就是并联的,但在办理证件手续时挨个窗口排队则属于串联的,因为这些手续必须按顺序办理。常见的大型的排队系统都是多服务台,多服务台能有效地提高效率,但当服务台太多时又会增加系统的运行成本。所以系统该确定多少个服务台合适一直是研究的重点。

这一节讨论的多服务台模型中顾客的到达过程都是泊松过程,服务台的服务时间也都服从负指数分布,服务规则是先到先服务。主要讨论下面的三种情况:

基本模型,即 $M/M/c/\infty/\infty$ 模型;

有限队列模型,即 $M/M/c/N/\infty$ 模型;

有限顾客源模型,即 $M/M/c/\infty/m$ 模型。

7.3.1 基本模型 $M/M/c/\infty/\infty$

$M/M/c/\infty/\infty$ 模型所表述的意义与 $M/M/1/\infty/\infty$ 模型的类似,顾客到达的过程服从参数

为 λ 的泊松分布,服务时间则服从参数为 μ 的负指数分布,但有 $c(c>1)$ 个服务台,并且顾客源是无限的,顾客到达系统时,若服务台被占用,顾客就排队等候,等候队列长度无限,并且系统按照先到先服务的规则进行服务。

多服务台模型的特点是:c 个服务台之间是相互并联的关系。

由于每个服务台的平均服务率 μ 是相同的,且各服务台的工作是相互独立的,因此整个系统的平均服务率为 $c\mu$,那么系统的服务强度 $\rho=\lambda/c\mu$。系统的服务速率 μ^* 与系统中的顾客数 n 有关,即:

$$\mu^*=\begin{cases}c\mu & (n\geqslant c)\\ n\mu & (n<c)\end{cases} \tag{7-13}$$

同时系统的服务强度 $\rho=\dfrac{\lambda}{c\mu}<1$,这样系统不会排成无限队列。

在稳定状态的条件下,可以得到 $M/M/c/\infty/\infty$ 模型的状态平衡方程:

$$\begin{cases}\mu P_1=\lambda P_0\\ (n+1)\mu P_{n+1}+\lambda P_{n-1}=(\lambda+n\mu)P_n & (1\leqslant n<c)\\ c\mu P_{n+1}+\lambda P_{n-1}=(\lambda+n\mu)P_n & (n\geqslant c)\end{cases} \tag{7-14}$$

由递推法求解上述差分方程,可以得到:

$$P_0=\left[\sum_{n=0}^{c-1}\frac{1}{n!}\left(\frac{\lambda}{\mu}\right)^n+\frac{\left(\dfrac{\lambda}{\mu}\right)^c}{c!(1-\dfrac{\lambda}{c\mu})}\right]^{-1} \tag{7-15}$$

$$P_n=\begin{cases}\dfrac{1}{n!}\left(\dfrac{\lambda}{\mu}\right)^n\cdot P_0 & (1\leqslant n<c)\\ \dfrac{1}{c!c^{n-c}}\left(\dfrac{\lambda}{\mu}\right)^n\cdot P_0 & (n\geqslant c)\end{cases} \tag{7-16}$$

可推导出系统其他的运行指标是:

(1)平均队长:$L_s=L_q+\dfrac{\lambda}{\mu}$

(2)平均排队长:$L_q=\dfrac{\rho\,(c\rho)^c}{c!\ (1-\rho)^2}\cdot P_0$

(3)平均逗留时间:$W_s=\dfrac{L_s}{\lambda}$

(4)平均等待时间:$W_q=\dfrac{L_q}{\lambda}$

由此可以把基本模型 $M/M/c/\infty/\infty$ 的主要运行指标归纳如下:

$$P_0=\left[\sum_{n=0}^{c-1}\frac{1}{n!}\left(\frac{\lambda}{\mu}\right)^n+\frac{\left(\dfrac{\lambda}{\mu}\right)^c}{c!\left(1-\dfrac{\lambda}{c\mu}\right)}\right]^{-1}\qquad P_n=\begin{cases}\dfrac{1}{n!}\left(\dfrac{\lambda}{\mu}\right)^n\cdot P_0, & 1\leqslant n<c\\ \dfrac{1}{c!c^{n-c}}\left(\dfrac{\lambda}{\mu}\right)^n\cdot P_0, & n\geqslant c\end{cases}$$

$$L_q=\frac{\rho\,(c\rho)^c}{c!(1-\rho)^2}\cdot P_0\qquad L_s=L_q+\frac{\lambda}{\mu}$$

$$W_q=\frac{L_q}{\lambda}\qquad W_s=\frac{L_s}{\lambda}$$

【例 7-5】 某公司有两台打印机，打印文件的人按泊松分布到达，平均每小时 24 人，且每次打印文件的时间服从负指数分布，平均为 2 分钟，试求该打印系统各项运行指标。

解：根据题意可知此题属于 $M/M/c/\infty/\infty$ 模型，已知：$c=2$，$\lambda=24$ 人/小时，$\mu=30$ 人/小时，$\rho=\dfrac{\lambda}{c\mu}=\dfrac{24}{2\times30}=0.4$。

(1) $P_0=\left[\sum_{n=0}^{c-1}\frac{1}{n!}\left(\frac{\lambda}{\mu}\right)^n+\frac{\left(\frac{\lambda}{\mu}\right)^c}{c!\left(1-\frac{\lambda}{c\mu}\right)}\right]^{-1}=\left[1+0.8+\frac{0.8^2}{2!(1-0.4)}\right]^{-1}=0.4286$

(2) $L_q=\dfrac{\rho\,(c\rho)^c}{c!\ (1-\rho)^2}\cdot P_0=\dfrac{0.4\cdot0.8^2}{2!\ (1-0.4)^2}\cdot0.4286=0.1524$

(3) $L_s=L_q+\dfrac{\lambda}{\mu}=0.1524+0.8=0.9524$

(4) $W_q=\dfrac{L_q}{\lambda}=\dfrac{0.1524}{24}=0.0064$

(5) $W_s=\dfrac{L_s}{\lambda}=\dfrac{0.9524}{24}=0.0397$

7.3.2 有限队列模型 $M/M/c/N/\infty$

$M/M/c/N/\infty$ 模型的基本定义与 $M/M/c/\infty/\infty$ 模型类似，区别之处在于 $M/M/c/N/\infty$ 模型假定排队服务系统只能容纳 N 个顾客。即当系统中已有 N 个顾客时，第 $N+1$ 个顾客到达后会被拒绝进入系统而自动离开。所以这是一个混合制的多服务台排队系统。

在稳定状态的条件下，可以得到 $M/M/c/N/\infty$ 模型的状态平衡方程：

$$\begin{cases}\mu P_1=\lambda P_0\\(n+1)\mu P_{n+1}+\lambda P_{n-1}=(\lambda+n\mu)P_n\quad(1\leqslant n<c)\\c\mu P_{n+1}+\lambda P_{n-1}=(\lambda+n\mu)P_n\quad(c\leqslant n<N)\\c\mu P_N=\lambda P_{N-1}\end{cases}\tag{7-17}$$

求解得到：

$$P_n=\begin{cases}\dfrac{(c\rho)^n}{n!}\cdot P_0\quad(1\leqslant n<c)\\\dfrac{c^c}{c!}\rho^n\cdot P_0\quad(c\leqslant n\leqslant N)\end{cases}\tag{7-18}$$

其他运行指标：

(1) 平均队长：$L_s=L_q+c\rho(1-P_N)$

(2) 平均排队长：$L_q=\dfrac{(c\rho)^c\rho}{c!\ (1-\rho)^2}[1-\rho^{N-c}-(N-c)\rho^N-c(1-\rho)]\cdot P_0$

(3) 平均逗留时间：$W_s=W_q+\dfrac{1}{\mu}$

(4) 平均等待时间：$W_q=\dfrac{L_q}{\lambda_e}=\dfrac{L_q}{\lambda(1-P_N)}$

当 $N=c$，即模型最大容量 N 和服务台数 c 相等时，系统中将不存在可供等候的空位；即顾客到达时,若服务台有空闲,则进入服务台接受服务,若服务台没有空闲,则立刻离开,这样的系统称为“损失制”排队系统,许多服务设施,如宾馆、停车场都具有这样的特征。此时:

$$P_0 = \left[\sum_{n=0}^{c}\frac{1}{n!}(c\rho)^n\right]^{-1} \quad P_n = \frac{(c\rho)^n}{n!}\cdot P_0 \quad (1 \leqslant n \leqslant N)$$
$$L_q = 0 \quad L_s = c\rho(1 - P_c) \qquad W_q = 0 \quad W_s = \frac{1}{\mu} \tag{7-19}$$

由此可以把有限队列模型 $M/M/c/N/\infty$ 的主要运行指标归纳如下:

$$P_0 = \left[\sum_{n=0}^{c}\frac{1}{n!}(c\rho)^n + \frac{c^c}{c}\cdot\frac{\rho(\rho^c - \rho^N)}{1-\rho}\right]^{-1} \quad (\rho \neq 1)$$

$$P_n = \begin{cases}\dfrac{(c\rho)^n}{n!}\cdot P_0 & (1 \leqslant n < c)\\[2ex] \dfrac{c^c}{c!}\rho^n\cdot P_0 & (c \leqslant n \leqslant N)\end{cases} \qquad \rho = \frac{\lambda}{c\mu}$$

$$L_q = \frac{(c\rho)^c\rho}{c!(1-\rho)^2}[1 - \rho^{N-c} - (N-c)\rho^N - c(1-\rho)]\cdot P_0$$

$$L_s = L_q + c\rho(1 - P_N)$$

$$W_q = \frac{L_q}{\lambda_e} = \frac{L_q}{\lambda(1 - P_N)} \quad W_s = W_q + \frac{1}{\mu} \quad \lambda_e = \lambda(1 - P_N)$$

【例 7-6】 湖南凤凰旅游区某家庭旅店现有 5 间房间,游客到达为泊松流,平均每天到达 6 人,游客平均逗留 2 天,试分别计算每天客房平均占用数和住满的概率。

解:根据题意可知此题属于 $M/M/c/N/\infty$ 模型,由于 $c=N=5$,因此是一个损失制排队系统,已知:$\mu=0.5$ 人/天,$\lambda=6$ 人/天,$c\rho=\lambda/\mu=12$,$\rho=2.4$。

(1) $P_0 = \left[\sum_{n=0}^{c}\frac{1}{n!}(c\rho)^n\right]^{-1} = \left[1 + 12 + \frac{12^2}{2!} + \frac{12^3}{3!} + \frac{12^4}{4!} + \frac{12^5}{5!}\right]^{-1} = 0.0003$

(2) 住满概率 $P_5 = \frac{(c\rho)^5}{5!}\cdot P_0 = \frac{(12)^5}{5!}\cdot 0.0003 = 0.6264$

(3) $L_s = c\rho(1 - P_c) = 12\cdot(1 - 0.6264) = 4.483$

7.3.3 有限顾客源模型 $M/M/c/\infty/m$

$M/M/c/\infty/m$ 模型有 c 个服务台,顾客总数为 m 个,同时假定 $c<m$。其中顾客到达率 λ 也是按每个顾客来考虑的,即单位时间内每个顾客到达排队系统的概率或平均次数。同时假定每个服务台工作是相互独立的,且每个服务台的平均服务率 μ 也相同。就整个服务机构而言,平均服务率也随系统状态变化而变化。

$$\mu_n = \begin{cases} c\mu & (c \leqslant n \leqslant m)\\ n\mu & (n < c)\end{cases} \tag{7-20}$$

模型的状态概率为:

$$P_0 = \frac{1}{m!}\frac{1}{\sum_{n=0}^{c}\frac{1}{n!(m-n)!}\left(\frac{c\rho}{m}\right)^n + \frac{c^c}{c!}\sum_{n=c+1}^{m}\frac{1}{(m-n)!}\left(\frac{\rho}{m}\right)^n} \tag{7-21}$$

其中 $\rho = \frac{m\lambda}{c\mu}$

$$P_n=\begin{cases}\dfrac{m!}{(m-n)!\ n!}(\dfrac{\lambda}{\mu})^n P_0 & (0\leqslant n\leqslant c)\\ \dfrac{m!}{(m-n)!\ c!\ c^{n-c}}(\dfrac{\lambda}{\mu})^n P_0 & (c+1\leqslant n\leqslant m)\end{cases} \tag{7-22}$$

有效到达率 $\lambda_e=(m-L_s)\lambda$

其他运行指标：

(1) 平均队长：$L_s=L_q+\dfrac{\lambda_e}{\mu}=\sum\limits_{n=1}^{m}nP_n$

(2) 平均排队长：$L_q=\sum\limits_{n=c+1}^{m}(n-c)P_n$

(3) 平均逗留时间：$W_q=\dfrac{L_q}{\lambda_e}=\dfrac{L_q}{\lambda(m-L_s)}$

(4) 平均等待时间：$W_s=\dfrac{L_s}{\lambda_e}=\dfrac{L_s}{\lambda(m-L_s)}$

由此可以把有限队列模型 $M/M/c/\infty/m$ 的主要运行指标归纳如下：

$$P_0=\frac{1}{m!}\frac{1}{\sum\limits_{n=0}^{c}\dfrac{1}{n!(m-n)!}\left(\dfrac{c\rho}{m}\right)^n+\dfrac{c^c}{c!}\sum\limits_{n=c+1}^{m}\dfrac{1}{(m-n)!}\left(\dfrac{\rho}{m}\right)^n}$$

$$P_n=\begin{cases}\dfrac{m!}{(m-n)!n!}\left(\dfrac{\lambda}{\mu}\right)^n P_0 & (0\leqslant n\leqslant c)\\ \dfrac{m!}{(m-n)!c!c^{n-c}}\left(\dfrac{\lambda}{\mu}\right)^n P_0 & (c+1\leqslant n\leqslant m)\end{cases}$$

$$L_q=\sum_{n=c+1}^{m}(n-c)P_n\qquad L_s=L_q+\frac{\lambda_e}{\mu}=\sum_{n=1}^{m}nP_n$$

$$W_q=\frac{L_q}{\lambda_e}=\frac{L_q}{\lambda(m-L_s)}\qquad W_s=\frac{L_s}{\lambda_e}=\frac{L_s}{\lambda(m-L_s)}$$

比较典型的应用为机器管理，即共有 m 台机器，有 c 个修理工人，顾客到达就是机器出了故障，而每个顾客到达率 λ 是指每台机器每单位运转时间出故障的期望（平均）次数，系统中顾客数 n 就是出故障的机器数。

当 $n\leqslant c$ 时，所有的故障机器在被修理，有 $(c-n)$ 个修理工人在空闲；

当 $c<n\leqslant m$ 时，有 $(n-c)$ 台机器在停机等待修理，而修理工人都在繁忙。

【例 7-7】 某工厂有 2 名夜班工人负责照管 5 台机器，当机器需要添加原料或发生故障时就自动停止运转，等待工人照管。设平均每台机器两次停转的间隔时间为 1 小时，又设平均需要工人照管的时间为 15 分钟，且以上两者均服从负指数分布，试计算相关运行指标。

解：根据题意此题属于 $M/M/c/\infty/m$ 模型，$c=2$，$m=5$，已知：$\lambda=1$ 台/小时，$\mu=4$ 台/小时，$\lambda/\mu=1/4$。

$$P_0=\frac{1}{m!}\frac{1}{\sum\limits_{n=0}^{c}\dfrac{1}{n!(m-n)!}\left(\dfrac{c\rho}{m}\right)^n+\dfrac{c^c}{c!}\sum\limits_{n=c+1}^{m}\dfrac{1}{(m-n)!}\left(\dfrac{\rho}{m}\right)^n}=0.3149$$

同理 $P_1=0.394$，$P_2=0.197$，$P_3=0.074$，$P_4=0.018$，$P_5=0.002$。

于是 $L_q=\sum\limits_{n=c+1}^{m}(n-c)P_n=P_3+2P_4+3P_5=0.118$

$$L_s = L_q + \frac{\lambda_e}{\mu} = L_q + [c - \sum_{n=0}^{c-1}(c-n)P_N] = L_q + c - 2P_0 - P_1 = 1.094$$

$$W_q = \frac{L_q}{\lambda_e} = \frac{L_q}{\lambda(m - L_s)} = \frac{0.118}{5 - 1.094} = 0.03$$

$$W_s = \frac{L_s}{\lambda_e} = \frac{L_s}{\lambda(m - L_s)} = \frac{1.094}{5 - 1.094} = 0.28$$

7.4 一般服务时间排队模型分析

一般服务时间排队模型主要讨论以下三种模型，并且这三种模型都是单服务台，主要有：

服务时间服从一般分布的 $M/G/1$ 模型；

服务时间为定长的 $M/D/1$ 模型；

服务时间服从爱尔朗分布的 $M/Er/1$ 模型。

7.4.1 服务时间服从一般分布的 M/G/1 模型

$M/G/1$ 模型假设顾客源是无限的，到达过程是服从参数为 λ 的泊松分布，单队单服务台，且队列长是无限的，对顾客的服务时间 V 服从任意的概率分布，但已知期望值 $E(v)$ 和方差 $D(v)$。

假设模型中 $E(v)=1/\mu, D(v)=\sigma^2$，则服务强度 $\rho=\lambda/\mu$，不论 v 服从什么分布，只要 $\rho<1$，系统就能达到稳态，并有稳态概率 $P_0=1-\rho$。

我们知道，在稳态条件下，公式(7-1)对任何系统都是成立的，因此只要求出 L_s、L_q、W_s、W_q 四个性能指标中的任意一个，其他三个就可以由公式(7-1)求出。根据 P-K(Pollaczek-Khintchine)公式可以得到：

$$L_q = \frac{\rho^2 + \lambda^2\sigma^2}{2(1-\rho)} \tag{7-23}$$

因此可由公式(7-1)求出其他三项指标：

$$\begin{aligned} L_s &= \rho + L_q \\ W_q &= \frac{L_q}{\lambda} \\ W_s &= W_q + \frac{1}{\mu} \end{aligned} \tag{7-24}$$

【例 7-8】 有一火车票代售点，顾客按平均每小时 15 人的泊松流到达，购买火车票的服务时间 v 的期望 $E(v)=0.05$ 小时/人，方差 $D(v)=0.01$ 小时/人，求系统的运行指标，并对系统进行评价。

解：此问题属于 $M/G/1$ 模型，由于 $\lambda=15, E(v)=0.05, D(v)=0.01$，因此 $\rho=\lambda E(v)=0.75<1$，于是有：

$$L_q = \frac{15^2 \times 0.01 + 0.75^2}{2(1-0.75)} = 5.625$$

$$L_s = 5.625 + 0.75 = 6.375$$

$$W_q = \frac{5.627}{15} = 0.375(\text{小时})$$

$$W_s = \frac{6.375}{15} = 0.425(\text{小时})$$

顾客的时间损失系数 $R=\frac{W_q}{E(v)}=\frac{0.375}{0.05}=7.5$

顾客的时间损失系数表明，平均等待时间是服务时间的7.5倍，等待时间过长，因此很难令顾客满意。

7.4.2　服务时间为定长的 M/D/1 模型

我们可以把 $M/D/1$ 模型看做是 $M/G/1$ 模型的一个特例，即服务时间是固定长度的排队系统，如汽车自动冲洗服务系统，自动流水线生产系统等。

该模型假设顾客源是无限的，到达过程是服从参数为 λ 的泊松分布，单队单服务台，且队列长是无限的，$E(v)=1/\mu$，服务强度 $\rho=\lambda/\mu$，由于服务时间是个常量，因此 $D(v)=0$。

若服务强度 $\rho<1$，则由 $P-K$ 公式可以得到：

$$
\begin{aligned}
L_q &= \frac{\rho^2}{2(1-\rho)} \\
L_s &= L_q+\rho \\
W_q &= \frac{L_q}{\lambda} \\
W_s &= W_q+\frac{1}{\mu}
\end{aligned}
\tag{7-25}
$$

【例7-9】　某汽车冲洗站有一套自动冲洗设备，冲洗每辆汽车所需时间为6分钟，到此冲洗站来冲洗汽车的到达过程服从泊松分布，每小时平均到达6辆，求该排队系统的相关运行指标。

解：由于服务时间定长，因此属于 $M/D/1$ 模型，其中 $\lambda=6$ 辆/小时，$\mu=\frac{60}{6}=10$ 辆/小时，带入公式(7－24)计算得：

$$P_0=1-\frac{\lambda}{\mu}=1-\frac{6}{10}=0.4$$

$$L_q=\frac{\rho^2}{2(1-\rho)}=\frac{(0.6)^2}{2(1-0.6)}=0.45$$

$$L_s=L_q+\rho=0.45+0.6=1.05$$

$$W_q=\frac{L_q}{\lambda}=\frac{0.45}{6}=0.075(\text{小时})=4.5(\text{分钟})$$

$$W_s=W_q+\frac{1}{\mu}=0.075+\frac{1}{10}=0.175(\text{小时})=10.5(\text{分钟})$$

7.4.3　服务时间服从爱尔朗分布的 M/Er/1 模型

$M/Er/1$ 模型中，k 个服务台之间串联为一个服务整体，每个顾客必须依次经过 k 个相互独立的服务台，接受 k 次服务后才构成一个完整的服务过程，并且只有当顾客完成全部服务后，另一个顾客才能进入服务台。假设每个服务台的服务时间 $v_i(i=1,2,\cdots,k)$ 服从相同的负指数分布。则总的服务时间

$$v=\sum_{i=1}^{k}v_i \tag{7-26}$$

服从 k 阶爱尔朗分布。其他条件与基本 $M/M/1$ 模型相同。并且：

$$E(v_i)=\frac{1}{k\mu},D(v_i)=\frac{1}{k^2\mu^2}\quad (i=1,2,\cdots,k)$$
$$E(v)=\frac{1}{\mu},D(v)=\frac{1}{k\mu^2} \tag{7-27}$$

若服务强度 $\rho<1$，由 $P-K$ 公式可以得到：

$$L_q=\frac{(k+1)\rho^2}{2k(1-\rho)}$$
$$L_s=\frac{(k+1)\rho^2}{2k(1-\rho)}+\rho$$
$$W_q=\frac{(k+1)\rho}{2k\mu(1-\rho)} \tag{7-28}$$
$$W_s=W_q+\frac{1}{\mu}$$

【例 7-10】 某单人裁缝店做西服，每套需经过 4 个不同的工序，4 个工序完成后才开始做另一套。每一工序的时间服从负指数分布，期望值为 2 小时，顾客到来服从泊松分布，平均订货率为 5.5 套/周（设一周 6 天，每天 8 小时），问一顾客为等到做好一套西服期望时间有多长？

解：由题意可知，此题属于 $M/E_4/1$ 模型，其中 $\lambda=5.5$ 套/周，$\frac{1}{4\mu}=2$ 小时，故 $\mu=\frac{1}{8}$ 套/小时 $=6$ 套/周，因此 $\rho=\frac{\lambda}{\mu}=\frac{5.5}{6}$。

设 v_i 为第 i 个工序所需时间，v 为做完一套西服所需时间，

$$E(v_i)=2\quad D(v_i)=\frac{1}{(4\times6)^2}=\frac{1}{576}$$

$$E(v)=8\qquad D(v)=\frac{1}{4\times6^2}=\frac{1}{144}$$

$$L_s=L_q+\rho=\frac{(k+1)\rho^2}{2k(1-\rho)}+\rho=\frac{5\times\left(\frac{5.5}{6}\right)^2}{2\times4\times(1-\frac{5.5}{6})}+\frac{5.5}{6}=7.2188$$

$$W_s=\frac{L_s}{\lambda}=\frac{7.2188}{5.5}=1.3(\text{周})$$

故顾客为等到做好一套西服的期望时间为 1.3 周。

值得注意的是，$M/Er/1$ 模型与一般有 k 个串联的服务台模型是有本质区别的，前者强调的是单服务台，将 k 个串联的服务台看做一个整体服务台，即当一个顾客离开服务机构，随后一个顾客才能进入服务机构，而 k 个串联的服务台则没有此限制，前一服务台的输出即为后一服务台的输入。

7.5 拓展知识

7.5.1 单队多服务台与多个单服务台效率比较

前面提到，单队多服务台和多个单服务台之间的区别，单队多服务台中，多个服务台共享一条排队队列，而多个单服务台中，有几个服务台就有几条队列，且每个服务台对应一条排队

队列，我们直观上认为后者的排队队列比前者要短，那么后者的效率就一定比前者高吗？

以 2 个服务台为例(见图 7-3)，假设其他条件相同，即比较 $M/M/2/\infty/\infty/FCFS$ 模型与 2 个 $M/M/1/\infty/\infty/FCFS$ 模型之间的效率。假设 $M/M/1/\infty/\infty/FCFS$ 的服务强度为 ρ，则 $M/M/2/\infty/\infty/FCFS$ 的服务强度为 2ρ。

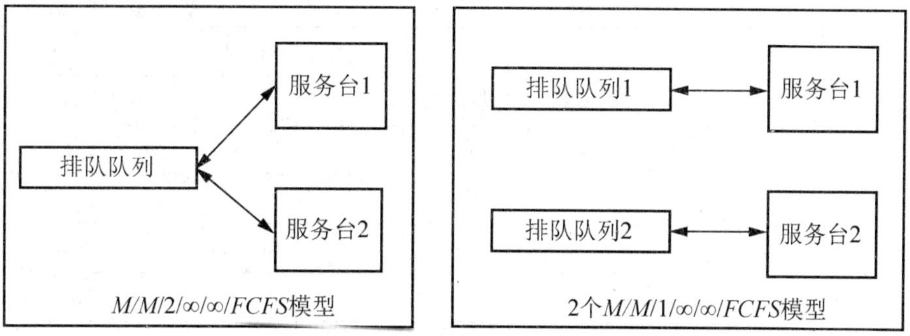

图 7-3

$M/M/2/\infty/\infty/FCFS$ 模型中，由于 $P_0 = \dfrac{1}{1+2\rho+\dfrac{1}{2}\times\dfrac{1}{\rho}\times(2\rho)^2} = \dfrac{1-\rho}{1+\rho}$，那么平均队长为

$L_s = 2\rho + \dfrac{(2\rho)^2\times\rho}{2\times(1-\rho)^2}\times\dfrac{1-\rho}{1+\rho} = \dfrac{2\rho}{1-\rho^2}$。

2 个 $M/M/1/\infty/\infty/FCFS$ 模型中，平均队长为 $L_s = 2\times\dfrac{\rho}{1-\rho} = \dfrac{2\rho}{1-\rho}$。

由于 $0<\rho<1$，因此 $\dfrac{2\rho}{1-\rho^2} < \dfrac{2\rho}{1-\rho}$，前者的平均队长要小于后者的，因此 $M/M/2/\infty/\infty/FCFS$ 模型的系统要优于 2 个 $M/M/1/\infty/\infty/FCFS$ 模型的系统。

可以推导得到单队多服务台模型比多个单服务台模型的效率要更优，这与我们直观的感觉存在着不一致。例如火车站排队购票是多个单服务台模型并联，而银行办理手续则是单队多服务台模型，根据上述分析可以知道，银行在排队效率上其实比火车站更优。

7.5.2 最优服务设施数的确定

1. 服务效率 μ

在排队系统中，服务台数是一个可以控制的变量，增加服务台数目可以提高服务效率，但也会增加系统的成本，在引导案例中，高速公路应该设置多少个收费台既能使效率达到最优，又能有效地控制成本？

假设采用单服务台系统，可知 $\lambda=800$ 辆/小时，$\mu=\dfrac{1}{8}$辆/秒 $=450$ 辆/小时，$\rho=\dfrac{\lambda}{\mu}=\dfrac{800}{450}=\dfrac{16}{9}>1$，由于队列长会无限地增长下去，因此不能接受这个假设。

假设采用 2 个服务台系统，可知 $\rho=\dfrac{\lambda}{c\mu}=\dfrac{800}{2\times450}=\dfrac{8}{9}<1$，系统稳定。

假设采用3个服务台系统，可知$\rho = \frac{\lambda}{c\mu} = \frac{800}{3 \times 450} = \frac{16}{27} < 1$，系统稳定。

我们运用前面所学的多服务台基本模型的公式求得2个服务台和3个服务台时各系统的服务指标，并且求出各系统中有k辆车的概率，分别见表7-2，表7-3。

表7-2

服务指标	系统类别	
	$M/M/2$	$M/M/3$
L_s	8.5	2.3
L_q	6.7	0.5
W_s	30	2
W_q	38	10

表7-3

P_k	系统类别	
	$M/M/2$	$M/M/3$
P_0	0.16	0.15
P_1	0.10	0.27
P_2	0.09	0.24
P_3	0.08	0.14
P_4	0.07	0.08
P_5	0.07	0.05
P_6	0.06	0.03
P_7	0.05	0.02
P_8	0.05	0.01
P_9	0.04	0.01
$P(n>9)$	0.33	$\leqslant 0.01$

分析计算结果可知，$M/M/1$系统的交通强度$\rho > 1$，说明该系统无法满足交通流量的要求。车辆排队长度会越来越长。$M/M/2$和$M/M/3$系统均满足交通强度$\rho < 1$的条件。根据表7-3，系统中有9辆以上车排队的概率高达33%，说明该系统车辆排长队的概率高，服务台运行强度大，服务水平低；由表7-3可知，$M/M/3$系统各项服务指标均大大优于$M/M/2$系统，系统中有9辆以上车排队的概率为0，有5辆以上车排队的概率也仅有5%，因此，在没有其他条件限制的情况下，$M/M/3$系统应为该收费站设计之首选。

2. 运行成本c

我们在提高服务效率的同时，也会增加服务的费用，例如收费站多增加一个服务台就会多增加一笔建设及管理费用，因此在确定最优服务设施数的时候，也需考虑成本的因素。

$M/M/c/\infty/\infty$模型中，在稳态情况下，单位时间全部费用 = 服务成本 + 等待费用，其期望值为：

$$z = c'_s \cdot c + c_w \cdot L \tag{7-29}$$

其中，c'_s 是每个服务台单位时间的成本；c 是服务台数；c_w 是每个顾客在系统中停留单位时间的费用；L 是系统中顾客平均数 L_s 或队列中等待的顾客平均数 L_q（它们随 c 值的不同而不同）。因为 c'_s 与 c_w 都是给定的，唯一可能变动的是服务台数 c，所以 z 是 c 的函数 $z(c)$。

因为 c 只取整数值，$z(c)$ 不是连续变量的函数，所以不能用微分法。我们采用边际分析法（Marginal Analysis），根据 $z(c^*)$ 是最小的特点，有

$$\begin{cases} z(c^*) \leqslant z(c^*-1) \\ z(c^*) \leqslant z(c^*+1) \end{cases} \tag{7-30}$$

将公式(7-29)中的 z 代入，得

$$\begin{cases} c'_s c^* + c_w L(c^*) \leqslant c'_s(c^*-1) + c_w L(c^*-1) \\ c'_s c^* + c_w L(c^*) \leqslant c'_s(c^*+1) + c_w L(c^*+1) \end{cases} \tag{7-31}$$

上式简化后，得

$$L(c^*) - L(c^*+1) \leqslant c'_s / c_w \leqslant L(c^*-1) - L(c^*) \tag{7-32}$$

依次求 $c=1,2,3,\cdots$ 时 L 的值，并作两相邻的 L 值的差，因 c'_s/c_w 是已知数，根据这个数落在哪个不等式的区间里就可确定 c^*。

【例 7-11】 某检验中心为各工厂服务，做检验的工厂（顾客）的到来服从泊松流，平均到达率 λ 为每天 48 次，每次来检验由于停工等原因损失为 6 元，服务（做检验）时间服从负指数分布，平均服务率 μ 为每天 25 次，每设置 1 个检验员服务成本（工资及设备损耗）为每天 4 元，其他条件适合标准的 $M/M/c$ 模型，问应设几个检验员（及设备）才能使总费用的期望值最小？

解： $c'_s = 4$ 元/检验员　$c_w = 6$ 元/次

$$\lambda = 48 \qquad \mu = 25 \qquad \lambda/\mu = 1.92$$

设检验员数为 c，令 c 依次为 1,2,3,4,5，根据查表，可求出 L_s，计算过程如表 7-4。

表 7-4

c	1	2	3	4	5
$\lambda/c\mu$	1.92	0.96	0.64	0.48	0.38
查表 $W_q \cdot \mu$		10.26	0.40	0.08	0.02
$L_s = \frac{\lambda}{\mu}(W_q \cdot \mu + 1)$		21.61	2.68	2.07	1.95

将 L_s 代入(7-31)得表 7-5。

表 7-5

检验员数 c	来检验顾客数 $L_s(c)$	$L(c)-L(c+1) \sim L(c)-L(c-1)$	总费用（每天）$z(c)$
1	∞		∞
2	21.61	[18.93, +∞)	154.94
3	2.68	[0.61, 18.93)	27.87
4	2.07	[0.17, 0.61)	28.38
5	1.95		31.71

$\frac{c'_s}{c_w}=0.666$,落在区间[0.61,18.93)内,所以 $c^*=3$,即以设 3 个检验员使总费用为最小,直接代入(7-29)式也可验证总费用为最小。

$$z(c^*)=z(3)=27.87(\text{元})$$

7.6 MATLAB 软件的应用

排队论中,相对应的单服务台和多服务台模型在输入过程和排队规则上都是一样的,唯一的区别是服务台的数目不同,因此可以把单服务台看做是多服务台的一个特例,在运用 MATLAB 求解时,只需要将多服务台模型的服务台输入变量设定为 1,即可求得相对应的单服务台模型的解。

以例题 7-4 程序说明操作过程,由题意知此问题属于多服务台基本模型,且 $c=2,\lambda=24$ 人/小时,$\mu=30$ 人/小时,$\rho=\frac{\lambda}{c\mu}=\frac{24}{2\times30}=0.4$,用 MATLAB 软件求解如下:

首先运行 MATLAB 软件,点击 File—open,选择程序文件夹下的程序文件 liti4. m,这时会出现编辑框,如图 7-4,点击编辑框中的 Debug—Run liti4. m,或直接使用快捷键 F5。

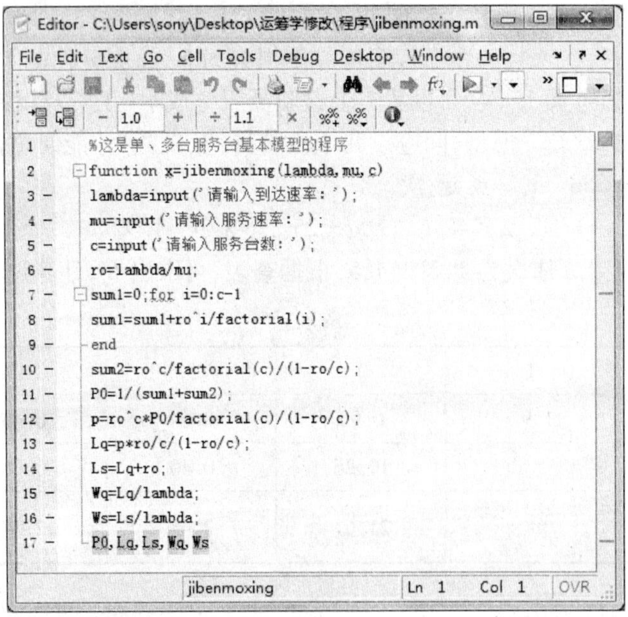

图 7-4

然后会出现对话框,,如图 7-5,点击 Add to Path。

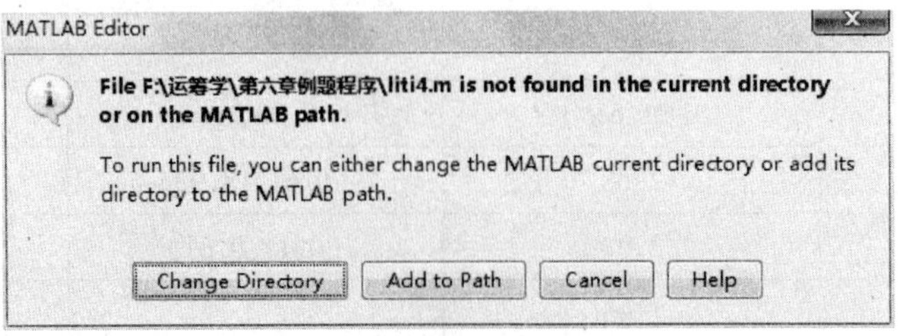

图 7-5

在 matlab 主面板里面会提示“请输入到达速率:”,输入 24,回车;再提示”请输入服务速率:”,输入 30,回车;然后会提示“请输入服务台数:”,输入 2,如图 7-6。

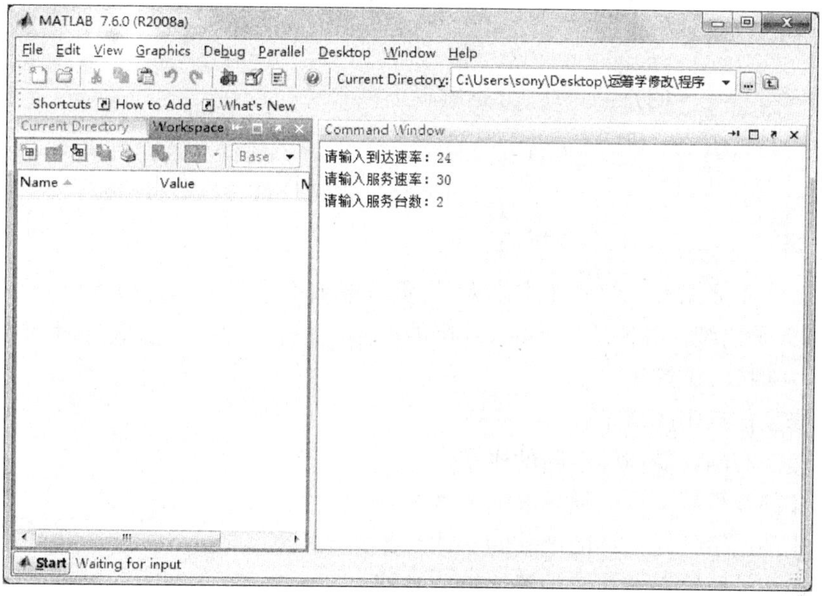

图 7-6

再回车,即得到结果,如图 7-7。

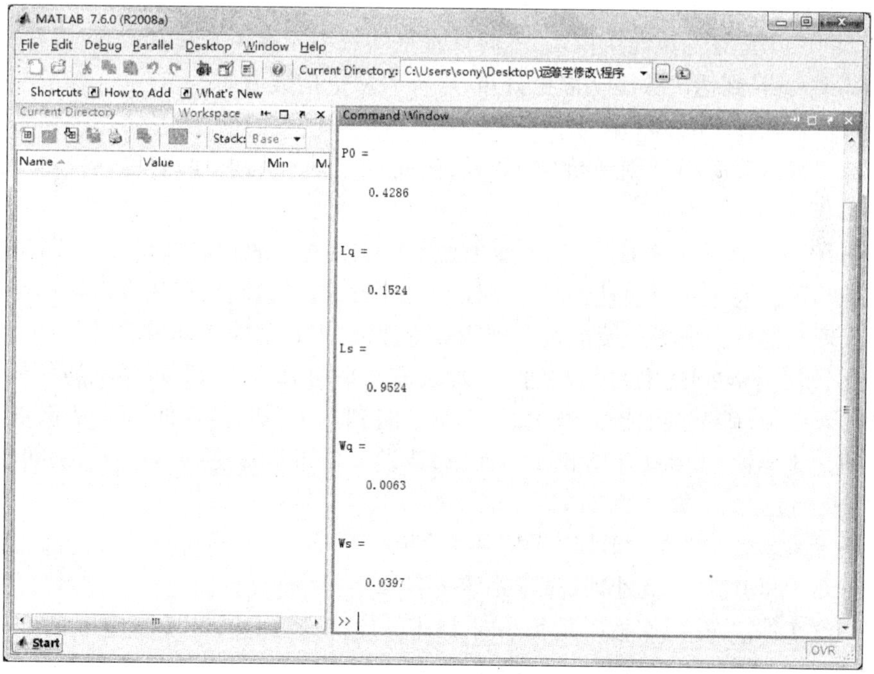

图 7-7

即求得例题 7-4 的解,其中的结果与我们计算的结果完全一致。

该程序同样适用于单服务台基本模型,只需要在第三步输入服务台数时,输入 1 即可,其他两个变量则根据题目的要求做出相对应的更改。

其他模型的求解过程可以按照这个操作进行，只用在输入参数时输入相应的变量即可。

课后习题

1. 对 $M/M/1/\infty/\infty$ 的排队系统，分别解释下列含义：

(1) $\frac{\lambda}{\mu}$ (2) $p\{i>0\}$

(3) $L_s - L_q$ (4) $\frac{W_q}{W_s}$

2. 某电脑营业部配有一位专业维修人员，负责电脑的维修工作，已知每天平均有 6 台电脑前来维修，每天平均维修时间为 1 小时，维修的电脑按泊松分布到达，服务时间服从负指数分布，每天按 8 小时计，试求：

(1) 维修工作空闲的概率；

(2) 营业部有两台受损坏电脑的概率；

(3) 营业部至少有 1 台受损坏电脑的概率；

(4) 营业部逗留的受损坏的电脑的平均台数；

(5) 受损坏的电脑在营业部的平均逗留时间；

(6) 营业部等待维修的电脑平均台数；

(7) 待维修电脑的平均等待时间；

(8) 营业部忙期的平均长度。

3. 某车间医疗室有一位医生值班，平时该室平均每小时有 4 人来就诊，医生看病的平均速率为每小时 5 人，若到达次数服从泊松分布，服务服从负指数分布。

(1) 试计算 L_s, L_q, W_s, W_q, P_0。

(2) 若就诊工人每小时创造价值 10 元，则每天三班(24 小时)排队等待带来的损失为多少?

(3) 花 5000 元改善的医疗室，使得服务速率增加到每小时可看病 6 人，上述(1)中各指标有多少改进? 这一笔 5000 元的投资多久时间可收回? 这种福利投资从生产的角度看值得吗?

4. 单人理发馆有 6 把椅子接待人们排队等待理发，当 6 把椅子都坐满时，后来到的顾客不进店就离开，顾客平均到达率为 3 人/小时，理发需时平均 15 分钟，试求系统的各项运行指标。

5. 某露天矿山，矿车按泊松流到达，平均每小时到达 15 辆，卸车时间服从负指数分布，平均卸车时间为 3 分钟，每辆矿车售价 8 万元，每建设 1 个卸位需投资 14 万元，试问建设多少个卸位合理?

6. 某系统有 3 名服务员，每小时平均到达 240 名顾客，且到达服从泊松分布，服务时间服从负指数分布，平均需时 0.5 小时，试求系统的各项运行指标。

7. 有一汽车冲洗车，汽车按平均每小时 18 辆的泊松流到达，冲洗时间 V 的期望 $E(V)=0.05$小时/辆，方差 $D(V)=0.01$ 小时/辆，试求系统的各项运行指标，并对系统进行评价。

第八章　存　储　论

【本章要点】

为了保证生产或销售业务的正常进行,每个企业都必须保持一定数量的存货。但存储太多,就会造成物资和资金的积压,并增加存储成本。因此,对一个企业来说,如何决定它的"存货策略",即何时进货和进多少货,是一个很重要的问题。本章通过一套科学的存货管理方法来解决有关存储问题,它包括建立一个表达存货系统特点的数学模型,并求出最优存货策略以确定应何时进货和进多少货。在学习本章具体模型前需要熟悉一些概率论的基本知识。

本章主要介绍了存储论的基本概念、确定性模型和随机性模型的扩张及其推导过程,详细阐述了如何运用存储策略的相关知识求解存储的问题,并运用 MATLAB 软件快速求解的方法。

通过本章的学习能够掌握:了解存储论的基本概念和对实际问题建立存储模型;了解不同存储模型的特点并用存储模型解决实际中的存储问题;掌握存储模型的一些求解方法和技巧。

【学时指导】

教学内容	学习要点	学习难点	掌握的意义
8.1　存储论的概述	了解存储论的应用,并理解存储论的基本概念	基本概念的区分与理解	便于根据实际需求建立合理的模型
8.2　确定性存储模型	掌握确定性存储模型的基本思路及不同模型的推导与计算	四种存储模型异同	可以很好解决实际中供需可预测条件下的存储问题
8.3　随机性存储模型	掌握随机性存储模型的基本思路及推导与计算	随机性存储模型的推导过程	可以很好解决实际中需求随机条件下的存储问题
8.4　案例分析与 MATLAB 的应用	存储论在实际中的应用以及 MATLAB 软件求解	如何将存储模型运用到实际中	针对现实问题可快速求解

【引导案例】

某混凝土厂如何确定最优存储方案

某混凝土厂是一家经营砌块和面板的企业,它的产品主要用于建筑的墙体及屋面。从目前社会需求来看,混凝土厂的产品前景一片光明,但在日益竞争激烈的今天,要想取得更好的经济效益,则必须制定最优的存储策略,以达到降低成本,增加效率。

而钢筋是该厂生产板材所必需的材料,如何合理地对钢筋进行存储至关重要。因为如果钢筋存储过多,会造成材料积压,增加存储成本,而假如缺货的话,又将导致较大的缺货损失,那么该厂到底存储多少钢筋量才能达到效益的最大化呢?

经调查求得

1. 年需求量的计算

设该厂计划板材产量:9 万立方米;钢筋消耗计划:35 公斤/立方米;

年需求总量:90000 立方米 ×35 公斤/立方米 =3150000 公斤 =3150 吨;

2. 存储费(货物占用资金应付的利息 + 保管费 + 货物损坏费)

设货物占用资金应付的利息为 29.76 元/吨,货物每年损坏费为 0.76 元/吨,其他费用暂视为 0。

则存储费用总共为:29.76 +0.76 =30.52(元/吨)。

3. 预计订购费为 220 元/次,其中委派人员的费用为 200 元/次,其他费用(手续费、典型往来费)为 20 元/次。

4. 生产准备期(为防止订货后,钢筋进厂的时间拖后或者由于板材生产量的突然增加导致缺货而设置的缓冲量)。

设为 4 天(即在钢筋用完前 4 天就订货)

那么针对以上条件,如何决策才能达到最优的存储呢? 通过学习本章,将使我们能用科学的方法确定最优的决策。

8.1 存储论的概述

存储论(又称为库存论,Inventory Theory)是研究存储问题的有关理论和方法的一门科学,是运筹学的一个重要分支。它用定量的方法解决存储物资供应(生产)与需求(消费)之间的不协调性,描述存储状态和费用之间的关系,并从经济上确定合理的存储策略,从而为人们提供定量的决策依据和有价值的定性指导。早在 1915 年,哈里斯(F. Harris)针对银行货币的储备问题进行了详细的研究,建立了一个确定性的存储费用模型,并求得了最优解,即最佳批量公式。1934 年威尔逊(R. H. Wilson)重新得出了最佳批量公式,后来人们称此公式为经济订货批量(economic order quantity)公式(简称 E. O. Q 公式)。20 世纪 50 年代存储论真正作为一门理论发展起来,1958 年威汀(T. M. Whitin)出版了《存储管理的理论》一书,随后阿罗(K. J. Arrow)等发表了《存储和生产的数学理论研究》,毛恩(P. A. Moran)在 1959 年写了《存储理论》。此后,存储论成了运筹学中的一个独立分支,并陆续对随机或非平稳需求的存储模型进行了广泛深入的研究。本章,我们主要阐述存储论的基本理论以及如何采用相应策略和模型解决实际中的问题。

8.1.1 问题的提出

引导案例是有关存储模型在实际中的应用问题，其实在人们日常生活和生产实践中，存在着大量的存储现象。例如：

（1）水电站在雨季到来之前，水库应蓄水多少？如果蓄水量过多，水位上涨易摧毁大坝，还会给下游带来巨大损失；如果蓄水量过少，又满足不了发电的要求。

（2）工厂生产需用原料，如没有储存一定数量的原料，会发生停工待料现象。如存储过多的原料，又会带来过多的存储费用。

（3）在商店里若存储商品数量不足，会发生缺货现象，失去销售机会而减少利润；如果存量过多，一时售不出去，会造成商品积压，占用流动资金过多而且周转不开，这样也会给商家造成经济损失。

存储论就是研究此类存储问题的一门科学，它用定量的方法描述何时补充库存，补充多少的问题，以及如何采用合理的存储策略达到最大的经济效益。

8.1.2 存储论的基本概念

存储系统通常是由一个订购进货、存储和供给需求三个环节紧密构成的现实运行系统。存储系统如图 8-1 所示。

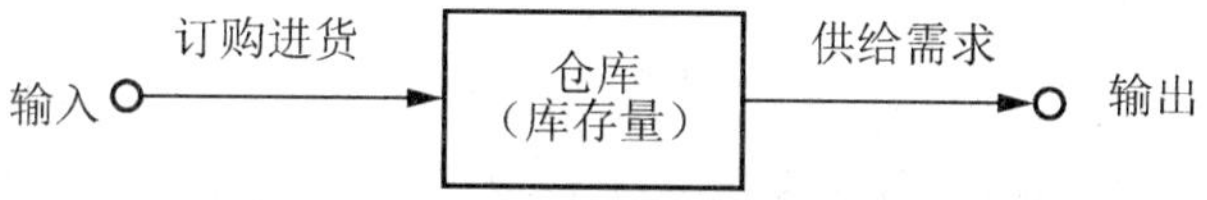

图 8-1 存储系统流程图

存储系统中，订购进货、仓库存量，是存储系统可以控制的，但需求是仓储系统无法控制的。仓储系统是为提供需求服务的，也就是说存储控制系统是要求管理者在满足需求的前提下，制定出合理的存储策略。存储策略主要回答的问题是：什么时候订货，多长时间订一次货，一次订多少。为此，需要对以下概念进行必要的说明。

1. 需求

对于存储来讲，需求就是从存储中取出一定的数量，使存储减少，需求就是存储的输出。单位时间内对某物品的需求量称为需求率，记作 D。需求大致上可以分为四类：

（1）间断式需求。从图 8-2 可以看出，在前 t_1 时间内，存储量并没有改变，无需求输出，而在$(t-t_1)$时间内存储量变为 W，且保持不变，此过程为间断式输出，其在 t 时间内的输出量为$(S-W)$。

（2）连续均匀的需求。在图 8-3 中，存储量随着时间的推移而连续均匀地减少，在 t 时间时，存储量变为 W，此时输出量也为$(S-W)$，但这是一种连续式的输出。

（3）确定性需求。假定需求量在各个时期内是已知的，如：IBM 公司每月按合同订单提供客户确定数量的电脑。

（4）随机性需求。假定需求量在各个时期内是随机分布的，如：某报亭对某种报刊的需求量今天可能是 100 份，明天则可能是 200 份。但是经过长期大量统计以后能发现统计规律，称之为有一定随机分布的需求。

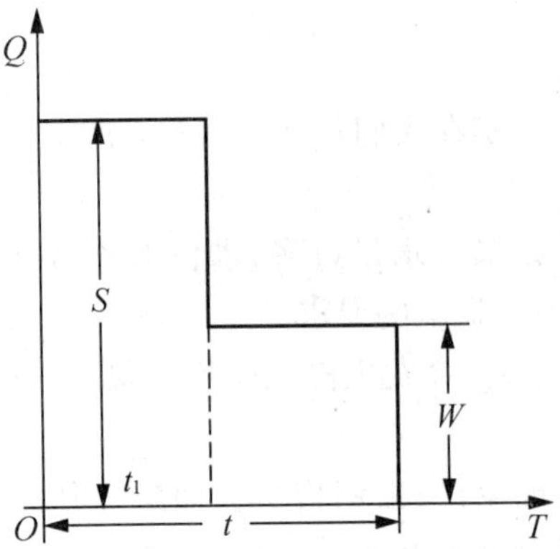

图 8-2　间断式需求

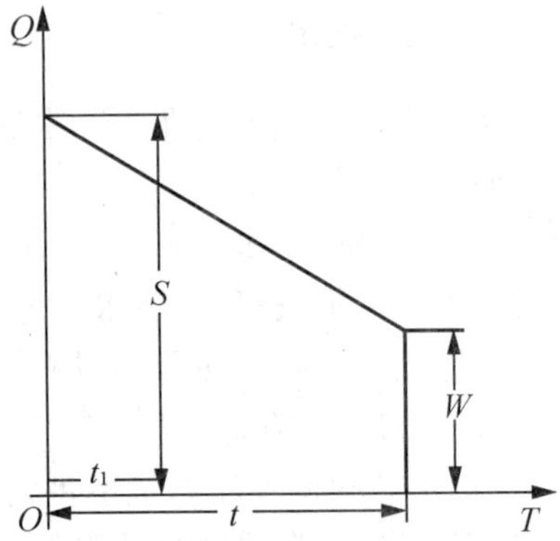

图 8-3　连续性需求

2. 补充进货

对存储系统来讲,补充进货就是存储的输入。存储量由于需求而不断减少,必须加入补充,否则将无法满足需求。通常将一次订货中,所订某种货物的数量称为订货批量(Quantity),记作 Q。

补充一般是订货(购买)或生产,从订货到货物进入"存储"往往需要一段时间,这段时间称为备运期(lead time),记作 T_1。备运期可以是确定型的,也可以是随机型的。由于有备运期,必须在存储量消耗殆尽之前订货,此时的存储量称为再订货点(reorder point)。除此之外,还有一个入库时间,即开始补充货物到货物补充完毕为止的时间(T_2)。两者之间具体的联系如下:

$$\text{发出订单}\xrightarrow[\text{拖后/提前时间}]{T_1}\text{货物到达}\xrightarrow[\text{入库时间}]{T_2}\text{货物入库}$$

3. 存储策略

决定补充时间及补充数量的策略称为存储策略。即决定多长时间补充一次,每次补充的数量是多少。常见的存储策略有以下几种基本类型:

(1) t_0 - 循环策略:即每隔 t_0 时间补充存储量 Q(进货批量)。这是最简单的策略,不需要对存储量进行盘点(review)。

(2) 补充策略:或称为(s,S)策略,即每当存储量 $x \geqslant s$ 时不补充;当 $x < s$ 时补充存储,补充量为 $Q = S - x$,S 为可以补充达到的最高存储水平。这种策略要求对存储物资能够进行连续盘点,且没有固定的时间间隔。

(3) 混合策略:或称(t,s,S)策略,即每隔时间 t 对存储量进行一次盘点,并及时补充,当存储量 $x > s$ 时不补充,当存储量 $x \leqslant s$ 时,补充存储量,使之达到 S。这种策略比较简单,但是容易引起缺货或者"窝货",因此适用于需求和备运期稳定的货物。

上述常用的存储策略比较简单,但由于市场多元化的变化及个人主观臆断的影响,加之存储量的限制、检查周期的确定也没有统一界限,因而补充量 Q 和周期 T 都不一定是最优的。那么要使存储策略既满足生产和消费,又能使存储系统总费用最少,此时往往不只是采用一种管理策略,而是实行分类管理,一般可分为 A、B、C 三类,如表 8-1 所示。

表 8-1　*ABC* 管理法

类型	占全部品种比例	占总资金的比例	建议订购策略
A	5% ~10%	60% 以上	(s,S)
B	10% ~30%	15% ~20%	(t,s,S)
C	60% ~70%	10%	t_0 - 循环策略

4. 各种费用

存储的目的是既要满足生产和销售的需要，又要使存储系统运营的总费用最低。因此，有必要对存储的总费用进行分析，在存储系统中，主要包括以下一些费用：

(1) 存储费(storage cost)：指存货在存储过程中所发生的费用，包括存储所占用资金的利息、仓库和场地费用、物资的存储损耗费用、保险费、仓库建筑设备的维修折旧费用、库内搬运费等费用，通常与存储货物的多少和时间的长短有关，记为 C_1，单位为元/(件 * 时间)。

(2) 订货费(cost of ordering)：指每组织一次生产、订货或采购的费用，包括两部分：一是订购费用，它与订货次数有关，而与订购数量无关。如手续费、通信费、人工差旅费、货物检查费、入库验收费等。二是物资的成本费。如货物本身的价格、运费等。它与订货的数量有直接联系。如物资单价为 K 元，订购费为 C_2 元，订货数量为 Q，则订货费用为 C_2+KQ 元。

(3) 生产费(cost of producing)：在出现缺货需要补充存储时，如果不向外订货，而自行安排生产，就需要一定的生产费用，包括装配费用和材料，加工费用等。

(4) 缺货费(shortage cost)：由于货物的短缺而引起的一切损失费用，如失去销售机会的损失、停工待料的损失，以及不能履行合同而缴纳的罚款等。

存储费、订货费、生产费和缺货损失费构成了存储的总费用，使总费用最小是建立和求解存储模型的主要目标。为了实现该目标，需要确定批量和订货点，这就是所谓存储决策。批量与订货点即决策变量，因而存储模型的主要形式有：总费用 $F=C(t)$。

为方便读者阅读，先将本章中所使用的主要数学符号作一一介绍。

$C(t)$——单位时间平均运营费用(或称单位时间平均总费用)；

R——单位时间物品需求量(或称需求速度)；

P——单位时间物品生产量(或称生产速度)；

K——货物单价(外部订购)或单位物品成品费用(内部生产)；

Q——订货量(外部订购)或生产量(内部生产)；

C_1——单位物品单位时间存储费用(简称单位保管费用)；

C_2——订货费用(外部订购)或生产准备费用(内部生产)；

C_3——单位物品单位时间缺货损失(简称单位缺货损失费用)。

以上订货量(生产量)Q 和订购费用(生产准备费用)C_2，都是对应于一次订购(一次生产)而言的。

本章将介绍两类模型：一类叫做确定性模型，即模型中的参数皆为确定的数值；另一类叫做随机性模型，即模型中含有随机变量。本章以确定性存储模型及随机性存储模型两大类为基准，分别介绍一些常用的存储模型，并从中得出相应的存储策略。

8.2 确定性存储模型

确定性存储模型的需求量是已知的,需求速度是均匀的,补充采取 t 循环策略的模型。我们首先讨论经典的经济批量模型,然后,在此基础上进一步展开讨论。

8.2.1 模型一:瞬时供货、不允许缺货的经济批量模型

在实际应用中,经常可以看到有关此模型的情况,比如情人节期间关于玫瑰花的订购便是瞬时供货、不允许缺货的模型。因为一旦发生缺货或者进货有延迟,则将会失去更多的销售机会。此时,何时开始订货以及每次订货多少该如何决策呢?

为了便于描述和分析,首先对该模型作如下假设:

(1) 需求:需求是连续均匀的,即需求速度 R 是常数,且是已知的,则 t 时间的需求量为 Rt;

(2) 补充:库存降为零时,可立即得到补充,即补充时间近似为零;

(3) 费用:货物单位存储费用为 C_1,每次订货费为 C_2,货物单价为 K,单位缺货费 $C_3\to\infty$ 。由于库存可立即得到补充,所以此时不会出现缺货,模型中不会再考虑缺货费用。

采用 t - 循环策略,设补充间隔时间为 t,补充时存储已用尽,每次补充量为 Q,则存储状态图如图 8-4 所示。

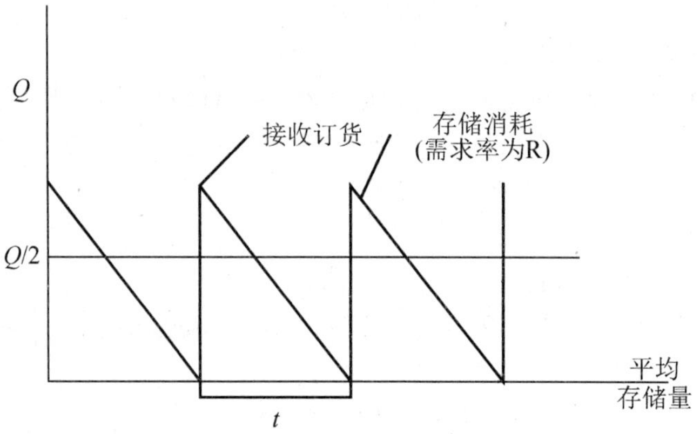

图 8-4 瞬时供货、不允许缺货存储状态图

要使存储最优,则需满足最低的存储总费用。由于此过程涉及的费用有:订货费、存储费,所以一个周期内的总费用是由订货费与存储费组成的。

因补充间隔时间为 t,补充量为 Q,则有 $Q=Rt$。记:订购费为 C_2,货物单价为 K,单位时间单位货物存储费为 C_1,则在 t 时间内的购买费用为 C_2+KRt。

因为需求是连续均匀的,且需求速度 R 是一定的,所以 t 时间内的平均存储量为: $\frac{1}{t}\int_0^t RT\mathrm{d}T = \frac{1}{2}Rt$;

故 t 时间内所需的存储费为: $\frac{1}{2}C_1Rt^2$;

一个周期内的总费用: $C_2+KRt+\frac{1}{2}C_1Rt^2$;

t 时间内的总平均费用为：$C(t)=\frac{C_2}{t}+KR+\frac{1}{2}C_1Rt$；

要求出 t，使费用函数 $C(t)$ 最小，利用微积分求最小值的方法，对 t 求导，并令其导数为零，即令：

$$\frac{\mathrm{d}C(t)}{\mathrm{d}t}=-\frac{C_2}{t^2}+\frac{1}{2}C_1R=0$$

得：$t_0=\sqrt{\frac{2C_2}{C_1R}}$，因 $\frac{\mathrm{d}^2C(t)}{\mathrm{d}t^2}>0$，即每隔 t_0 时间订货一次可使费用 $C(t)$ 达到最小，此时订货批量为：

$$Q_0=Rt_0=\sqrt{\frac{2C_2R}{C_1}} \tag{8-1}$$

式(8-1)即为存储论中著名的经济订购批量(economic ordering quantity)公式。简称为 E. O. Q 公式，也称平方根公式，或经济批量(economic lot size)公式。

由于 Q_0、t_0 皆与 K 无关，所以此后在费用函数中可略去 K 这项费用。如无特殊要求不再考虑此项费用，此时 t 时间内的总平均费用为 $C(t)=\frac{C_2}{t}+\frac{1}{2}C_1Rt$。

将 t_0 代入上式得出单位时间最小费用为：$C(t)=\frac{C_2}{t}+\frac{1}{2}C_1Rt=\sqrt{2C_1C_2R}$。

最优存储策略各参数归纳如下：

订购周期：
$$t_0=\sqrt{\frac{2C_2}{C_1R}} \tag{8-2}$$

经济批量：
$$Q_0=\sqrt{\frac{2C_2R}{C_1}} \tag{8-3}$$

平均总费用：
$$C(t)=\sqrt{2C_1C_2R} \tag{8-4}$$

以上算式是由于选 t 作为存储策略变量推导出来的，当然如果选订货批量 Q 作为存储策略变量是否也可以推导出上述公式呢？读者可以自己通过计算加以检验。

【例 8-1】 某医院药房每年需某种药品 1600 瓶，每次订购费为 50 元，每瓶药品每年保管费 1 元，求最佳订货量和订货周期。

解：该问题符合模型一的条件，记：$R=1600$ 瓶/年，$C_1=1$，$C_2=50$，代入式(8-2)，式(8-3)和式(8-4)有：

经济订货周期 $t^*=\sqrt{\frac{2C_2}{C_1R}}=\sqrt{\frac{2\times50}{1600}}=0.25$(年)

经济批量 $Q_0=Rt_0=\sqrt{\frac{2C_2R}{C_1}}=\sqrt{\frac{2\times50\times1600}{1}}=400$(瓶)

最小的经济费用 $C(t^*)=\sqrt{2C_1C_2R}=\sqrt{2\times1\times50\times1600}=400$(元/年)

此为通过 E. O. Q 直接计算出的最优存储策略，为了有更为直接的感触，下面来看看在不同批量下所产生的总费用的大小，具体见表 8-2 所示。

表 8-2　不同批量所产生总费用的计算与比较

批量 Q	年存储费 $C_1Q/2$	年订购费 C_2R/Q	年总费用 C	费用最小批量
100	50	800	850	
200	100	400	500	
300	150	266.7	416.7	
400	200	200	400	Q^*
500	250	160	410	
600	300	133.3	433.3	

由表 8-2 知，当最小批量 Q^* 为 400 时，年总费用 C 达到最小为 400，由此可见，当每隔 0.25 年订一次货，每次订货 400 瓶时，为最优的订货批量。

一般来讲，由于存储总费用只包含订购费与仓储费，要使总费用最节省，是否可以从费用函数的角度来求出 $t_0, Q_0, C(t)$ 呢？下面我们从费用的图形来看看它们的关系曲线，其图形如图 8-5 所示。

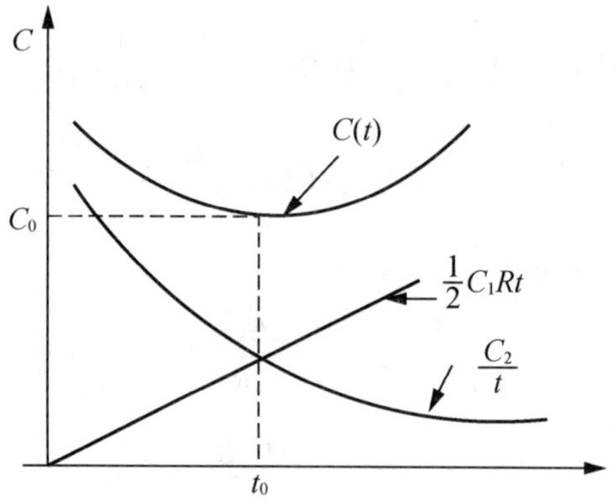

图 8-5　费用函数曲线

涉及的有关费用曲线有：

存储费用曲线 $\frac{1}{2}C_1Rt$

订购费用曲线 $\frac{C_2}{t}$

总费用曲线 $C(t)=\frac{C_2}{t}+\frac{1}{2}C_1Rt$

总函数曲线在 $t<t_0$ 时，$C(t)$ 是减函数；在 $t>t_0$ 时，$C(t)$ 是增函数，即 $C(t)$ 曲线最小值即是在横坐标为 t_0 的点。此时，存储费用曲线与订购费用曲线交点的横坐标相同，由此可建立关系式为：

$$\frac{C_2}{t_0}=\frac{1}{2}C_1Rt_0$$

计算得：$t_0=\sqrt{\frac{2C_2}{C_1R}}$，此时 t_0 即为最经济的订货周期。

此时经济订货批量为：$Q_0 = Rt_0 = \sqrt{\frac{2C_2R}{C_1}}$ 。

平均总费用为：$C(t) = \frac{C_2}{t_0} + \frac{1}{2}C_1Rt_0 = \sqrt{2C_1C_2R}$

由此观之，采用费用函数曲线间的关系同样得到经济订货批量，显然以上公式与式(8-2)、式(8-3)以及式(8-4)是一致的。

【例 8-2】 某电脑公司按合同每年需提供 R 个产品，不许缺货。假设每一周期工厂需订购费 C_2 元，存储费每年每单位产品为 C_1 元，求全年最经济的订货周期与订货批量。

解：由于每年的需求率为 R，则有每批生产量 $Q = Rt$，于是周期 $t = \frac{Q}{R}$。

要使总费用最小，即要使订购费与存储费用之和最小，根据订购费用与存储费用函数的交点即是最短的经济订货周期可得：

每个周期内平均存储量为$\frac{1}{2}Rt = \frac{1}{2}Q$

全年所需存储费用$\frac{1}{2}C_1Rt^2 = \frac{1}{2}C_1R\left(\frac{Q}{R}\right)^2 = \frac{1}{2}\frac{C_1}{R}Q^2$

全年的订购费用 C_2

由存储费用与订购费用的交点即是最短的经济订货周期知：

$$\frac{1}{2}\frac{C_1}{R}Q^2 = C_2$$

解得：$Q_0 = \sqrt{\frac{2C_2R}{C_1}}$ 即 $\min C(Q) = C(Q_0)$，Q_0 为经济订购批量。

最佳周期 $t_0 = \frac{Q_0}{R} = \sqrt{\frac{2C_2}{C_1R}}$（取近似的整数）

此时还需注意的是该模型计算的最佳周期 t_0 往往带有小数，比如当 $t_0 = 16.235$ 天，显然小数点后的数字对实际订货是无意义的，这时可取近似的整数，取 $t_0 \approx 16$ 或 $t_0 \approx 17$。再比较 $C(16)$ 和 $C(17)$ 的大小，来决定 t_0 的取值。如本例中假设 $C_1 = 84$ 元/年，$C_2 = 200$ 元，$R = 1400$ 个/年时，计算得 $t_0 \approx 21.17$ 天，且 $C(21) < C(22)$，故取 $t_0 = 22$ 天。

8.2.2 模型二：瞬时供货、允许缺货的经济批量模型

本模型在模型一的假设条件下，增加了允许缺货的条件，并把缺货损失定量化来加以研究。即当企业的存储降为零时，在不付出较大缺货费用的前提下，可以再等一段时间然后订货。此时企业除了支付一定的缺货费用之外没有其他损失，在某些情况下，选择本模型可能对企业有利。为了研究此模型，现作如下假设：

（1）单位货物缺货费为 C_3；

（2）其他条件同模型一。

该模型的存储状态图如图 8-6 所示。

设单位时间单位物品存储费用为 C_1，每次订购费为 C_2，缺货费为 C_3（单位缺货损失），R 为需求速度，其中决策变量为 S 和 t。

此模型中所涉及的费用有：

（1）平均存储费

由于最初的存储量 S 只满足 t_1 时间的需求，故有 $S = Rt_1$，即 $t_1 = \frac{S}{R}$。且 t_1 时间内的平均存储量为 $\frac{1}{2}S$。所以在一个订购周期 t 内：

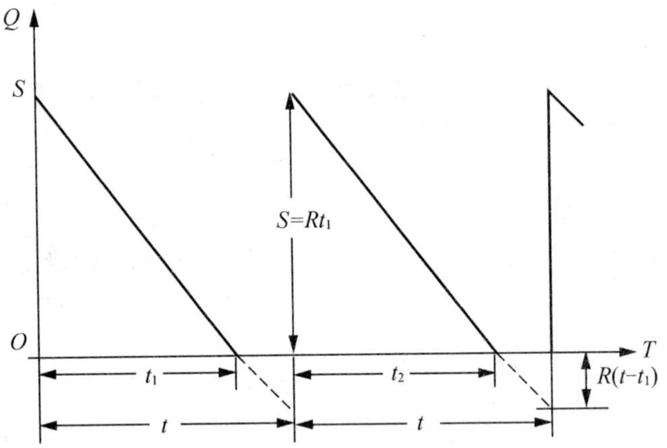

图 8-6　瞬时供货、允许缺货存储状态图

平均存储量：$\dfrac{\frac{1}{2}t_1 S}{t} = \dfrac{t_1 S}{2t} = \dfrac{S^2}{2Rt}$

平均存储费用：$C_1 \dfrac{S^2}{2Rt}$

（2）平均订购费

平均订购费：$\dfrac{C_2}{t}$

（3）平均缺货费

因在 $(t - t_1)$ 时间的存储为零，平均缺货量为 $\frac{1}{2}R(t - t_1)$，而在 t_1 时间内是能满足需求的，故在一个订购周期 t 内的平均缺货量为：

平均缺货量：$\frac{1}{2}R(t - t_1)\dfrac{(t - t_1)}{t} = \dfrac{\frac{1}{2}R\ (t - t_1)^2}{t}$ 将 $t_1 = \dfrac{S}{R}$ 代入有

$$\frac{\frac{1}{2}R\ (t - t_1)^2}{t} = \frac{R\ \left(t - \frac{s}{x}\right)^2}{2t} = \frac{(Rt - S)^2}{2Rt}$$

平均缺货费：$C_3 \dfrac{(Rt - S)^2}{2Rt}$

此时平均总费用：$C(t,S) = \dfrac{C_1 S^2}{2Rt} + C_3 \dfrac{(Rt - S)^2}{2Rt} + \dfrac{C_2}{t}$

式中有两个变量 t 和 S，利用多元函数求极值的方法求 $C(t,S)$ 的最小值。

令
$$\begin{cases} \dfrac{\partial C(S,t)}{\partial S} = 0 \\ \dfrac{\partial C(S,t)}{\partial t} = 0 \end{cases}$$

得：　$t_0=\sqrt{\frac{2C_2}{C_1R}}\cdot\sqrt{\frac{C_1+C_3}{C_3}}$　　$S_0=\sqrt{\frac{2C_2R}{C_1}}\cdot\sqrt{\frac{C_3}{C_1+C_3}}$

经济订货批量：$Q_0=Rt_0=\sqrt{\frac{2C_2R}{C_1}}\cdot\sqrt{\frac{C_1+C_3}{C_3}}$

此时平均总费用：$C(t_0,S_0)=\sqrt{2C_1C_2R}\cdot\sqrt{\frac{C_3}{C_1+C_3}}$

前面我们知道，该模型的前提条件只是在模型一的基础上增加了缺货费用 C_3，那么当缺货费用趋近无穷大（即不允许缺货）时会出现什么情况呢？

如果 $C_3\to\infty$ 时，则 $\frac{C_1+C_3}{C_3}\to 1$ 那么此时有：$t_0=\sqrt{\frac{2C_2}{C_1R}}$，$Q_0=\sqrt{\frac{2C_2R}{C_1}}$，$C(t_0,S_0)=\sqrt{2C_1C_2R}$。很明显此时的经济批量与订货周期完全符合模型一的公式，所以模型一只是此种条件下的一种特殊情况。

因此在允许缺货条件下，经过研究而得出的存储策略是：每隔 t_0 时间订货一次，订货量为 Q_0，用 Q_0 中的一部分补足所缺货物，剩余部分进入存储。在此情况中存储量只有达到 S 即可满足 t_1 时间需求，其余在 t_0 时间内的最大缺货量即为 Q_0-S 的部分，即缺货量为：

$$Q_0-S=\sqrt{\frac{2RC_2}{C_1}\cdot\frac{C_1+C_3}{C_3}}-\sqrt{\frac{2C_2R}{C_1}}\cdot\sqrt{\frac{C_3}{C_1+C_3}}=\sqrt{\frac{2RC_1C_2}{C_3(C_1+C_2)}}$$

上式表示在 t_0 时间内的最大缺货量。显然，在相同时间段落里，允许缺货的订货次数比不允许缺货时订货次数减少了。

最优存储策略各参数归纳如下：

订购周期：
$$t_0=\sqrt{\frac{2C_2}{C_1R}}\cdot\sqrt{\frac{C_1+C_3}{C_3}} \tag{8-5}$$

经济批量：
$$Q_0=Rt_0=\sqrt{\frac{2C_2R}{C_1}}\cdot\sqrt{\frac{C_1+C_3}{C_3}} \tag{8-6}$$

最初存储量：
$$S_0=\sqrt{\frac{2C_2R}{C_1}}\cdot\sqrt{\frac{C_3}{C_1+C_3}} \tag{8-7}$$

平均总费用：
$$C(t_0,S_0)=\sqrt{2C_1C_2R}\cdot\sqrt{\frac{C_3}{C_1+C_3}} \tag{8-8}$$

【例 8-3】 某公司经理一贯采用不允许缺货的经济批量公式确定订货批量，因为他认为尽管能随后补上，但缺货总不是好事。但由于激烈竞争，为了降低成本，迫使他不得不考虑采用允许缺货的策略。已知对该公司所销产品的需求为 $R=800$ 件/年，每次的订货费用为 $C_2=150$ 元，存储费为 $C_1=3$ 元/件·年，发生短缺时的损失为 $C_3=20$ 元/件·年，试分析：计算采用允许缺货的策略较之原先不允许缺货策略带来的费用上的节省。

解：已知 $R=800$，$C_1=3$，$C_2=150$，$C_3=20$

由式(8-4)和式(8-8)可得：

不允许缺货：$C(t_0)=\sqrt{2C_1C_2R}=\sqrt{2\times3\times150\times800}\approx 848.53$（元）

允许缺货：$C(t_0,S_0)=\sqrt{2C_1C_2R}\cdot\sqrt{\frac{C_3}{C_1+C_3}}$

$$=\sqrt{\frac{2\times3\times150\times800\times20}{3+20}}\approx791.26(\text{元})$$

由此可知,在某种情况下,采用允许缺货的情形可以节省约 57.27 元。

8.2.3 模型三:不允许缺货、生产需一定时间的经济批量模型

前面模型一和模型二有一个假设条件是瞬时到货,即每次进货时能瞬时全部入库。但实际的存储系统常常存在这样一种情形,即所需货物分批到货,有一定的时间,并按一定的速度入库。因此该模型的假设条件只需在模型一的前提下加上当存储降为零时,以一定的生产速度(供给率)P 得到补充。

为分析此情况,首先对该模型作如下假设:

(1) 不能得到立即补充,货物生产需一定的时间,且生产速度为 P;

(2) 其他条件同模型一。

据此,可以画出该存储状态图如图 8-7 所示。

假设:Q——生产批量　　T——生产时间　　$P=\frac{Q}{T}$——生产速度

R——需求速度($R<P$)　$P-R$——存储速度(生产时,也在消耗)

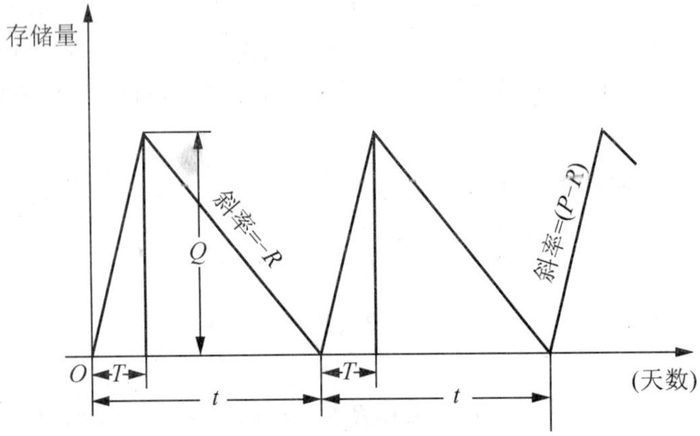

图 8-7　边供应边需求、不允许缺货存储状态图

已知 $Q=PT=Rt$($[0,T]$的生产量 Q 满足$[0,t]$内的需求量 Rt)所以 $T=\frac{Rt}{P}$。因在 T 时间内既生产又满足需求,且以 $P-R$ 的存储速度进行存储,则存储量为$(P-R)\times T$。

建立费用函数,同模型二的方法一样,考察单位时间的费用。

t 时间内的平均存储量为$\frac{1}{2}(P-R)Tt$,由批量关系知 $T=\frac{Rt}{P}$,则:

t 时间内所需存储费为　$\frac{1}{2}C_1(P-R)Tt=\frac{1}{2}C_1(P-R)\frac{Rt^2}{P}$

t 时间内所需订购费为　C_2

单位时间总费用(平均费用)为 $C(t)$ 即:

$$C(t)=\frac{1}{t}\left[\frac{1}{2}C_1(P-R)Tt+C_2\right]=\frac{1}{t}\left[\frac{1}{2}C_1(P-R)\frac{Rt^2}{P}+C_2\right]$$

设 $\min C(t)=C(t_0)$,利用微积分方法可求得:

最佳周期：$t_0=\sqrt{\frac{2C_2P}{C_1R(P-R)}}$

最佳生产批量：$Q_0=Rt_0=\sqrt{\frac{2C_2RP}{C_1(P-R)}}$

上式一组公式与模型一瞬时供货不允许缺货模型得出的经济批量与周期相比较只差一个因子$\sqrt{\frac{P}{(P-R)}}$，如果生产货物的速度 P 很大，即 $P>R$ 时，($\sqrt{\frac{P}{(P-R)}}$)→1，这时这两组公式就相同了。这说明，当生产货物的速度很快时，那么瞬时就可以满足需求，此模型即变为模型一中的瞬时供货不允许缺货的模型，所以模型一只是此种情况的一种特殊情况。

同时将 t 代入 $T=\frac{Rt}{P}$ 和 $C(t)$ 也可以求出生产时间 T 和最小费用 $C(t)$，即

最佳生产时间：$T_0=\frac{Rt_0}{P}=\sqrt{\frac{2C_2R}{C_1P(P-R)}}$

最小费用：$C(t_0)=\sqrt{\frac{2C_1C_2R(P-R)}{P}}$

并且最大存储量 = 生产批量 − T 时间内消耗数量，即

$$S_0=Q_0-RT_0=\sqrt{\frac{2C_2PR}{C_1(P-R)}}-R\sqrt{\frac{2C_2R}{C_1P(P-R)}}=\sqrt{\frac{2C_2R(P-R)}{C_1P}}$$

在实际应用中，在不允许缺货的前提下，选择何种存储策略，除了看货物是否可立即补充外，针对具体的情况还需要比较存储费用的大小。

最优存储策略各参数有：

最优存储周期：
$$t_0=\sqrt{\frac{2C_2P}{C_1R(P-R)}} \tag{8-9}$$

经济生产批量：
$$Q_0=Rt_0=\sqrt{\frac{2C_2RP}{C_1(P-R)}} \tag{8-10}$$

最大存储量：
$$S_0=\sqrt{\frac{2C_2R(P-R)}{C_1P}} \tag{8-11}$$

平均总费用：
$$C(t_0)=\sqrt{\frac{2C_1C_2R(P-R)}{P}} \tag{8-12}$$

【例 8-4】 某品牌汽车的装配车间每月（按 30 天计算）需要零件甲 2800 个，且该汽车公司有生产该零件甲的能力，为了及时满足生产且使存储费用最省，现有如下两种方案可供选择：一若自己生产，须生产准备费 180 元，成本每个 5 元，生产能力为 100 个/天；若外出采购，每次订购费为 80 元，零件单价 4.5 元。一个零件的月存储费为 0.50 元，企业应作出什么决策才能使总费用最少？

解：(1) 外出采购（不允许缺货，补充时间极短）

已知：$R=2800$ 个/月，$C_1=0.5$ 元/个·月，$C_2=80$ 元，$K=4.5$ 元/个

$$C(t_1^*)=\sqrt{2C_1C_2R}+KR$$
$$=\sqrt{2\times0.5\times80\times2800}+4.5\times2800\approx13073\text{（元/月）}$$

(2) 自己生产（不允许缺货，有一定的补充速度）

已知：$C_1=0.5$ 元/个·月，$C_2=150$ 元，$K=4.5$ 元/个，$R=2800$ 个/月，$P=100$ 个/天 $=$ 3000 个/月

$$C(t_2^*)=\sqrt{2C_1C_2R\frac{(P-R)}{P}}+KR$$
$$=\sqrt{2\times0.5\times150\times2800\times\frac{(3000-2800)}{3000}}+4.5\times2800$$
$$=12767(\text{元/月})$$

因为：$C(t_2^*)<C(t_1^*)$

由此知，该汽车企业应该自行生产该零件，此时的费用最小，且为12767元/月。

【例8-5】 某商店经售甲商品，成本单价400元，年存储费用为成本的10%，年需求量365件，需求速度为常数。甲商品的订购费为50元，提前期为10天，求E.O.Q.及最低费用。

解：本题也是不允许缺货的情况，但与模型二不同的是供货有一个提前期，即在提前期的时间内要发出订货的要求。现将该存储变化表示如图8-8。

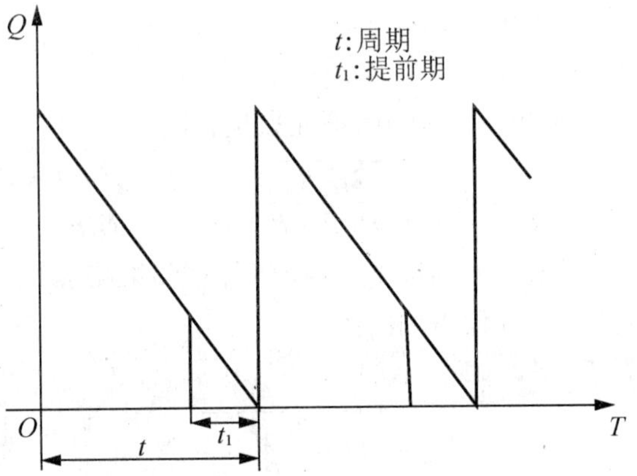

图8-8

由图8-8知，该模型与模型一的图像完全相同。所以本题只需在存储降至零时提前10天订货即可保证需求，也就是在订货后需要十天的准备期才能供货。

于是根据模型一中式(8-3)和式(8-4)知：

$$Q_0=\sqrt{\frac{2C_2R}{C_1}}=30(\text{单位})$$
$$C(t)=\sqrt{2C_1C_2R}=1208(\text{单位})$$

由于提前期为10天，10天内的需求为10单位甲商品，因此只要当存储降至10就要订货。一般设 t_1 为提前期，R 为需求速度，当存储降至 $L=Rt_1$ 的时候即订货，L 称为"订货点"。

从本例题来看，多少时间订一次货？虽可以用公式(8-1)中 $t_0=\dfrac{Q_0}{R}$ 的关系得出 t_0，但求解的过程中并没有求出 t_0，只求出订货点 L，这时存储策略是：不考虑 t_0，只要存储降至 L 即订货，订货量为 Q_0，称这种存储策略为"定点订货"。相对地称每隔 t_0 时间订货一次为"定时订货"，每次订货量不变则称为"定量订货"。

8.2.4 模型四：允许缺货、生产需一定时间的经济批量模型

本模型是允许缺货，即用货单位在一定的时间内允许缺货，随后加以补充来满足缺货和需

求,并把缺货损失定量化来加以研究。简单地讲就是当企业出现缺货时,在不付出较大缺货费用的前提下,可以再等一段时间然后订货。为了分析此模型,对该模型作如下假设:

(1) 需求:需求是连续均匀的,即需求速度 R 是常数;

(2) 补充:补充需要一定时间;设生产速度 P,且 $P>R$;

(3) 费用:单位存贮费用为 C_1,每次订购费为 C_2,单位缺货费 C_3,货物单价为 K。

模型四的存储变化如图 8-9 所示。

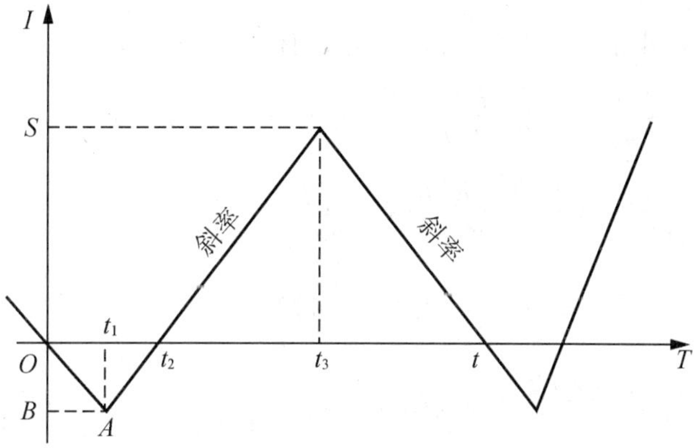

图 8-9　边供应边需求、允许缺货存储状态图

为了建立该模型的费用函数,首先分析一下该存储变化的过程。

显然,在一个周期 T 内,有四个不同的阶段,以 $[0,t]$ 为一个运营周期,且在 t_1 时刻开始进行订购。将整个周期可以分为 4 个时间区间,以下作简要说明:

$(0,t_1]$ 时间内为缺货时期,0 时刻库存为 0,t_1 时刻缺货量最大为 B。

$[t_1,t_2]$ 时间内除满足需求外,还弥补 $[0,t_1]$ 时间内的缺货。

$[t_2,t_3]$ 时间内缺货量已完全弥补,此后的产品除了满足需求后,多余的部分则进入存储,并且存储量以 $(P-R)$ 速度增加。当在 t_3 时刻存储量达到最大,此时停止生产。

$[t_3,t]$ 时间存储量以需求速度 R 减少。当在一个周 t 时存储量由于需求则变为零。

由此可知这一周期内的总费用涉及的有订购费,存储费,缺货费。即 $[0,t]$ 内的总费用 = 订购费 + 存储费 + 缺货费。

订购费用:C_2

存储费用:由图 8-9 知,最大存储量 $S=R(t-t_3)=(P-R)(t_3-t_2)$(在 t_2-t_3 时间内有需求有存储,且以 $P-R$ 的速度进行存储,而在 t_3-t 时间内只有需求,无增加库存,且库存量以需求速度 R 在减少),由此可得:$t_3=\frac{R}{P}t+\left(1-\frac{R}{P}\right)t_2$,

则 $[0,t]$ 内存储费用:$\frac{1}{2}(t-t_2)SC_1=\frac{1}{2}C_1(P-R)(t_3-t_2)(t-t_2)=\frac{1}{2}C_1(P-R)\frac{R}{P}(t-t_2)^2$

缺货费用:

最大缺货量 $B=Rt_1=(P-R)(t_2-t_1)$,由此得:$t_1=\frac{P-R}{P}t_2$

故 t 时间内的平均缺货量为:$\frac{1}{t_2}\int_0^{t_2}BT\mathrm{d}T=\frac{1}{2}Bt_2$

则在$[0,t]$内缺货费用：$\frac{1}{2}Bt_2C_3=\frac{1}{2}C_3(P-R)\frac{R}{P}t_2^2$

因t时间内的总费用=准备费+存储费+缺货费，则$[0,t]$时间总平均费用为：

$$C(t,t_2)=\frac{1}{t}(\frac{1}{2}C_1(P-R)\frac{R}{P}(t-t_2)^2+\frac{1}{2}C_3(P-R)\frac{R}{P}t_2^2+C_2)$$

$$=\frac{1}{2}(P-R)\frac{R}{P}[C_1t-2C_1t_2+(C_1-C_3)\frac{t_2^2}{t}]+\frac{C_2}{t}$$

要求的t_2与t的最小值，分别对t_2和t偏导数有：

$$\frac{\partial C(t,t_2)}{\partial t_2}=\frac{1}{2}\frac{(P-R)R}{P}[-2C_1+2(C_1+C_3)\frac{t_2}{t}]=0 \tag{8-13}$$

$$\frac{\partial C(t,t_2)}{\partial t}=\frac{1}{2}\frac{(P-R)R}{P}[C_1+(C_1+C_3)(-\frac{t_2^2}{t^2})]-\frac{C_2}{t^2}=0 \tag{8-14}$$

由(8-13)式知$t_2=\frac{C_1}{C_1+C_3}t$，将t_2代入到(8-14)知：

$$\frac{1}{2}\frac{(P-R)R}{P}[C_1-(C_1+C_3)\frac{C_1^2}{(C_1+C_3)^2}]-C_2\frac{1}{t^2}=0$$

解上式可得：$t=\sqrt{\frac{2C_2}{C_1R}}\cdot\sqrt{\frac{C_1+C_3}{C_3}}\cdot\sqrt{\frac{P}{P-R}}$

缺货补充时间：$t_2=\frac{C_1}{C_1+C_3}t=\frac{C_1}{C_1+C_3}\cdot\sqrt{\frac{2C_2}{C_1R}}\cdot\sqrt{\frac{C_1+C_3}{C_3}}\cdot\sqrt{\frac{P}{P-R}}$

并且有开始生产时间：$t_1=\frac{P-R}{P}t_2$，结束生产时间：$t_3=\frac{R}{P}t+(1-\frac{R}{P})t_2$，

最优存储策略各参数如下：

最佳生产间隔期： $t=\sqrt{\frac{2C_2}{C_1R}}\cdot\sqrt{\frac{C_1+C_3}{C_3}}\cdot\sqrt{\frac{P}{P-R}}$ (8-15)

最佳生产批量： $Q_0=Rt_0=\sqrt{\frac{2C_2R}{C_1}}\sqrt{\frac{P}{P-R}}\sqrt{\frac{C_1+C_3}{C_3}}$ (8-16)

最大存储量： $S_0=R(t-t_0)=\sqrt{\frac{2C_2R}{C_1}}\sqrt{\frac{P-R}{P}}\sqrt{\frac{C_3}{C_1+C_3}}$ (8-17)

最大缺货： $B_0=Rt_1=\sqrt{\frac{2C_1C_2R}{(C_1+C_3)C_3}}\sqrt{\frac{P-R}{P}}$ (8-18)

最小费用： $\min C(t_0,t_2)=C_0=\sqrt{2C_1C_2R}\sqrt{\frac{P-R}{P}}\sqrt{\frac{C_3}{C_1+C_3}}$ (8-19)

【例 8-6】 企业生产某种产品，正常生产条件下可生产 10 件/天。根据供货合同，需按 7 件/天供货。存贮费每件 0.13 元/天，缺货费每件 0.5 元/天，每次生产准备费用（订购费）为 80 元，求最优存贮策略。

解：符合模型四. 已知：$P=10$ 件/天，$R=7$ 件/天，$C_1=0.13$ 元/天·件，$C_2=80$ 元，$C_3=0.5$ 元/天。

由式(8-15)、(8-16)、(8-17)及式(8-18)知：

$$t_0=\sqrt{\frac{2C_2}{C_1R}}\sqrt{\frac{P}{P-R}}\sqrt{\frac{C_1+C_3}{C_3}}=\sqrt{\frac{2\times80}{0.13\times7}}\cdot\sqrt{\frac{10}{10-7}}\cdot\sqrt{\frac{0.13+0.5}{0.5}}\approx27.2(\text{天})$$

$Q_0=Rt_0=7\times27.2=190.4$(件/次)

缺货补充时间：$t_2=\frac{C_1}{C_1+C_3}t_0=\frac{0.13}{0.13+0.5}\times27.2=5.6$(天)

开始生产时间：$t_1=\frac{P-R}{P}t_2=\frac{10-7}{10}\times5.6=1.7$(天)

结束生产时间：$t_3=\frac{R}{P}t+(1-\frac{R}{P})t_2=\frac{7}{10}\times27.2+(1-\frac{7}{10})\times5.6=20.7$(天)

最大存储量：$S_0=R(t-t_3)=7\times(27.2-20.7)=45.5$(件)

最大缺货：$B_0=Rt_1=7\times1.7=11.9$(件)

最小费用：
$$C_0=\sqrt{2C_1C_2R}\cdot\sqrt{\frac{P-R}{P}}\sqrt{\frac{C_3}{C_1+C_3}}$$
$$=\sqrt{2\times0.13\times80\times7}\sqrt{\frac{10-7}{10}}\sqrt{\frac{0.5}{0.13+0.5}}\approx5.89(\text{元})$$

该题目若不允许缺货，则：

$$Q_0=\sqrt{\frac{2C_2R}{C_1}}\cdot\sqrt{\frac{P}{P-R}}=169.47(\text{件}),C(t_0)=\sqrt{\frac{2C_1C_2R(P-R)}{P}}=6.6(\text{元})$$

现在由于缺货，虽然要支付一定的缺货损失费，但单位时间内的费用还是降低了 6.6 - 5.89 = 0.72(元)，故对企业还是有利的。

8.2.5 四种存储策略的比较分析

由于不同的存储策略对应不同的订货量及总成本。现将前面讨论的四种存储策略的对比分析汇总在表 8-3 中。

其中，C_1 为单位存储费用，C_2 订购费用，C_3 为缺货费用，R 为需求速率，P 为供应速率，为方便计算我们设 $a=\sqrt{\frac{C_1+C_3}{C_3}}$，$b=\sqrt{\frac{P}{P-R}}$，且 a 和 b 都大于 1，具体如表 8-3 所示。

表 8-3　四种存储策略模型的对比分析

模型	订货策略	订货量	订货周期	总成本	选择顺序
1	不允许缺货，生产可立即补充	$Q_1=\sqrt{\frac{2C_2R}{C_1}}$	$t_1=\sqrt{\frac{2C_2}{C_1R}}$	$C(t_1)=\sqrt{2C_1C_2R}$	4
2	允许缺货，生产可立即补充	$Q_2=\sqrt{\frac{2C_2R}{C_1}}\cdot a$	$t_2=\sqrt{\frac{2C_2}{C_1R}}\cdot a$	$C(t_2)=\sqrt{2C_1C_2R}\cdot b$	3 或 2
3	不允许缺货，生产需一定的时间	$Q_3=\sqrt{\frac{2C_2R}{C_1}}\cdot b$	$t_3=\sqrt{\frac{2C_2}{C_1R}}\cdot b$	$C(t_3)=\sqrt{2C_1C_2R}\cdot a$	2 或 3
4	允许缺货，生产需一定的时间	$Q_4=\sqrt{\frac{2C_2R}{C_1}}\cdot ab$	$t_4=\sqrt{\frac{2C_2}{C_1R}}\cdot ab$	$C(t_4)=\sqrt{2C_1C_2R}\cdot\frac{1}{ab}$	1

由表 8-3 知 $Q_4=abQ_1=bQ_2=aQ_3$，又因 $a>1,b>1$，故模型四(允许缺货，生产需一定的时间)的存储策略的订货量最大；同理可知，该模型订货周期最长，成本最低；而模型一(不允许

缺货，生产可立即补充）的存储策略成本最高，表 8-3 中最后一列给出了实际中选择存储策略的顺序。

8.2.6 模型五：价格有折扣的存储模型

前面几种模型都是假设价格是常数，通常价格 K 是购买量的函数，买得越多单价越低，买得越少单价越高，即价格折扣，为了鼓励大批量订货，供方常对需方实行价格优惠，订货批量越大，货物价格就越便宜。模型五除了有这样的价格刺激机制外，其他假设条件和模型一相同。

一般地，设订货批量为 Q，对应的货物单价为 $K(Q)$。当 $Q_{i-1} \leqslant Q < Q_i$ 时，$K(Q) = K_i\ (i = 1,2,\cdots n)$。其中 Q_i 为价格折扣的某个分界点，且 $0 \leqslant Q_0 < Q_1 < Q_2 < \cdots < Q_n, K_1 > K_2 > \cdots > K_n$。

由模型一中关于 t 时间内总费用公式知，一个存储周期 t 内的平均总费用为：

$$C(t) = \frac{1}{2}C_1Rt + \frac{C_2}{t} + K(Q)R$$

由于该模型的决策变量为 Q，又因 $t = \frac{Q}{R}$，所以将 $t = \frac{Q}{R}$ 代入上式为：

$$C(Q) = \frac{1}{2}C_1Q + \frac{C_2R}{Q} + K(Q)R$$

当 $Q_{i-1} \leqslant Q < Q_i$ 时，$K(Q) = K_i\ (i = 1,2,\cdots n)$

易知，$C(Q)$ 为关于 Q 分段函数。为了了解它的性质，以 $n = 3$ 为例，画出其图像，见图 8-10。

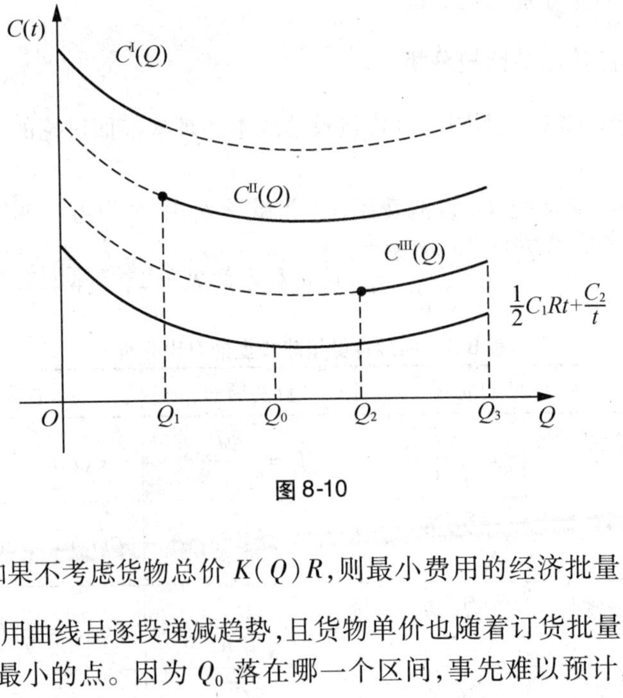

图 8-10

由图 8-10 知，如果不考虑货物总价 $K(Q)R$，则最小费用的经济批量为 $Q_0 = \sqrt{\frac{2C_2R}{C_1}}$。但考虑货物单价时，费用曲线呈逐段递减趋势，且货物单价也随着订货批量也呈递减趋势，此时 Q_0 就不一定是费用最小的点。因为 Q_0 落在哪一个区间，事先难以预计，在此分三种情况来讨论。

(1) 若 $Q_0 < Q_1$，计算 $C^I(Q_0), C^{II}(Q_1), C^{III}(Q_2)$，则 $\min\{C^I(Q_0), C^{II}(Q_1), C^{III}(Q_2)\}$ 中最小费用对应的 Q 即最佳订购批量 Q^*。

(2) 若 $Q_1 \leqslant Q_0 < Q_2$，则计算 $C^{II}(Q_0), C^{III}(Q_2)$，由 $\min\{C^{II}(Q_0), C^{III}(Q_2)\}$ 得到最佳订购

批量 Q^*。

(3) 若 $Q_2 \leqslant Q_0$,则取最佳订购批量 $Q^* = Q_0$。

因此,推广到一般情况,模型五的最小平均总费用订购批量 Q^* 可按如下步骤来确定。

(1) 求 $\frac{1}{2}C_1 \frac{Q}{R} + \frac{C_2}{Q}$ 的极值点,设为 Q_0。

因 $Q_{i-1} \leqslant Q_0 < Q_i$ 时,$K(Q) = K_i \quad (i = 1, 2, \cdots n)$;

则对应的平均总费用为:

$$C(Q_i) = \frac{1}{2}C_1 Q_i + \frac{C_2 R}{Q_i} + K_i R \quad (i = 1, 2, \cdots n)$$

(2) 若 $Q_{i-1} \leqslant Q_0 < Q_i$,求 $\min\{C^i(Q_0), C^{i+1}(Q_i), \cdots, C^n(Q_{n-1})\}$,设从此式得到的最小值为 $C^k(Q_{k-1})$,则取 $Q^* = Q_{k-1}$。此时 Q^* 为最佳订货批量。

【例 8-7】 设某车间每月需要某种零件 30000 个,每次的订购费是 500 元,每月每件的存贮费是 0.2 元,零件批量的单价如下

$$K(Q) = \begin{cases} 1, 0 \leqslant Q < 10000; \\ 0.98, 10000 \leqslant Q < 30000; \\ 0.94, 30000 \leqslant Q < 50000; \\ 0.90, Q > 50000 \end{cases}$$

若不允许缺货,且一旦订货就进货,试求最佳的订货批量。

解:根据模型一,在单价不变的情况下求出最佳订购批量为

$$Q_0 = \sqrt{\frac{2C_2R}{C_1}} = \sqrt{\frac{2 \times 500 \times 30000}{0.2}} \approx 12247(\text{个})$$

因 $10000 < Q_0 < 30000$,故应计算

$$C(Q_0) = \frac{1}{2}C_1Q_0 + \frac{C_2R}{Q_0} + K_2R = \frac{1}{2} \times 0.2 \times 12247 + \frac{500 \times 30000}{12247} + 0.98 \times 30000 \approx 31850;$$

$$C(Q_1) = \frac{1}{2}C_1Q_1 + \frac{C_2R}{Q_1} + K_3R = \frac{1}{2} \times 0.2 \times 30000 + \frac{500 \times 30000}{30000} + 0.94 \times 30000 = 31700;$$

$$C(Q_2) = \frac{1}{2}C_1Q_2 + \frac{C_2R}{Q_2} + K_4R = \frac{1}{2} \times 0.2 \times 50000 + \frac{500 \times 30000}{50000} + 0.90 \times 30000 = 32300;$$

由比较可知:

$$\min\{C(Q_0), C(Q_1), C(Q_2)\} = C(Q_1)$$

故应取 $Q^* = 30000$ 为最佳订购批量。

8.3 随机性存储模型

随机性存储模型的主要特点是需求量是随机的,其概率分布是已知的。如各种生产用备件、季节性物资等的供求关系,就往往非常复杂并带有随机性,因而难以确定。例:商店对某种商品进货 300 件,这 300 件商品可能在一个月内售完,也有可能在两个月之后还有剩余。

随机性存储模型可供选择的三种主要策略:

(1) 定期订货,但订货数量需要根据上一个周期末剩下货物的数量决定订货量。这种策略可称为定期订货法。

(2) 定点订货,存储降到某一确定的数量时即订货,不再考虑间隔的时间。这一数量值称为订货点,每次订货的数量不变,这种策略可称之为定点订货法。

(3) 把定期订货与定点订货综合起来的方法,隔一定时间检查一次存储,如果存储数量高于一个数值 s,则不订货。小于 s 时则订货补充存储,订货量要使存储量达到 S,这种策略可以简称为 (s,S) 存储策略。

随机性存储模型除了需求随机之外,还有一点与确定性模型不同的是不允许缺货的条件只能从概率意义下理解,存储策略的优劣通常以赢利的期望值作为衡量标准。随机性存储模型可分为离散型和连续型两种。

8.3.1 原型范例

上海某商店拟在世博会期间出售一批世博会吉祥物海宝。每售一千件可赢利 2 万元。如果在世博会期间不能售出,必须削价处理,作为布娃娃纪念物出售。由于削价,一定可以售完,此时每千件赔损 1 万元。市场需求的概率见表 8-4 所示。当年只订一次货,问应订购多少件使利润的期望值最大?

表 8-4 市场需求的概率表

需求量 r(千件)	0	1	2	3	4	5
概率 $P(r)$	0.05	0.10	0.25	0.35	0.15	0.10

解:如果订货 4 千件,获利的可能数值为:

当市场需求为 0 时获利为 $-1\times4=-4$(万元)

当市场需求为 1 时获利为 $-1\times3+2=-1$(万元)

当市场需求为 2 时获利为 $-1\times2+2\times2=2$(万元)

当市场需求为 3 时获利为 $-1\times1+2\times3=5$(万元)

当市场需求为 4 时获利为 $-1\times0+2\times4=8$(万元)

当市场需求为 5 时获利为 $-1\times0+2\times4=8$(万元)

订购量为 4 千件时获利的期望值

$$E[C(4)]=(-4)\times0.05+(-1)\times0.10+2\times0.25+5\times0.35+8\times0.15+8\times0.10$$
$$=3.95(万元)$$

由此按上述算法分别计算出不同订货量情况下的期望值。具体如表 8-5 所示。

表 8-5 不同订货量所对应的期望值

订货量 \ 获利 \ 需求量	0	1	2	3	4	5	获利的期望值(万)
0	0	0	0	0	0	0	0
1	-1	2	2	2	2	2	1.85
2	-2	1	4	4	4	4	3.4
3	-3	0	3	6	6	6	4.2*
4	-4	1	2	5	8	8	3.95
5	-5	-2	1	4	7	10	3.25

获利期望值最大者标有(＊)记号,为4.2万元。经比较后可知该店订购3千件吉祥物海宝可使获利期望值最大。

本例还可以从相反的角度考虑求解。当订货量为 Q 时,

▶ 供货大于需求时,可能发生滞销赔损;

▶ 需求大于供货时,可能发生因缺货而失去销售机会的损失。

把这两种损失合起来考虑,取损失期望值最小者所对应的Q值。

当该店订购量为2千件时,计算其损失的可能值:

▶ 供货大于需求时滞销损失为:$(-1)\times2+(-1)\times1+0=-3$(万元)

▶ 供货小于需求时缺货损失为:$(-2)\times1+(-2)\times2+(-2)\times3=-12$(万元)

当订货量为2千件时,缺货和滞销两种损失之和的期望值:

$$E[C(2)]=(-2)\times0.05+(-1)\times0.1+0\times0.25+(-2)\times0.35+(-4)\times0.15+(-6)\times0.1$$
$$=-2.1(\text{万元})$$

按此算法列出表8-6所示。

表8-6 不同订货量所对应损失的期望值

订货量(千张)	0	1	2	3	4	5
损失的期望值	-5.5	-3.65	-2.1	-1.3*	-1.55	-2.25

订购3千件时,损失最小为1.3万元。

综合上述两种情况,可以看出获利最大与损失最小均为订购3千件时的情况。

8.3.2 模型六:离散型随机需求存储模型

在实际应用中,经常可以看到有关离散型随机需求的情况,比如报童卖报的情况,如果订购报纸的数量不足,则可能发生因缺货而失去销售机会的损失(供应小于需求的情况),如果订购的报纸数量过多,则可能发生滞销赔损(供应大于需求的情况)。

有关报童问题如下:

报童每日进报纸的数量是一个随机变量。每售出一份报纸赚 k 元。如报纸未能售出,每份赔 h 元。每日售出报纸数量 r 的概率 $P(r)$ 根据以往的经验是已知的,问报童每日最好准备多少份报纸。

设售出报纸的数量为 r,其概率 $P(r)$ 为已知,设报童订购报纸的数量为 Q。

思路1:从损失最小来考虑报童应订购的报纸数量

(1) 供过于求时($r\leqslant Q$),这时报纸因不能售出而承担损失,其期望值为:

$$\sum_{r=0}^{Q}h(Q-r)P(r)$$

(2) 供不应求时($r>Q$),这时因缺货而少赚钱的损失,其期望值为:

$$\sum_{r=Q+1}^{\infty}k(r-Q)P(r)$$

综合两种情况,当订货量为 Q 时,损失的期望值为:

$$C(Q)=h\sum_{r=0}^{Q}(Q-r)P(r)+k\sum_{r=Q+1}^{\infty}(r-Q)P(r) \tag{8-20}$$

由于报纸订购的数量只能取整数,r 是离散变量,所以不能用求导数的方法求极值。为此设报童每日订购报纸数量的最佳量为 Q,其损失期望值应有:

$$\begin{cases} C(Q) \leqslant C(Q+1) & (8\text{-}21) \\ C(Q) \leqslant C(Q-1) & (8\text{-}22) \end{cases}$$

由式(8-20)和式(8-21)进行推导知:

$$h\sum_{r=0}^{Q}(Q-r)P(r)+k\sum_{r=Q+1}^{\infty}(r-Q)P(r)\leqslant h\sum_{r=0}^{Q+1}(Q+1-r)P(r)+k\sum_{r=Q+2}^{\infty}(r-Q-1)P(r)$$

简化有 $(k+h)\sum_{r=0}^{Q}P(r)-k\geqslant 0$,进一步化简有:

$$\sum_{r=0}^{Q}P(r)\geqslant\frac{k}{k+h} \tag{8-23}$$

同理由(8-20)和(8-22)式推导知:

$$\sum_{r=0}^{Q-1}P(r)\leqslant\frac{k}{k+h} \tag{8-24}$$

联立(8-23)式和(8-24)式知报童应订购报纸的最佳数量 Q 应按下列不等式确定:

$$\sum_{r=0}^{Q-1}P(r)<\frac{k}{k+h}\leqslant\sum_{r=0}^{Q}P(r)$$

思路2:从赢利最大来考虑报童应订购报纸的数量

设报童应订购报纸的数量为 Q,获利的期望值为 $C(Q)$。

(1) 当需求 $r\leqslant Q$ 时,只能售出 r 份报纸,每份赚 k 元,共赚 $k\cdot r$ 元。未售出的报纸,每份赔 h 元,滞销损失为 $h(Q-r)$元。此时赢利的期望值为:

$$\sum_{r=0}^{Q}[kr-h(Q-r)]P(r)$$

(2) 当需求 $r>Q$ 时,报童因为只有 Q 份报纸可供销售,赢利的期望值为:

$$\sum_{r=Q+1}^{\infty}kQP(r)$$

无滞销损失。由以上分析知赢利的期望值:

$$C(Q)=\sum_{r=0}^{\infty}krP(r)-\sum_{r=0}^{Q}h(Q-r)P(r)+\sum_{r=Q+1}^{\infty}kQP(r) \tag{8-25}$$

同理为使订购 Q 赢利的期望值最大,应满足下列关系式:

$$\begin{cases} C(Q+1) \leqslant C(Q) & (8\text{-}26) \\ C(Q-1) \leqslant C(Q) & (8\text{-}27) \end{cases}$$

同上由式(8-25)和式(8-26)建立联系知: $\sum_{r=0}^{Q}P(r)\geqslant\frac{k}{k+h}$

同理从式(8-25)和式(8-27)推导出: $\sum_{r=0}^{Q-1}P(r)\leqslant\frac{k}{k+h}$

用以上不等式确定 Q 的值应在如下范围内取得: $\sum_{r=0}^{Q-1}P(r)<\frac{k}{k+h}\leqslant\sum_{r=0}^{Q}P(r)$

由此可知这一公式与上面从损失最小的情况下所求出的完全相同。所以报童应订购报纸的最佳数量 Q 应满足下列式子:

$$\sum_{r=0}^{Q-1} P(r) < \frac{k}{k+h} \leqslant \sum_{r=0}^{Q} P(r) \tag{8-28}$$

【例 8-8】 某商店拟在六一期间出售一批的儿童鲜奶，每售 100 升可赢利 1000 元。如果在六一期间不能售出，必须将鲜奶进行倒掉处理，此时每 100 升赔损 800 元。市场需求的概率见表 8-7。此期间只订一次货，问应订购多少升鲜奶可使利润的期望值最大？

表 8-7 市场需求的概率表

需求量 r(100L)	0	1	2	3	4	5
概率 $P(r)$	0.05	0.10	0.25	0.35	0.15	0.10

解：显然，商店对该商品的需求量是随机的，而且是离散的，其概率分布直方图如图 8-11 所示。

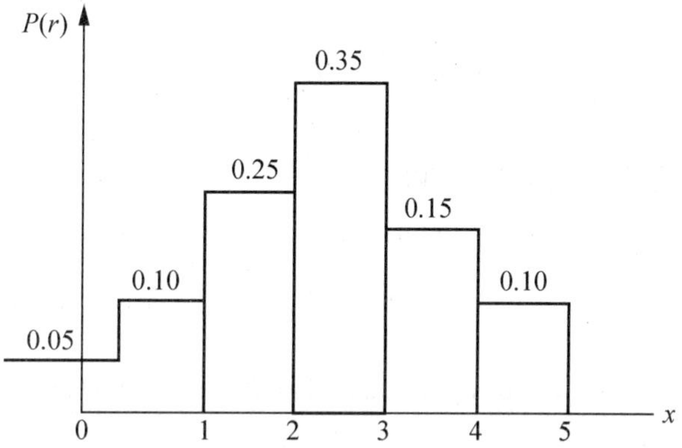

图 8-11 概率分布图

设 $k=1000, h=800, \frac{k}{k+h}=0.556$

$P(0)=0.05, P(1)=0.10, P(2)=0.25, P(3)=0.35$,

根据式(8-28)有：

$$\sum_{r=0}^{Q-1} P(r) < \frac{k}{k+h} \leqslant \sum_{r=0}^{Q} P(r)$$

即
$$\sum_{r=0}^{2} P(r) = 0.40 < 0.556 < \sum_{r=0}^{3} P(r) = 0.75$$

该店订购 300 升鲜奶为最佳。

【例 8-9】 某设备上有一关键零件常需更换，更换需要量 x 服从泊松分布，根据以往的经验平均需要量为 5 件，此零件的价格为 100 元/件，若零件用不完，到期末就完全报废，若备件不足，待零件损坏了再去订购就会造成停工损失 180 元，问应备多少备件最好？

解：由于零件是企业内部使用，并不对外售出。零件被耗用时不构成浪费，故认为这时被“售出”，其收益为未造成的停工损失，少损失 180 元，可认为收益 180 元；零件未被耗用，认为出现“积压”造成浪费，损失的成本是 100 元。

设泊松分布函数的参数为 λ，则

$$P(x)=\frac{\lambda^{x}}{x!}e^{-\lambda} \quad (x=0,1,2,\cdots)$$

$$\frac{k}{k+h}=\frac{180}{180+100}=0.6428$$

查泊松分布表，$\sum_{x=0}^{5}\frac{5^x}{x!}e^{-5}=0.6159$，$\sum_{x=0}^{6}\frac{5^x}{x!}e^{-5}=0.7621$，即最好准备6件零件。

8.3.3 模型七：连续型随机需求存储模型

当需求为连续型的随机变量时，设货物单位成本为 K，货物单位售价为 P，单位存储费为 C_1，需求 r 是连续的随机变量，密度函数为 $\Phi(r)$，其分布函数 $F(a)=\int_0^a\Phi(r)dr,(a>0)$。问货物的订购量（或生产量）$Q$ 为何值时，能使赢利期望值最大？

当订货量为 Q、需求量为 r 时，实际销售量应该是 $\min[r,Q]$。因而实际销售收入为 $P\cdot\min[r,Q]$；

进货成本为：KQ

货物的存储费用：$C_1(Q)=\begin{cases}C_1(Q-r) & r\leqslant Q\\0 & r>Q\end{cases}$

因此，若记订购量为 Q 时的赢利为 $W(Q)$，则

$$W(Q)=P\min[r,Q]-KQ-C_1(Q)$$

当 $r\leqslant Q$ 时，销售收入为 Pr，此时销售收入期望值为：$\int_0^Q Pr\,\Phi(r)dr$

当 $r>Q$ 时，销售收入为 PQ，此时销售收入期望值为：$\int_Q^\infty PQ\Phi(r)dr$

所以盈利的期望值为：

$$E[W(Q)]=\int_0^\infty W(Q)\Phi(r)dr=\int_0^\infty\{P\min[r,Q]-KQ-C_1(Q)\}\Phi(r)dr$$

因 $\int_0^\infty P\min[r,Q]\Phi(r)dr=\int_0^Q Pr\,\Phi(r)dr+\int_Q^\infty PQ\Phi(r)dr$

$\int_0^\infty C_1(Q)\Phi(r)dr=\int_0^Q C_1(Q-r)\Phi(r)dr$

所以 $E[W(Q)]=\int_0^Q Pr\,\Phi(r)dr+\int_Q^\infty PQ\Phi(r)dr-KQ-\int_0^Q C_1(Q-r)\Phi(r)dr$

$=\int_0^\infty Pr\,\Phi(r)dr-\int_Q^\infty Pr\,\Phi(r)dr+\int_Q^\infty PQ\Phi(r)dr-KQ-\int_0^Q C_1(Q-r)\Phi(r)dr$

$=PE(r)-[\int_Q^\infty P(r-Q)\Phi(r)dr+KQ+\int_0^Q C_1(Q-r)\Phi(r)dr]$

上式易知，第一项 $PE(r)=P\int_0^\infty r\Phi(r)dr$ 为平均盈利，同订购量无关，是一常数；而 $P\int_0^\infty(r-Q)\Phi(r)dr$ 为缺货失去销售机会损失的期望值；$\int_0^Q C_1(Q-r)\Phi(r)dr$ 为因滞销受到损失的期望值；KQ 为货物的进货成本。因此，中括号内三项表示损失期望值（含货物进货成本）。

记 $E[C(Q)]=P\int_Q^\infty(r-Q)\Phi(r)dr+C_1\int_0^Q C_1(Q-r)\Phi(r)dr+KQ$，

要使赢利期望值极大化，则有下列等式：

$$\max E[W(Q)]=PE(r)-\min E[C(Q)] \tag{8-29}$$

$$\max E[W(Q)]+\min E[C(Q)]=PE(r) \tag{8-30}$$

式(8-30)表明最大赢利期望值与损失极小期望值之和是常数。根据上面的分析,求赢利极大可以转化为求 $E[C(Q)]$(损失期望值)极小。当 Q 可以连续取值时,$E[C(Q)]$是 Q 的连续函数。可利用微分法求最小。

$$\frac{dE[C(Q)]}{dQ}=\frac{d}{dQ}\left\{P\int_Q^{\infty}(r-Q)\Phi(r)dr+\int_0^Q C_1(Q-r)\Phi(r)dr+KQ\right\}$$

$$=C_1\int_0^Q\Phi(r)dr-P\int_Q^{\infty}\Phi(r)dr+K$$

令

$$\frac{dE[C(Q)]}{dQ}=0,\text{记 }F(Q)=\int_0^Q\Phi(r)dr$$

则

$$C_1F(Q)-P[1-F(Q)]+K=0\quad F(Q)=\frac{P-K}{C_1+P}$$

故

$$F(Q)=\int_0^Q\Phi(r)dr=\frac{P-K}{C_1+P} \tag{8-31}$$

从式(8-31)中解出 Q,记为 Q^*,为 $E[C(Q)]$的驻点。容易证明,Q^* 为 $E[C(Q)]$的最小值点,也即 $E[W(Q)]$的最大值点,所以 Q^* 就是最佳订货量。

上式缺货成本只是考虑销售收入减少的情况,没有考虑由于缺货而增加的额外损失。所以如果当缺货时要付出的费用 $C_3>P$ 时,此时只需在前面推导过程中用 C_3 代替 P 即可,则:

$$E[C(Q)]=C_3\int_Q^{\infty}(r-Q)\Phi(r)dr+C_1\int_0^Q(Q-r)\Phi(r)dr+KQ$$

用上面的方法推导得:

$$F(Q)=\int_0^Q\Phi(r)dr=\frac{C_3-K}{C_1+C_3} \tag{8-32}$$

模型七和模型六都是一次性订购问题,然而在多阶段订购问题中,由于需求 r 是随机变量,所以,在每一阶段开始时,很可能存在期初存储(上一阶段未能售出的货物)。设本阶段期初存储量为 I,则除了进货成本将减少 $K\cdot I$ 外,其他均和模型七相同。所以,对于多阶段订购问题,可以采取(t,S)存储策略,即由式(8-31)确定 Q^*(Q^* 相当于最大存储量 S),此时 $I\geqslant Q^*$,本阶段不订货;若 $I<Q^*$,本阶段订货,订货量 $Q=Q^*-I$,以使订货后本阶段存储量达到 Q^*。采用这种定期订货,但订货量不定的存储策略,可使损失期望值最小(或获利期望值最大)。

【例 8-10】 已知单位存储费 $C_1=0.5$ 元,单位货物的价格 $K=0.5$ 元,订购费用 $C_2=9$ 元,单位缺货费 $C_3=4.5$ 元,需求量密度函数为

$$\varphi(x)=\begin{cases}\dfrac{1}{10} & 0\leqslant x\leqslant 10\\ 0 & \text{其他}\end{cases}$$

试确定最优订货策略。

解:已知 $K=0.5$,$C_1=0.5$,$C_3=4.5$,由式(8-32)知:

$$F(Q)=\frac{C_3-K}{C_1+C_3}=\frac{4.5-0.5}{0.5+4.5}=0.8$$

又 $$P(r < Q) = \int_0^Q \frac{1}{10}dr = \frac{Q}{10} = 0.8$$

故 $Q=8$

所以最优的订货策略是 $Q=8$。

8.4 案例分析与 MATLAB 的应用

8.4.1 案例分析

1. 问题

某食品厂仓库存储常用原料共 69 种,上年全年原料耗费支出总额共 956 万元。由于消耗原料种类较多,耗量大小相差很大,采购难易也不尽相同,这给原料储备带来了困难。为了解决这一矛盾,尽可能地降低成本,我们一般采用 ABC 分析法来制订合理仓储计划。原料分类如表 8-8 所示。

表 8-8 原料的分类

原料分类	品种		金额	
	项数	占总项数%	数额(万)	占总金额%
A	5	7.2	729	76.3
B	16	23.2	191	19.9
C	48	69.6	36	3.8
合计	69		956	

其中 A 类原料为白砂糖、小麦粉、食油、鸡蛋、牛奶等,从表中可以看出虽然 A 类只占消耗总项数的 7.2%,资金却占 76.3%;其他原料(B 类和 C 类)占总项数 92.8%,但消耗金额占 23.7%。因此应重点做好 A 类原料的存储,采取最优存储策略制定最佳存储量和最佳订货点。

2. A 类原料合理的存储方法

设该厂当年 A 类原料月平均消耗量 R(千克/月)、每次订购费 C_2,存储费为 C_1 元/千克·月、缺货损失费 C_3 元/千克·月。通过统计 A 类原料上年实际消耗量,求得数据及参数表如表 8-9 所示。

表 8-9 食品厂原料消耗统计

原料名称		R(千克/月)	C_2(元)	C_1(元)	C_3(元)
白砂糖		74168	36	0.1	
小麦粉	精	108868	46	0.06	
	标	89480	46	0.05	
食油		24788	42	0.2	
鸡蛋		19757	41	0.4	0.5

按照原料在生产中的重要程度及供应程度，将 A 类原料分为三种存储模型，计算存储费用。

(1) 小麦粉、白砂糖为食品厂的主要原料，不允许缺货，且货源充足易于采购，因此可以认为备运期为零，且不允许缺货，则该类符合模型一的假设条件。由存储论，模型一的订货时间间隔、最佳订购量、最小平均订购费用计算公式分别为：

订购时间间隔 $t_0 = \sqrt{\dfrac{2C_2}{C_1 R}}$

最佳订货量 $Q_0 = Rt_0 = \sqrt{\dfrac{2C_2 R}{C_1}}$

最小平均费用 $C(t_0) = \sqrt{2C_1 C_2 R}$

可以采用 t_0 - 循环策略，每隔 t_0 时间补充一次库存，t_0 时间内的最佳订货量为 Q_0，最小平均费用为 $C(t_0)$。若全年订货 N 次，则 $N = \dfrac{12}{t_0}$，订购费为 $NC(t_0)$。

则根据公式，由表 8-9 的数据可计算得到表 8-10 的数据。

表 8-10　白糖、小麦粉最佳存储策略

		订货时间间隔 t_0	最佳订货批量 Q_0	最小订购费用 $C(t_0)$	全年订购次数	全年订购费用（元）
白砂糖		0.098	7308	730	122	89060
小麦粉	精	0.119	12920	775	101	78275
	标	0.143	12831	642	84	53928

因此，白砂糖与小麦粉全年的最小存储费用约为 22 万元。

(2) 鸡蛋虽然消耗量较大，但不是所有的产品都使用它，因此它不是食品厂的主要原料。也就是说，当没有鸡蛋时，食品厂可做其他产品，此种原料允许缺货。另考虑该货源充足，也易于采购，符合允许缺货的经济批量模型——模型二。由存储论，模型二的订货时间、最佳订购量、最小订购费用计算分别为：

订货时间间隔 $$t_0 = \sqrt{\frac{2C_2}{C_1 R}} \cdot \sqrt{\frac{C_1 + C_3}{C_3}}$$

经济订货批量 $$Q_0 = Rt_0 = \sqrt{\frac{2C_2 R}{C_1}} \cdot \sqrt{\frac{C_1 + C_3}{C_3}}$$

平均最小费用 $$C(t_0, S_0) = \sqrt{2C_1 C_2 R} \cdot \sqrt{\frac{C_3}{C_1 + C_3}}$$

最佳初始库存量 $$S_0 = \sqrt{\frac{2C_2 R}{C_1}} \cdot \sqrt{\frac{C_3}{C_1 + C_3}}$$

根据表 8-11 的数据计算可得：

$t_0 = 0.37$ 月/次，$Q_0 = 2700$ 千克/次，$C(t_0, S_0) = 600$ 元/月，$S = 1500$ 千克

因此，年订购次数为 $12/0.137 = 88$ 次，总费用为 $88 \times 2700 = 5.28$ 万元。假如采用模型一订购，全年须订购 118 次，最小总费用为 9.47 万元，多花费 4.19 万元。

(3) 食油消耗量较大、易于长时间保存，并且采购批量不同，价格不同。另考虑到原料货源充足，易于采购，所以，可以采用有折扣的大批量模型五，进行存储决策。由存储论，模型五

的计算公式分别为：

若按照三个批量价格等级计算，即价格

$$K(Q)=\begin{cases}K_1 & 0\leqslant Q<Q_1\\ K_2 & Q_1\leqslant Q<Q_2 \text{且} K_1>K_2>K_3\\ K_3 & Q_2\leqslant Q\end{cases}$$

利用经济批量模型公式 $Q_0=\sqrt{\frac{2C_2R}{C_1}}$，且

$$C^{(1)}(Q_0)=\frac{C_1Q_0}{2R}+\frac{C_2}{Q_0}+K_1$$

$$C^{(2)}(Q_1)=\frac{C_1Q_1}{2R}+\frac{C_2}{Q_1}+K_2$$

$$C^{(3)}(Q_2)=\frac{C_1Q_2}{2R}+\frac{C_2}{Q_2}+K_3$$

则当(1) $Q_0<Q_1$，取 $C^{(1)}(Q_0)$、$C^{(2)}(Q_1)$、$C^{(3)}(Q_2)$ 三者中最小值对应的 Q 为最佳经济批量。

当(2) $Q_1\leqslant Q_0<Q_2$，取 $C^{(2)}(Q_1)$、$C^{(3)}(Q_2)$ 二者中最小值对应的 Q 为最佳经济批量。

当(3) $Q_2\leqslant Q_0$，取 Q_0 为最佳经济批量。

现设：

$$K(Q)=\begin{cases}9 & 0\leqslant Q<3000\\ 8.5 & 3000\leqslant Q<5000\\ 8 & 5000\leqslant Q\end{cases}$$

则根据上述公式，由表 8-10 数据计算得食油的 Q_0 为 3226 千克，故应在 $C^{(2)}(3000)$、$C^{(3)}(5000)$ 取二者的最小值对应的 Q。计算可得 $C^{(2)}(3000)=8.54$，$C^{(3)}(5000)=8.05$，因此取 $Q=5000$ 为最佳经济批量。

8.4.2 MATLAB 软件的应用

学习本节前请先复习附录一中有关 MATLAB 软件的基本概念知识。下面以例题的形式介绍 MATLAB 软件在存储策略问题中的应用。

【例 8-11】 已知某汽车车身厂一年钢材的需求量 $R=15000$ 吨，一次订货成本 $C_2=5000$ 元，钢材价格 $K=6000$ 元/吨，钢板的存储成本 $C_1=200$ 元/(吨·年)(订货提前期为 $L=15$ 天，一年按 365 天计算，$L=0.0411$ 年)。

求下列各种情形的订货策略：

(1) 瞬时供货，不允许缺货；

(2) 瞬时供货，允许缺货，货到后补充，缺货费 $C_3=200$ 元/吨；

(3) 供货速率为 $P=36500$ 吨/年，不允许缺货；

(4) 供货速率为 $P=36500$ 吨/年，允许缺货，缺货费 $C_3=200$ 元/吨。

解：(1)第一步：分析该模型的参数情况以及各参数间的关系，明确其决策变量。显然该例题属于经济批量模型，此时决策变量为 t,Q,C，由模型一知：$t_0=\sqrt{\frac{2C_2}{C_1R}}$，$Q_0=\sqrt{\frac{2C_2R}{C_1}}$，$C(t)=\sqrt{2C_1C_2R}$，接下来根据以上参数关系进行程序编写。

第二步：运行 MATLAB 软件，点击 File—open，选择程序文件夹下的程序文件 cunchu1. m，这时会出现编辑框，如图 8-12 所示。

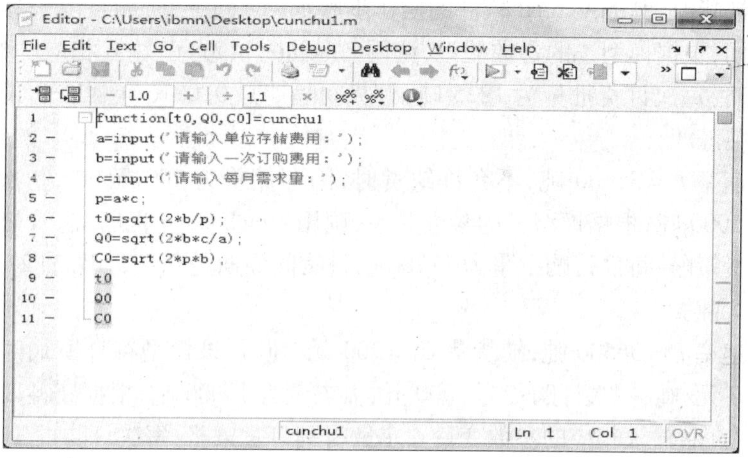

图 8-12

第三步：运行阶段。点击编辑框中的 Debug—Run cunchu1. m，或直接使用快捷键 F5，会出现如图 8-13 的界面。

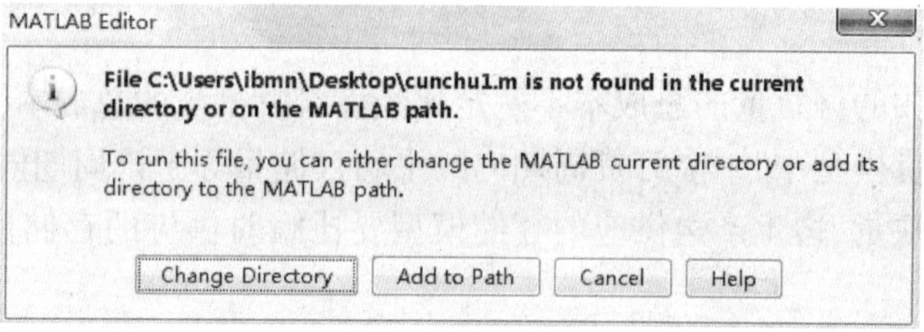

图 8-13

选择 Add to Path 的按钮，会出现 MATLAB 主面板，里面会提示“请输入单位存储费用：”，输入 200，回车；再提示“请输入一次订购费用：”，输入 5000，回车；然后会提示“请输入每月需求量：”，输入 15000，点击回车键运行如图 8-14 所示。

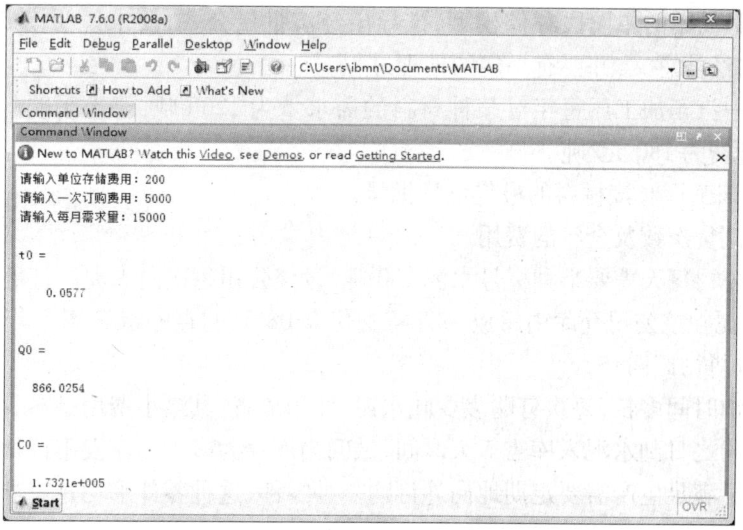

图 8-14

由图 8-14 的运行结果可知，此存储问题的最优解为：$Q_0=866$ 吨，$t_0=0.0577$ 年，其各项成本见图 8-14。

（2）允许缺货时，其 MATLAB 软件的操作步骤如（1）问一样，只是由于参数关系的变化，其程序命令不同，根据模型二的参数关系，调用 cunchu2. m 程序，输入相应的参数变量。求解后得到订货策略：每次订货批量为 1225 吨，订货间隔期是 0.0816 年，约 30 天订货一次，最大缺货量为 612 吨。

（3）供应速率 $P=36500$ 吨，不允许缺货时，因存储费为 200 元/吨，一次订购费为 5000 元，需求量为 15000 吨，根据模型三的参数关系，调用 cunchu3. m 程序，输入相应的参数变量。求解后得到订货策略：每次订购批量为 1128 吨，订货间隔期是 0.075 年，约 27 天订货一次，最大缺货量为 665 吨。

（4）供货速率 $P=36500$ 吨，缺货费 $C_3=200$ 元/吨时，该模型符合模式四的假设，同理由于存储费为 200 元/吨，一次订购费为 5000 元，需求量为 15000 吨，根据模型四的参数关系，调用 cunchu4. m 程序，输入相应的参数变量。求解得到订货策略：每次订购批量为 1596 吨，订货间隔期是 0.1064 年，约 39 天订货一次，最大缺货量为 470 吨。

课后习题

一、判断题

（1）接受有折扣的订货量的总成本不一定比经济订货批量的总成本少。

（2）在允许缺货模型中，一个订货周期内的平均存储量等于该周期内最高存储量的一半。

（3）在不允许缺货，边生产边供应的存储模型要比瞬时供应的存储模型下的经济订货批量要小。

二、名词解释

分别说明下列概念的含义：

（a）存储费　（b）订货费　（c）t_0 – 循环策略　（d）缺货损失　（e）生产成本　（f）订货提前期

三、解答题

1. 请建立最简单的单阶段存储模型，推导出经济批量公式，要求说明模型成立的假设条件，所用字母的经济意义，并要有一定的推理过程。

2. 某地区一汽车加工厂每年对某种材料的需求量为 1200 吨，每次采购的订购费为 2100 元，每年的保管费为 180 元/吨。

试求：（1）该工厂对该材料的最佳订货批量。

（2）每年订货次数及全年的费用。

3. 某建筑公司每天需要某种标号水泥 100 吨，设该公司每次向水泥厂订购，需支付订购费 100 元，每吨水泥在该公司仓库内每放一天需支付 0.08 元的存贮保管费。若不允许缺货，且一订货就可以提货，试问：

（1）批订购时间多长，每次订购多少吨水泥，费用最省，其最小费用是多少？

（2）从订购之日到水泥入库需 7 天时间，试问当库存为多少时应发出订货。

4. 某厂为了满足生产需要定期地向外订购一种零件，这种零件平均月需求量 100 件，每个零件一天存储费 0.02 元，订购一次的费用 100 元，假设允许缺货，每个零件缺货费 0.08 元。

试分析：(1) 经济订购间隔时间以及最佳的订购批量。

(2) 最大的存储量以及最大的缺货量。

(3) 平均总费用。

5. 某皮鞋厂的某条生产线只生产一种产品的能力为 10000 件/年，但对该产品的需求仅为 2500 件/年，故应在生产线上组织多品种轮番生产。已知产品存储费用为 1.60 元/(件·年)。更换产品品种时，需要准备结束费 300 元。目前生产线上每季度安排生产该产品 500，问这样安排是否合理？

6. 对某产品的需求量为 380 件/年(设一年以 300 个工作日计)，已知每次订货费为 60 元，产品的存储费为 15 元/(件·年)，缺货时的损失为 25 元/(件·年)。该产品由于结构特殊，需专用车辆运送，在向订货单位发货期间，每天发货量为 10 件。

试求：(1) 经济订购批量及最大缺货量；

(2) 年最小费用。

7. 某企业需要一种零部件，每天的需求量为 100 个。每个零部件每天的存储费为 0.01 元，订货费为 36 元。若订货量超过 1000 个(包括 1000 个)，每个零部件的价格为 10 元，否则为 11 元。该企业应如何确定最佳订货量。

8. 某花店的零售商，预计在情人节当天订购一批玫瑰出售，每束花的进价为 2 元，销价为 5 元，若到情人节晚 12 点还不能卖完，则将全部剩余的玫瑰花以每束 1 元做销价处理，销售量为 r 的概率 $P(r)$ 如表 8-11 所示。问零售商从花卉批发市场批发多少玫瑰花才能使其损失最小？

表 8-11

r	500	800	900	1000	1100	1200
$P(r)$	0.05	0.15	0.2	0.4	0.15	0.05

四、思考题

1. 根据确定性模型的相关知识，总结一下瞬时到货、不允许缺货的模型；瞬时到货，允许缺货的经济批量模型；以及生产需一定的时间，不允许缺货的经济批量模型三者之间的区别与联系？

2. 举出在生产和生活中存储问题的例子，并说明研究存储论对改进企业经营管理的意义。

第九章 博 弈 论

【本章要点】

博弈论(Game Theory)又被称为对策论,博弈论是两个局中人在平等的对局中各自利用对方的策略变换自己的对抗策略,达到取胜的意义。博弈论就是研究互动决策的理论,所谓互动决策,就是各个行动方的决策是相互影响的,即每个人在决策的时候必须将他人的决策纳入自己的决策考虑之中,当然也需要把别人对于自己的考虑纳入考虑之中……在如此反复的考虑情形下进行决策,最终选择出最有利于自己的战略,从而赢得博弈的胜利。

正是由于博弈论的这种互动策略理论使得博弈论有十分广泛的应用领域,在经济学、政治科学(国内的以及国际的)、军事战略问题、进化生物学以及当代的计算机科学等领域都已成为重要的研究和分析工具。

通过本章的学习你能够:了解博弈论的基本概念和生活中常用的博弈论方法;能够用博弈论的方法解释生活中常常遇到的博弈论的问题;了解经济管理方面的博弈论解法;掌握博弈论的一些解题方法和解题技巧。

【学习指导】

教学内容	学习重点	学习难点	掌握的意义
博弈论问题的提出及其基本概念	了解及掌握博弈论的基本概念	了解生活中遇到的博弈论问题	学习本章之后我们可以解决一些关于博弈的问题,比如有经济、政治、法律、军事、生态学、生理学等中遇到的问题,还能用于解释很多的社会现象
有关矩阵博弈的一些数学模型	掌握纯策略模型和混合策略模型的一些定义和解法	会使用这些模型解决生活中的博弈论问题	
有关博弈论中的一些基本定理	掌握这些基本定理	学会定理的证明和运用	
博弈论问题中的图解法和线性规划解法	掌握这两种解题方法	会使用这两种解法解决一般的博弈论问题	
博弈类型	了解一些常见的博弈类型	掌握两种主要的博弈类型	

【引导案例】

警察抓小偷——“囚徒困境”

警察抓住了两个合伙犯罪的嫌犯,但却缺乏足够的证据指证他们的罪行,如果其中至少有一人供认犯罪,就能确认罪名成立。为了得到所需的口供,警察将这两名嫌犯分别关押并给他们同样的选择机会:如果他们两人都拒不认罪,则他们会被以较轻的妨碍公务罪各判一年徒刑;如果两人中有一人坦白承认,则坦白者从轻处理,立即释放,而另一个人则判刑十年;如果两人同时认罪,则他们将会被各判五年徒刑。现在两个嫌犯该如何采取各自的策略(坦白或者不坦白)对自己最有利。

可以用一个矩阵表示两个囚徒的获益,如表 9-1 所示。这种矩阵是表示对策问题的一种常用方法,我们称之为一个对策的得益矩阵。

表 9-1　囚徒困境

		囚徒 1	
		坦白	不坦白
囚徒 2	坦白	(-5, -5)	(0, -10)
	不坦白	(-10,0)	(-1, -1)

这个例子是博弈论中经典的“囚徒困境”模型。类似“囚徒困境”的另一个例子是价格竞争。

9.1　博弈论的基本概念

那么究竟什么是博弈论呢?古语有云,世事如棋。生活中每个人如同棋手,其每一个行为如同在一张看不见的棋盘上的一个棋子,精明慎重的棋手们相互揣摩、相互牵制,人人争赢,下出诸多精彩纷呈、变化多端的棋局。博弈论就是研究棋手们“出棋”的招数中所包含的理性化、逻辑化的部分,并将其系统化为一门科学。换句话说,就是研究个体如何在错综复杂的相互影响的环境中得出最合理、最有利于自身的策略。事实上,博弈论正是衍生于古老的游戏如象棋、扑克等。数学家们将具体的问题抽象化,通过建立完备的逻辑框架、系统的研究其规律及变化。

下面我们就以最简单的二人博弈为例,稍想一下便知此中大有玄妙:若假设双方都精确地记得自己和对手的每一步棋,并且都是最“理性”的棋手,甲出子的时候,为了赢棋,得仔细考虑乙的想法,而乙出棋时也得考虑甲的想法,所以甲还得想到乙在想他的想法,乙当然也知道甲想到了他在想甲的想法……

例如某市场上有甲、乙两个厂商,每个厂商都有两个可选择的策略,这两个策略都是合作与不合作。其矩阵如表 9-2 所示。仔细分析一下矩阵图可发现,如果甲、乙双方都选择合作的策略,则总报酬最大为 10,每个参与者均得 5;如果甲、乙两者中有一方选择合作,而另一方选择不合作,则选择不合作一方可得 6,而选择合作一方只得到 3;如果甲、乙双方都选择不合作的策略,则总报酬最小为 8,每个参与者均得到 4。

表 9-2 报酬矩阵

		乙	
		合作	不合作
甲	合作	(5,5)	(3,6)
	不合作	(6,3)	(4,4)

9.1.1 博弈论的基本术语

博弈论是指某个个人或组织,面对一定的环境条件,在一定的规则约束下,依靠所掌握的信息,从各自选择的行为或策略中进行选择并加以实施,并从各自选择的行为中取得相应结果或收益的过程,在经济学上博弈论是个非常重要的概念。博弈过程中涉及如下几个基本的术语。

(1) 决策人:在博弈中率先做出决策的一方,这一方往往依据自身的感受、经验和表面状态优先采取一种有方向性的行动。比如在上面所举的囚徒困境的例子中,如果警察先审讯罪犯甲,那么罪犯甲就要先做出决策,他为了不被关押就会去追求自身的利益最大化,再根据自身的利益最大化来选取相应的策略,此时甲和乙都是决策人。

(2) 对抗者:在博弈二人对局中行动滞后的那个人,与决策人要做出基本反面的决定,并且他的动作是滞后的、默认的、被动的,但最终占优。他的策略可能依赖于决策人劣势的策略选择,占去空间特性,因此对抗是唯一占优的方式,实为领导人的阶段性终结行为。

(3) 局中人(players):在一场竞赛或博弈中,每一个有决策权的参与者成为一个局中人。只有两个局中人的博弈现象称为"二人博弈",而多于两个局中人的博弈称为"多人博弈"。

(4) 策略(strategies):一局博弈中,每个局中人都有选择实际可行的完整的行动方案,即方案不是某阶段的行动方案,而是指导整个行动的一个方案,一个局中人的一个可行的自始至终全局筹划的一个行动方案,称为这个局中人的一个策略。如果在一个博弈中局中人都总共有有限个策略,则称为"有限博弈",否则称为"无限博弈"。

(5) 得失(payoffs):一局博弈结束时的结果称为得失。每个局中人在一局博弈结束时的得失,不仅与该局中人自身所选择的策略有关,而且与全局中人所取定的一组策略有关。所以,一局博弈结束时每个局中人的得失是全体局中人所取定的一组策略的函数,通常称为得益函数,也称为支付函数。

(6) 次序(orders):各博弈方的决策有先后之分,且一个博弈方要做不止一次的决策选择,就出现了次序问题;其他要素相同次序不同,博弈就不同。

(7) 均衡:均衡是平衡的意思,在经济学中,均衡即相关量处于稳定值。在供求关系中,某一商品市场如果在某一价格下,想以此价格买此商品的人均能买到,而想卖的人均能卖出,此时我们就说,该商品的供求达到了均衡。

9.1.2 博弈三要素

为了对博弈问题进行数学上的分析,需要建立博弈问题的数学模型,称为博弈模型。根据所研究问题的不同性质,可建立不同的对策模型。尽管对策模型的种类千差万别,但本质上都必须包含三个基本要素。

1. 局中人(players)

局中人是指在一个博弈行为中,有权决定自己行动方案的博弈参加者。通常用 i 表示局中人的集合,如果有 n 个局中人,则 $i=\{1,2,3,\cdots,n\}$。一般要求一个博弈中至少要有两个局中人。

博弈中关于局中人的概念具有广义性。除了可以理解为自然人外,还可以理解为某一集体,如球队、企业等。在一个博弈中利益完全一致的所有参加者只能看做一个局中人,例如桥牌中的东西方和南北方各为一个局中人,虽有四人参加比赛,但只能算两个局中人。

每个局中人都应该是理智的、聪明的,或者说在选择策略时应选择对自己最有利的策略。如在“囚徒困境”的例子中,一个囚徒不会为了另一个囚徒的利益采取不坦白的策略而牺牲自己的利益。

2. 策略集

策略集是指局中人所拥有的对付其他局中人的手段、方案的集合。在一局博弈中,可供局中人选择的一个实际行动的完整行动方案称为一个策略,所有行动方案的集合称为一个策略集。每一个局中人 i 都有自己的策略集 S_i。一般,每一个局中人的策略集中至少包含两个策略。

此处我们用“田忌赛马”的例子来进行说明。齐国有一个大将叫田忌,很喜欢赛马,有一回,他和齐威王约定,要进行一场比赛。他们商量好,把各自的马分成上、中、下三等。比赛的时候,要上马对上马,中马对中马,下马对下马。由于齐威王每个等级的马都比田忌的马强壮,所以比赛了几次,田忌都失败了。

有一次,田忌又失败了,觉得很扫兴,比赛还没有结束,就垂头丧气地准备离开赛马场,这时,田忌看到自己的好朋友孙膑。孙膑招呼田忌过来,拍着他的肩膀说:“我刚才看了赛马,威王的马比你的马快不了多少呀!”孙膑还没有说完,田忌就瞪了他一眼说:“想不到你也来挖苦我!”孙膑说:“我不是挖苦你,我是说你再同齐威王赛一次,我有办法能让你赢了齐威王。”田忌疑惑地看着孙膑问:“你是说另换一匹马来?”孙膑摇摇头说:“连一匹马也不需要更换。”田忌毫无信心地说:“那还不是照样得输!”孙膑胸有成竹地说:“你就按照我的安排办事吧。”齐威王屡战屡胜,正在得意洋洋地夸耀自己马匹的时候,看见田忌陪着孙膑迎面走来,便站起来讥讽地说:“怎么,莫非你还不服气?”田忌说:“当然不服气,咱们再赛一次!”说着,把一大堆银钱倒在桌子上,作为他下的赌钱。齐威王一看,心里暗暗好笑,于是吩咐手下,把前几次赢得的银钱全部抬来,另外又加了一千两黄金,也放在桌子上。齐威王轻蔑地说:“那就开始吧!”一声锣响,比赛开始了。孙膑先以田忌的下等马对齐威王的上等马,第一局田忌输了。齐威王站起来说“想不到赫赫有名的孙膑先生,竟然想出这样拙劣的对策。”孙膑不去理他。接着进行第二场比赛。孙膑拿上等马对齐威王的中等马,获胜了一局,这时候齐威王有点慌乱了。第三局比赛,孙膑拿中等马对齐威王的下等马,又战胜了一局,这下,齐威王目瞪口呆了。比赛的结果是三局两胜,田忌赢了齐威王。还是同样的马匹,由于调换一下比赛的出场顺序,就得到转败为胜的结果。

如果用(上,中,下)表示以上马、中马、下马依次参赛这样一个次序,这就是一个完整的行动方案,即为一个策略。可见,局中人齐王和田忌各自都有6个策略:(上,中,下)、(上,下,中)、(中,上,下)、(中,下,上)、(下,中,上)、(下,上,中),所有的这些策略的集合就构成了一个策略集。

3. 得益函数

在一局博弈中，对应于各个参与方的每一组可能的决策选择，都应有一个结果表示该策略组合下每个参与方的得益，常用得益函数表示。如果一个策略中有 n 个参与方，则他们可形成一个策略组。

$$S=\{s_1,s_2,\cdots,s_n\}$$

就是一个局势。全体局势的集合 S 可用各个局中人的策略集的笛卡儿积(笛卡儿积是集合的一种，假设 A 和 B 都是集合，A 和 B 的笛卡儿积可以用 $A\times B$ 来表示，是所有有序偶 (a,b) 的集合，其中 a 属于 A，b 属于 B。$A\times B=\{(a,b)\mid a$属于 A 且 b 属于 $B\}$，则 $A\times B$ 所形成的集合叫做笛卡儿积)。可表示为

$$S=S_1\times S_2\times\cdots\times S_n$$

当局势出现后，博弈的结果也就确定了。也就是说，对任意局势，局中人可以得到一个得益函数 $H(s)$。显然，这是局势 S 的函数，S_i 称为第 i 个局中人的得益函数。一般当三个基本因素确定后，一个博弈模型也就给定了。

9.1.3 博弈问题举例及博弈的分类

博弈论在经济管理的众多领域中有着十分广泛的应用，下面列举几个可以用博弈论思想和模型进行分析的例子。

【例 9-1】 (市场购买力争夺问题)据预测，某乡镇下一年的饮食品购买力将有 6000 万元。乡镇企业和中心城市企业饮食品的生产情况是：乡镇企业有特色饮食品和一般饮食品两类，中心城市企业有高档饮食品和低档饮食品两类产品。它们争夺这一部分购买力的结局见表 9-3(表中数字的单位是万元)，问题是乡镇企业和中心城市企业应如何选择对自己最有利的产品策略。

表 9-3 乡镇、中心城市企业所得

乡镇策略	中心城市企业策略	
	出售高档饮食品	出售低档饮食品
出售特色饮食品	3000	4000
出售一般饮食品	2000	4000

【例 9-2】 (费用分摊问题)假设沿某一河流有相邻的三个城市分别为 A、B、C，各城市可单独建立水厂，也可合作兴建一个大水厂。经估计，合建一个大水厂，加上铺设管道的费用，要比单独建立三个水厂的总费用少。但是合建大厂的方案能否实施，要看总的建设费用分摊得是否合理。如果某个城市分摊到的费用比它单独建立水厂的费用还要高的话，它显然不会接受合作的方案。问题是应该如何合理地分摊费用，使合作兴建大水厂的方案得以实现？

【例 9-3】 (拍卖问题)最常见的一种拍卖形式是先由拍卖商把拍卖品描述一番，然后提出第一个报价。接下来由买者紧跟着报价，每次报价都要比前一次高，最后谁出的价格最高，拍卖品即归谁所有。假设有 n 个买主给出的报价分别为 $P_1,P_2,\cdots,P_n$，且不妨设 $P_n>P_{n-1}>\cdots>P_1$，则买主 n 只要报价略高于 P_{n-1}，就能买到拍卖品，即拍卖品实际上是以次高价格卖出的。现在的问题是，各个买主之间可能知道他人的估价，也可能不知道他人的估价，每人应该

如何报价对自己能以较低的价格得到拍卖品最为有利? 最后的结果又会怎样?

上面的几个例子都可看成是一个博弈问题,所不同的是有些是二人博弈,有些是多人博弈;有些是有限博弈,有些是无限博弈;有些是零和博弈,有些是非零和博弈;有些是合作博弈,有些是非合作博弈,读者可以自己尝试着用博弈论的思想和方法来解上面的几个问题。为了便于对不同的博弈问题进行研究,可以根据不同方式对博弈论问题进行分类,通常的分类方式有:

(1) 根据局中人的个数,分为二人博弈和多人博弈;

(2) 根据各局中人的得益的代数和是否为零,分为零和博弈与非零和博弈;

(3) 根据各局中人相互之间是否允许合作,分为合作博弈和非合作博弈;

(4) 根据局中人的策略集中的策略个数,分为有限博弈和无限博弈。

此外,还有许多其他的分类方式。例如根据策略的选择是否与时间有关,可分为静态博弈和动态博弈;根据博弈模型的数学特征,可分为矩阵博弈、连续博弈、微分博弈、阵地博弈、凸博弈、随机博弈等。

在众多博弈模型中,占有重要地位的是二人有限零和博弈(finite two-person zero-sum game),又称为矩阵博弈。这类博弈是到目前为止在理论研究和求解方法方面都比较完善的一个博弈分支。矩阵博弈可以说是一类最简单的博弈模型,其研究思想和方法十分具有代表性,体现了博弈论的一般思想和方法,且矩阵博弈的基本结果也是研究其他博弈模型的基础。基于上述原因,本章将着重介绍矩阵博弈的基本内容和一些相关的解题方法和解题技巧,对其他博弈模型只作简要介绍。主要的博弈模型分类可如图 9-1 所示。

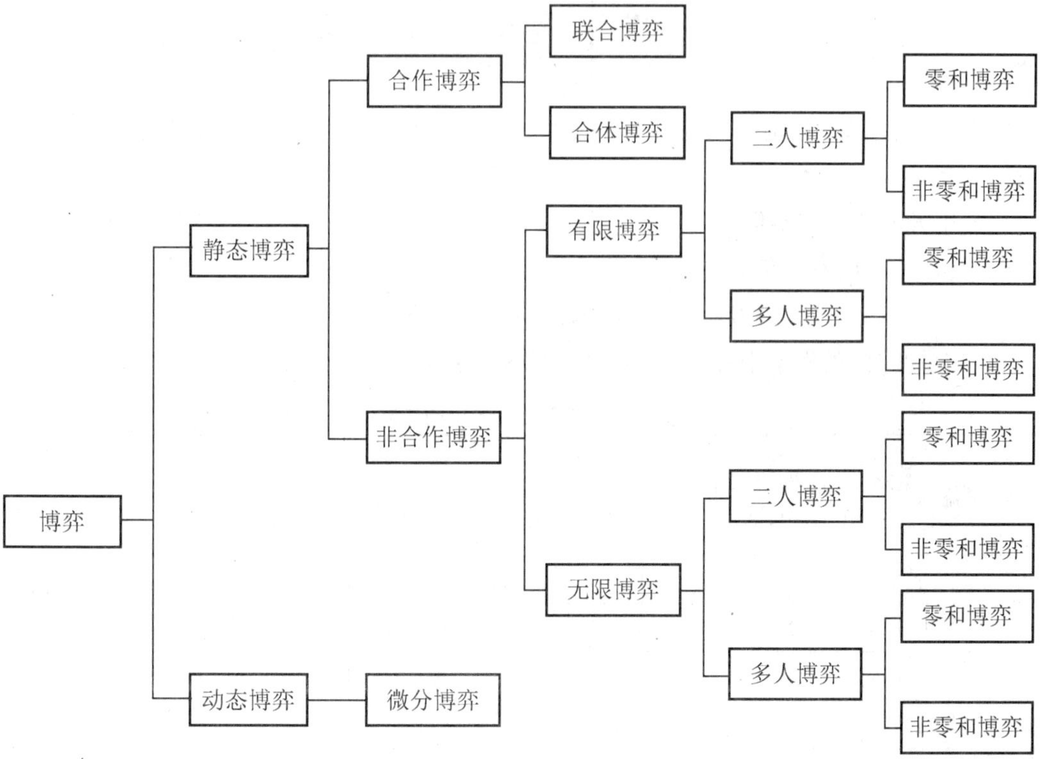

图 9-1　博弈模型分类

9.2 矩阵博弈的数学模型

二人有限零和博弈就是矩阵博弈,指只有两个局中人参加的博弈,每个局中人都只有有限个策略可供选择。在任一局势下,两个局中人的得益之和总是等于零,即双方的利益是激烈对抗的。“田忌赛马”就是一个矩阵博弈的例子,齐王和田忌各有6种策略,一局博弈结束后,齐王的所得必为田忌的所失,反之亦然。

9.2.1 矩阵博弈的纯策略

在矩阵博弈中,一般用Ⅰ、Ⅱ分别表示两个局中人,并设局中人Ⅰ有 m 个纯策略,表示为(与后面的混合策略区别)$a_1,a_2,\cdots,a_m$,局中人Ⅱ有 n 个纯策略 $b_1,b_2,\cdots,b_n$,则局中人Ⅰ、Ⅱ的策略集分别为

$$S_1=a_1,a_2,\cdots,a_m$$

$$S_2=b_1,b_2,\cdots,b_n$$

当局中人Ⅰ选定纯策略 a_i 和局中人Ⅱ选定纯策略 b_j 后,就形成了一个纯局势 (a_i,b_j)。可见这样的纯局势共有 $m*n$ 个。对任意一个纯局势 (a_i,b_j),记局中人Ⅰ的赢得值为 a_{ij},并称

$$A=\begin{pmatrix} a_{11} & \cdots & a_{1n} \\ a_{22} & & a_{2n} \\ \vdots & \ddots & \vdots \\ a_{m1} & \cdots & a_{mn} \end{pmatrix}$$

为局中人Ⅰ的得益矩阵(或为局中人Ⅱ的支付矩阵)。由于假定博弈为零和的,故局中人Ⅱ的得益矩阵就是 $-A$。

当局中人Ⅰ、Ⅱ和策略集 S_1、S_2 及局中人Ⅰ的得益矩阵 A 确定后,一个矩阵博弈也就给定了。通常,将一个矩阵博弈记成

$$G=\{I,II;S_1,S_2;A\} \text{ 或 } G=\{S_1,S_2;A\}$$

在“田忌赛马”的例子中齐王的得益可用表9-4表示。

表9-4 齐王赛马的得益矩阵

齐王的得益 \ 田忌的策略 / 齐王的策略	$[b_1]$ (上,中,下)	$[b_2]$ (上,下,中)	$[b_3]$ (中,上,下)	$[b_4]$ (中,上,下)	$[b_5]$ (下,中,上)	$[b_6]$ (下,上,中)
a_1(上,中,下)	3	1	1	1	1	-1
a_2(上,下,中)	1	3	1	1	-1	1
a_3(中,上,下)	1	-1	3	1	1	1
a_4(中,上,下)	-1	1	1	3	1	1
a_5(下,中,上)	1	1	-1	1	3	1
a_6(下,上,中)	1	1	1	-1	1	3

得益矩阵为

$$A=\begin{bmatrix}3&1&1&1&1&-1\\1&3&1&1&-1&1\\1&-1&3&1&1&1\\-1&1&1&3&1&1\\1&1&-1&1&3&1\\1&1&1&-1&1&3\end{bmatrix}$$

当矩阵博弈模型给定后,各局中人面临的问题是如何选取对自己最有利的纯策略,以谋取最大的得益(或最少的损失)。下面通过一个具体的例子来分析如何求解各个局中人的最优纯策略。

【例 9-4】 设有一个矩阵博弈 $G=\{S_1,S_2;A\}$,其中 $S_1=\{a_1,a_2,a_3,a_4\}$,$S_2=\{b_1,b_2,b_3\}$

$$A=\begin{bmatrix}-9&1&-12\\3&2&6\\11&-1&-15\\-3&0&8\end{bmatrix}$$

由 A 可看出,局中人 I 的最大得益是 11,要想得到这个得益,他就得选择纯策略 a_3。由于假定局中人 II 也是理智的,他考虑到了局中人 I 准备出的 a_3 心理,于是便准备以 b_3 对付他,使局中人 I 不但得不到 11 反而失掉 15。同理,局中人 I 当然也会猜到局中人 II 这一心理,故想出 a_4 来对付,使局中人 II 得不到 15 反而失掉 8……所以,如果双方都不想冒险,都不存在侥幸心理,而是考虑到对双方必然会设法使自己的所得最少这一点,就应该从各自可能出现的最不利的情形中选择一种最有利的情形作为决策的依据,这就是所谓的“理智行为”,也是博弈双方实际上都能接受的一种比较稳妥的方法。

由上面的矩阵表可以知道,局中人 I、II 的“理智行为”分别是选取纯策略 a_2 和 b_2,这时局中人 I 的得益值和局中人 II 所失值的绝对值相等(都是 2)。局中人 I 是按最大最小原则,即矩阵中各列取最大值,然后在这些最大值中选择最小值;而局中人 II 则是按最小最大原则选择各自的纯策略,即矩阵中各列取最小值,然后在这些最小值中取最大值,这对双方来说都是一种最为稳妥的行为,因此,a_2 和 b_2 分别为局中人 I、II 的最优纯策略。

关于最优纯策略,对一般矩阵博弈,我们有如下的定义和定理。

【定义 9-1】 设 $G=\{S_1,S_2;A\}$ 为一矩阵博弈:

$S_1=\{a_1,a_2,\cdots,a_m\}$,$S_2=\{b_1,b_2,\cdots,b_n\}$,$A=(a_{ij})_{m\times n}$,若

$$\max_i \min_j a_{ij}=\min_j \max_i a_{ij} \tag{9-1}$$

成立,记其值为 V_G,则称 V_G 为博弈的值;称使(9-1)式成立的纯局势(a_i^*,b_j^*)为 G 在纯策略意义下的解(或平衡局势),称 a_i^* 和 b_j^* 分别为局中人 I 和 II 的最优纯策略。

【定理 9-1】 矩阵博弈问题 $G=\{S_1,S_2;A\}$ 在纯策略意义下有解的充要条件是存在纯局势(a_i^*,b_j^*),使得对任意的 i 和 j 有:

$$a_{ij^*}\leqslant a_{i^*j^*}\leqslant a_{i^*j} \tag{9-2}$$

证明 (1)先证明必要性,设有 i^*,j^*,使得

$$\min_j a_{i^*j}=\max_i \min_j a_{i^*j^*},\max_i a_{ij^*}=\min_j \max_i a_{i^*j^*}$$

则由于
$$\max_i \min_j a_{ij}=\min_j \max_i a_{ij}$$

从而必有 $a_{ij^*} \leqslant \max_i a_{ij^*} = \min_j a_{i^*j} \leqslant a_{i^*j^*} \leqslant \max_i a_{ij^*} \leqslant a_{i^*j}$

(2)再证充分性，由式(9-2)，有$\max_i a_{ij^*} \leqslant a_{i^*j^*} \leqslant \min_j a_{i^*j}$

而 $\min_j \max_i a_{ij} \leqslant \max_i a_{ij^*}$，$\min_j a_{i^*j} \leqslant \min_j \max_i a_{ij}$，所以有：

$$\min_j \max_i a_{ij} \leqslant a_{i^*j^*} \leqslant \max_i \min_j a_{ij} \tag{9-3}$$

另一方面，对任意 i,j，由于$\min_j \leqslant a_{ij} \leqslant \max_i a_{ij}$，所以：

$$\max_i \min_j a_{ij} = \min_j \max_i a_{ij} \tag{9-4}$$

由(9-3)和(9-4)，可知有$\max_i \min_j a_{ij} = \min_j \max_i a_{ij} = a_{i^*j^*}$，且 $V_G = a_{i^*j^*}$。

如：

$$A = \begin{bmatrix} -9 & 1 & -12 \\ 3 & 2 & 6 \\ 11 & -1 & -15 \\ -3 & 0 & 8 \end{bmatrix}$$

可以得到每一行的最小值分别为(-9,2,-15,-3)，每一列的最大值分别为(11,2,8)，所以对于$\max_i \min_j a_{ij} = \min_j \max_i a_{ij}$有$\max_i \min_j a_{ij} = \min_j \max_i a_{ij} = a_{22} = 2$，即有 $a_{22} = 2$ 为矩阵 A 的一个鞍点。

对于矩阵 A，称使式(9-2)成立的元素 $a_{i^*j^*}$ 为矩阵 A 的鞍点。在矩阵博弈中，矩阵 A 的鞍点也称为博弈的鞍点。定理 1 中式(9-2)的意义是：一个平衡局势(a_{i^*}, b_{j^*})应具有这样的性质：当局中人 I 选择纯策略 a_{i^*}后，局中人 II 若想使自己所损失的最少，只能选择纯策略 b_{j^*}，否则就可能失去的更多；反之，当局中人 II 选择纯策略 b_{j^*}后，局中人 I 为了得到最小的支付也只能选择纯策略 a_{i^*}，否则就会支付更多，从而损失的更多，双方在局势(a_{i^*}, b_{j^*})下达到一个平衡状态。

比如我们在前面提到的“囚徒困境”的例子，如果 B 坦白，而 A 不坦白，A 就将被判 10 年，如果 A 坦白，就只要判 5 年。如果 B 不坦白，A 也不坦白的话，那 A 就要被判 10 年，如果 A 坦白，A 就可以被释放，所以对 A 来说选择坦白为上策。同理，如果 B 也面临着和 A 同样的抉择，B 选择坦白也是上策。根据前面的表 9-1 我们可以得到囚犯 A 的得益矩阵

$$A = \begin{bmatrix} -5 & 0 \\ -10 & -1 \end{bmatrix}$$

根据最大最小原则，可以得到矩阵 A 的每一行的最小值分别为(-5, -10)，每一列的最大值分别为(-5,0)，由$\max_i \min_j a_{ij} = \min_j \max_i a_{ij}$得到 $a_{i^*j^*} = a_{11} = -5$，即甲乙的最优策略都是选择坦白。

9.2.2 矩阵博弈的混合策略

对于现实中有些博弈问题，根据定义 9-1，博弈不存在纯策略意义下的解。例如，对得益矩阵为 $A = \begin{bmatrix} 2 & 8 \\ 5 & 4 \end{bmatrix}$的矩阵博弈来说，

$$v_1 = \max_i \min_j a_{ij} = 4 \qquad i^* = 2$$

$$v_2 = \min_j \max_i a_{ij} = 5 \qquad j^* = 2$$

$$v_2 = 5 > 4 = v_1$$

很显然,对两个局中人来说,不存在一个双方都可以接受的平衡局势,即不存在纯策略意义下的解。在这种情况下,如果局中人I制定这样一种策略:分别以概率 x 和 $(1-x)$ 选取纯策略 a_1 和 a_2,我们称这种策略为混合策略。同样,局中人II也可制定这样一种混合策略:分别以概率 y 和 $(1-y)$ 选取纯策略 b_1 和 b_2。

比如猜硬币的游戏,我们假设有两个人通过猜硬币的正反面来赌输赢,在抛出硬币之后,其中一个人用手盖住硬币,由另一个人来猜是硬币的正面朝上还是反面朝上。若这个人猜对了,则盖住硬币的人要给猜测的人2元钱作为赌金,如果猜测的人猜错了,那么他就要给盖硬币的人2元钱作为赌金,我们可以用表9-5来描述这个猜硬币游戏的博弈问题。

表9-5　猜硬币游戏的博弈

		猜方	
		正面	反面
盖方	正面	-2,2	2,-2
	反面	2,-2	-2,2

此例子中,"猜方"和"盖方"为本博弈的两个博弈方,他们各有"正面"和"反面"两种选择策略;由于每一方都不会让对方在选择之前知道自己的选择,因此可以将此例子看成是博弈的双方同时做出决策的。显然,这个猜硬币正反面的博弈游戏在纯策略下是无解的,但是"猜方"可以以 x 和 $(1-x)$ 为概率来选择硬币是正面还是反面,这样就形成了一个混合策略。

下面给出矩阵混合策略及其在混合策略意义下的一般定义。

【定义9-2】　设有矩阵博弈问题 $G=\{S_1,S_2;A\}$,其中

$$S_1=\{a_1,a_2,\cdots,a_m\}\quad S_2=\{b_1,b_2,\cdots,b_n\}\qquad A=(a_{ij})_{m\times n}$$

记

$$S_1^* = \{x\in E^m \mid x_i\geqslant 0, i=1,2,\cdots,m;\sum_{i=1}^m x_i = 1\}$$

$$S_2^* = \{y\in E^n \mid y_j\geqslant 0, j=1,2,\cdots,n;\sum_{j=1}^n y_j = 1\}$$

则分别称 S_1^* 和 S_2^* 为局中人I和II的混合策略集(或策略集);对 $x\in S_1^*$ 和 $y\in S_2^*$,称 x 和 y 为混合策略(或策略),(x,y) 为混合局势(或局势)。局中人I的支付函数记为:

$$E(x,y) = x^TAy = \sum_i\sum_j a_{ij}a_iy_j \tag{9-5}$$

我们称 $G^*=\{S_1^*,S_2^*;E\}$ 为博弈 G 的混合扩充。

实际上,局中人I的混合策略 x 是 S_1 上的概率分布,即I分别以概率 $x_1,x_2,\cdots,x_m$ 采取策略 $a_1,a_2,\cdots,a_m$,同样局中人II的混合策略 y 是 S_2 上的概率分布,即II分别以概率 $y_1,y_2,\cdots,y_n$ 采取策略 $b_1,b_2,\cdots,b_n$。我们可以将上面猜硬币的例子进行一下改动来说明:假设有三个人甲、乙、丙,其中甲抛出硬币后将其盖住,让乙、丙两人来猜测是正面还是反面,如果两人都猜对了,那么甲要给乙、丙两人每人2块钱;如果两人都没有猜对,那么乙、丙都必须给甲2块钱;如果有一人猜对,一人猜错,那么甲要给猜对者2块钱,猜错者要给甲2块钱。此时,乙、丙两人就可以分别以各自的概率来猜测是硬币是正面还是反面。比如,乙可以以0.4的概率猜测是正面,以0.6的概率猜测是反面;同理,丙也可以根据自己的判断确定自己的猜测概率。

显然,纯策略是混合策略的一个特殊情形。一个混合策略 $x=(x_1,\cdots,x_m)^T$ 可理解为:如果进行多局博弈 G 的话,局中人 I 分别选取纯策略 $a_1,a_2,\cdots,a_m$ 的频率。若只进行一次博弈,则反映了局中人 I 对各纯策略的偏爱程度。

设两个局中人仍如前所述那样进行理智的对策,则当局中人 I 选择混合策略 x 时,他的预期所得(最不利的情形)是 $\min\limits_{y\in S_2^*}E(x,y)$,因此,局中人 I 应选取 $x\in S_1^*$,使得

$$v_1=\max_{x\in S_1^*}\min_{y\in S_2^*}E(x,y) \tag{9-6}$$

同理,局中人 II 可保证的所失的期望值至多是

$$v_2=\min_{y\in S_2^*}\max_{x\in S_1^*}E(x,y) \tag{9-7}$$

显然,有 $v_1\leqslant v_2$。

【定义 9-3】 设 $G^*=\{S_1^*,S_2^*;E\}$ 是矩阵博弈问题 $G=\{S_1,S_2;A\}$ 的混合扩充。

如果

$$\max_{x\in S_1^*}\min_{y\in S_2^*}E(x,y)=\min_{y\in S_2^*}\max_{x\in S_1^*}E(x,y) \tag{9-8}$$

记其值为 V_G,则称 V_G 为博弈问题 G 的值。称使(9-8)式成立的混合局势 (x^*,y^*) 为 G 在混合意义下的解(或简称解),x^*,y^* 分别为局中人 I 和局中人 II 的最优混合策略(或简称最优策略)

通常,我们对矩阵博弈 G 及其混合扩充 G^* 不加区别,都用 $G=\{S_1,S_2;A\}$ 来表示。当 G 在纯策略意义下的解不存在时,自然认为讨论的是在混合策略意义下的解。和定理 1 类似,可给出矩阵博弈 G 在混合策略意义下解存在的鞍点的充要条件。

【定理 9-2】 矩阵博弈 G 在混合策略意义下有解的充要条件是:存在 $x^*\in S_1^*$,$y^*\in S_2^*$,使得对任意 $x\in S_1^*$,$y\in S_2^*$ 有

$$E(x,y^*)\leqslant E(x^*,y^*)\leqslant E(x^*,y) \tag{9-9}$$

称 (x^*,y^*) 为函数 $E(x,y)$ 的一个鞍点。

【例 9-5】 比如在国内战争时期,共产党和国民党之间的战争,假设在某一次战役中国民党有两条路线可以选择,此处我们称为南线和北线,而共产党也会在这两条路线上进行防守,并且他们的策略得益如下表所示,当共产党防守北线时,国民党走北线和南线时,其得益分别为 6 和 10;当共产党防守南线时,国民党走北线和南线时,其得益分别为 12 和 8,那么他们各自应该选择怎样的策略呢?

表 9-6　两军策略得益

		共产党	
		北线	南线
国民党	北线	6	12
	南线	10	8

求解矩阵博弈问题 $G=\{S_1,S_2;A\}$,其中

$$A=\begin{bmatrix}6 & 12\\10 & 8\end{bmatrix}$$

解:由前面讨论已知 G 在纯策略意义下无解,故设 $x=(x_1,x_2)$ 和 $y=(y_1,y_2)$,其中 x_1 和 x_2 分别为国民党军队选择进攻北线和进攻南线的概率,y_1 和 y_2 分别表示共产党军队选择防守北

线和选择防守南线的概率,则

$$S_1^* = \{(x_1,x_2) \mid x_1,x_2 \geqslant 0, x_1+x_2=1\}$$
$$S_2^* = \{(y_1,y_2) \mid y_1,y_2 \geqslant 0, y_1+y_2=1\}$$

它们的支付期望是

$$\begin{aligned} E(x,y) &= 6x_1y_1 + 12x_1y_2 + 10x_2y_1 + 8x_2y_2 \\ &= 6x_1y_1 + 12x_1(1-y_1) + 10(1-x_1)y_1 + 8(1-x_1)(1-y_1) \\ &= -8\left(x_1 - \frac{1}{4}\right)\left(y_1 - \frac{1}{2}\right) + 9 \end{aligned}$$

取 $x^* = \left(\frac{1}{4},\frac{3}{4}\right), y^* = \left(\frac{1}{2},\frac{1}{2}\right)$,则 $E(x^*,y^*)=9, E(x^*,y)=E(x,y^*)=9$

即有　$E(x,y^*) \leqslant E(x^*,y^*) \leqslant E(x^*,y)$

故 $x^* = \left(\frac{1}{4},\frac{3}{4}\right), y^* = \left(\frac{1}{2},\frac{1}{2}\right)$。分别为国民党军队和共产党军队的最优策略,即为博弈的纳什均衡,$V_G=9$。

因为在这个策略组合下,任何一方都无法通过单方面改变自己的策略而获得更好的结果,所以纳什均衡虽然不一定是最有效率的结果,但却是最稳定的结果。共产党防守南线是最有效率的,但是却不是一个稳定的策略。

由上述的解我们发现,当国民党军队选择进攻北线和南线的概率分别为$\frac{1}{4}$和$\frac{3}{4}$;而共产党军队选择防守北线与南线的概率都是$\frac{1}{2}$,即它选择南线和北线的概率相等。由此所得,国民党军队不管走哪条路线他们的得益都只有 9,而当共产党军队选择防守南线时所获得益为 10,因此,共产党肯定选择防守南线。

9.3　基本定理

在讨论矩阵博弈的基本性质之前,我们先规定以下符号:记:

$$E(i,y) = \sum_j a_{ij}y_j \tag{9-10}$$

$$E(x,j) = \sum_i a_{ij}x_i \tag{9-11}$$

则 $E(i,y)$ 为局中人 I 取纯策略 a_i 时的支付值,$E(x,j)$ 为局中人 II 取纯策略 b_j 时的支付值。比如在引导案例中所举到的“囚徒困境”的例子中,如果甲选择的策略是坦白,那么他的得益函数就是甲坦白且乙也坦白时甲的收益乘以乙选择坦白的概率与甲坦白且乙不坦白时甲的收益乘以乙选择不坦白的概率之和。由(9-10)和(9-11)式,有

$$E(x,y) = \sum_i \sum_j a_{ij}x_iy_j = \sum_i \left(\sum_j a_{ij}y_j\right)x_i = \sum_i E(i,y)x_i \tag{9-12}$$

$$E(x,y) = \sum_i \sum_j a_{ij}x_iy_j = \sum_j \left(\sum_i a_{ij}x_i\right)y_j = \sum_j E(x,j)y_j \tag{9-13}$$

对于矩阵博弈问题的解(x^*,y^*),由定理 9-2 知,要使对所有 $x\in X, y\in Y$ 满足 $E(x,y^*) \leqslant E(x^*,y^*) \leqslant E(x^*,y)$,由于集合 X,Y 的无限性,所以要对无限个不等式进行验证,这给研究问题带来了困难,是否能够简化呢? 下面的定理解决这个问题。

【定理 9-3】 设 $x^* \in S_1^*, y^* \in S_2^*$，则 (x^*, y^*) 为博弈问题 G 的解的充要条件是：对任意的 $i=1,\cdots,m$ 和 $j=1,\cdots,n$ 有

$$E(i,y^*) \leqslant E(x^*,y^*) \leqslant E(x^*,j) \tag{9-14}$$

证明 设 (x^*,y^*) 为博弈问题 G 的解，由于定理 9-2 是成立的，又因为纯策略是混合策略的特例，所以(9-14)式成立。反之，设(9-14)式是成立的，由下式

$$E(x,y^*) = \sum_i E(i,y^*)x_i \leqslant E(x^*,y^*) \sum_i x_i = E(x^*,y^*)$$

$$E(x^*,y) = \sum_j E(x^*,j)y_j \leqslant E(x^*,y^*) \sum_j y_j = E(x^*,y^*)$$

即可得到定理 9-2 成立，上式得证。

在此，对定理 9-3 可以做如下的解释：在验证 (x^*,y^*) 是否为博弈 G 的解时，(9-14)式把需要对无限个不等式进行验证的问题转化为只要对有限个不等式进行验证的问题，从而简化了解题难度。

【定理 9-4】 设 $x^* \in S_1^*, y^* \in S_2^*$，则 (x^*,y^*) 为 G 解的充要条件是：存在数 v，使得 x^* 和 y^* 分别是不等式组(9-15)和(9-16)的解，且 $v = V_G$。

$$\begin{cases} \sum_i a_{ij}x_i \geqslant v & (j = 1,2,\cdots,n) \\ \sum_i x_i = 1 \\ x_i \geqslant 0 & (i = 1,2,\cdots,m) \end{cases} \tag{9-15}$$

$$\begin{cases} \sum_j a_{ij}y_j \leqslant v & (i = 1,2,\cdots,m) \\ \sum_j y_j = 1 \\ y_j \geqslant 0 & (j = 1,2,\cdots,n) \end{cases} \tag{9-16}$$

假设有矩阵 $A = \begin{bmatrix} 2 & 4 \\ 3 & 2 \end{bmatrix}$，因为有 $\sum_i x_i = 1$ 和 $\sum_j y_j = 1$，所以在此我们可以假设有 $x^* = \left(\frac{1}{3},\frac{2}{3}\right), y^* = \left(\frac{2}{3},\frac{1}{3}\right), v = V_G = \frac{8}{3}$，经过计算我们可以得到

$$\begin{cases} \sum_i a_{ij}x_i = \frac{10}{3} & (j = 1,2,\cdots,n) \\ \sum_i x_i = 1 \\ x_i \geqslant 0 & (i = 1,2,\cdots,m) \end{cases}$$

$$\begin{cases} \sum_j a_{ij}y_j = \frac{8}{3} & (i = 1,2,\cdots,m) \\ \sum_j y_j = 1 \\ y_j \geqslant 0 & (j = 1,2,\cdots,n) \end{cases}$$

因为 $\frac{10}{3} > v = V_G = \frac{8}{3} \geqslant \frac{8}{3}$，所以存在数 v 使得上面的式子成立。

【定理 9-5】 设 (x^*,y^*) 是矩阵博弈问题 G 的解，$v = V_G$，则有

(1) 若 $x_i^* > 0$,则 $\sum_j a_{ij} y_j^* = v$

(2) 若 $y_j^* > 0$,则 $\sum_i a_{ij} x_i^* = v$

(3) 若 $\sum_j a_{ij} y_j^* < v$,则 $x_i^* = 0$

(4) 若 $\sum_i a_{ij} x_i^* > v$,则 $y_j^* = 0$

证明 由 $v = \max\limits_{x \in S_1^*} E(x, y^*)$,有 $v - \sum_j a_{ij} y_j^* = \max\limits_{x \in S_1^*} E(x, y^*) - E(i, y^*) \geqslant 0$,又因为

$\sum_i x_i^* (v - \sum_j a_{ij} y_j^*) = v - \sum_i \sum_j a_{ij} x_i^* y_j^* = 0$

所以,当 $x_i^* > 0$ 时,必有 $\sum_j a_{ij} y_j^* = v$。当 $\sum_j a_{ij} y_j^* < v$ 时,必有 $x_i^* = 0$,从而(1)与(3)得证。同理可证(2)与(4)。

下面记 $T(G)$ 为矩阵博弈 G 的阶级,下面的定理是关于矩阵博弈解的性质的主要结果。

【定理 9-6】 设有两个矩阵博弈 $G_1 = \{S_1, S_2; A_1\}$,$G_2 = \{S_1, S_2; A_2\}$,其中 $A_1 = (a_{ij})$,$A_2 = (a_{ij} + L)$,L 为一任意常数,则

(1) $V_{G_2} = V_{G_1} + L$

(2) $T(G_1) = T(G_2)$ ($T(G_1)$,$T(G_2)$ 为两个博弈的解集合)

此处我们引用例 9-5 来分析,在 $A = \begin{bmatrix} 6 & 12 \\ 10 & 8 \end{bmatrix}$ 时,假设此处的 L 为 $L = \begin{bmatrix} 2 & 2 \\ 2 & 2 \end{bmatrix}$,则有 $A + L = \begin{bmatrix} 8 & 14 \\ 12 & 10 \end{bmatrix}$,于是有

$$\begin{aligned} E(x, y) &= 8x_1y_1 + 14x_1y_2 + 12x_2y_1 + 10x_2y_2 \\ &= 8x_1y_1 + 14x_1(1 - y_1) + 12(1 - x_1)y_1 + 10(1 - x_1)(1 - y_1) \\ &= -8\left(x_1 - \frac{1}{4}\right)\left(y_1 - \frac{1}{2}\right) + 11 \end{aligned}$$

解得 $x^* = \left(\frac{1}{4}, \frac{3}{4}\right)$,$y^* = \left(\frac{1}{2}, \frac{1}{2}\right)$,则 $E(x^*, y^*) = 11$,$E(x^*, y) = E(x, y^*) = 11$

即有 A 与 $A + L$ 同解,且有 $V_{G_2} = V_{G_1} + L$。

【定理 9-7】 设有两个矩阵博弈 $G_1 = \{S_1, S_2; A\}$,$G_2 = \{S_1, S_2; \alpha A\}$,其中 $\alpha > 0$,为任意一个常数,则

(1) $V_{G_2} = \alpha V_{G_1}$

(2) $T(G_1) = T(G_2)$

此处我们同样引用例 9-5 来分析,在 $A = \begin{bmatrix} 6 & 12 \\ 10 & 8 \end{bmatrix}$ 时,假设此处 $\alpha = 2$,则有 $\alpha A = \begin{bmatrix} 12 & 24 \\ 20 & 16 \end{bmatrix}$,于是有

$$\begin{aligned} E(x, y) &= 12x_1y_1 + 24x_1y_2 + 20x_2y_1 + 16x_2y_2 \\ &= 12x_1y_1 + 24x_1(1 - y_1) + 20(1 - x_1)y_1 + 16(1 - x_1)(1 - y_1) \\ &= -16\left(x_1 - \frac{1}{4}\right)\left(y_1 - \frac{1}{2}\right) + 18 \end{aligned}$$

解得 $x^*=\left(\frac{1}{4},\frac{3}{4}\right)$，$y^*=\left(\frac{1}{2},\frac{1}{2}\right)$，则 $E(x^*,y^*)=18$，$E(x^*,y)=E(x,y^*)=18$

即有 A 与 αA 同解，且有 $V_{G_2}=2V_{G_1}$。

【定理9-8】 设 $G_1=\{S_1,S_2;A\}$为一矩阵博弈，且 $A=-A^T$ 为斜对称矩阵，(亦称这种博弈为对称博弈)，则

(1) $V_G=0$

(2) $T_1(G_1)=T_2(G_2)$

因为矩阵 A 为斜对称矩阵，所以此处假设有矩阵 $A=\begin{bmatrix}0 & 1\\ -1 & 0\end{bmatrix}$，$A^T=\begin{bmatrix}0 & -1\\ 1 & 0\end{bmatrix}$

则对于 A 矩阵有

$$\begin{aligned}E(x,y)&=0x_1y_1+x_1y_2-x_2y_1+0x_2y_2\\&=0x_1y_1+x_1(1-y_1)-(1-x_1)y_1+0(1-x_1)(1-y_1)\\&=x_1-y_1\end{aligned}$$

解得 $x^*=y^*$，$V_G=0$

对于 A^T 矩阵有

$$\begin{aligned}E(x,y)&=0x_1y_1-x_1y_2+x_2y_1+0x_2y_2\\&=0x_1y_1-x_1(1-y_1)+(1-x_1)y_1+0(1-x_1)(1-y_1)\\&=y_1-x_1\end{aligned}$$

解得 $x^*=y^*$，$V_G=0$

即斜对称矩阵有相同的解，且 $V_G=0$。

定理9-5 至定理9-8 讨论了矩阵博弈及其解的若干重要性质，它们在矩阵博弈的求解中将起到重要作用。

9.4 矩阵博弈问题的图解法和线性规划法

9.4.1 图解法

矩阵博弈的图解法不仅为支付矩阵为 $2\times n$ 或 $m\times 2$ 阶的博弈问题提供了一个简单直观的解法，而且通过这种方法可以使我们从几何上理解博弈论的思想。下面，通过一些例子来说明图解法。

【例 9-6】 用图解法求解矩阵博弈 $G=\{S_1,S_2;A\}$其中

$$A=\begin{bmatrix}2 & 3 & 11\\ 7 & 5 & 2\end{bmatrix}$$

解：首先，我们设局中人 I 的混合策略为$(x,1-x)^T$，即表示局中人 I 选择每一个策略的概率分别为 x 和 $1-x$，$x\in[0,1]$。过数轴上坐标为 0 和 1 的两点分别做两条垂线 I-I 和 II-II。垂线上的纵坐标分别表示局中人 I 采取纯策略 α_1 和 α_2 时，局中人 II 采取各纯策略时的得益值；即局中人 I 选择每一策略$(x,1-x)^T$ 时，他的最少可能得益值为由局中人 II 选择 β_1，β_2，β_3 时所确定的三条直线 $2x+7(1-x)=v$，$3x+5(1-x)=v$，$11x+2(1-x)=v$ 在 x 处得纵坐标中的最小者，如图 9-2 所示 B_1 点为直线 β_3 与 I-I 的交点，B 点为直线 β_2 与直线 β_3 的交点，B_2 为直线

β_1 与直线 β_2 的交点，B_3 为直线 β_1 与 II-II 的交点。

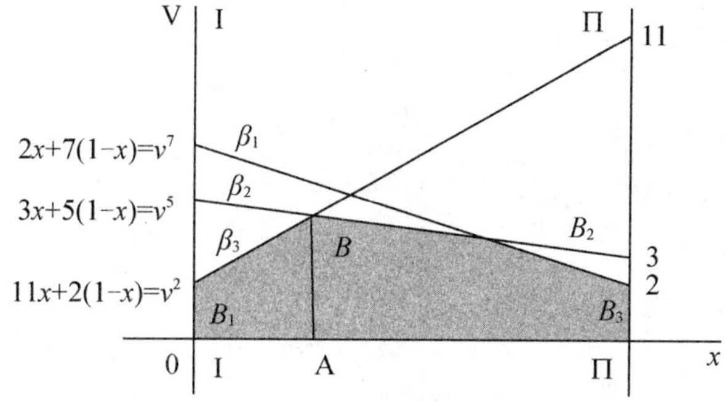

图 9-2　矩阵博弈的图解法

所以，对局中人 I 来说，他的最优选择是确定 x，使 3 个纵坐标的最小者尽可能大，从图 9-2 上来看，就是使得 $x=OA$，这时，B 点的纵坐标即为 I 的对策值。为求 x 和对策的值 V_G，可联立过 B 点的两条由 β_1 和 β_2 确定的直线方程：

$$\begin{cases}3x+5(1-x)=V_G\\11x+2(1-x)=V_G\end{cases}$$

解得 $x=\frac{3}{11}, V_G=\frac{49}{11}$，所以，局中人 I 的最优策略为 $x^*=\left(\frac{3}{11},\frac{8}{11}\right)^T$。从图 9-2 上还可以看出，局中人 II 的最优混合策略只由 β_2 和 β_3 组成。

事实上，若设 $y^*=(y_1^*,y_2^*,y_3^*)^T$ 为局中人 II 的最优混合策略，则由 $E(x^*,1)=2\times\frac{3}{11}+7\times\frac{8}{11}=\frac{62}{11}>\frac{49}{11}=V_G, E(x^*,2)=E(x^*,3)=V_G$，根据定理 9-5，必有 $y_1^*=0, y_2^*>0, y_3^*>0$，又因为 $x_1^*=\frac{3}{11}>0, x_2^*=\frac{8}{11}>0$，再根据定理 9-5，可由

$$\begin{cases}3y_2+11y_3=\frac{49}{11}\\5y_2+2y_3=\frac{49}{11}\\y_2+y_3=1\end{cases}$$

求得 $y_2^*=\frac{9}{11}, y_3^*=\frac{2}{11}$。

所以，局中人 II 的最优混合策略为 $y^*=\left(0,\frac{9}{11},\frac{2}{11}\right)^T$

【例 9-7】　用图解法求解矩阵博弈 $G=\{S_1,S_2;A\}$其中 $\begin{bmatrix}4&2\\10&-2\\1&6\\6&4\\1&3\end{bmatrix}$

解：此矩阵为 $m\times 2$ 阶（$m=5$），此矩阵博弈没有鞍点，设局中人 I 的混合策略为(y_1,y_2)，其中 $y_2=1-y_1$，（即表示局中人 I 选择每一个策略的概率分别为 y_1 和 y_2，$y_1\in[0,1]$）。那么

由博弈论的解的存在性的定理可得到局中人Ⅱ的混合策略及博弈值是下列线性规划的解。

$$\min u$$

$$s.t.\begin{cases}4y_1+2y_2\leqslant u\\10y_1-2y_2\leqslant u\\y_1+6y_2\leqslant u\\6y_1+4y_2\leqslant u\\y_1+3y_2\leqslant u\\y_1+y_2\leqslant u\\y_1,y_2\geqslant 0\end{cases}$$

把 $y_2=1-y_1$ 带入约束条件，得 $\begin{cases}2+2y_1\leqslant u\\-2+12y_1\leqslant u\\6-5y_1\leqslant u\\4+2y_1\leqslant u\\3-2y_1\leqslant u\\0\leqslant y_1\leqslant 1\end{cases}$

作图，求可行域，见图 9-3

作图步骤：(1)令 $y_1=0$，求解每条直线在纵坐标上的 u 值；(2)令 $y_1=1$，求解每条直线在纵坐标上的 u 值；(3)根据两点确定一条直线的方法，连接直线 $y_1=0$ 和直线 $y_1=1$ 上的两个点，所得到的直线即为每个约束条件对应的直线；(4)这些约束条件所求得的公共区域即为图中的可行域，且直线 $6-5y_1=u$ 和直线 $4+2y_1=u$ 的交点为可行域中 u 的最小值。

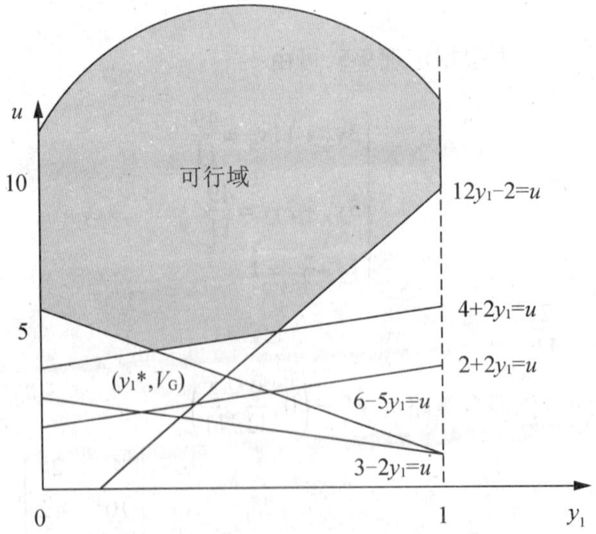

图 9-3　矩阵博弈的图解法

由图 9-3 可知，u 的最小值 V_G 是直线 $6-5y_1=u$ 和直线 $4+2y_1=u$ 的交点的纵坐标，联立 $\begin{cases}6-5y_1=u\\4+2y_1=u\end{cases}$，解得 $V_G=\dfrac{32}{7}$，$y_1^*=\dfrac{2}{7}$，$y_2^*=1-y_1^*=\dfrac{5}{7}$。对于 y^*，不等式左边的值分别为

$$
\begin{cases}
4y_1^* + 2y_2^* = \dfrac{18}{7} < V_G \\
10y_1^* - 2y_2^* = \dfrac{10}{7} < V_G \\
y_1^* + 6y_2^* = \dfrac{32}{7} = V_G \\
6y_1^* + 4y_2^* = \dfrac{32}{7} = V_G \\
y_1^* + 3y_2^* = \dfrac{17}{7} < V_G
\end{cases}
$$

由上式再根据对偶理论的互补松弛定理(注:请参考本书前面讲到的关于对偶理论的相关解题方法),可以得到 $x_1^* = x_2^* = x_5^* = 0$,再根据对偶理论,即可以得到如下方程组

$$
\begin{cases}
4x_1^* + 10x_2^* + x_3^* + 6x_4^* + x_5^* = \dfrac{32}{7} \\
x_1^* + x_2^* + x_3^* + x_4^* + x_5^* = 1
\end{cases}
$$

带入 x_1^*, x_2^*, x_5^* 的值,有

$$
\begin{cases}
x_3^* + 6x_4^* = \dfrac{32}{7} \\
x_3^* + x_4^* = 1
\end{cases}
$$

解得

$$
x_3^* = \frac{2}{7}, x_4^* = \frac{5}{7}
$$

综上,局中人 I 和局中人 II 的最优混合策略分别为 $x^* = \left(0,0,\frac{2}{7},\frac{5}{7},0\right)$ 和 $y^* = \left(\frac{2}{7},\frac{5}{7}\right)$, $V_G = \frac{32}{7}$。

9.4.2 线性规划法

1. 将矩阵博弈转化为线性规划

由定理 9-4 表明,博弈 $G = \{S_1, S_2; A\}$的解 x^* 和 y^* 等价于下面两个不等式的解。

$$
(\mathrm{I})\begin{cases}
\sum_i a_{ij}x_i \geqslant v \quad (j = 1,2,\cdots,n) \\
\sum_i x_i = 1 \\
x_i \geqslant 0 \quad (i = 1,2,\cdots,m)
\end{cases}
$$

$$
(\mathrm{II})\begin{cases}
\sum_j a_{ij}y_j \leqslant v \quad (i = 1,2,\cdots,m) \\
\sum_j y_j = 1 \\
y_j \geqslant 0 \quad (j = 1,2,\cdots,n)
\end{cases}
$$

其中

$$
v = \max_{x \in S_1^*} \min_{y \in S_2^*} E(x,y) = \min_{y \in S_2^*} \max_{x \in S_1^*} E(x,y)
$$

就是博弈的值 V_G。

【定理 9-9】 设矩阵博弈 $G=\{S_1,S_2;A\}$的值为 V_G,则有

$$V_G=\max_{x\in S_1^*}\min_{1\leqslant j\leqslant n}E(x,j)=\min_{y\in S_2^*}\max_{1\leqslant i\leqslant m}E(i,y)$$

证明因为 V_G 是博弈的值,故

$$V_G=\max_{x\in S_1^*}\min_{y\in S_2^*}E(x,y)=\min_{y\in S_2^*}\max_{x\in S_1^*}E(x,y)$$

一方面,任给 $x\in S_1^*$,有

$$\min_{1\leqslant j\leqslant n}E(x,j)\geqslant\min_{y\in S_2^*}E(x,y)$$

故

$$\max_{x\in S_1^*}\min_{1\leqslant j\leqslant n}E(x,j)\geqslant\max_{x\in S_1^*}\min_{y\in S_2^*}E(x,y)$$

另一方面,任给 $x\in S_1^*$,$y\in S_2^*$,有

$$E(x,y)=\sum_{j=1}^{n}E(x,j)\cdot y_j\geqslant\min_{1\leqslant j\leqslant n}E(x,j)$$

故

$$\min_{y\in S_2^*}E(x,y)\geqslant\min_{1\leqslant j\leqslant n}E(x,j)$$

$$\max_{x\in S_1^*}\min_{y\in S_2^*}E(x,y)=\max_{x\in S_1^*}\min_{1\leqslant j\leqslant n}E(x,j)$$

由下面两式

$$\max_{x\in S_1^*}\min_{1\leqslant j\leqslant n}E(x,j)=\max_{x\in S_1^*}\min_{y\in S_2^*}E(x,y)$$

$$\max_{x\in S_1^*}\min_{y\in S_2^*}E(x,y)=\max_{x\in S_1^*}\min_{1\leqslant j\leqslant n}E(x,j)$$

可以得到如下的结论

$$V_G=\max_{x\in S_1^*}\min_{1\leqslant j\leqslant n}E(x,j)$$

同理可证

$$V_G=\min_{y\in S_2^*}\max_{1\leqslant i\leqslant m}E(i,y)$$

即定理 9-9 得证。

下面给出求解矩阵博弈的线性规划的方法,求解矩阵博弈问题可等价地转化为求解互为对偶的线性规划问题。(由定理 9-4,不妨设 $w>0$,w 为大于 0 的常数)

$$x_i{}'=\frac{x_i}{w}\pm1\quad(i=1,2,\cdots,m)\tag{9-17}$$

则上面的不等式组 I 变为

$$cx\begin{cases}\sum_i a_{ij}x_i{}'\geqslant1\quad(j=1,\cdots,n)\\ \sum_i x_i{}'=\dfrac{1}{w}\\ x_i{}'\geqslant0\quad(i=1,\cdots,m)\end{cases}$$

再根据定理 9-9, $w=\max_{x\in S_1^*}\min_{1\leqslant j\leqslant n}\sum_i a_{ij}x_i$,可将上式化为如下的线性规划问题:

$$
(P)\begin{cases}\min z = \sum_i x_i{}' \\ \sum_i a_{ij}x_i{}' \geqslant 1 \qquad (j=1,2,\cdots,n) \\ x_i{}' \geqslant 0 \quad (i=1,2,\cdots,m)\end{cases}
$$

同理,令
$$
y_j{}' = \frac{y_j}{w} \quad (j=1,2,\cdots,n) \tag{9-18}
$$

可知将不等式组 II 变为

$$
cx\begin{cases}\sum_j a_{ij}y_j{}' \leqslant 1 \quad (i=1,2,\cdots,m) \\ \sum_j y_j{}' = \frac{1}{w} \\ y_j{}' \geqslant 0 \quad (j=1,2,\cdots,n)\end{cases}
$$

其中 $w = \min\limits_{y\in S_2^*} \max\limits_{1\leqslant i\leqslant m} \sum_j a_{ij}y_j$,将上式化为如下的线性规划问题:

$$
(\mathrm{D})\begin{cases}min\ z' = \sum_i y_j{}' \\ \sum_j a_{ij}y_j{}' \leqslant 1 \quad (i=1,2,\cdots,m) \\ y_j{}' \geqslant 0 \quad (j=1,2,\cdots,n)\end{cases}
$$

显然,问题(P)和(D)是互为对偶的线性规划,可利用单纯形或对偶单纯形方法求解。求解后,再通过变换就可以得到原博弈问题的解和博弈的值。线性规划方法,用这种方法可以求解任意一个矩阵博弈问题。

【例 9-8】 利用线性规划方法求解以下矩阵博弈,其得益矩阵为

$$
\begin{bmatrix} 7 & 1 & 9 \\ 2 & 9 & 0 \\ 9 & 9 & 0 \end{bmatrix}
$$

解:求解问题可以化为两个互为对偶的线性规划问题

$$
P\ \min(x_1+x_2+x_3) \qquad\qquad D\ \max\ (y_1+y_2+y_3)
$$

$$
s.\ t.\begin{cases}7x_1+x_2+9x_3\geqslant 1 \\ 2x_1+9x_2+0x_3\geqslant 1 \\ 9x_1+9x_2+0x_3\geqslant 1 \\ x_1,x_2,x_3\geqslant 0\end{cases} \qquad s.\ t.\begin{cases}7y_1+2y_2+9y_3\leqslant 1 \\ y_1+9y_2+9y_3\leqslant 1 \\ 9y_1\leqslant 1 \\ y_1,y_2,y_3\geqslant 0\end{cases}
$$

上述线性规划的解为

$$
x=\left(0,\frac{1}{9},\frac{8}{81}\right),w=\frac{17}{81},y=\left(\frac{1}{9},\frac{2}{21},\frac{6}{1701}\right),v=\frac{17}{81}
$$

故博弈问题的解为

$$
V_G=\frac{1}{w}=\frac{1}{v}=\frac{81}{17}
$$

$$
x^*=V_Gx=\frac{81}{17}\left(0,\frac{1}{9},\frac{8}{81}\right)=\left(0,\frac{9}{17},\frac{8}{17}\right)
$$

$$
y^*=V_Gy=\frac{81}{17}\left(\frac{1}{9},\frac{2}{21},\frac{6}{1701}\right)=\left(\frac{9}{17},\frac{54}{119},\frac{6}{257}\right)
$$

2. 用优势原则简化矩阵博弈

根据博弈中对局中人的理性假定，每个局中人在选择策略时总是选择对自己有利的策略。因此，若存在某纯策略，局中人选择该策略的得益值要比选择其他的任何的策略的得益值都要小；那么局中人从自身的利益出发，绝不会选择这种策略，从而在求解中可将这些策略删去，使得益矩阵得到简化。

设矩阵博弈 $G = \{S_1, S_2; A\}$，其中 $S_1 = \{\alpha_1, \alpha_2, \alpha_3, \cdots, \alpha_m\}$，$S_2 = \{\beta_1, \beta_2, \beta_3, \cdots, \beta_n\}$，$A = (a_{ij})_{m \times n}$。

(1)若局中人 I 的得益矩阵 A 中存在 i 行和 k 行，其元素之间有关系

$$a_{ij} \geqslant a_{kj}, j = 1, 2, \cdots, n$$

则称局中人 I 的纯策略 α_i 优于纯策略 α_k，或称纯策略 α_k 为局中人 I 的劣策略。

(2)若得益矩阵 A 中存在 j 和 l 列，其元素之间有关系

$$a_{ij} \leqslant a_{il}, i = 1, 2, \cdots, m$$

则称局中人 II 的纯策略 β_j，优于纯策略 β_l，或称纯策略 β_l 为局中人 II 的劣策略。

当局中人的纯策略之间存在上述优超关系时，局中人任何时候都不会选择自己的劣策略，因而在求解之前，可以从得益矩阵中划去该策略所对应的行或列，从而使得益矩阵得到简化，在简化的过程中，博弈的值不会发生变化。

【例 9-9】 求解矩阵博弈 $G = \{S_1, S_2; A\}$，其中

$$A = \begin{bmatrix} 3 & 5 & 1 & 3 & 2 \\ 6 & 0 & 2 & 5 & 8 \\ 7 & 3 & 8 & 5 & 8 \\ 4 & 6 & 7 & 7 & 4 \\ 6 & 0 & 8 & 8 & 3 \end{bmatrix}$$

解：由于第 4 行优于第 1 行，第 3 行优于第 2 行，故删去第 1 行和第 2 行，从而得到

$$A_1 = \begin{bmatrix} 7 & 3 & 8 & 5 & 8 \\ 4 & 6 & 7 & 7 & 4 \\ 6 & 0 & 8 & 8 & 3 \end{bmatrix}$$

对 A_1，第 1 列优于第 3 列，第 2 列优于第 4 列，删去第 3 列和第 4 列，得到

$$A_2 = \begin{bmatrix} 7 & 3 & 8 \\ 4 & 6 & 4 \\ 6 & 0 & 3 \end{bmatrix}$$

第 1 行优于第 3 行，删去第 3 行，得

$$A_3 = \begin{bmatrix} 7 & 3 & 8 \\ 4 & 6 & 4 \end{bmatrix}$$

第 1 列优于第 3 列，删去第 3 列，得

$$A_4 = \begin{bmatrix} 7 & 3 \\ 4 & 6 \end{bmatrix}$$

从而将原博弈简化为 2×2 博弈，解得 $x = \left(\frac{1}{3}, \frac{2}{3}\right)$，$y = \left(\frac{1}{2}, \frac{1}{2}\right)$，由此可得原矩阵博弈的解为 $x^* = \left(0, 0, \frac{1}{3}, \frac{2}{3}, 0\right)$，$y^* = \left(\frac{1}{2}, \frac{1}{2}, 0, 0, 0\right)$，博弈的值为 $v^* = 5$。

9.5 博弈类型

前面介绍了博弈的相关概念、相关术语以及它的基本定理和常用的解法,这些都是关于静态博弈模型问题。下面我们来对静态博弈问题进行详细的分类介绍,静态博弈问题分为两大类,即合作博弈和非合作博弈,同时这两种博弈类型还可以分出多个博弈类型,下面让我们来对其进行详细的介绍说明。

9.5.1 合作博弈

合作博弈亦称为正和博弈,是指博弈过程中双方的利益都有所增加,或者至少是一方的利益增加,而另一方的利益不受损害,因而整体的利益有所增加。合作博弈强调的是集体理性,强调公平与效率,重点研究合作的结果。

企业在市场经济中经常遇到的情形就是需要考虑是否与其他企业进行合作,甚至是否需要合并的问题。

【例 9-10】 有 A,B,C 三家公司面临合并还是继续独立营运的问题,调研所得的结盟与独立营运的收入情况如表 9-7 所示。问:三家企业能否合并?

表 9-7 结盟与独立营运的收入

结盟方式	各自独立			两家合并、另一家独立						三家合并
	A	B	C	AB	C	AC	B	BC	A	ABC
收入	32	23	6	59	5	45	22	39	30	77

分析:在合作博弈问题中,参与博弈的三方当事人均为局中人,全体局中人的集合记为 N,后果(也称为收入)记作 x_1,x_2,x_3;N 的非空子集 $S(S\subset N)$ 称为联盟,N 为总体联盟,空集记作$\varnothing$。

用以描述每一种可能的联盟 S 的收入被称为特征函数,记作 $v(S)$,它是不管其余局中人如何行动,联盟 S 中各成员相互合作所能达到的最大收入。通常有

$$v(\varnothing)=0$$

即没有任何局中人的联盟的收入为 0。

对于合作博弈,还应该有

$$v(S)\geqslant\sum_{i\in S}v(i)$$

即三个局中人的合作的收入大于等于各局中人单独收入之和。

这是联盟 S 得以存在的条件,成员 i 分配的结果记作 $x(i)$。

若 $R,S\subset N$,且 $R\cap S=\varnothing$则

$$v(R\cup S)\geqslant v(R)+v(S)$$

称为超可加性,是由联盟 R,S 合并组成新的联盟的必要条件。

显然,三家公司能否合并成功取决于合并后收入的分配是否合理。设想 x,y,z 分别表示 A,B,C 三家公司在合并后分得的收入,则合并成功需要满足条件:

$$x+y\geqslant 59, x+z\geqslant 45, y+z\geqslant 39$$
$$z\geqslant 5, y\geqslant 22, x\geqslant 30$$
$$x+y+z=77$$

以上条件组可以记为 $C(v)$,满足以上条件的解不唯一,还需要有进一步的分配方法。下面用 Nash-Harsanyi 谈判(主要是指局中人双方通过协商方式解决利益的分配问题。比如有两个人分割一块蛋糕,参与人 1 先出价,参与人 2 可以选择接受或拒绝,如果参与人 2 接受,则博弈结束,蛋糕按参与人的方案分配;如果参与人 2 拒绝,他将还价,参与人 1 可以接受或拒绝;如果参与人 1 接受,博弈结束,蛋糕按参与人 2 的方案分配;如果参与人 1 拒绝,他再出价;如此一直下去,直到一个参与人的出价被另一个参与人接受为止。因此,这属于一个无限期完美信息博弈,参与人 1 在时期 1,3,5,……出价,参与人 2 在时期 2,4,6,……出价)。模型进行求解。即

$$\max Z=(x-c_1)(y-c_2)(z-c_3)$$
$$s.t.\begin{cases}x\geqslant c_1, y\geqslant c_2, z\geqslant c_3\\(x,y,z)\in C(v)\end{cases}\tag{9-19}$$

求解时需要确定现况点 $c=(c_1,c_2,c_3)$ 的值,有如下两种选择:

(1) 以各自独立的收入(32,23,6)作为现况点代入式(9-19),求得

$$(x,y,z)=(37.33,28.33,11.33)$$

(2) 以两家合作另一家单干时的收入(30,22,5)为现况点代入式(9-19),求得

$$(x,y,z)=(36.66,28.66,11.66)$$

求解结果表明三家可以合并,并且从上可以得到相应的分配值。因为合并之后的每一家的收入都要高于各自独立时的收入,所以三家企业应该合并,这样能够使得每家企业的收入都能有所提高。

9.5.2 非合作博弈

在例 9-10 中引入了博弈论中的一个重要概念——纳什均衡(亦称为非合作博弈均衡)。在一个博弈过程中,无论对方的策略选择如何,当事人一方都会选择某个确定的策略,则该策略被称为支配性策略。若两个对策的当事人的策略组合分别构成各自的支配性策略,那么这个组合就被定为纳什均衡。一个著名的例子就是“囚徒困境”,“囚徒困境”是一个非零和博弈问题。

在囚徒困境中,两个囚犯得到的最优方案就是:符合自己利益选择是坦白招供,这样原本对双方都有利益的策略即不招供从而均被判刑 1 年的状况就不会出现;两人都选择坦白招供的策略以及因此被判刑 5 年的结局称为“纳什均衡”,也被称为非合作均衡。

下面是关于非合作博弈的一些经典案例。

案例 1 教育减负问题。目前国内经常会反复地出现要求为中小学生减负的呼声,因为中小学生基于升学压力而已经陷入了恶性竞争的循环之中,却没有提高真正的能力,其实这也是一个囚徒困境类型的题目。如今初中、小学乃至幼儿园都存在激烈的竞争现象,因为在应试教育的压力下,每个父母都希望自己的小孩能够升入更高一级或更好的小学、中学以及大学,从而也就会迫使小孩接受越来越多的学习负担。正因如此,尽管“减负”的呼声不断,情况却没有根本改变,相反有恶化的趋势。为什么呢? 问题在于,目前的学习都是为了应试的需要,以

致这种灌输性教育磨灭了学生的创造性，这已为绝大多数人所认识。显然，只要应试教育的大环境没有改变，各个家长的收益结构没有发生变化，那么就无法真正实现学生的“减负”。关于这一点，我们可以勾画博弈矩阵如表 9-8 所示：

表 9-8　应试教育下的“减负博弈”

		其他家长	
		不减负	减负
家长甲	不减负	-1，-1	2，-2
	减负	-2,2	1,1

案例 II　卡特尔式的价格战。目前很多家电行业已经进入寡头垄断的市场结构，寡头垄断厂商常常发现自己处于一种囚徒的困境。像囚徒一样，各厂商都有一种“背叛”和削价与它的竞争者竞争的冲动。虽然合作很吸引人，但各个厂商都担心如果自己坚持合作原则不降价，而它的竞争者则率先降价，就会夺取市场的大半份额，那么结果就变成了事与愿违。例如厂商 *A* 和厂商 *B* 达成协议，共同保持价格不变。如果两厂商都遵守协议，各拥有 10% 的市场份额；如果两厂商都不遵守协议，则会两败俱伤，各拥有 2% 的市场份额；另一方面，如果一个厂商不遵守协议而另一个厂商遵守协议，不遵守的这个厂商就拥有 15% 的市场份额，而另一个将只拥有 1% 的市场份额。显然，在下述博弈中，如果他们都能同意遵守，那么他们的市场份额总额最大。但是不管厂商 *A* 怎么选择，厂商 *B* 不遵守总是优选方案。同样，厂商 *A* 不遵守也总是优选方案，所以厂商 *B* 必须担心要是遵守，他就会被利用。经营者不能满足这种不公开串通带来的稍高利润，而是宁愿进行攻击性竞争，试图获得大部分市场，结果两败俱伤。

表 9-9　市场竞争下的价格博弈

		厂商 *B*	
		遵守	不遵守
厂商 *A*	遵守	10%,10%	1%,15%
	不遵守	15%,1%	2%,2%

案例 III　电话短线问题。这是一个经常发生在我们身边的例子，当你与一个朋友，特别是与恋人通电话的时候，由于某种原因电话可能会突然中断，此时你就面临一个博弈的问题：如果你重新给对方电话，而他也在尝试给你回电话，那么结果是忙音而打不通；如果你不给对方打电话，而对方也如此，那么也不能通电话。显然，这里也存在如下协调博弈问题：只有双方找到一个协调他们的行动的方法时，才可以达到均衡解；一般地，这就需要形成社会惯例或行为规则，事实上，不论是打电话的人还是被叫方回电，只要存在某种规定或默契，那么就可以实现行为的协调。

表 9-10　电话断线回叫博弈

		被叫方	
		回电	不回电
主叫方	回电	0,0	1,2
	不回电	2,1	0,0

9.5.3 纳什均衡

1. 纳什均衡的理论来源

约翰·纳什 1948 年作为年轻数学博士生进入普林斯顿大学。其研究成果见于题为《非合作博弈》(1950)的博士论文。该博士论文导致了《n 人博弈中的均衡点》(1950)和题为《非合作博弈》(1951)两篇论文的发表。纳什在上述论文中,介绍了合作博弈与非合作博弈的区别。他对非合作博弈的最重要贡献是阐明了包含任意人数局中人和任意偏好的一种通用解概念,也就是不限于两人零和博弈。该解概念后来被称为纳什均衡。

2. 纳什均衡的定义

假设有 n 个局中人参与博弈,给定其他人策略的条件下,每个局中人选择自己的最优策略(个人最优策略可能依赖于也可能不依赖于他人的战略),从而使自己利益最大化。所有局中人策略构成一个策略组(Strategy Profile)。纳什均衡指的是这样一种战略组合,这种策略组合由所有参与人最优策略组成。即在给定别人策略的情况下,没有人有足够理由打破这种均衡。纳什均衡,从实质上说,是一种非合作博弈状态。

纳什均衡达成时,并不意味着博弈双方都处于不动的状态,在顺序博弈中这个均衡是在博弈者连续的动作与反应中达成的。纳什均衡也不意味着博弈双方达到了一个整体的最优状态。

定义:在博弈 $G=\{S_1,S_2,\cdots S_n,;u_1,u_2,\cdots,u_n\}$中,在由各个博弈方的每一个策略组成的策略组合($s_1^*,s_2^*,\cdots,s_n^*$)中,任意一个博弈方 i 的策略 S_i^*,都是对其余博弈方策略的组合($s_1^*,s_2^*\cdots,s_{i-1}^*,s_{i+1}^*,s_{i+2}^*,\cdots,s_n^*$)的最佳博弈,也即 $u_i(s_1^*,s_2^*,\cdots,s_{i-1}^*,s_i^*,s_{i+1}^*,s_{i+2}^*,\cdots,s_n^*)\geqslant u_i(s_1^*,s_2^*,\cdots,s_{i-1}^*,s_{ij}^*,s_{i+1}^*,s_{i+2}^*,\cdots,s_n^*)$对任意 $s_{ij}^*\in S_i$ 都成立,则称($s_1^*,s_2^*,\cdots,s_n^*$)为 G 的一个纳什均衡。

自从纳什在 1950 年提出 Nash Equilibrium(纳什均衡点)以来,纳什均衡已经被广泛地应用于各类学科之中。事实上,许多博弈都存在多个纳什均衡,有些博弈甚至有无穷多个纳什均衡。

纳什均衡理论奠定了现代主流博弈理论和经济理论的根本基础,正如克瑞普斯在《博弈论和经济建模》一书的引言中所说:"在过去的一二十年内,经济学在方法论以及语言、概念等方面,经历了一场温和的革命,非合作博弈理论已经成为范式的中心……在经济学或者与经济学原理相关的金融、会计、营销和政治科学等学科中,现在人们已经很难找到不懂纳什均衡能够'消费'近期文献的领域。"纳什均衡的重要影响可以概括为以下六个方面:

(1) 改变了经济学的体系和结构。非合作博弈论的概念、内容、模型和分析工具等,均已渗透到微观经济学、宏观经济学、劳动经济学、国际经济学、环境经济学等经济学科的绝大部分学科领域,改变了这些学科领域的内容和结构,成为这些学科领域的基本研究范式和理论分析工具,从而改变了原有经济学理论体系中各分支学科的内涵。

(2) 扩展了经济学研究经济问题的范围。原有经济学缺乏将不确定性因素、变动环境因素以及经济个体之间的交互作用模式化的有效办法,因而不能进行微观层次经济问题的解剖分析。纳什均衡及相关模型分析方法,为经济学家们提供了深入的分析工具。

(3) 加强了经济学研究的深度。纳什均衡理论不回避经济个体之间直接的交互作用,不满足于对经济个体之间复杂经济关系的简单化处理,强调从微观个体行为规律的角度发现问题的根源。

(4) 形成了基于经典博弈的研究范式体系。即可以将各种问题或经济关系，按照经典博弈的类型或特征进行分类，并根据相应的经典博弈的分析方法和模型进行研究，将一个领域所取得的经验方便地移植到另一个领域。

(5)扩大和加强了经济学与其他社会科学、自然科学的联系。纳什均衡理论既适用于人类的行为规律，也适合于人类以外的其他生物的生存、运动和发展的规律。纳什均衡和博弈论的桥梁作用，使经济学与其他社会科学、自然科学的联系更加紧密，形成了经济学与其他学科相互促进的良性循环。

(6) 改变了经济学的语言和表达方法。

3. 纳什均衡的一致预测性质

博弈分析最基本的目的之一是预测。也就是说，我们之所以要进行博弈分析，最重要的原因就是预测特定博弈中博弈双方究竟会采取什么行动，博弈将有怎样的结果。因此一个博弈分析概念的作用和价值，很大程度上是由其对博弈结果预测能力的大小决定的。

一般来说，人类的集体行动是不可预测的。但是，当在某种给定的条件下时，人类的某些集体行动就变成了是可以预测的。博弈论中对行动者的假定是：行动者是理性的。理性的人不可能做出非理性的事情，在这个假定下，许多结果就能预测出来。在囚徒困境中，囚徒除了选择“坦白”外还有其他的选择吗？对于理性的或者说自私的囚徒来说，肯定没有。这是理性人的假定下的必然结论。在博弈论中有这样的结论：在静态博弈中，如果有一个纳什均衡解，那么这个解就是该博弈的必然结果，它是可预测的；而当有几个纳什均衡时，这几个纳什均衡都是可能的结果，此时，结果也是可预测的。因此，纳什均衡的价值主要在于它的一些非常重要的性质，其中“一致预测”就是最重要的性质之一。

这里所说的“一致预测”是指这样的一种性质：如果所有的博弈方都预测到某一特定结果会出现，那么所有的博弈方都不会去选择与预测结果不一致的策略。也就是说，这里“一致预测”中“一致”的意义是各博弈方的实际行为选择与他们的预测一致，都不约而同地预测并选择了同样的策略组合。纳什均衡的一致预测性质正是博弈预测能力的基本保证。其他的博弈分析概念要么不具备这种性质，从而不存在预测的稳定性，因此不可能成为具有普遍意义的博弈分析概念，要么本身也是纳什均衡的一部分。

一致预测性是纳什均衡的本质属性，也是保证纳什均衡的价值，是纳什均衡有不同于其他分析概念的特殊地位的两个最重要的性质之一。

正是由于纳什均衡是一致预测，因此才进一步有下列性质：首先，各博弈方可以预测它，可以预测他们的竞争对手会预测它，还可以预测他们的竞争对手会预测到自己会预测它……任何预测其他非纳什均衡策略组合将是博弈的最终结果，则意味着要么各个博弈方的预测其实并不相同(预测不同的纳什均衡会出现等)，要么说明至少一个博弈方“犯了错误”，这种错误包括对博弈结构理解的错误，也包括对其他博弈方的策略预测错误，其理性和计算能力有问题，或者是实施策略时会出现差错等等。我们不能说这种错误不会发生，事实上，在一些特定的情况下，还是有可能发生。因此，假设各博弈方的预测策略组合相同，以及各博弈方都完全的理性，也就是不会犯错误的情况下，不可能预测任何非纳什均衡是博弈的结果。

然而，纳什均衡的一致预测并不说明这些预测都是好的预测，在一些情况下如果认为通过这些预测可以获得精确的值就可能是不切实际的。

4. 一个关于纳什均衡的故事

许多人知道有名的 *ABCD* 男女理论，由于男性的节制性偏向，导致其一般会降一格选择异性伙伴，因此实际社会中的典范完配是 *A* 男配 *B* 女，*B* 男配 *C* 女，*C* 男配 *D* 女，而 *A* 女与 *D* 男轮空。这个时候发生了两个确定性，*A* 女（鲜花）确定 *D* 男（牛粪）是没人要的，而 *D* 男确定 *A* 女是追不到的。这种确定就导致了两个最有可能的均衡策略，*A* 女如果在某种情形下选择了 *D* 男，则 *D* 男必定会接收，而 *D* 男去追 *A* 女则确定不会有成果，但反正 *D* 男也没人要则追 *A* 与不追 *A* 都一样不会有损失，因此 *D* 男出于无聊或其他动机仍非常有可能追 *A* 女。

在纳什本身假定的情景下，如果有 4 男看到 4 女加一绝色美女，通常每个男的都假定其他男的可能会去排队追此绝色美女，故每个人追到此绝色美女的不确定性最强（而如果真的产生了多男追绝色美女，绝色美女的确也可能表示出相当的不肯定性与优胜感），让自己很难有最优机遇。为防止"赔了夫人又折兵"，每一个男的去认真追的将会是普通美女，而普通美女与绝色美女比也知道本身的差距，在有确定的寻求者的时候，会清楚地明白自身的策略。因此，一般美女比绝色美女更具吸引力，最终结果将会是导致绝色美女轮空或无人敢追。

9.6 博弈论的应用

9.6.1 博弈论在房地产市场中的应用

我国的房地产市场在经历了多年的过度发展之后，现在已经处于一种调整期。国内许多大中城市的房价都已经进入了一个非常时期。在这个调整期内开发商虽然把房价适度降低，但是购房者的购买热情并不是很高，大部分购房者都是持一种观望的态度，因此我们可以从博弈论的观点来分析房地产市场中的这一现象。

首先，在我们的房地产市场中，购房者有买房的需求，而地产商也有卖房的需求。但是买卖双方却在进行一场价格的博弈，博弈的结果当然是希望得到帕累托最优（Pareto Optimality，帕累托最优是指资源分配的一种理想状态，即假定固有的一群人和可分配的资源，从一种分配状态到另一种状态的变化中，在没有使任何人境况变坏的前提下，也不可能再使某些人的处境变好。换句话说，就是不可能再改善某些人的境况，而不使任何其他人受损），但在现实中这种情况并不存在的。众所周知的 2000 年的彩电价格大战，就是多个彩电企业对价格进行大幅降价，而且是反复进行，也就是多次进行重复博弈，这样进行的结果直接导致了一部分适应能力差的彩电生产企业面临倒闭，从而使得彩电行业进行重组。

但是现在我们分析的房地产行业却不同于之前的彩电行业。首先，两种商品在性质上有很大的差别。彩电虽然是一种耐用品，但是人们还是可能会在一定的时期内对其进行替换。而购房者在购买房产之后就可能长期甚至终生都不会再更换。其次，两者的价格差别也是很大的，人们购买彩电所花的钱也许就只是一个月的工资，但是人们在购买房产时动用的就是长期的积蓄，所以人们对房产的购买是十分慎重的。

对于房地产市场的分析我们可以用博弈论的观点来分析。其实在房地产市场中存在两种博弈现象。一种是开发商与购房者之间的博弈，另外一种是开发商之间的博弈。两种博弈之间也是存在一定联系的。

首先我们分析的是开发商与购房者之间的博弈。其实分析博弈的前提就是双方存在一定的利益冲突。在房地产市场中，购房者固然希望价格越低越好，但是现实的情况是价格居高不下，这里面有很多固有的因素，比如说地段因素、物价因素等，其次就是交易双方的供求关系也会对价格有很大的影响。现在我们可以对这个市场中的两个主体作个分析。两个决策主体开发商和购房者的行为对这个市场供需变化和价格的影响都很大。我们试想如果购房者之间都形成一种联盟，这种力量是非常大的，他们可以用一种一致的行动来抵制房价过高的行为，这样在两个决策主体之间就会形成一种博弈，无论谁先采取行动都会对这个市场造成波动。我们再对这两个决策主体进行更详细的分析，购房者有买房的需求，对于购房者来说，他们不会是简单地套用博弈论的"囚徒困境"，就像犯人如果没有犯罪也不存在坦白一样，当购房者自有的资产支撑不了过高的房价时，他们唯一的办法就是在一个漫长时期内等待房价的下跌，我们可以把这个漫长而有诱惑力的房价下跌过程理解为理性回归，等到房价跌到一定的程度时，购房者必然会适时出击。而开发商也不可能一直将房价居高不卖，毕竟他们也要考虑收回投资成本。所以这两个决策主体就会进行一场博弈。当然，第三方政府对这个市场也会产生影响，比如从去年开始国家出台一系列措施来拯救房地产市场，但是效果并不是很好，毕竟现在的购房者更是一个理性的社会人。从目前的情况来看，开发商如果适当的降价，购房者特别是那些急需买房的购房者也许会开始考虑出手。但是从长期来看，这两个决策主体依然是在进行一场长久的博弈。

另外一种要分析的情况就是开发商之间的博弈。在这里我们可以用"囚徒困境"或者是"智猪博弈"来分析。在开发商市场中，必然会有大小开发商之分。用"智猪博弈"的理论来分析，我们可以把大开发商比喻成"大猪"，把小开发商比喻成"小猪"，在这个市场中，如果小开发商先采取降价的话，获利最大的肯定不是自身，而是大开发商，因为小企业在企业运营能力和获取信息能力上都不是很强。而博弈论对这两方面都是有一定要求的，按照"智猪博弈"的策略，小开发商采取跟进策略，做个智慧的"小猪"无非是一种上佳的策略。此处，我们可以引用"智猪博弈"中的思想来分析大、小房地产商在关于降价方面的博弈，如表 9-11。

表 9-11　大、小房产商的利益博弈

		小房产商	
		降价	不降价
大房产商	降价	3,1	2,0
	不降价	5, -1	0,0

根据最大最小的计算原理，我们可以对上表中的数据进行计算。首先我们对小房产商的得益进行分析，小房产商的得益矩阵为$\begin{bmatrix} 1 & 0 \\ -1 & 0 \end{bmatrix}$，每一行的最小值分别为(0, -1)，每一列的最大值分别为(1,0)，因此根据最小最大原理的公式可以得到小房产商的最优策略时选择不降价。同理我们对大房产商进行分析，得到大房产商的得益矩阵为$\begin{bmatrix} 3 & 2 \\ 5 & 0 \end{bmatrix}$，也对其进行最小最大原理分析，得到大房产商的最优策略是选择降价。

其实在经营企业中都是这样的，在某些时候，如果能够注意等待，让其他大的企业首先开发市场，是一种明智的选择，因为大的企业所获得社会资源的能力还是占有一定优势的。对于小企业来说，因为无论从各个方面来说都是处于弱势的，没有必要同大企业进行竞争，因为这种无谓的博弈所造成的伤害必然是小企业。对于小企业来说,需要认真寻找机会,选择进入的最恰当时机,这样可以免于遭受过大的损失。

当然在我国的房地产市场中,除了存在这两种博弈之外,还有很多外在的因素在影响房地产市场的发展,比如说政府的力量,政府的很多经济政策包括金融政策的制定对房地产市场的发展都有很大的影响。因此,用经济学的理论来分析房地产市场,我们可以更加理智地看待房地产市场中很多看似不平常的现象,也可以透过这些现象寻找出更多普遍的规律。

9.6.2 博弈论在政府管理公共危机中的应用

危机研究的社会目标就是最大限度地降低损失的发生,是“使用少量钱预防,而不是花大量钱治疗”。有效的公共危机管理的最终目标应该定位于预防危机的发生,将危机控制在萌芽状态,因此控制危机诱因是危机管理的重中之重。博弈论研究理性的参与人根据博弈局势中的预期收益来进行策略行为的过程,这也是参与者的利益偏好显示过程,其结果是一组帕累托效率上的均衡。这个均衡可能是一个好的结果也可能是不好的结果,不好的结果在危机管理中可以对应为危机的人为诱因。

可见,博弈论提供了分析危机诱因的工具,利用这种工具寻找避免出现不好结果的博弈局势设定,从而找到控制危机人为诱因的有效机制。假设公共危机管理中有两个理性的危机管理主体甲和乙,他们都有积极防治和消极应付两种策略选择。所需的收益如表 9-12 所示。

表 9-12 危机管理主体甲、乙的收益策略

		乙	
		消极应付	积极防治
甲	消极应付	(a,a)	(b,B)
	积极防治	(B,b)	(A,A)

如果没有外界的干预和补偿,对理性的危机管理主体甲和乙来说,同时采取积极防治策略所获收益要高于同时采取消极应付策略需要所获的收益,因此 $A>a$。如果一方采取积极防治策略而另一方采取消极应付策略,则采取积极防治一方所付出的成本要高于采取消极应付一方所付出的成本,因为消极应付的一方分享了积极防治一方有力措施所带来的成果,所以此时积极一方所获的收益要小于消极应付一方所获的收益,因此 $b>B$,$A>B$。如果两个危机管理主体都是只为自己利益打算的所谓“理性主体人”,同时没有外界的干预和补偿,对策的结果会是怎样呢?如果甲消极应付,乙积极防治,甲获得 b 个单位的收益;但是乙要采取消极应付措施时,甲只获得 a 个单位的收益;可见对于甲来说,不管乙采用什么措施,他消极应付所获得的收益最大。同样,如果乙消极应付,甲积极防治,乙将获得 b 个单位收益;但是甲要采取消极应付时,乙也会获得 a 个单位的收益;所以对于乙来说,无论甲采用什么措施,他选择消极应付时所获得的收益总是最大的。所以在没有外界的干预和补偿下,每一个管理主体的占优策略都是等待对方积极防治而自己坐享其成,博弈的结果是甲、乙双方都消极应付,(a,a)成为博弈的纳什均衡。这就是为什么 SARS 危机管理初期出现的囚徒困境现象。

由于 SARS 危机管理的教训,中央政府为了避免再次出现像 SARS 危机管理初期出现的情

况，当禽流感爆发时，中央政府对博弈规则做了调整，给出了“有约束力的协议”，即采取了适当的补偿措施和严厉的惩罚措施从而使公共危机管理的博弈结果发生了改变。在这种情况下，假设公共危机管理中有两个理性的危机管理主体甲和乙，他们都有积极防治和消极应付两种策略选择。所获得收益如表 9-13 所示。

表 9-13 危机管理主体甲、乙的收益策略

		乙	
		积极防治	消极应付
甲	积极防治	(M,M)	(N,n)
	消极应付	(n,N)	(m,m)

当甲和乙同时选择消极应付时，危机将会因管理主体措施不当而受到惩罚，获得较低的收益 m，当甲和乙同时选择积极防治策略时，危机将会因管理主体管理得当而得到较好的结果，甲和乙同样会获得表彰或奖励等较高得益 M。因此，$M>m$。当甲、乙之间一方消极应付而另一方积极防治时，政府为了鼓励积极防治的一方，将给与积极防治一方更高的奖励 N，即 $N>M$；同时，为了惩罚消极应付的一方，使消极应付的一方所获得的得益为 n，因此，$m>n$。那么“理性主体人”甲和乙现在的对策结果又会是怎样呢？如果甲积极防治，乙积极防治时，甲可获得 M 的收益；如果此时乙选择消极应付措施，那么甲将获得更多的收益 N。可见对于甲来说无论乙做出什么决定，他的最优策略是选择积极防治。同样，如果乙选择积极防治，甲也选择积极防治，乙将可获得收益为 M；如果此时甲选择消极应付，那么乙将获得更多的收益 N，所以无论甲做出什么样的选择，积极防治始终是乙全面的严格的优势策略。这就可以说明禽流感爆发时，为什么各级政府和相关的部门都采取互相合作积极防治的措施。

利用上面提到的解法可以对本问题进行分析，甲乙分别有两个纯策略：积极防治和消极应付，他们构成的策略集分别为 $S_{甲}=\{\alpha_1,\alpha_2\}$，$S_{乙}=\{\beta_1,\beta_2\}$，由局势 (α_i,β_j) 所确定的数组 (a_{ij},b_{ij}) 表示甲乙的收益分别为 a_{ij},b_{ij}。比如 (n,N) 表示在局势 (α_2,β_1) 下，甲的收益为 n，乙的收益为 N。

在这个博弈中，甲乙在没有互通信息非合作的情况下，各自都有两种策略的选择：积极防治和消极应付。由上面的分析我们可以知道 $N>M>m>n$，因为不管是甲还是乙，在选择消极应付的时候都存在一定的风险，所以他们为了使自己的收益达到最大，都会选择积极防治这种策略。因此，这种博弈中的最好策略就是甲乙都采取积极防治。

课后习题

1. 请简单地解释一下博弈三要素的含义？

2. 请简述一下通常都有哪些分类方式可以对博弈论问题进行分类？

3. 甲、乙两人玩游戏，在对局中同时说出“老虎”，“棒子”，“虫子”，“鸡”之一，规定老虎吃鸡，鸡吃虫子，虫子蛀棒子，棒子打老虎，赢者得一分，输者扣一分，打成平局时都是零分，试写出甲和乙各自在游戏中的得益值。

4. 针对当前国际国内发生的重大事件（如韩朝关系，日本地震，任选一个），建立一个完全信息静态博弈模型，分析各博弈方想要达到的目的以及各自策略中的得失（自己做出比较合理的假设数据），并就此给出自己对该问题的看法和建议。

表 9-14

		朝鲜	
		友好	不友好
韩国	友好	(8,8)	(-8,6)
	不友好	(6,-8)	(-3,-3)

5. 分析完全信息静态博弈模型中,税收机关和纳税人之间的博弈。税收机关有检查、不检查两个策略;纳税人有逃税、不逃税两个策略。A 是纳税人应缴纳税款,C 是税收机关的检查成本,F 是检查出纳税人逃税后的罚款,且有 $C<A+F$。

表 9-15

		纳税人	
		逃税	不逃税
税收机关	检查	$A-C+F, -A-F$	$A-C, -A$
	不检查	0,0	A,A

(1) 试着建立两者之间的博弈矩阵。分析是否存在纯策略的纳什均衡?你认为该博弈矩阵中最理想(符合大多数人利益)的结果是什么?要达到这个结果,各设定的数据之间应该有什么关系?国家能否在制定有关政策时考虑到这个因素,使最合理的结果恰好是双方博弈的纳什均衡?

(2) 在原博弈矩阵中,给定税收机关检查的概率 m,纳税人逃税的概率 r,求混合策略的纳什均衡,并分析其结果。据此解释为什么逃税现象在小企业中比大企业中更为普遍。

6. 从博弈论的角度分析目前社会上存在的一些不完美现象(如教室里没人时的长明灯,随地丢垃圾,不愿主动救助弱者等等),自己假设数据,分析参与其中活动的人们的心理,有没有办法改变这种不完美的状态?

7. 用线性规划法求解矩阵博弈

$$A=\begin{bmatrix} 7 & 3 & 2 \\ 6 & 4 & -5 \\ -3 & 0 & 7 \end{bmatrix}$$

8. 某空调生产厂家要决定夏季某型号空调产量的问题。已知在正常的夏季气温条件下该空调可以卖出 12 万台,在较热与降雨量较大的条件下市场需求分别为 15 万台和 10 万台。假定该空调价格随着天气程度有所变化,在雨量较大、正常、较热的气候条件下空调价格分别为 1300 元、1400 元、1500 元,已知每台空调的成本是 1100 元。如果夏季没有售完,每台空调损失 300 元。在没有关于气温准确预告的条件下,生产多少空调能使该厂收益最大?

9. 已知一个地区选民的观点标准分布于[0,1]上,竞选一个公职的每个候选人同时宣布他们的竞选立场,即选择 0-1 之间的一个点,选民将根据观察候选人的立场,然后将选票投给立场与自己观点最接近的候选人。假设有两个候选人,宣布的立场分别为 $x_1=0.4$ 和 $x_2=0.8$,那么观点在 0.6 左边的人都会投候选人一的票,反之就投候选人二的票,候选人一将以 60% 的选票获胜。如果候选人立场相同则用抛硬币的方式决定谁当选。假设候选人关心的只是能否选上,若有两个候选人竞争,使用博弈论相关知识分析其纳什均衡。

课后习题答案

第二章

1. 略

2. 解：令 $x_1 = x_1^+ - x_1^-$，$x_2 = x_2^+ - x_2^-$（$x_1^+, x_1^-, x_2^+, x_2^- \geqslant 0$）则其标准形式如下：

$$\max Z = x_1^+ - x_1^- - 3x_2^+ + 3x_2^-$$

$$s.t.\begin{cases} -x_1^+ + x_1^- + 2x_2^+ - 2x_2^- + x_3 = 5 \\ x_1^+ - x_1^- + 3x_2^+ - 3x_2^- = 10 \\ x_1^+, x_1^-, x_2^+, x_2^-, x_3 \geqslant 0 \end{cases}$$

3. 基本解：$X_1 = (0,1,4,12,18)'$，$X_2 = (4,0,0,12,6)'$，
$X_3 = (6,0,-2,12,0)'$，$X_4 = (4,3,0,6,0)'$，$X_5 = (0,6,4,0,6)'$，$X_6 = (2,6,2,0,0)'$，$X_7 = ((4,6,0,0,-6)'$，$X_8 = (0,9,4,-6,0)'$其中基本可行解为：X_1, X_2, X_4, X_5, X_6

最优解为 $X^* = X_6 = (2,6,2,0,0)'$　　$Z^* = 36$

4. (1)

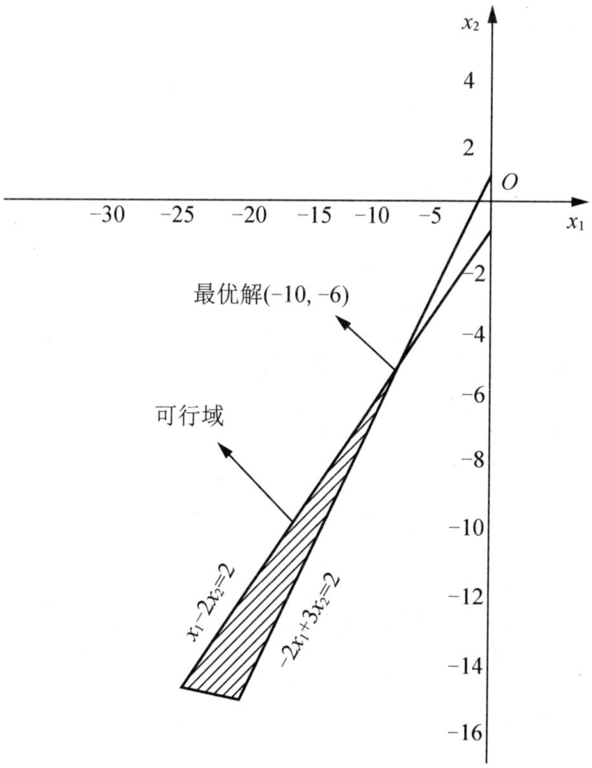

由上图可见，最优解为$(-10,-6)$，此时目标函数值 $Z^*=5\times(-10)+6\times(-6)=-86$

(2)从下图分析，可行解域为 abcde，最优解为 e 点。

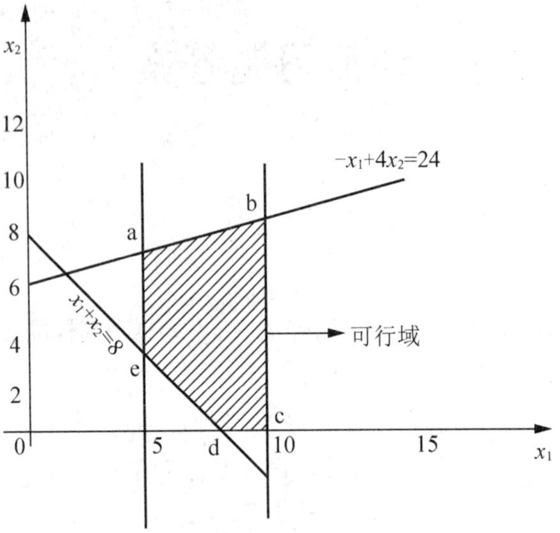

由方程组

$$\begin{cases}x_1+x_2=8\\x_1=5\end{cases}\quad 解出\ x_1=5,x_2=3$$

$$\therefore X^*=\begin{pmatrix}x_1\\x_2\end{pmatrix}=(5,3)^T$$

$$\therefore \min Z=Z^*=2\times5+3=13$$

5.(1)解：化为标准型

$$\max Z=2x_1+x_2$$

$$s.t.\begin{cases}5x_2+x_3=15\\6x_1+2x_2+x_4=24\\x_1+x_2+x_5=5\\x_1,x_2\cdots x_5\geqslant0\end{cases}$$

列单纯形表

表 2-69

C_j			2	1	0	0	0	θ_i
C_B	X_B	b	x_1	x_2	x_3	x_4	x_5	
0	x_3	15	0	5	1	0	0	—
0	x_4	24	[6]	2	0	1	0	4←
0	x_5	5	1	1	0	0	1	5
	σ_j		2↑	1	0	0	0	
0	x_3	15	0	5	1	0	0	3

续表

2	x_1	4	1	1/3	0	1/6	0	12
0	x_5	1	0	[2/3]	0	-1/6	1	3/2←
	σ_j		0	1/3 ↑	0	-1/3	0	
0	x_3	15/2	0	0	1	5/4	-15/2	
2	x_1	7/2	1	0	0	1/4	-1/2	
1	x_2	3/2	0	1	0	-1/4	3/2	
	σ_j		0	0	0	-1/4	1/2	

$Z^* = \frac{17}{2}, x^* = \left(\frac{7}{2}, \frac{3}{2}, \frac{15}{2}, 0, 0\right)^T$

(2)解：

表 2-70

C_j			1	1	0	0	0	θ_i
C_B	X_B	b	x_1	x_2	x_3	x_4	x_5	
0	x_3	2	[1]	-2	1	0	0	2←
0	x_4	2	-2	1	0	1	0	
0	x_5	4	-1	1	0	0	1	
	$-Z$	0	1 ↑	1	0	0	0	
1	x_1	2	1	-2	1	0	0	
0	x_4	6	0	-3	2	1	0	
0	x_5	6	0	-1	1	0	1	
	$-Z$	-2	0	3 ↑	-1	0	0	

将表格还原为线性方程：

$$\max z = 3x_2 - x_3 + 2$$

$$\begin{cases} x_1 - 2x_2 + x_3 = 2 \\ -3x_2 + 2x_3 + x_4 = 6 \\ -x_2 + x_3 + x_5 = 6 \end{cases}$$

$$\begin{cases} x_1 = 2 + 2x_2 - x_3 \\ x_4 = 6 + 3x_2 - 2x_3 \\ x_5 = 6 + x_2 - x_3 \end{cases}$$

令 $x_3 = 0$

$$\begin{cases} x_1 = 2 + 2x_2 \\ x_4 = 6 + 3x_2 \\ x_5 = 6 + x_2 \end{cases}$$

此时,若让 x_2 进基,则会和基变量 x_1 同时增加,使目标函数值无限增长,所以本题无解。

(3)解:

表 2-71

C_j			2	4	0	0	0	θ_i
C_B	X_B	b	x_1	x_2	x_3	x_4	x_5	
0	x_3	8	1	2	1	0	0	4
0	x_4	4	1	0	0	1	0	
0	x_2	3	0	[1]	0	0	1	3
	$-Z$	0	2	4	0	0	0	
0	x_3	2	[1]	0	1	0	-2	2
0	x_4	4	1	0	0	1	0	4
4	x_2	3	0	1	0	0	1	
	$-Z$	-12	2	0	0	0	-4	
2	x_1	2	1	0	1	0	-2	
0	x_4	2	0	0	-1	1	2	
4	x_2	3	0	1	0	0	1	
	$-Z$	-20	0	0	-2	0	0	
2	x_1	4	1	0	0	1	0	
0	x_5	1	0	0	-1/2	1/2	1	
4	x_2	2	0	1	1/2	-1/2	0	
	$-Z$	-16	0	0	-2	0	0	

$Z^* = 16, X^* = (2,3,0,2,0)'$

$Z^* = 16, X^* = (4,2,0,0,1)'$

(4) 解:列表如下

表 2-72

C_j			3	5	0	0	0	θ_i
C_B	X_B	b	x_1	x_2	x_3	x_4	x_5	
0	x_3	4	1	0	1	0	0	
0	x_4	12	0	[2]	0	1	0	6
0	x_5	18	3	2	0	0	1	9
	$-Z$	0	3	5	0	0	0	
0	x_3	4	1	0	1	0	0	4
5	x_2	6	0	1	0	1/2	0	

续表

0	x_5	6	[3]	0	0	-1	1	3
	$-Z$	-30	3	0	0	-5/2	0	
0	x_3	2	0	0	1	1/3	-1/3	
5	x_2	6	0	1	0	1/2	0	
3	x_1	2	1	0	0	-1/3	1/3	
	$-Z$	-36	0	0	0	-3/2	-1	

$x^* = (2,6,2,0,0)'$　$Z^* = 36$

6. 解：用大 M 法，先化为等效的标准模型：

$$\max Z' = -540x_1 - 450x_2 - 720x_3$$

$$s.t.\begin{cases}3x_1 + 5x_2 + 9x_3 - x_4 = 70\\ 9x_1 + 5x_2 + 3x_3 - x_5 = 30\\ y_j \geqslant 0 \quad (j = 1,2,...,5)\end{cases}$$

增加人工变量 x_6、x_7，得到：

$$\max Z' = -540x_1 - 450x_2 - 720x_3 - Mx_6 - Mx_7$$

$$s.t.\begin{cases}3x_1 + 5x_2 + 9x_3 - x_4 + x_6 = 70\\ 9x_1 + 5x_2 + 3x_3 - x_5 + + x_7 = 30\\ x_j \geqslant 0 \quad (j = 1,2,...,5)\end{cases}$$

大 M 法单纯形表求解过程如下：

表 2-73

C_B	X_B	b	-540	-450	-720	0	0	$-M$	$-M$	θ_l
			x_1	x_2	x_3	x_4	x_5	x_6	x_7	
$-M$	x_6	70	3	5	9	-1	0	1	0	70/3
$-M$	x_7	30	(9)	5	3	0	-1	0	1	30/9 = 10/3
			$-12M$	$-10M$	$-12M$	M	M	$-M$	$-M$	
			$12M-540$ ↑	$10M-450$	$12M-720$	$-M$	$-M$	0	0	
$-M$	x_6	60	0	10/3	(8)	-1	1/3	1	-1/3	60/8 = 7.5
-540	x_1	10/3	1	5/9	1/3	0	-1/9	0	1/9	10/3/1/3 = 10
				$-300+10/3M$	$-8M-180$	$-M$	$-M/3+60$	$-M$	$M/3-60$	
			0	$-150+10/3M$	$8M-540$ ↑	M	$M/3-60$	0	$-M/3+60$	
-720	x_3	15/2	0	5/12	1	-1/8	1/24	1/8	-1/24	15/2/5/12 = 18

续表

-540	x_1	5/6	1	(5/12)	0	1/24	-1/8	-1/24	1/8	5/6/5/12 =2
			-540	-572	-720	-135/2	475/12	-135/2	-75/2	
			0	125↑	0	135/2	-475/12	$135/2-M$	$75/2-M$	
-720	x_3	20/3	-1	0	1	1/6	1/6	1/6	-1/6	
-450	x_2	2	12/5	1	0	1/10	-3/10	-1/10	3/10	
		-5700	-360	-450	-720	75	15	-75	-15	
			-180	0	0	-75	-15	$75-M$	$15-M$	

所以该对偶问题的最优解是 $X^* = \left(0,2,\frac{20}{3},0,0\right)^T$

最优目标函数值 $\min Z = -(-5700) = 5700$

7. 解:(1)建立线性规划数学模型:

设甲、乙、丙三种产品的生产数量应为 x_1、x_2、x_3,则 x_1、x_2、$x_3 \geqslant 0$,设 z 是产品售后的总利润,则

$$\max Z = 10x_1 + 6x_2 + 4x_3$$

$$s.t.\begin{cases} x_1 + x_2 + x_3 \leqslant 100 \\ 10x_1 + 4x_2 + 5x_3 \leqslant 600 \\ 2x_1 + 2x_2 + 6x_3 \leqslant 300 \\ x_1, x_2, x_3 \geqslant 0 \end{cases}$$

(2)用单纯形法求最优解:

加入松弛变量 x_4, x_5, x_3,得到等效的标准模型:

$$\max Z = 10x_1 + 6x_2 + 4x_3$$

$$s.t.\begin{cases} x_1 + x_2 + x_3 + x_4 = 100 \\ 10x_1 + 4x_2 + 5x_3 + x_5 = 600 \\ 2x_1 + 2x_2 + 6x_3 + x_6 = 300 \\ x_j \geqslant 0 \quad (j = 1, 2, \cdots, 6) \end{cases}$$

列表计算如下:

表 2-74

C_B	X_B	b	10	6	4	0	0	0	θL
			x_1	x_2	x_3	x_4	x_5	x_6	
0	x_4	100	1	1	1	1	0	0	100
0	x_5	600	(10)	4	5	0	1	0	60
0	x_6	300	2	2	6	0	0	1	150
			0	0	0	0	0	0	
			10↑	6	4	0	0	0	

续表

0	x_4	40	0	(3/5)	1/2	1	−1/10	0	200/3
10	x_1	60	1	2/5	1/2	0	1/10	0	150
0	x_6	180	0	6/5	5	0	−1/5	1	150
			10	4	5	0	1	0	
			0	2↑	−1	0	−1	0	
6	x_2	200/3	0	1	5/6	5/3	−1/6	0	
10	x_1	100/3	1	0	1/6	−2/3	1/6	0	
0	x_6	100	0	0	4	−2	0	1	
		2200/3	10	6	20/3	10/3	2/3	0	
			0	0	−8/3	−10/3	−2/3	0	

所以，$X^* = \left(\frac{100}{3}, \frac{200}{3}, 0, 0, 0, 100\right)^T$

所以，$\max Z = 10 \times \frac{100}{3} + 6 \times \frac{200}{3} = \frac{2200}{3}$

8. 解：这是一个连续投资问题，能否定义好决策变量，并使之满足线性关系，是能否用线性规划方法求最优解的关键。我们用 $x_{jA}, x_{jB}, x_{jC}, x_{jD}$(j = 1,2,3,4)表示第 j 年初分别用于项目 A，B，C，D 的投资额（即决策变量），根据题设条件，可列出表如下（表中空格部分表示该项目当年的投资为0）：

表 2-75

年份项目	1	2	3	4	5
A	x_{1A}	x_{2A}	x_{3A}	x_{4A}	
B			x_{1B}		
C		x_{1C}			
D	x_{1D}	x_{2D}	x_{3D}	x_{4D}	x_{5D}

下面讨论这些决策变量 $x_{jA}, x_{jB}, x_{jC}, x_{jD}$ $(j = 1,2,3,4)$ 应满足的线性约束条件。

从表 2-74 知：第一年年初仅对项目 A、D 进行投资，因年初拥有资金 10 万元，设项目 A、D 的投资额分别为 x_{1A}、x_{1D}，则有：

$$x_{1A} + x_{1D} = 100000$$

同理，第二年对项目 A、C、D 的投资额应满足方程：$x_{2A} + x_{2C} + x_{2D} = 1.06x_{1D}$

而第三年、第四年、第五年对项目 A、B、D；项目 A、D；项目 D 的投资额应分别满足如下的方程：

$$x_{2A} + x_{3B} + x_{3D} = 1.15x_{2A} + 1.06x_{2D}$$

$$x_{4A} + x_{4D} = 1.15x_{2A} + 1.06x_{3D}$$

$$x_{5D}=1.15x_{3A}+1.06x_{4D}$$

另外,项目 B、C 的投资额度应受如下条件的约束:

$$x_{3B}\leqslant 40000$$

$$x_{3B}\leqslant 30000$$

由于“连续投资问题”要求第五年年末部门所拥有的资金的本利总额最大,故其目标函数为:$\max Z=1.15x_{4A}+1.40x_{2C}+1.25x_{3B}+1.06x_{5D}$

1)模型的建立与求解

有了如上的分析,我们可给出该“连续投资问题”的线性规划模型为:

$$\max Z=1.15x_{4A}+1.40x_{2C}+1.25x_{3B}+1.06x_{5D}$$

$$\begin{cases}x_{1A}+x_{1D}=10000\\ -1.06x_{1D}+x_{2A}+x_{2C}+x_{2D}=0\\ -1.15x_{1A}-1.06x_{2D}+x_{3A}+x_{3B}+x_{3D}=0\\ -1.15x_{2A}-1.06x_{3D}+x_{4A}+x_{4D}=0\\ -1.15x_{3A}-1.06x_{4D}+x_{5D}=0\\ x_{2C}\leqslant 30000\\ x_{3B}\leqslant 40000\end{cases}$$

2)求解得:

第一年:$x_{1A}=34783$ 元,$x_{1D}=65217$ 元

第二年:$x_{2A}=39130$ 元,$x_{2C}=30000$ 元,$x_{2D}=0$ 元

第三年:$x_{3A}=0$ 元,$x_{3B}=40000$ 元,$x_{3D}=0$ 元

第四年:$x_{4A}=45000$ 元,$x_{4D}=0$ 元

第五年:$x_{5D}=0$ 元

由此求出第五年年末该部门所拥有的资金的本利总额为 143750 元,即部门赢利 43.75%。

9.解:假设与模型的建立:

工程实施的关键在于既要确保排污效果能达到环保部门的要求,又要最大限度地降低成本(不超过其所能承受的底限)。由于问题的解决具有组合性,故可考虑用线性规划模型求解,假设决策变量 $x_j(j=1,2,\cdots,6)$ 分别表示各减污法中最高成本的比例值(见下表2-76)

表2-76

减污方法	鼓风炉	敞炉
增高烟囱	x_1	x_2
过滤器	x_3	x_4
优质燃料	x_5	x_6

则其目标函数为:$\min Z=8x_1+10x_2+7x_3+6x_4+11x_5+9x_6$

约束条件为:

$$\begin{cases}12x_1+9x_2+25x_3+20x_4+17x_5+13x_6\geqslant 60\\ 35x_1+42x_2+18x_3+31x_4+56x_5+49x_6\geqslant 150\\ 37x_1+53x_2+28x_3+24x_4+29x_5+20x_6\geqslant 125\end{cases}\quad (0\leqslant x_j\leqslant 1,j=1,2,\cdots,6)$$

求解得：$(x_1,x_2,x_3,x_4,x_5,x_6)=(1,0.623,0.343,1,0.048,1)$

工程造价为：$L=1\times8+0.623\times10+0.343\times7+1\times6+0.0148\times11+1\times9=32.159$（百万元）。

若问题的最优解3215.9万元未超过公司所能承受的底限，则该治污工程可上马，否则得另谋他法。

解：1）建立模型假设与分析

决策变量 $x_j=(1,2,\cdots,9)$ 分别表示这三个社区三种农作物的种植面积（见表2-77所示）

表2-77

农作物	社区		
	1	2	3
甜菜	x_1	x_2	x_3
棉花	x_4	x_5	x_6
粟子	x_7	x_8	x_9

则该问题的线性规划模型为：

目标函数 $\max Z=400(x_1+x_2+x_3)+300(x_4+x_5+x_6)+100(x_7+x_8+x_9)$

约束条件为：

非负性：$x_i\geqslant0(i=1,\wedge,9)$

土地约束：$\begin{cases}x_1+x_4+x_7\leqslant400\\x_3+x_6+x_9\leqslant300\\x_2+x_5+x_8\leqslant600\end{cases}$

水资源约束：$\begin{cases}3x1+2x_4+x_7\leqslant600\\3x_3+2x_6+x_8\leqslant375\\3x_2+2x_5+x_8\leqslant800\end{cases}$

最大面积约束：$\begin{cases}x_1+x_2+x_3\leqslant600\\x_4+x_5+x_6\leqslant500\\x_7+x_8+x_9\leqslant325\end{cases}$

2）模型的建立与求解

用单纯形法或用数学软件包求得其最优解如下表所示：

表2-78

农作物	社　　区		
	1	2	3
甜菜	$133\frac{1}{3}$	100	25
棉花	100	250	150
粟子	0	0	0

10．答：为了使产销平衡表上有$(m+n-1)$个数字格，这时需要添加“0”，它的位置可以对

应同时划去的那行或那列的任一空格处(这时填数字格不构成闭回路)。

11. 用最小元素法

表 2-79

	B_1	B_2	B_3	B_4	产量(万吨)
A_1	2 ×	11 ×	3 ④	10 ③	7
A_2	1 ③	9 ×	2 ①	8 ×	4
A_1	7 ×	4 ⑥	10 ×	5 ③	9
销量	3	6	5	6	20 = 20

结果得初始调运方案为:

$A_1 \to B_3(4), B_4(3); A_2 \to B_1(3), B_3(1); A_3 \to B_2(6), B_4(3)$。

初始方案的总运费为:$3 \times 4 + 10 \times 3 + 1 \times 3 + 2 \times 1 + 4 \times 6 + 5 \times 3 = 86$

12. 用伏格尔法(Vogel)得到如下表所示:

表 2-80

	B_1	B_2	B_3	B_4	产量(万吨)	行差额			
A_1	3 ×	11 ×	3 ⑤	10 ②	7	0	0	0	←7
A_2	1 ③	9 ×	2 ×	8 ①	4	1	1	1	6
A_3	7 ×	4 ⑥	40 ×	5 ③	9	1	2	×	×
销量	3	6	5	6					
列差额	2	5↓	1	3					
	2	×	1	3↑					
	2↑	×	1	2					
			1	2					

当只剩最后一行或列时,就不必再求差额,可直接用最小元素法分配运量。

用伏格尔法求得的方案总运费为:

$3 \times 5 + 10 \times 2 + 1 \times 3 + 8 \times 1 + 4 \times 6 + 5 \times 3 = 85$

13. 解:(a)可以作为初始方案。

(b)中非零元素小于9(产地+销地-1),不能作为初始方案。

(c)中存在以非零元素为顶点的闭回路,不能作为初始方案。

14. 解:(a)最优调拨方案如下:

表 2-81

产地 \ 销地	B_1	B_2	B_3	B_4	B_5	产量(万吨)
A_1	15	35				50
A_2	10			30		100
A_3		80	60		70	150
销量	25	115	60	30	70	

(b) 根据题设条件重新列出这个问题的产销平衡表与单位运价表(见表 2-82)。

表 2-82

产地 \ 销地	B_1	B_2	B_3	B_4	B_5	产量(万吨)
A_1	10	15	20	20	40	50
A_2	20	40	15	30	30	100
A_3	30	35	40	55	25	130
A_4(虚设)	0	M	0	0	0	20
销量	25	115	60	30	70	

重新求出最优调拨方案如表 2-83:

表 2-83

产地 \ 销地	B_1	B_2	B_3	B_4	B_5	产量(万吨)
A_1		50				50
A_2	25		15			100
A_3		65	60		65	130
A_4(虚设)				15	5	20
销量	25	115	60	30	70	

第三章

1. 解:

(1) $\min W = 2y_1 + 4y_2$

$$s.t.\begin{cases}2y_1 + y_1 \geqslant 6 \\ -y_1 \geqslant -2 \\ 2y_1 + 4y_2 \geqslant 2 \\ x_y, y_2 \geqslant 0\end{cases}$$

$\min W = 2y_1 + y_2 + 2y_3$

(2) $\begin{cases} y_1+y_2+2y_3\geqslant 1 \\ y_1-y_2-y_3\leqslant 2 \\ -y_1+y_2+y_3=1 \\ y_1\geqslant 0, y_2 \text{ 无约束}, y_3\leqslant 0 \end{cases}$

2. 解:

(1) $X^*=\left[\frac{18}{5},\frac{3}{5},\frac{32}{5},0,0\right]^T$, $\max z=12$, 有无穷多最优解

$\min W=5y_1+12y_2+3y_3$

(2) $s.t.\begin{cases} -y_1+3y_2+y_3\geqslant 3 \quad (i=1,3,3) \\ 2y_1+2y_2-y_3\geqslant 2 \\ y_1\geqslant 0 \end{cases}$

(3) $Y^*=(0,1,0)$; $W^*=12$

$\min w=2y_1+y_2+4y_3$

3. 解:(1) $\begin{cases} 2y_1+3y_2+y_3\geqslant 1 \\ -3y_1+y_2-y_3\geqslant -4 \\ -5y_1+6y_2+y_3=3 \\ y_1\geqslant 0, y_2\leqslant 0, y_3 \text{ 无约束} \end{cases}$

(2) 对偶最优解 $y^*=(0,0,3)$

4.

解:先将此问题化成如下形式,以便得到初始可行基:

$$\max W=-x_1-x_2$$

$$\begin{cases} -2x_1-x_2+x_3=-4 \\ -x_1-7x_2+x_4=-7 \\ x_1,x_2,x_3,x_4\geqslant 0 \end{cases}$$

建立此问题的初始单纯形表:

C_j		−1	−1	0	0	
C_B	X_B	x_1	x_2	x_3	x_4	x_5
0	x_3	−2	−1	1	0	−4
0	x_4	−1	[−7]	0	1	−7←
λ		−1	−1↑	0	0	
0	x_3	[−13/7]	0	1	−1/7	−3←
−1	x_2	1/7	1	0	−1/7	1
λ		−6/7↑	0	0	−1/7	
−1	x_1	1	0	−7/13	1/13	21/13
−1	x_2	0	1	1/13	−2/13	10/13
λ		0	0	−6/13	−1/13	

由表中计算结果可知,线性规划的最优解为 $x^* = (21/13, 10/13, 0, 0)^T$,目标函数最优值为 $z^* = 21/13 + 10/13 = 31/13$。

5. 原问题有可行解 $(0,0,4)^T$,对偶问题显然无可行解,故原问题无最优解。

第四章

1. (1)解:

分支过程如图 4-12:

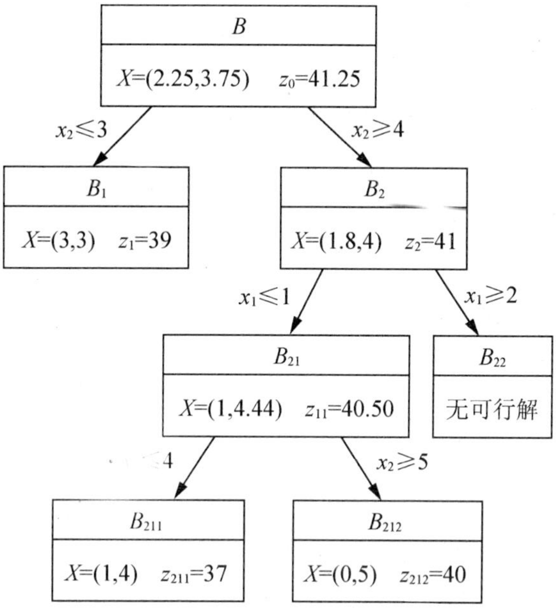

图 4-12

最优解为:X = (0,5),最优值为 40。

(2)解:

分支过程如图 4-13:

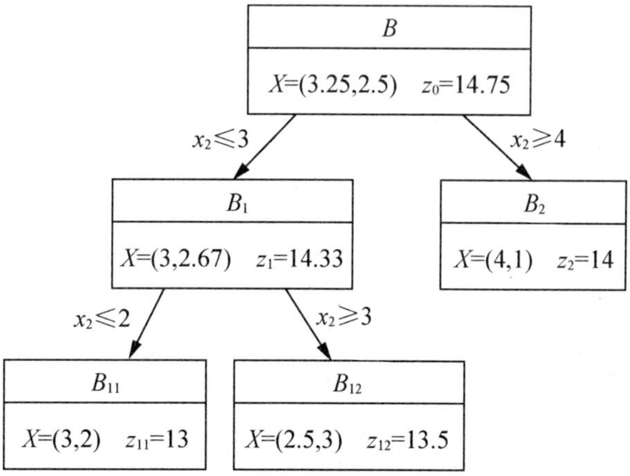

图 4-13

最优解为：$X=(4,1)$，最优值为 14。

2.（1）解：

将该整数规划标准化，并用单纯形法求解出对应松弛问题的最优解，得最优表 4-15：

表 4-15

c_j		4	3	0	0	b_j
C_B	X_B	x_1	x_2	x_3	x_4	
4	x_1	1	0	1/4	-1/2	5/2
3	x_2	0	1	-1/8	3/4	15/4
	σ_j	0	0	-5/8	-1/4	

如表 4-15，解出的最优解 $X=\left(\frac{5}{2},\frac{15}{4}\right)$不符合整数要求。

选择表 4-15 中的第一行为来源行：$x_1+\frac{1}{4}x_3-\frac{1}{2}x_4=\frac{5}{2}$

割平面方程为：$s_0-\frac{1}{4}x_3-\frac{1}{2}x_4=-\frac{1}{2}$，令 $s_1=4s_0$ 化简后得：$s_1-x_3-2x_4=-2$。

将该割平面方程添加入表 4-15，并用对偶单纯形法继续求解得表 4-16：

表 4-16

c_j		4	3	0	0	0	b_j
C_B	X_B	x_1	x_2	x_3	x_4	x_5	
4	x_1	1	0	1/4	-1/2	0	5/2
3	x_2	0	1	-1/8	3/4	0	15/4
0	s_1	0	0	-1	[-2]	1	-2→
	σ_j	0	0	-5/8	-1/4 ↑	0	
4	x_1	1	0	1/2	0	-1/4	3
3	x_2	0	1	-1/2	0	3/8	3
0	x_4	0	0	1/2	1	-1/2	1
	σ_j	0	0	-1/2	0	-1/8	

由表 4-16 得，最优解为：$X=(3,3)$，最优值为 21。

2.（2）解：

将该整数规划标准化，并用单纯形法求解出对应松弛问题的最优解，得最优表 4-17：

表 4-17

c_j		1	1	0	0	b_j
C_B	X_B	x_1	x_2	x_3	x_4	
1	x_1	1	0	5/6	-1/6	5/3
1	x_2	0	1	-2/3	1/3	8/3
	σ_j	0	0	-1/6	-1/6	

如表 4-17,解出的最优解 $X=\left(\frac{5}{3},\frac{8}{3}\right)$不符合整数要求。

选表 4-17 中第一行为来源行:$x_1+\frac{5}{6}x_2-\frac{1}{6}x_4=\frac{5}{3}$

割平面方程为:$s_1-\frac{5}{6}x_3-\frac{5}{6}x_4=-\frac{2}{3}$

将该割平面方程添加到表 4-17 中,用对偶单纯形法求解,得表 4-18:

表 4-18

c_j		1	1	0	0	0	b_j
C_B	X_B	x_1	x_2	x_3	x_4	s_1	
1	x_1	1	0	5/6	-1/6	0	5/3
1	x_2	0	1	-2/3	1/3	0	8/3
0	s_1	0	0	[-5/6]	-5/6	1	-2/3→
	σ_j	0	0	-1/6↑	-1/6	0	
1	x_1	1	0	0	-1	1	
1	x_2	0	1	0	1	-4/5	16/5
0	x_3	0	0	1	1	-6/5	4/5
	σ_j	0	0	0	0	-1/5	

由表 4-18 的结果,选第三行为来源行:$x_3+x_4-\frac{6}{5}s_1=\frac{4}{5}$

割平面方程为:$s_2-\frac{4}{5}s_1=-\frac{4}{5}$

将该割平面方程代入表 4-18,用对偶单纯形法继续求解得表 4-19:

表 4-19

c_j		7	9	0	0	0	0	b_j
C_B	X_B	x_1	x_2	x_3	x_4	s_1	s_2	
1	x_1	1	0	0	-1	1	0	1
1	x_2	0	1	0	1	-4/5	0	16/5
0	x_3	0	0	1	1	-6/5	0	4/5
0	s_2	0	0	0	0	[-4/5]	1	-4/5→
	σ_j	0	0	0	0	-1/5↑	0	
1	x_1	1	0	0	-1	0	5/4	0
1	x_2	0	1	0	1	0	-1	4
0	x_3	0	0	1	1	0	-3/2	2
0	s_2	0	0	0	0	1	-5/4	1
	σ_j	0	0	0	0	0	-1/4	

由表 4-19，可得最优解为：$X=(0,4)$，最优值为 4。

3.(1)解：

由观察法易看出 $X=(1,0,0)$ 为可行解，故添加初始约束条件◎：$4x_1-3x_2+2x_3\geqslant 4$。

计算过程中逐渐修改约束条件◎，详细求解过程如表 4-20：

表 4-20

(x_1,x_2,x_3)	◎	①	②	③	Z	(x_1,x_2,x_3)	◎	①	②	③	Z
(0,0,0)	×					(0,1,1)	×				
(0,0,1)	×					(1,0,1)	√	√	√	√	6
(0,1,0)	×					(1,1,0)	×				
(1,0,0)	√	√	√	√	4	(1,1,1)	×				

由表 4-20 知，最优解为：$X=(1,0,1)$，最优值为 6。

(2)解：

由观察法易看出 $X=(0,0,1,1)$ 为可行解，故添加初始约束条件◎：$2x_1+3x_2+5x_3+6x_4\leqslant 11$。

计算过程中逐渐修改约束条件◎，详细求解过程如表 4-21：

表 4-21

(x_1,x_2,x_3,x_4,x_5)	◎	①	②	③	Z	(x_1,x_2,x_3,x_4,x_5)	◎	①	②	③	Z
(0,0,0,0)	√	×				(1,0,0,1)	√	√	√	√	8
(0,0,0,1)	√	×				(1,0,1,0)	√	√	√	√	7
(0,0,1,0)	√	×				(1,1,0,0)	√	×			
(0,1,0,0)	√	×				(0,1,1,1)	×				

续表

(x_1,x_2,x_3,x_4,x_5)	◎	①	②	③	Z	(x_1,x_2,x_3,x_4,x_5)	◎	①	②	③	Z
(1,0,0,0)	√	√	×			(1,0,1,1)	×				
(0,0,1,1)	√	√	√	√	11	(1,1,0,1)	×				
(0,1,0,1)	√	√	×			(1,1,1,0)	×				
(0,1,1,0)	√	×				(1,1,1,1)	×				

由于是求最小值，故最优解为：$X=(1,0,1,0)$，最优值为7。

4.(1)解：

步骤如下：

$$\begin{bmatrix}4&8&7&15&12\\7&9&17&14&10\\6&9&12&8&7\\6&7&14&6&10\\6&9&12&10&6\end{bmatrix}\Rightarrow\begin{bmatrix}0&4&3&11&8\\0&2&10&7&3\\0&3&6&2&1\\0&1&8&0&4\\0&3&6&4&0\end{bmatrix}\Rightarrow\begin{bmatrix}0&3&0&11&8\\0&1&7&7&3\\0&2&3&2&1\\0&0&5&0&4\\0&2&3&4&0\end{bmatrix}\Rightarrow\begin{bmatrix}0&3&0&11&8\\0&1&7&7&3\\0&2&3&2&1\\0&0&5&0&4\\0&2&3&4&0\end{bmatrix}\Rightarrow$$

$$\begin{bmatrix}1&3&0&11&8\\0&0&6&6&2\\0&1&2&1&0\\1&0&5&0&4\\1&2&3&4&0\end{bmatrix}\Rightarrow\begin{bmatrix}1&3&(0)&11&8\\0&(0)&6&6&2\\(0)&1&2&1&0\\1&0&5&(0)&4\\1&2&3&4&(0)\end{bmatrix}$$

最优解为：

$$X=\begin{bmatrix}0&0&1&0&0\\0&1&0&0&0\\1&0&0&0&0\\0&0&0&1&0\\0&0&0&0&1\end{bmatrix}$$

最优值为34。

(2)解：

步骤如下：

$$\begin{array}{c}\\ \begin{bmatrix}9&4&3&7\\4&6&5&6\\5&4&7&5\\7&5&2&3\end{bmatrix}\end{array}\begin{array}{c}\min\\3\\4\\4\\2\end{array}\Rightarrow\begin{bmatrix}6&1&0&4\\0&2&1&2\\1&0&3&1\\5&3&0&1\end{bmatrix}\Rightarrow\begin{bmatrix}6&1&0&3\\0&2&1&1\\1&0&3&0\\5&3&0&0\end{bmatrix}\Rightarrow\begin{bmatrix}6&1&(0)&3\\(0)&2&1&1\\1&(0)&3&0\\5&3&0&(0)\end{bmatrix}$$

最优解为：

$$X=\begin{bmatrix}0&0&1&0\\1&0&0&0\\0&1&0&0\\0&0&0&1\end{bmatrix}$$

最优值为 14。

5. 解：

这个问题表示成 0 – 1 规划如下：

$$\max z = 20x_1 + 40x_2 + 20x_3 + 15x_4 + 30x_5$$

$$\begin{cases} 5x_1 + 4x_2 + 3x_3 + 7x_4 + 8x_5 \leqslant 25 \\ x_1 + 7x_2 + 9x_3 + 4x_4 + 6x_5 \leqslant 25 \\ 8x_1 + 10x_2 + 2x_3 + x_4 + 10x_5 \leqslant 25 \\ x_j = 0 \text{ 或 } 1 \ (j = 1,2,3,4,5) \end{cases}$$

由观察法知 $X = (1,1,1,0)$ 为一个可行解，增加约束条件◎：$20x_1 + 40x_2 + 20x_3 + 15x_4 + 30x_5 \geqslant 95$

显然，只有 1 个变量取 1，只有 2 个变量取 1，只有 3 个变量取 1，都不能使目标函数值大于 95，故至少有 4 个变量取 1，因此只考虑 4 个以上变量取 1 的情况，计算如表 4-22：

表 4-22

$(x_1, x_2, x_3, x_4, x_5)$	◎	①	②	③	Z
(1,1,1,1,0)	√	√	√	√	95
(1,1,1,0,1)	√	√	√	×	
(1,1,0,1,1)	√	√	√	×	
(1,0,1,1,1)	×				
(0,1,1,1,1)	√	√	×		
(1,1,1,1,1)	√	×			

由表得，最优解为 $X = (x_1, x_2, x_3, x_4, x_5) = (1,1,1,1,0)$，最优值为 95。

6. (1) 解：

这是人数与工作数不等的分配问题，若采用匈牙利法求解，首先需作一下处理。

由于任务数多于人数，所以需要有一名假想的人，设为戊。因为工作 E 必须完成，故设戊完成 E 的时间为 M(M 为非常大的数)，其余的假想时间为 0，建立的效率矩阵表如表 4-23 所示。

表 4-23

人 \ 任务	A	B	C	D	E
甲	25	29	31	42	37
乙	39	38	26	20	33
丙	34	27	28	40	32
丁	24	42	36	23	45
戊	0	0	0	0	M

用匈牙利法求解最优解得：

$$X=\begin{bmatrix}0&1&0&0&0\\0&0&0&1&0\\0&0&0&0&1\\1&0&0&0&0\\0&0&1&0&0\end{bmatrix}$$

即甲——B,乙——D,丙——E,丁——A,C 放弃。最少使用时间为 105h。

(2)解:

由于所有任务都必须由甲、乙、丙、丁完成,所以假想的人的效率应该是对每项工作而言,都是完成它的最好的人,而不能假设为 0,所以构造的效率表如表 4-24 所示。

表 4-24

人＼任务	A	B	C	D	E
甲	25	29	31	42	37
乙	39	38	26	20	33
丙	34	27	28	40	32
丁	24	42	36	23	45
戊	24	27	26	20	32

用匈牙利法求解最优解为:

$$X=\begin{bmatrix}0&1&0&0&\\0&0&0&1&0\\0&0&0&0&1\\1&0&0&0&0\\0&0&1&0&0\end{bmatrix}$$

即最佳分配方案:甲——B,乙——C 与 D,丙——E,丁——A,总计需要 131h。

第五章

1. 答:(1) 错误,可以没有系统约束。

(2) 正确,目标规划的解是一种相对满意解。

(3) 错误,正负偏差变量都定义取非负的值。

(4) 正确,模型结构一致。

(5) 正确。

2. 答:(1) 错误,要求 $\max z=d^-+d^+$,而 $d^-\times d^+=0$,即求 d^- 或 d^+ 最大,而 d^- 表示决策值未达到目标值的部分,d^+ 表示决策值超过目标值的部分。故 $\max z=d^-+d^+$ 无实际意义。

(2) 正确,要求 $\max z=d^- - d^+=0$,而 $d^-\times d^+=0$,则 $d^+=0,d^->0$,即表示未达到目标值越大越好。

(3) 正确,要求 $\min z=d^-+d^+$,即正、负偏差变量都要尽可能小,而 $d^-\times d^+=0$ 则 $d^+=d^-=0$,即恰好达到目标值。

(4) 正确,要求 $\min z=d^- - d^+$,而 $d^-\times d^+=0$,则 $d^-=0,d^+>0$,即表示超过目标值越大越好 $d^+=d^-=0$。

3. 答：根据题意，以优先因子为序，列对应关系：

优先因子　　约束转换　　$\min f$ = 目标值偏差

$P_1: 100x_1 + 50x_2 \geqslant 1900 \rightarrow 100x_1 + 50x_2 + d_1^- - d_1^+ = 1900 \quad p_1 d_1^-$

$P_2: 10x_1 + 16x_2 \leqslant 200 \rightarrow 10x_1 + 16x_2 + d_2^- - d_2^+ = 200 \quad P_2 d_2^-$

无级别：$11x_1 + 3x_2 \geqslant 25 \rightarrow 11x_1 + 3x_2 - x_3 = 25$

转化后的模型为：

$\min f = P_1 d_1^- + P_2 d_2^-$

$$\begin{cases} 100x_1 + 50x_2 + d_1^- - d_1^+ = 1900 \\ 10x_1 + 16x_2 + d_2^- - d_2^+ = 200 \\ 11x_1 + 3x_2 - x_3 = 25 \\ x_i \geqslant 0, d_i^-, d_i^+ \geqslant 0 (i = 1, 2), x_3 \geqslant 0 \end{cases}$$

4. 设 x_{ij} 为 A_i 到 B_j 的运量，数学模型为：

$\min z = P_1 d_1^- + P_2(d_2^- + d_3^- + d_4^-) + P_3 d_5^- + P_4 d_6^+ + P_5(d_7^- + d_7^+) + P_6 d_8^+$

$$\begin{cases} x_{13} + x_{23} + x_{33} + d_1^- - d_1^+ = 480 & B_3 \text{ 保证供应} \\ x_{11} + x_{21} + x_{31} + d_2^- - d_2^+ = 272 & B_1 \text{ 需求的 } 85\% \\ x_{12} + x_{22} + x_{32} + d_3^- - d_3^+ = 204 & B_2 \text{ 需求的 } 85\% \\ x_{14} + x_{24} + x_{34} + d_4^- - d_4^+ = 323 & B_3 \text{ 需求的 } 85\% \\ x_{33} + d_5^- - d_5^+ = 200 & A_3 \text{ 对 } B_3 \\ x_{21} - d_6^+ = 0 & A_2 \text{ 对 } B_1 \\ 2x_{11} + 2x_{21} + 2x_{31} - x_{12} - x_{22} - x_{32} + d_7^- - d_7^+ = 0 & B_2 \text{ 与 } B_3 \text{ 的平衡} \\ \sum_{i=1}^{3} \sum_{j=1}^{4} c_{ij} x_{ij} - d_8^+ = 0 & \text{运费最小} \\ x_{ij} \geqslant 0 \quad (i = 1, 2, 3; j = 1, 2, 3, 4); \\ d_i^-, d_i^+ \geqslant 0 \quad (i = 1, 2, \cdots, 8); \end{cases}$$

5. a) 满意解为(0,0)，(4,0)，(6,1)，(2,3)，(0,2)所围成的区域。

b) 满意解为有 $X_1 = (3,3)^T$ 和 $X_2 = (3.5, 1.5)^T$ 所连线段。

6. 最终单纯形表如下：

c_j			0	0	0	P_1	0	0	P_2	P_3	P_3
c_B	x_B	b	x_1	x_2	x_2	d_1^-	d_1^+	d_2^-	d_2^+	d_3^-	d_3^+
0	x_3	10	0	0	1	1	−1	−1	1	−2	2
0	x_1	10	1	0	0	−1/2	1/2	1	−1	3/2	−3/2
0	x_2	20	0	1	0	3/2	−3/2	−2	2	−5/2	5/2
$c_j - z_j$		P_1	0	0	0	1	0	0	0	0	0
		P_2	0	0	0	0	0	0	1	0	0
		P_3	0	0	0	0	0	0	0	1	1

7.（1）解:图解法

$$\min z = p_1 d_1^- + P_2 d_2^+ + P_3(5d_3^- + 3d_4^-) + P_4 d_1^+$$

$$\begin{cases} x_1 + 2x_2 + d_1^- - d_1^+ = 6 \\ x_1 + 2x_2 + d_2^- - d_2^+ = 9 \\ x_1 - 2x_2 + d_3^- - d_3^+ = 4 \\ x_2 + d_4^- - d_4^+ = 2 \\ x_1, x_2, d_i^-, d_i^+ \geq 0 \quad (i = 1, \cdots, 4) \end{cases}$$

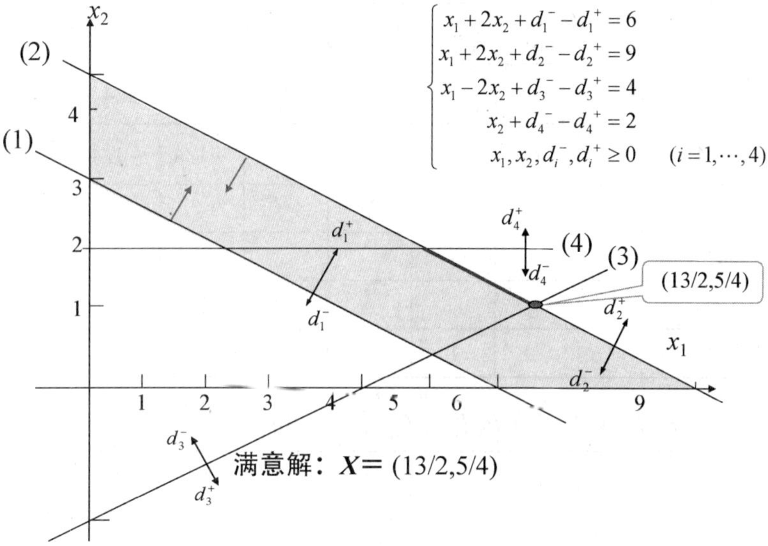

单纯形法

c_j			0	0	P_1	P_4	0	P_2	$5P_3$	0	$3P_3$	0
c_B	x_B	b	x_1	x_2	d_1^-	d_1^+	d_2^-	d_2^+	d_3^-	d_3^+	d_4^-	d_4^+
P_1	d_1^-	6	1	2	1	−1						
0	d_2^-	9	1	2			1	−1				
$5P_3$	d_3^-	4	1	−2					1	−1		
$3P_3$	d_4^-	2		[1]							1	−1
$c_j - z_j$		P_1	−1	−2		1						
		P_2						1				
		P_3	−5	7						5		3
		P_4				1						
P_1	d_1^-	2	[1]		1	−1					−2	2
0	d_2^-	5	1				1	−1			−2	2
$5P_3$	d_3^-	8	1						1	−1	2	−2
0	x_2	2		1							1	−1
$c_j - z_j$		P_1	−1			1					2	−2
		P_2						1				
		P_3	−5	7						5	−7	10
		P_4				1						

续表

0	x_1	13/2	1				1/2	−1/2	1/2	−1/2	0	0
P_4	d_1^+	3			−1	1	1	−1				
$3P_3$	d_4^-	3/4					−1/4	1/4	1/4	−1/4	1	−1
0	x_2	5/4		1			1/4	−1/4	−1/4			
$c_j - z_j$		P_1			1							
		P_2						1				
		P_3					3/4	−3/4	17/4	3/4		3
		P_4			1		1	1				

（2）解：① $\min Z = P_1 d_1^- + P_2 d_2^+ + P_3 d_1^+ + P_4(5d_3^- + 3d_4^-)$

c_j			0	0	P_1	P_3	0	P_2	$5P_4$	0	$3P_4$	0
c_B	x_B	b	x_1	x_2	d_1^-	d_1^+	d_2^-	d_2^+	d_3^-	d_3^+	d_4^-	d_4^+
P_1	d_1^-	6	1	2	1	−1						
0	d_2^-	9	1	2			1	−1				
$5P_4$	d_3^-	4	1	−2					1	−1		
$3P_4$	d_4^-	2		[1]							1	−1
$c_j - z_j$		P_1	−1	−2		1						
		P_2						1				
		P_3				1						
		P_4	−5	7						5		3
P_1	d_1^-	2	1		1	−1					−2	[2]
0	d_2^-	5	1				1	−1			−2	2
$5P_4$	d_3^-	8	1						1	−1	2	−2
0	x_2	2		1							1	−1
$c_j - z_j$		P_1	−1			1					2	−2
		P_2						1				
		P_3				1						
		P_4	−5							5	−7	10
0	d_4^+	1	[1/2]		1/2	−1/2					−1	1
0	d_2^-	3			−1	1	1	−1				

续表

$5P_4$	d_3^-	10	2		1	−1			1	−1		
0	x_2	3	1/2	1	1/2	−1/2						
$c_j - z_j$		P_1			1							
		P_2						1				
		P_3				1						
		P_4	−10		−5	5				5	3	
0	x_1	2	1		1	−1					−2	2
0	d_2^-	3			−1	1	1	−1				
$5P_4$	d_3^-	6			−1	1	0	0	1	−1	[4]	−4
0	x_2	2		1							1	−1
$c_j - z_j$		P_1			1							
		P_2						1				
		P_3				1						
		P_4			5	−5				5	−17	20
0	x_1	5	1		1/2	−1/2			1/2	−1/2	0	0
P_4	d_2^-	3			−1	1	1	−1				
$3P_3$	d_4^-	3/2			−1/4	1/4			1/4	−1/4	1	−1
0	x_2	1/2		1	1/4	−1/4			−1/4	1/4		
$c_j - z_j$		P_1			1							
		P_2						1				
		P_3					1					
		P_4			3/4	−3/4			17/4	3/4		3

满意解为 X = (5, 1/2)

② $\min z = P_1 d_1^- + P_2 d_2^+ + P_3 (w_1 d_3^- + w_2 d_4^-) + P_4 d_1^+$

单纯形法，利用上表的结果，引入参数 w_1、w_2 进行灵敏度分析，得到下表。

c_j			0	0	P_1	P_4	0	P_2	$w_1 P_3$	0	$w_2 P_3$	0
c_B	x_B	b	x_1	x_2	d_1^-	d_1^+	d_2^-	d_2^+	d_3^-	d_3^+	d_4^-	d_4^+
0	x_1	13/2	1				1/2	−1/2	1/2	−1/2		
P_4	d_1^+	3			−1	1	1	−1				
$w_2 P_3$	d_4^-	3/4					−1/4	1/4	[1/4]	−1/4	1	−1
0	x_2	5/4		1			1/4	−1/4	−1/4			

续表

$c_j - z_j$ 表(1)		P_1			1							
		P_2						1				
		P_3					$w_2/4$	$-w_2/4$	$w_1 - w_2/4$	$w_2/4$		w_2
		P_4			1		1	1				
0	x_1	5	1				1	−1			−2	2
P_4	d_1^+	3			−1	1	1	−1				
w_1P_3	d_3^-	3					−1	1	1	−1	4	−4
0	x_2	2		1							1	−1
$c_j - z_j$ 表(2)		P_1			1							
		P_2						1				
		P_3					w_1	$-w_1$		w_1	$w_2 - 4w_1$	$4w_1$
		P_4			1		−1	1				

(1) 由表(1)知,$w_1 - 4w_2 > 0$,即$\frac{w_1}{w_2} > \frac{1}{4}(w_1, w_2 > 0)$时,满意解为:$X = (13/2, 5/4)$

(2) 由表(2)知,当 $w_2 - 4w_1 > 0$,即$\frac{w_1}{w_2} < \frac{1}{4}(w_1, w_2 > 0)$时,满意解为:$X = (5, 2)$

(3) 当$\frac{w_1}{w_2} = \frac{1}{4}(w_1, w_2 > 0)$时,表(1)和表(2)都是满意解。

第六章

1. 解:$a = (v_1, v_2)$,$b = (v_2, v_3)$,$c = (v_2, v_3)$,$d = (v_3, v_3)$,$e = (v_3, v_4)$,
$f = (v_4, v_5)$,$g = (v_2, v_4)$,$h = (v_2, v_5)$,$k = (v_1, v_3)$
$d(v_1) = 2$,$d(v_2) = 5$,$d(v_3) = 6$,$d(v_4) = 3$,$d(v_5) = 2$

2. 解:

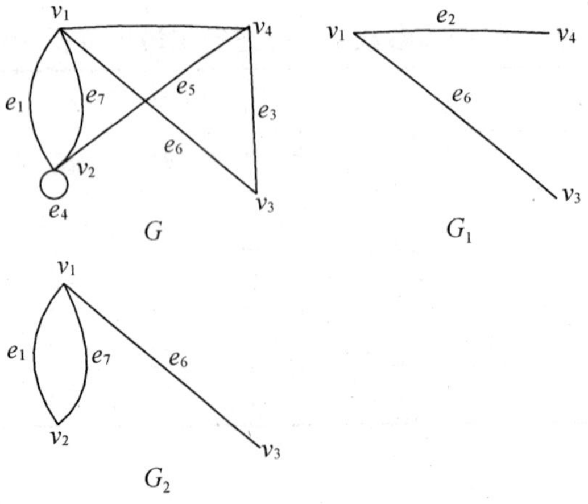

图 6-57

3. 解：(1) 设一次顶点有 x 个，则共有 $x+2+1+3=x+6$ 个顶点。这些顶点的次数为：

$1\times x+2\times 2+1\times 3+4\times 3=x+19$

由 $x+19=2[(x+6)-1]$

解出 $x=9$

(2) 设一次顶点的个数为 x，则：

总次数 $=x+2n_2+3n_3+\cdots+kn_k$　　总边数 $=x+n_2+n_3+\cdots+n_k-1$

由 $x+2n_2+3n_3+\cdots+kn_k=2(x+n_2+n_3+\cdots+n_k-1)$

解出 $x=n_3+2n_4+\cdots+(k-2)n_k+2$

4. 解：图 6-55 是一个混合图，有 3 条边的权是负数，有两条边无方向。根据图 6-55，写出任意两点间一步到达距离表 L_1。表中第一列的点表示弧的起点，第一行的点表示弧的终点，无方向的边表示可达，如表 6-6 所示。计算过程如表 6-7 至表 6-9 所示。

表 6-6　一步到达距离 L_1

	v_1	v_2	v_3	v_4	v_5	v_6	v_7
v_1	0	5	∞	∞	4	∞	∞
v_2	∞	0	4	−2	∞	∞	∞
v_3	∞	4	0	7	∞	∞	2
v_4	4	∞	∞	0	10	∞	7
v_5	−1	∞	∞	∞	0	−3	∞
v_6	∞	∞	∞	5	∞	0	8
v_7	∞	∞	2	∞	∞	∞	0

表 6-7　最短距离表 L_2

	v_1	v_2	v_3	v_4	v_5	v_6	v_7
v_1	0	5	9	3	4	1	∞
v_2	2	0	4	−2	8	∞	5
v_3	11	4	0	2	17	∞	2
v_4	4	9	9	0	8	7	7
v_5	−1	4	∞	2	0	−3	5
v_6	9	∞	10	5	15	0	8
v_7	∞	6	2	9	∞	∞	0

表 6-8　最短距离表 L_3

	v_1	v_2	v_3	v_4	v_5	v_6	v_7
v_1	0	5	9	3	4	1	9
v_2	2	0	4	−2	6	3	5

续表

v_3	6	4	0	2	10	9	2
v_4	4	9	9	0	8	5	7
v_5	-1	4	7	2	0	-3	5
v_6	9	14	10	5	13	0	8
v_7	8	6	2	4	14	16	0

表 6-9　最短距离表 L_4

	v_1	v_2	v_3	v_4	v_5	v_6	v_7
v_1	0	5	9	3	4	1	9
v_2	2	0	4	-2	6	3	5
v_3	6	4	0	2	10	7	2
v_4	4	9	9	0	8	5	7
v_5	-1	4	7	2	0	-3	5
v_6	9	14	10	5	13	0	8
v_7	8	6	2	4	12	9	0

经计算 $L_4=L_5$，L_4 是最优表。表 6-9 不是对称表，v_i 到 v_j 与 v_j 到 v_i 的距离不一定相等。

5. 解设点 v_j 为第 j 年年初购置新设备的状态，(i,j) 为第 i 年年初购置新设备使用到第 j 年年初，弧的权为对应的费用（购置费 + 维护费），绘制网络图并计算，结果如图 6-58 所示。

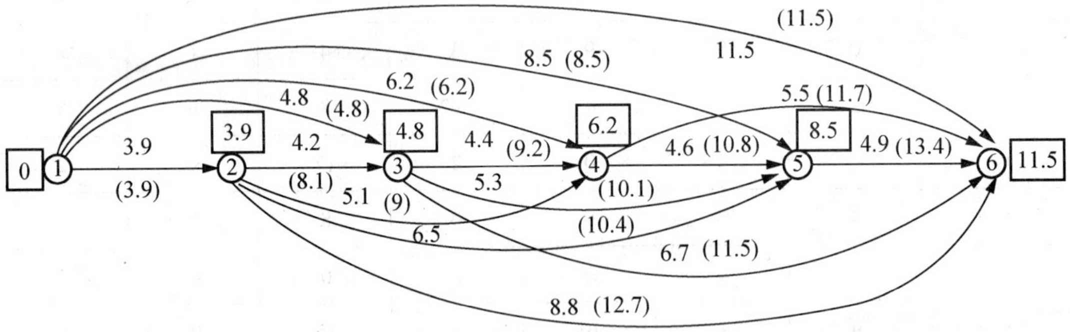

图 6-58

总费用最小的设备更新方案为：第一种方案，第 1 年购置一台设备使用到第 5 年年末；第二种方案，第 1 年购置一台设备使用到第 2 年年末，第 3 年年初更新后使用到第 5 年年末。总费用为 11.5 万元。

6. 解：以线性规划的形式建模

这是一个最小费用最大流问题。为了建立该问题的数学模型，首先设每段管道上的流量作为问题的决策变量，分别记为 $x_1,x_2,x_3,x_4,x_5,x_6,x_7,x_8,x_9$，称分段流量。

从始点 v_s 处，可得：

流量函数 $f=x_1+x_2$，且有

$$x_i \geqslant 0 \quad (i=1,2,\cdots,9) \tag{6-15}$$

各分段应满足容量限制条件

$$x_1 \leqslant 4, x_2 \leqslant 5, x_3 \leqslant 1, x_4 \leqslant 3, x_5 \leqslant 1, x_6 \leqslant 2, x_7 \leqslant 3, x_8 \leqslant 5, x_9 \leqslant 2 \tag{6-16}$$

始点 v_s 和终点 v_t 流量要求为

$$x_1+x_2 \leqslant 9, x_8+x_9 \leqslant 7 \tag{6-17}$$

总流入流量 = 总流出流量，即

$$x_1+x_2=x_8+x_9 \tag{6-18}$$

内节点流入量等于流出量，即

$$\begin{gathered} x_1-x_3-x_4+x_5=0 \\ x_2+x_3-x_6=0 \\ x_4+x_7-x_8=0 \end{gathered} \tag{6-19}$$

$$x_6-x_5-x_7-x_9=0 \tag{6-20}$$

分析上述条件，不难看出从式(6-16)可推出式(6-17)，所以式(6-17)可不要。将式(6-19)中几个等式相加，可得式(6-20)，所以式(6-20)也可不要。这样约束条件只有式(6-16)、式(6-18)、式(6-19)。

中国石油天然气集团公司天然气的运送 MATLAB 求解

通常我们将式(6-19)写成矩阵形式：

aeq × x = beq

$$\text{其中，aeq}=\begin{matrix} 1 & 0 & -1 & -1 & 1 & 0 & 0 & 0 & 0 \\ 0 & 1 & 1 & 0 & 0 & -1 & 0 & 0 & 0 \\ 0 & 0 & 0 & 1 & 0 & 0 & -1 & -1 & 0 \\ 0 & 0 & 0 & 0 & -1 & 1 & -1 & 0 & -1 \end{matrix}$$

beq = zeros(5,1)

至此，可以写出最大流的求解问题：

$$\max Z=x_1+x_2$$

$$s.\ t.\ =\begin{cases} \text{aeq}\times x=\text{beq} \\ lb \leqslant x \leqslant ub \end{cases}$$

其中，lb = zeros(9,1)，ub = [4 5 1 3 1 2 3 5 2]′

有 m 个内结点 n 个分段的网络的最大流问题可写为：max = $f'\times x$

$$s.\ t.\ =\begin{cases} \text{aeq}\times x=\text{beq} \\ lb \leqslant x \leqslant ub \end{cases}$$

Z 是流量函数，由通过始点的流量确定；f 是流量函数的系数，以列向量形式出现；$x=[x_1,x_2,...,x_n]$是分段流量，以列向量形式出现；aeq 是 $m\times n$ 阶矩阵，由 0，1，−1 组成，于网络图有关；lb = zeros(n,1)是流量下界；ub 为流量上界。满足约束条件的流为可行流。

结点出入矩阵的性质：

(1)矩阵的元素为 0，1，−1；

(2)矩阵的每一行指明了对应内结点的流入和流出分段；

(3)除始点流入和终点流出的分段外,其他分段对应的列元素之和均为0。

最小费用最大流问题中除了分段流量外还有分段费用,解决这类问题,先求出最大流,然后再解下述问题:

$$\min Z = f1' \times x \quad \text{\% 费用函数}$$

$$s.t. = \begin{cases} f' \times x = -\text{fval} \\ \text{aeq} \times x = \text{beq} \\ lb \leqslant x \leqslant ub \\ x_i \geqslant 0, i = 1, 2, \cdots, n \end{cases} \quad \text{\% 流量函数等于 - fval 做约束条件} \tag{6-21}$$

对应的计算程序为:

```
f = zeros(9,1);f(1) = -1;f(2) = -1;
aeq = zeros(4,9);aeq(1,1) =1;aeq(1,3) = -1;aeq(1,4) = -1;aeq(1,5) =1;
aeq(2,2) =1;aeq(2,3) =1;aeq(2,6) = -1;
aeq(3,4) =1;aeq(3,7) =1;aeq(3,8) = -1;
aeq(4,6) =1;aeq(4,5) = -1;aeq(4,7) = -1;aeq(4,9) = -1;
%形成结点出入矩阵 aeq。
beq = zeros(4,1);lb = zeros(9,1);
ub = [4  5  1  3  1  2  3  5  2];
[x,fval,exitflag,output,lambda] = inprog(f,[],[],aeq,beq,lb,ub);
P = round(x);bq = aeq* p;% 如 bq = beq,则 p 为可行整流。
tfv = f'* p;% 如 tfv = fval,则 p 为网络最大流。
f1 = [1  3  1  3  2  4  1  2  4]';%   f1 为网络费用函数
aeq = [1  1  zeros(1,7);aqe];beq1 = [ -fval;beq];
%形成最小费用问题的约束矩阵。
[z,fval1,exitflag,output,lambda] = linprog(f1,[],[],aeq1,bea1,lb,ub);
BFV = '最大流量为:5'
BF = '最小费用最大流:'
Bf = 'z1 =4,z2 =1,z3 =1,z4 =1,z5 =0,z6 =2,z7 =2,z8 =5,z9 =0'
BLF = '最小费用最大流的费用总值为:37'
```

对应的 MATLAB 程序如下:

```
  g = zeros(9,1);g(1) =1;g(2) =1;
  f = -g;% 流量函数反号作目标函数。
q = zeros(4,9);
q(1,1) =1;q(1,3) = -1;q(1,4) = -1;q(1,5) =1;
q(2,2) =1;q(2,3) = -1;q(2,6) = -1;
q(3,4) =1;q(3,7) = -1;q(3,8) = -1;
q(4,6) =1;q(4,5) = -1;q(4,7) = -1;q(4,9) = -1;
aeq = q;% 构成 aeq.
beq = zeros(4,1);lb = zeros(9,1);
ub = [4  5  1  3  1  2  3  5  2]';% ub 为网络分段容量。
[x,fval,exitflag,output,lambda] = inprog(f,[],[],aeq,beq,lb,ub);
% 求出最大流。
f1 = [1  3  1  3  2  4  1  2  4];
```

```
%   f1 为网络费用函数,下面开始求最小费用最大流。
aq = [1  1  zeros(1,7)];
aeq1 = [aq;aeq];
beq = [ - fval;beq];%   aq × x = - fval   为 x1 + x2 = - fval.
[z,fval1,exitflag,output,lambda] = linprog(f1,[],[],aeq1,beq1,lb,ub);
```

上述程序执行后得 fval = -5,网络最大流量为 5,最小费用最大流 z,它是整流,先列如下:

z = [4 1 1 3 0 2 2 5 0],其相应的最小费用值为 37.

用自编指令 min f1()求最小费用最大流;

```
[xmin,fv,fp] = mixf1(m,n,f,f1,aeq,ub)
```

输入部分,m 为网络内结点数,n 为网络分流段数,f 为网络流量函数饭后后的函数,aeq 为网络结点出入矩阵,ub 为网络分段容量。

输入部分,xmin 为网络最小费用最大流,fv 为网络最大流值,fp 为最小费用值。

在图 6-56 中,内结点数 m 为 6,分流段数为 14,f = -g, f1 = [1 3 1 3 2 4 1 2 4]′,ub = [4 5 1 3 1 2 3 5 2]′,aeq 也已知,用指令:

```
[xmin,fv,fp] = minf1(6,14,f,f1,aeq,ub)
```

求得:xmin = [4 4 2 0 2 2 0 4 1 3 3 4]′为最小费用最大流,fv = 10 为最大流量值,fp = 116 为最小费用值。

此题编程也可以用例 6-6 最小费用最大流进行编写。

第七章

1. 解:(1) 服务强度,表示在相同时区内顾客到达的平均数与被服务的平均数之比。

(2) 表示服务机构没有空闲的概率,同时也是系统的服务机构的利用率。

(3) 表示正在服务台上接受服务的顾客平均数。

(4) 顾客等待时间占他再系统中逗留时间之比。

2. 解:此题属于 $M/M/1/\infty/\infty$ 模型,且:$\lambda = \frac{6}{8} = 0.75$ 台/小时,$\mu = 1$ 台/小时,$\rho = \frac{\lambda}{\mu} = 0.75$

(1) 营业部没有维修的电脑的概率为 $P_0 = 1 - \rho = 1 - 0.75 = 0.25$

(2) 营业部有两台受损坏电脑的概率为 $P_2 = \rho^2(1-\rho) = 0.14$

(3) 营业部至少有 1 台受损坏电脑的概率为 $P = P(n \geqslant 1) = 1 - P_0 = 1 - (1-\rho) = 0.75$

(4) 营业部逗留的受损坏的电脑的平均台数为 $L_s = \frac{\lambda}{\lambda - \mu} = \frac{0.75}{0.25} = 3$(台)

(5) 受损坏的电脑在营业部的平均逗留时间为 $W_s = \frac{L_s}{\lambda} = \frac{3}{0.75} = 4$(台)

(6) 营业部等待维修的电脑平均台数为 $L_q = \rho L_s = \frac{\rho\lambda}{\lambda - \mu} = 0.75 \times 3 = 2.25$(台)

(7) 待维修电脑的平均等待时间为 $W_q = \frac{L_q}{\lambda} = \frac{2.25}{0.75} = 3$(台)

(8) 营业部忙期的平均长度 $B = \frac{1}{\mu - \lambda} = \frac{1}{1 - 0.75} = 4$(小时)

3. 解:此题属于 $M/M/1/\infty/\infty$ 模型,且 $\lambda = 4$(人/小时),$\mu = 5$(人/小时),$\rho = \frac{\lambda}{\mu} = \frac{4}{5}$

(1) $L_s=\frac{\lambda}{\mu-\lambda}=\frac{4}{5-4}=4$(人);$L_q=\rho\cdot L_s=\frac{4}{5}\cdot 4=3.2$(人)

$W_s=\frac{1}{\mu-\lambda}=\frac{1}{5-4}=1$(小时);$W_q=\rho\cdot W_s=\frac{4}{5}\cdot 1=0.8$(小时)

$P_0=1-\rho=1-\frac{4}{5}=0.2$

(2) $(4\times 24\times 10)\times W_q=40\times 24\times 0.8=768$(元/天)

(3) $\lambda=4$(人/小时),$\mu=6$(人/小时),$\rho=\frac{\lambda}{\mu}=\frac{4}{6}$

$L_s=\frac{\lambda}{\mu-\lambda}=\frac{4}{6-4}=2$(人);$L_q=\rho\cdot L_s=\frac{2}{3}\cdot 2=\frac{4}{3}$(人)

$W_s=\frac{1}{\mu-\lambda}=\frac{1}{6-4}=0.5$(小时);$W_q=\rho\cdot W_s=\frac{2}{3}\cdot\frac{1}{2}=\frac{1}{3}$(小时)

$P_0=1-\rho=1-\frac{2}{3}=\frac{1}{3}$

排队损失:$4\times 10\times\left(0.8-\frac{1}{3}\right)\times t=5000$,得 $t=268$(小时)≈ 11.2(天)

这一笔5000元的投资约11.2天可以收回,值得。

4. 解:依题意知,题设排队系统属于 $M/M/1/N/\infty$ 模型。且:$N=7$ 为系统中最大的顾客数,$\lambda=3$(人/小时),$\mu=\frac{60}{15}=4$(人/小时),$\rho=\frac{\lambda}{\mu}=\frac{3}{4}=0.75$

某顾客一到达就能理发,这种情形相当于理发馆内没有顾客,所求概率为

$P_0=\frac{1-\rho}{1-\rho^{N+1}}=\frac{1-3/4}{1-(3/4)^8}=0.2778$

(1) 理发馆中平均顾客数期望值

$L_s=\frac{\rho}{1-\rho}-\frac{(N+1)\rho^{N+1}}{1-\rho^{N+1}}=\frac{3/4}{1-3/4}-\frac{8\cdot(3/4)^8}{1-(3/4)^8}=2.11$;

(2) 理发馆中排队等待服务的平均顾客数期望值 $L_q=L_s-(1-P_0)=1.39$;

(3) 顾客在理发馆内逗留的期望值 $W_s=\frac{L_s}{\mu(1-P_0)}=\frac{2.11}{4\cdot(1-0.2778)}=0.73$(小时);

(4) 顾客在理发馆内排队等待时间的期望值 $W_q=W_s-\frac{1}{\mu}=0.73-\frac{1}{4}=0.48$(小时);

(5) 顾客不等待就离开的概率,即系统中有7个顾客的概率

$P_7=\rho^7\cdot P_0=\left(\frac{3}{4}\right)^7\cdot\frac{1-3/4}{1-(3/4)^8}\approx 0.037$

5. 解:由题设,$\lambda=15$ 辆/小时,$\mu=20$ 辆/小时

(1) 若建设1个矿山卸位,则为 $M/M/1/\infty/\infty$ 模型,其服务强度为 $\rho_1=\frac{15}{20}=0.75$,卸位空闲概率为 $P_0=1-\rho_1=0.25$,系统内矿车的平均数为 $L_s=\frac{\rho_1}{1-\rho_1}=\frac{0.75}{0.25}=3$(辆)

(2) 若建2个卸位,则为 $M/M/2/\infty/\infty$ 模型,服务强度为 $\rho_2=\frac{\lambda}{2\mu}=\frac{15}{2\times 20}=0.375$,卸位空

闲概率为 $P_0=\left[1+0.75+\frac{1}{2!}\times(0.75)^2\times\frac{1}{1-0.375}\right]^{-1}=0.45$

所以，系统内矿车的平均数为 $L_s=\frac{(2\times0.375)^2}{2\times(1-0.375)^2}\times0.375\times0.45+\frac{15}{20}=0.87$（辆）

（3）若建3个矿山卸位，为 $M/M/3/\infty/\infty$ 模型，服务强度为 $\rho_3=\frac{\lambda}{3\mu}=\frac{15}{3\times20}=0.25$，

卸位空闲概率为 $P_0=\left[1+C\rho_3+\frac{1}{2!}(C\rho_3)^2+\frac{(C\rho_3)^3}{3!}\frac{1}{1-\rho}\right]^{-1}=0.47$

所以，系统内矿车平均数为 $L_s=\frac{(3\times0.25)^2}{3!\ \times(1-0.25)^2}\times0.25\times0.47+0.75=0.765$（辆）

由上述指标看出，建设2个卸位比建设1个卸位可缩小系统内的矿车数 $3-0.87=2.13$ 辆，即平均可增加2.13辆车执行运矿任务，相当于14万元的投资换回 2.13×8 万 $=17.04$ 万元的运输设备。因此，建设2个比建设1个卸位合理。而建设3个卸位比2个卸位减少系统内的矿车数为 $0.87-0.765=0.105$ 辆，即增加1个卸位后平均可增加0.105辆车执行运矿任务，相当于14万元的投资职能换回 0.105×8 万 $=0.84$ 万元的运输设备，显然建设3个卸位时不合算的。所以，该矿山建设2个矿山卸位最为合理。

6. 此题属于 $M/M/c/\infty/\infty$ 模型，且 $\lambda=\frac{240}{60}=4$（人/分钟），$\mu=\frac{1}{0.5}=2$（人/分钟），$\rho=\frac{\lambda}{\mu}=2$，$n=3$

整个系统内空闲的概率 $P_0=\left[\sum_{k=0}^{2}\frac{\rho^k}{k!}+\frac{\rho^3}{3!}\left(\frac{n}{n-\rho}\right)\right]^{-1}=(1+2+3+4)^{-1}=0.111$

顾客等待服务的概率 $P(n>0)=\frac{\rho^3}{3!}\left(\frac{n}{n-\rho}\right)P_0=\frac{4}{9}=0.444$

系统内等待服务的平均顾客数 $L_q=\frac{\rho^{n+1}}{(n-1)!\ (n-\rho)^2}P_0=\frac{8}{9}=0.888$（人）

平均等待服务时间 $W_q=\frac{L_q}{\lambda}=\frac{8}{9}\times\frac{1}{4}=\frac{2}{9}=0.222$（小时）

系统平均利用率 $\rho^*=\frac{\rho}{n}=\frac{2}{3}=0.667$

7. 解：此题属于 $M/G/1/\infty/\infty$ 类型，$\lambda=18$，$\rho=\lambda E(V)=0.9$，$D(V)=0.01$，于是有

$L_q=\frac{18^2\times0.01+0.9^2}{2\times(1-0.9)}=20.25$（辆）

$L_s=20.25+0.9=21.15$（辆）

$W_s=\frac{21.15}{18}=1.175$（小时）

$W_q=\frac{20.25}{18}=1.125$（小时）

上述结果表明，该服务机构存在的如初问题是顾客的平均等待时间太长，是被服务时间的 $\frac{1.125}{0.05}=22.5$ 倍。

第八章

一、判断题

解析:(1) 对,在有折扣的批量下,由模型五知,一个周期 t 内的平均总费用为 $C(t)=\frac{1}{2}C_1Rt+\frac{C_2}{t}+K(Q)R$,而经济批量下,由模型一知,一个周期内的平均总费用为 $C(t)=\frac{C_2}{t}+KR+\frac{1}{2}C_1Rt$,而 $K(Q)$ 是根据 Q 变化的,故有可能大于 K,所以结论正确。

(2) 错　根据模型二,易知该模型的最高存储量为 S,而在一个订货周期内的平均存储量为 $\frac{\frac{1}{2}t_1S}{t}=\frac{t_1S}{2t}=\frac{S^2}{2Rt}$,很明显它不等于最高存储量的一半。故该结论是错的。

(3) 错　在不允许缺货,边供应边需求下其经济生产批量:

$Q_0=Rt_0=\sqrt{\frac{2C_RP}{C_1(P-R)}}$,而在瞬时供货下的经济批量为 $Q_0=\sqrt{\frac{2C_2R}{C_1}}$,由于 $\frac{P}{P-R}>1$,显然前者是大于后者的。故该结论也不正确。

二、名词解释

(1) 存储费:指存货在存储过程中所发生的费用,包括存储所占用资金的利息、仓库和场地费用、物资的存储损耗费用、保险费、仓库建筑设备的维修折旧费用、库内搬运费等费用

(2) 订货费:指每组织一次生产、订货或采购的费用,这其中包括两部分:一是订购费用,二是物资的成本费。

(3) t_0 - 循环策略:即每个 T 时间补充存储量 Q(进货批量)。

(4) 缺货损失:由于货物的短缺而引起的一切损失费用,如失去销售机会的损失、停工待料的损失,以及不能履行合同而缴纳的罚款等。

(5) 生产成本:在出现缺货需要补充存储时,如果不向外订货,而自行安排生产,就需要一定的生产费用,包括装配费用和材料,加工费用等。

(6) 订货提前期;补充一般是订货(购买)或生产,从订货到货物进入"存储"往往需要一段时间,这段时间称为备运期(lead time),也叫订货提前期。

三、解答题

1. 解:省,注:具体过程参考模型一的推导过程。

2. 解:取时间单位为年,则有

$C_1=180$ 元/(吨·年),$C_2=2100$ 元/次,$R=1200$ 吨/年

根据经济批量公式知:

$$Q_0=Rt_0=\sqrt{\frac{2C_2R}{C_1}}=\sqrt{\frac{2\times2100\times1200}{180}}=\sqrt{28000}\approx167(\text{吨})$$

$$t_0=\sqrt{\frac{2C_2}{C_1R}}=\sqrt{\frac{2\times2100}{180\times1200}}\approx\sqrt{0.019}\approx0.14(\text{年})$$

$$C_0=\sqrt{2C_1C_2R}=\sqrt{2\times180\times2100\times1200}\approx30119.8(\text{元})$$

每年的订货次数应为

$$\frac{1}{t_0}=\frac{1}{0.14}=7.14(\text{次/年})$$

由于订货次数只能为正整数，故每年约订货 7 次，此时货周期和订货批量分别为：

$$t=\frac{1}{2}\quad Q=Rt=\frac{1200}{7}(\text{吨})$$

代入到经济批量公式得

$$C(t)=\frac{1}{2}\times 180\times\frac{1200}{7}+2100\times 1200\times\frac{7}{1200}=30128.6(\text{元})$$

3. 解(1)该问题符合模型一的条件，且 $R=100$，$C_1=0.08$，$C_2=100$ 由模型一中公式(8-2)、(8-3)和(8-4)，分别有

$$t_0=\sqrt{\frac{2C_2}{C_1R}}=\sqrt{\frac{2\times 100}{0.08\times 100}}=5(\text{天});$$

$$Q^*=\sqrt{\frac{2C_2R}{C_1}}=\sqrt{\frac{2\times 100\times 100}{0.08}}=500(\text{吨})$$

$$C^*=\sqrt{2C_1C_2R}=\sqrt{2\times 0.08\times 100\times 100}=40(\text{元})$$

(2) 因拖后时间为 7 天，即订货的提前时间为 7 天。这 7 天内的需求量

$$S^*=Rl=100\times 7=700(\text{吨}),$$

故当库存量为 700 吨时应发出订货。s^* 称为再订购点。

4. 解：$R=100$ 件/月，$C_1=0.02$ 元/月，$C_2=100$ 元，$C_3=0.08$ 元/月

$$t_0=\sqrt{\frac{2C_2(C_1+C_3)}{C_1C_3R}}=11.2\text{ 月}$$

$$Q_0=\sqrt{\frac{2C_2R(C_1+C_3)}{C_1C_3}}=1118.03\text{ 件}$$

$$S_0=\sqrt{\frac{2C_2R}{C_1}}\cdot\sqrt{\frac{C_3}{C_1+C_3}}=894.43\text{ 件}$$

$$Q_0-S_0=111.8.03-894.43=223.6\text{ 件}$$

最小总费用

$$C(Q)=\sqrt{\frac{2C_1C_2C_3R}{(C_1+C_3)}}=17.89\text{ 元}$$

5. 解：按模型三来考虑，已知 $R=2000$ 件/年，$P=8000$ 件/年，$C_1=1.6$ 元/(件·年) $C_2=300$ 元。根据模型三的公式计算最佳生产批量：

$$Q_0=Rt_0=\sqrt{\frac{2C_2RP}{C_1(P-R)}}=\sqrt{\frac{2\times 300\times 2000\times 8000}{1.6\times(8000-2000)}}=1000(\text{件})$$

故 $t_0=\frac{Q_0}{R}=\frac{1000}{2000}=\frac{1}{2}$

则年最小总费用为

$$C(t_0)=\sqrt{\frac{2C_1C_2R(P-R)}{P}}=1200(\text{元})$$

若按目前每季度生产 $Q=500$ 件，代入得平均总费用为

$$C(Q)=\frac{C_1(P-R)Q}{2P}+\frac{C_2R}{Q}=1500(\text{元})$$

因此,目前这种安排不甚合理,应按半年组织一次生产,批量 1000 件,全年可节约费用 300 元。

6. 解:该问题中所购货物是逐步均匀到达的,可归结为模型四。

已知 $R=380$ 件/年,$C_1=15$ 元/(件·年),$C_2=60$ 元/(件·年),$C_3=25$ 元/(件·年),$P=3000$ 件/年

由模型四中公式可分别得到:

$$Q_0=\sqrt{\frac{2C_2R}{C_1}}\cdot\sqrt{\frac{P}{P-R}}\cdot\sqrt{\frac{C_1+C_3}{C_3}}\approx 75(\text{件})$$

$$B_0=\sqrt{\frac{2C_1C_2R}{(C_1+C_3)C_2}}\cdot\sqrt{\frac{P-R}{P}}\approx 24$$

$$C_0=\sqrt{2C_1C_2R}\cdot\sqrt{\frac{P-R}{P}}\cdot\sqrt{\frac{C_3}{C_1+C_3}}\approx 611(\text{元})$$

7. 解:由题意知 $R=100$ 件/月,$C_1=0.01$/月,$C_2=36$

$$Q_1=\sqrt{\frac{3C_2R}{C_1}}=\sqrt{\frac{2\times 36\times 100}{0.01}}=849(\text{个})$$

因 $849<Q_0=1000$,所以需比较 $C(Q_1)$ 与 $C(Q_0)$

$$C(Q_1)=\frac{1}{2}\times 0.01\times 849+\frac{36\times 100}{849}+11\times 100=1108.49(\text{元})$$

$$C(Q_0)=\frac{1}{2}\times 0.01\times 1000+\frac{36\times 100}{1000}+10\times 100=1008.6(\text{元})$$

$$C(Q_0)<C(Q_1)\quad Q^*=Q_0=1000(\text{个})$$

8. 解:已知 $k=5-2=3$,$h=2-1=1$,于是:

$$\frac{k}{k+h}=\frac{3}{3+1}=\frac{3}{4}$$

$$\sum_{r=0}^{900}P(r)=0.4,\ \sum_{r=0}^{1000}P(r)=0.8$$

$$\sum_{r=0}^{900}P(r)<\frac{3}{4}<\sum_{r=0}^{1000}P(r)$$

所以 $Q_0=1000$

即零售商应从花卉市场批发 1000 支玫瑰花可使损失最小。

四、思考题

1. 略

2. 略

第九章

1. 略

2. 略

3.

表 9-16

		甲			
		老虎	棒子	虫子	鸡
乙	老虎	(0,0)	(−1,1)	(0,0)	(1, −1)
	棒子	(1, −1)	(0,0)	(−1,0)	(0,0)
	虫子	(0,0)	(1, −1)	(0,0)	(−1,1)
	鸡	(−1,1)	(0,0)	(1, −1)	(0,0)

4. 答:这个博弈中有两个纯策略纳什均衡,分别为(友好,友好)、(不友好,不友好),但是前者较之后者更好些,因为若两个国家的决策者都是理性的,那么国家之间友好是对各国都有好处的,如果选择不友好,则战争或者矛盾是不可避免的,因此每个国家都希望友好。当然也期望对方国家也能够对自己友好,因此(友好,友好)是这个博弈的合理结果。

5. 答:(1) 不存在纯策略的纳什均衡。从图中可以看出,在纳什博弈中没有哪一个组合的双方策略相互都是对对方策略的最佳对策,因此该博弈没有一个策略组合是双方同时愿意接受的,这样的博弈根本不可能有可以预言的博弈结果。

(2) 检查的概率为 m,不检查的概率为 $1-m$,逃税的概率为 r,纳税的概率为 $1-r$。税收机关选择查税和不查的概率一定要使逃税的期望得益和选择纳税的期望得益相等,即有:

有 $m(-A-F)+(1-m)(0)=m(-A)+(1-m)(-A)$;

$m=F/(A+F)$;同理 $r=(A-C+F)/(A+F)$ 混合策略的纳什均衡为纳税机关 $(F/(A+F), A/(A+F))$

纳税人 $((A-C+F)/(A+F), C/(A+F))$

设 $A=4, C=1, F=2$ 则

表 9-17

		纳税人	
		逃税	不逃税
税收机关	检查	5, −6	3, −4
	不检查	0,0	4,4

$m=0.33 \quad 1-r=0.83 \quad 1-m=0.67 \quad r=0.17$

$U(\text{机})=m\times r\times 5+m\times(1-r)\times 3+(1-m)\times r\times 0+(1-m)\times(1-r)\times 4=3.33$

$U(\text{人})=-3.67$

A 越大,F 也越大,小企业纳税金额远远小于大企业,即使逃税,惩罚力度也小于大企业。小企业顾名思义,是指小创业小投入小本经营的企业,企业每日的运营开支与大企业相比虽然要小得多,但是,对于小本经营的企业来说,每日的日常开支包括必要的成本还有其他的社交费用等,对于他们来说,如果将盈利减去税用和成本的话,剩下的余额很少,有可能影响公司下一阶段的发展投资等,倘若逃税的话就会节省很大一部分开支,将税用作为投资成本有可能会有更多的盈利,企业主在权衡这些的时候相信是以企业的生存作为主要的考虑因素的,还有一个可能性原因是企业目前的发展处于亏损状态,不足以支付大量的税费。相反,大企业虽然要缴纳的税费相对于小企业要高得多,但是其盈利是可见的,当然企业要获得长远的发展或者发展至更大规模的话就必须保持企业形象，不能做有损社会利益的事情，权衡如此，逃税的概率就会少了很多了。

因此，小企业逃税的现象比大企业更为普遍。

6. 答：教室长明灯问题

表 9-18

		同学 1	
		关灯	不关灯
同学 2	关灯	(−3, −3)	(−3,3)
	不关灯	(3, −3)	(3,3)

从表中可以看出，同学 1 和同学 2 可能都想，如果对方关灯的话，我就不用在耗费时间去关灯，只要有人去关灯，自己就可以得利，而如果别人都不关，自己跑去关灯，反而还浪费自己的时间，还不如不关，最后的结论是不关灯是合算的，如果大家都这样想，教室的灯就真正成了长明灯。当然，学生利用这些资源的时候是不支付任何代价，要想解决这种问题，除非学校定时熄灯，并对于最后使用教室的学生进行提醒，离开时关灯，并对离开教室没有关灯的同学提出警告和批评，做一些节约资源的宣传从根本上解决学生关于此类问题的心理，才有可能避免长明灯问题。

7. 解：局中人Ⅰ：

$$\begin{cases}\min z = x_1 + x_2 + x_3 \\ 7x_1 + 6x_2 - 3x_3 \geqslant 1 \\ 3x_1 + 4x_2 \geqslant 1 \\ 2x_1 - 5x_2 + 7x_3 \geqslant 1 \\ x_1, x_2, x_3 \geqslant 0\end{cases}$$

局中人Ⅱ：

$$\begin{cases}\max w = y_1 + y_2 + y_3 \\ 7y_1 + 3y_2 + 2y_3 \leqslant 1 \\ 6y_1 + 4y_2 - 5y_3 \leqslant 1 \\ -3y_1 + 7y_3 \leqslant 1 \\ y_1, y_2, y_3 \geqslant 0\end{cases}$$

模型Ⅱ的最优表：

表 9-19

$C(j)$		1	1	1	0	0	0	b
Basis	$C(i)$	Y1	Y2	Y3	Y4	Y5	Y6	
Y2	1	2.619	1	0	0.333	0	−0.0952	0.2381
Y5	0	−6.619	0	0	−1.33	1	1.0952	0.7619
Y3	1	−0.4286	0	1	0	0	0.1429	0.1429
$C(j)-Z(j)$		−1.1905	0	0	−0.3333	0	−0.0476	0.381

线性规划的最优解：$Y=(0,0.2381,0.1429)$，$X=(0.3333,0,0.0476)$；$w=0.381$

作变换得到对策的解：$X^*=(0.8748,0,0.1251)$，$Y^*=(0,0.6249,0.3751)$；$V_G=2.6247$

8. 解：将生产厂家看做是局中人 1，策略有生产 10 万台、12 万台和 15 万台 3 种，夏季气候看做局中人 2，策略是需要量为 10 万台、12 万台和 15 万台 3 种。在雨量较大、正常、较热的气候条件下每台空调利润分别是 200 元、300 元和 400 元。3 种策略与 3 种气候状态对应的利润表如下。

表 9-20

单位（万元）

	10	12	15
10	2000	3000	4000
12	1400	3600	4800
15	500	2700	6000

此题有鞍点，故应生产空调为 10 万台。

注：此题可以看做是非确定型决策问题。

9. 解：设 x_1 和 x_2 分别为候选人 1、2 宣布的观点，候选人 1 的得票为

$$h_1=\begin{cases} x_1+\dfrac{x_2-x_1}{2}=\dfrac{x_1+x_2}{2} & (x_1\leqslant x_2) \\ 1-x_1+\dfrac{x_1-x_2}{2}=1-\dfrac{x_1+x_2}{2} & (x_1>x_2) \end{cases}$$

候选人 2 的得票为

$$h_2=\begin{cases} x_2+\dfrac{x_1-x_2}{2} & (x_2\leqslant x_1) \\ 1-x_2+\dfrac{x_2-x_1}{2} & (x_2>x_1) \end{cases}$$

$$\frac{\partial h_1}{\partial h_2}=\begin{cases} \dfrac{1}{2} & (x_1\leqslant x_2) \\ -\dfrac{1}{2} & (x_1>x_2) \end{cases}$$

参考文献

[1] 运筹学教材编写组编. 运筹学(第三版)[M]. 北京:清华大学出版社,2005.6
[2] 胡运权. 运筹学教材(第3版). 北京:清华大学出版社,2007.4
[3] 熊伟. 武汉理工大学. 运筹学. 北京:机械工业出版社,2009.9
[4] 杜红. 应用运筹学. 浙江:浙江大学出版社,2010.2
[5] 刘舒燕. 运筹学. 北京:人民交通出版社,2008
[6] 张伯生,主编. 运筹学. 北京:科技出版社,2008.1
[7] 宋学锋,主编. 运筹学. 南京:东南大学出版社,2003.2
[8] 程理民,吴江,张玉林. 北京:清华大学出版社,2006.6

教师反馈及教辅申请表

北京大学出版社以“教材优先、学术为本、创建一流”为目标，主要为广大高等院校师生服务。为更有针对性地为广大教师服务，提升教学质量，在您确认将本书作为指定教材后，请您填好以下表格并经系主任签字盖章后寄回，我们将免费向您提供相应教辅资料。

<table>
<tr><td>书号/书名/作者</td><td colspan="4"></td></tr>
<tr><td>您的姓名</td><td colspan="4"></td></tr>
<tr><td>校/院/系</td><td colspan="4"></td></tr>
<tr><td>您所讲授的课程名称</td><td colspan="4"></td></tr>
<tr><td>每学期学生人数</td><td colspan="2">______ 人　　　_____年级</td><td>学时</td><td></td></tr>
<tr><td>您准备何时用此书授课</td><td colspan="4"></td></tr>
<tr><td>您的联系地址</td><td colspan="4"></td></tr>
<tr><td>邮政编码</td><td></td><td>联系电话
（必填）</td><td colspan="2"></td></tr>
<tr><td>E-mail（必填）</td><td colspan="4"></td></tr>
<tr><td colspan="3">您对本书的建议：</td><td colspan="2">系主任签字

盖章</td></tr>
</table>

我们的联系方式：

北京大学出版社经济与管理图书事业部

北京市海淀区成府路 205 号，100871

联 系 人： 徐 冰

电　　话： 010-62767312 / 62757146

传　　真： 010-62556201

电子邮件： xubingjn@yahoo.com.cn　em@pup.cn

网　　址： http://www.pup.cn